普通高等教育农业部“十二五”规划教材
全国高等农林院校“十二五”规划教材

高 等 代 数

下 册

吴 坚 毕守东 主编

中国农业出版社

内 容 提 要

本教材是普通高等教育农业部“十二五”规划教材，是中国农业出版社首次组织全国高等农林院校进行编写的数学类专业基础课程教材。教材按照教育部相关数学教学指导委员会制定的高等代数课程教学基本要求，同时结合高等农林院校的教学实际而编写。

本教材分上、下两册编写，共十二章，另有附录。上册内容包括：预备知识、行列式、矩阵、n 维向量、线性方程组和一元多项式。下册内容包括：相似矩阵、二次型、线性空间、线性变换、欧氏空间、λ-矩阵和附录。

本教材可作为高等农林院校数学类和工科类高等代数课程的本科生教材，也可供其他普通高等院校数学类和工科类高等代数课程选用。

编写人员名单

主　编　吴　坚（安徽农业大学）

毕守东（安徽农业大学）

副主编　徐　丽（安徽农业大学）

郑大川（云南农业大学）

侯建文（山西农业大学）

汪宏喜（安徽农业大学）

编　者（以姓名拼音为序）

毕守东（安徽农业大学）

方桂英（江西农业大学）

侯建文（山西农业大学）

胡　焱（安徽农业大学）

黄朝凌（江西农业大学）

梁　玥（甘肃农业大学）

刘瑞香（山西农业大学）

汪宏喜（安徽农业大学）

王　勋（内蒙古农业大学）

吴　坚（安徽农业大学）

徐　丽（安徽农业大学）

杨俊仙（安徽农业大学）

杨如艳（云南农业大学）

张丽梅（大连海洋大学）

郑大川（云南农业大学）

前言

高等代数是数学类专业最重要的基础课程之一，含有丰富的代数学思想。其高度抽象的理论具有逻辑的严密性、推理的系统性、思维的抽象性等特点。它的内容包括多种线性系统和线性结构，这正是解决实际问题时经常采用的线性方法的理论来源，因此高等代数同样具有广泛的应用性。正是因为本门课程高度的抽象性，加之现在大学数学课程中高等代数课时的缩减，造成了该课程在教与学上都存在一定的问题。

根据这种情况及高等农林院校数学类专业的特点，我们编写了这本教材，其主要思想是在保持高等代数课程基本要求所需内容的前提下尽可能做到教师易教、学生易学。所以教材在编排体系上与传统的高等代数教材有一定的区别，全书共12章外加一附录。书中前8章除预备知识和一元多项式外，即为通常意义上工科专业的线性代数内容。这种编排的好处在于全书构成了一定的难度梯度，符合学生的认知规律。考虑到Matlab软件强大的数值与符号计算功能以及计算机技术的普及，我们增加了附录部分，让学生初步了解高等代数中计算行列式、矩阵求逆、解线性方程组、求特征值与特征向量等问题，可以很方便地用计算机解决。另一方面，本教材编排了较多的由易到难的例题和习题（其中习题A属基本题，习题B稍有难度），目的是提供学生自己动手的机会，使他们更深刻地理解概念及各种计算的条件和方法，以帮助读者巩固所学知识并加深理解。

本教材是普通高等教育农业部“十二五”规划教材，主要面向高等农林院校数学类专业和相关专业而编写的，在全国高等农林院校中使用由高等农林院校教师自己编写的数学专业基础课程教材在全国还是首次尝试，编者也希望以此推动高等农林院校数学类专业各类教材的建设。该教材的教学时数建议为112～144学时，其中第6章多项式和第12章λ-矩阵可根据课时选学。

本教材由安徽农业大学吴坚教授和毕守东教授担任主编和统稿。教材编写分工如下：大连海洋大学编写第1章和第8章，内蒙古农业大学编写第2章和附录，东北农业大学编写第3章，青岛农业大学编写第4章和第5章，西南林业大学编写第6章，山西农业大学编写第7章，江西农业大学编写第10章，安徽农业大学编写第9章和第11章，云南农业大学编写第12章。

由于编者水平所限，书中的错误和不妥之处在所难免，希望读者多提宝贵意见。

编　者

2012年5月

目 录

第7章　相似矩阵

本章主要讨论方阵的特征值与特征向量，方阵的相似对角化等问题，其中涉及向量的内积、向量的长度及向量的正交等知识．

§7.1　向量的内积

在前面的学习中，我们了解了向量的两种运算——加法与数量乘积，统称为线性运算，本节主要介绍向量的另外一种运算——向量的内积．

7.1.1　内积

定义 7.1　设有两个 n 维实向量 $\boldsymbol{\alpha}=(a_1, a_2, \cdots, a_n)^{\mathrm{T}}$，$\boldsymbol{\beta}=(b_1, b_2, \cdots, b_n)^{\mathrm{T}}$，定义向量 $\boldsymbol{\alpha}$ 与 $\boldsymbol{\beta}$ 的内积 $(\boldsymbol{\alpha}, \boldsymbol{\beta})$ 为

$$(\boldsymbol{\alpha}, \boldsymbol{\beta})=a_1b_1+a_2b_2+\cdots+a_nb_n,$$

n 维实向量 $\boldsymbol{\alpha}$ 与 $\boldsymbol{\beta}$ 的内积也可表示为 $(\boldsymbol{\alpha}, \boldsymbol{\beta})=\boldsymbol{\alpha}^{\mathrm{T}}\boldsymbol{\beta}$. 当 $(\boldsymbol{\alpha}, \boldsymbol{\beta})=0$ 时，称向量 $\boldsymbol{\alpha}$ 与向量 $\boldsymbol{\beta}$ 正交．

特别地，零向量与任何向量都是正交的．

向量的内积具有下列性质：

(1) 对称性：$(\boldsymbol{\alpha}, \boldsymbol{\beta})=(\boldsymbol{\beta}, \boldsymbol{\alpha})$；

(2) 可加性：$(\boldsymbol{\alpha}_1+\boldsymbol{\alpha}_2, \boldsymbol{\beta})=(\boldsymbol{\alpha}_1, \boldsymbol{\beta})+(\boldsymbol{\alpha}_2, \boldsymbol{\beta})$；

(3) 齐次性：$(k\boldsymbol{\alpha}, \boldsymbol{\beta})=k(\boldsymbol{\alpha}, \boldsymbol{\beta})$，$k$ 为任意实数；

(4) 非负性：$(\boldsymbol{\alpha}, \boldsymbol{\alpha})\geqslant 0$，当且仅当 $\boldsymbol{\alpha}=\boldsymbol{0}$ 时，等号成立．

以上性质可由向量内积的定义直接验证．

我们还可证明(见第11章定理11.1)：

(5) 柯西—施瓦茨(Cauchy—Schwarz)不等式：$(\boldsymbol{\alpha}, \boldsymbol{\beta})^2\leqslant(\boldsymbol{\alpha}, \boldsymbol{\alpha})(\boldsymbol{\beta}, \boldsymbol{\beta})$.

同几何中的二维、三维向量一样，可用内积定义 n 维向量的长度及两个向量的夹角．

定义 7.2　设 $\boldsymbol{\alpha}=(a_1, a_2, \cdots, a_n)^{\mathrm{T}}$ 为一个 n 维实向量，称

$$|\boldsymbol{\alpha}|=\sqrt{(\boldsymbol{\alpha}, \boldsymbol{\alpha})}$$

为向量 $\boldsymbol{\alpha}$ 的长度.

特别地，当 $|\boldsymbol{\alpha}|=1$ 时，称向量 $\boldsymbol{\alpha}$ 为单位向量.

向量的长度具有下列性质：

(1) 非负性：$|\boldsymbol{\alpha}|\geqslant 0$，当且仅当 $\boldsymbol{\alpha}=\boldsymbol{0}$ 时，等号成立；

(2) 齐次性：$|k\boldsymbol{\alpha}|=|k||\boldsymbol{\alpha}|$，$k$ 为任意实数；

(3) 三角不等式：$|\boldsymbol{\alpha}+\boldsymbol{\beta}|\leqslant|\boldsymbol{\alpha}|+|\boldsymbol{\beta}|$.

性质(1)、(2)是显然的，性质(3)的证明见第 11 章 § 11.1.

进一步，我们可定义 n 维向量 $\boldsymbol{\alpha}$ 与 $\boldsymbol{\beta}$ 的夹角，当 $\boldsymbol{\alpha}\neq\boldsymbol{0}$，$\boldsymbol{\beta}\neq\boldsymbol{0}$时，称 $\theta=\arccos\dfrac{(\boldsymbol{\alpha},\ \boldsymbol{\beta})}{|\boldsymbol{\alpha}|\cdot|\boldsymbol{\beta}|}$为向量 $\boldsymbol{\alpha}$ 与 $\boldsymbol{\beta}$ 的夹角.

例 7.1 设 $\boldsymbol{\alpha}=(1,\ 2,\ 1)^{\mathrm{T}}$，$\boldsymbol{\beta}=(2,\ 1,\ 1)^{\mathrm{T}}$，求：

(1) $(\boldsymbol{\alpha}+\boldsymbol{\beta},\ \boldsymbol{\alpha}-\boldsymbol{\beta})$；(2) $|3\boldsymbol{\alpha}+2\boldsymbol{\beta}|$；(3) $3\boldsymbol{\alpha}$ 与 $2\boldsymbol{\beta}$ 的夹角 θ.

解 (1)
$$\begin{aligned}(\boldsymbol{\alpha}+\boldsymbol{\beta},\ \boldsymbol{\alpha}-\boldsymbol{\beta})&=(\boldsymbol{\alpha},\ \boldsymbol{\alpha})-(\boldsymbol{\alpha},\ \boldsymbol{\beta})+(\boldsymbol{\beta},\ \boldsymbol{\alpha})-(\boldsymbol{\beta},\ \boldsymbol{\beta})=(\boldsymbol{\alpha},\ \boldsymbol{\alpha})-(\boldsymbol{\beta},\ \boldsymbol{\beta})\\&=(1^2+2^2+1^2)-(2^2+1^2+1^2)=0.\end{aligned}$$

(2) $3\boldsymbol{\alpha}+2\boldsymbol{\beta}=(7,\ 8,\ 5)^{\mathrm{T}}$，故
$$|3\boldsymbol{\alpha}+2\boldsymbol{\beta}|=\sqrt{7^2+8^2+5^2}=\sqrt{138}.$$

(3) $3\boldsymbol{\alpha}=(3,\ 6,\ 3)^{\mathrm{T}}$，$2\boldsymbol{\beta}=(4,\ 2,\ 2)^{\mathrm{T}}$，所以
$$\theta=\arccos\frac{(3\boldsymbol{\alpha},\ 2\boldsymbol{\beta})}{|3\boldsymbol{\alpha}|\cdot|2\boldsymbol{\beta}|}=\arccos\frac{3\times4+6\times2+3\times2}{\sqrt{3^2+6^2+3^2}\sqrt{4^2+2^2+2^2}}=\arccos\frac{5}{6}.$$

7.1.2 正交向量组

定义 7.3 如果非零向量组 $\boldsymbol{\alpha}_1$，$\boldsymbol{\alpha}_2$，…，$\boldsymbol{\alpha}_s$ 中任意两个向量都正交，则称此向量组为正交向量组.

特别地，n 维单位向量组
$$\boldsymbol{\varepsilon}_1=(1,\ 0,\ \cdots,\ 0)^{\mathrm{T}},\ \boldsymbol{\varepsilon}_2=(0,\ 1,\ \cdots,\ 0)^{\mathrm{T}},\ \cdots,\ \boldsymbol{\varepsilon}_n=(0,\ 0,\ \cdots,\ 1)^{\mathrm{T}}$$
为正交向量组.

定理 7.1 若向量组 $\boldsymbol{\alpha}_1$，$\boldsymbol{\alpha}_2$，…，$\boldsymbol{\alpha}_s$ 为正交向量组，则 $\boldsymbol{\alpha}_1$，$\boldsymbol{\alpha}_2$，…，$\boldsymbol{\alpha}_s$ 线性无关.

证 令 $x_1\boldsymbol{\alpha}_1+x_2\boldsymbol{\alpha}_2+\cdots+x_s\boldsymbol{\alpha}_s=\boldsymbol{0}$，那么对于任意的 $\boldsymbol{\alpha}_i\ (i=1,\ 2,\ \cdots,\ s)$，有
$$(\boldsymbol{\alpha}_i,\ x_1\boldsymbol{\alpha}_1+x_2\boldsymbol{\alpha}_2+\cdots+x_s\boldsymbol{\alpha}_s)=0,$$
即
$$x_1(\boldsymbol{\alpha}_i,\ \boldsymbol{\alpha}_1)+\cdots+x_i(\boldsymbol{\alpha}_i,\ \boldsymbol{\alpha}_i)+\cdots+x_s(\boldsymbol{\alpha}_i,\ \boldsymbol{\alpha}_s)=0.$$

由于 $\boldsymbol{\alpha}_i$ 与 $\boldsymbol{\alpha}_1$，$\boldsymbol{\alpha}_2$，…，$\boldsymbol{\alpha}_{i-1}$，$\boldsymbol{\alpha}_{i+1}$，…，$\boldsymbol{\alpha}_s$ 都正交，则有

$$x_i(\boldsymbol{\alpha}_i，\boldsymbol{\alpha}_i)=0.$$

因为 $\boldsymbol{\alpha}_i\neq\mathbf{0}$，所以$(\boldsymbol{\alpha}_i，\boldsymbol{\alpha}_i)\neq 0$，从而 $x_i=0(i=1，2，\cdots，s)$，即 $\boldsymbol{\alpha}_1$，$\boldsymbol{\alpha}_2$，…，$\boldsymbol{\alpha}_s$ 线性无关.

例 7.2　已知三维向量 $\boldsymbol{\alpha}_1=(1，1，1)^{\mathrm{T}}$ 与 $\boldsymbol{\alpha}_2=(-2，1，1)^{\mathrm{T}}$ 正交，试求一个非零向量 $\boldsymbol{\alpha}_3$，使 $\boldsymbol{\alpha}_1$，$\boldsymbol{\alpha}_2$，$\boldsymbol{\alpha}_3$ 两两正交.

解　易见 $\boldsymbol{\alpha}_1$，$\boldsymbol{\alpha}_2$ 正交. 令 $\boldsymbol{\alpha}_3=(x_1，x_2，x_3)^{\mathrm{T}}$，则根据题意，有

$$\begin{cases}(\boldsymbol{\alpha}_3，\boldsymbol{\alpha}_1)=0,\\(\boldsymbol{\alpha}_3，\boldsymbol{\alpha}_2)=0,\end{cases}\quad 即\begin{cases}x_1+x_2+x_3=0,\\-2x_1+x_2+x_3=0.\end{cases}$$

令 $\boldsymbol{A}=\begin{pmatrix}\boldsymbol{\alpha}_1\\\boldsymbol{\alpha}_2\end{pmatrix}=\begin{pmatrix}1&1&1\\-2&1&1\end{pmatrix}\to\begin{pmatrix}1&0&0\\0&1&1\end{pmatrix}$，从而有基础解系$(0，-1，1)^{\mathrm{T}}$，取 $\boldsymbol{\alpha}_3=(0，-1，1)^{\mathrm{T}}$，即为所求.

7.1.3　施密特(Schmidt)正交单位化

定理 7.2　设 $\boldsymbol{\alpha}_1$，$\boldsymbol{\alpha}_2$，…，$\boldsymbol{\alpha}_s$ 是一个线性无关向量组，则存在一个正交向量组 $\boldsymbol{\beta}_1$，$\boldsymbol{\beta}_2$，…，$\boldsymbol{\beta}_s$，使得 $\boldsymbol{\alpha}_1$，$\boldsymbol{\alpha}_2$，…，$\boldsymbol{\alpha}_s$ 与 $\boldsymbol{\beta}_1$，$\boldsymbol{\beta}_2$，…，$\boldsymbol{\beta}_s$ 等价.

证　下面采用构造性证明方法.

令 $\boldsymbol{\beta}_1=\boldsymbol{\alpha}_1$，

$$\boldsymbol{\beta}_2=\boldsymbol{\alpha}_2-\frac{(\boldsymbol{\alpha}_2，\boldsymbol{\beta}_1)}{(\boldsymbol{\beta}_1，\boldsymbol{\beta}_1)}\boldsymbol{\beta}_1,$$

………………

$$\boldsymbol{\beta}_s=\boldsymbol{\alpha}_s-\frac{(\boldsymbol{\alpha}_s，\boldsymbol{\beta}_1)}{(\boldsymbol{\beta}_1，\boldsymbol{\beta}_1)}\boldsymbol{\beta}_1-\frac{(\boldsymbol{\alpha}_s，\boldsymbol{\beta}_2)}{(\boldsymbol{\beta}_2，\boldsymbol{\beta}_2)}\boldsymbol{\beta}_2-\cdots-\frac{(\boldsymbol{\alpha}_s，\boldsymbol{\beta}_{s-1})}{(\boldsymbol{\beta}_{s-1}，\boldsymbol{\beta}_{s-1})}\boldsymbol{\beta}_{s-1}.$$

容易验证 $\boldsymbol{\beta}_1$，$\boldsymbol{\beta}_2$，…，$\boldsymbol{\beta}_s$ 两两正交且与向量组 $\boldsymbol{\alpha}_1$，$\boldsymbol{\alpha}_2$，…，$\boldsymbol{\alpha}_s$ 等价.

上述定理给出了一种具体求与已知线性无关向量组等价的正交向量组的方法，称此方法为施密特(Schmidt)正交化方法.

进一步，若令

$$\boldsymbol{e}_1=\frac{1}{|\boldsymbol{\beta}_1|}\boldsymbol{\beta}_1，\boldsymbol{e}_2=\frac{1}{|\boldsymbol{\beta}_2|}\boldsymbol{\beta}_2，\cdots，\boldsymbol{e}_s=\frac{1}{|\boldsymbol{\beta}_s|}\boldsymbol{\beta}_s,$$

则 $\boldsymbol{e}_1$，$\boldsymbol{e}_2$，…，$\boldsymbol{e}_s$ 为与向量组 $\boldsymbol{\alpha}_1$，$\boldsymbol{\alpha}_2$，…，$\boldsymbol{\alpha}_s$ 等价的两两正交的单位向量组.

例 7.3　设 $\boldsymbol{\alpha}_1=(1，2，-1)^{\mathrm{T}}$，$\boldsymbol{\alpha}_2=(-1，3，1)^{\mathrm{T}}$，$\boldsymbol{\alpha}_3=(4，-1，0)^{\mathrm{T}}$，试利用施密特正交化方法将此向量组化为与之等价的两两正交的单位向量组.

解 令 $\boldsymbol{\beta}_1=\boldsymbol{\alpha}_1$，

$$\boldsymbol{\beta}_2=\boldsymbol{\alpha}_2-\frac{(\boldsymbol{\alpha}_2,\ \boldsymbol{\beta}_1)}{(\boldsymbol{\beta}_1,\ \boldsymbol{\beta}_1)}\boldsymbol{\beta}_1=\boldsymbol{\alpha}_2-\frac{4}{6}\boldsymbol{\beta}_1=\frac{5}{3}(-1,\ 1,\ 1)^{\mathrm{T}},$$

$$\boldsymbol{\beta}_3=\boldsymbol{\alpha}_3-\frac{(\boldsymbol{\alpha}_3,\ \boldsymbol{\beta}_1)}{(\boldsymbol{\beta}_1,\ \boldsymbol{\beta}_1)}\boldsymbol{\beta}_1-\frac{(\boldsymbol{\alpha}_3,\ \boldsymbol{\beta}_2)}{(\boldsymbol{\beta}_2,\ \boldsymbol{\beta}_2)}\boldsymbol{\beta}_2=\boldsymbol{\alpha}_3-\frac{2}{6}\boldsymbol{\beta}_1+\boldsymbol{\beta}_2=(2,\ 0,\ 2)^{\mathrm{T}},$$

再将 $\boldsymbol{\beta}_1$，$\boldsymbol{\beta}_2$，$\boldsymbol{\beta}_3$ 单位化，得

$$\boldsymbol{e}_1=\frac{1}{|\boldsymbol{\beta}_1|}\boldsymbol{\beta}_1=\frac{1}{\sqrt{6}}(1,\ 2,\ -1)^{\mathrm{T}},$$

$$\boldsymbol{e}_2=\frac{1}{|\boldsymbol{\beta}_2|}\boldsymbol{\beta}_2=\frac{1}{\sqrt{3}}(-1,\ 1,\ 1)^{\mathrm{T}},$$

$$\boldsymbol{e}_3=\frac{1}{|\boldsymbol{\beta}_3|}\boldsymbol{\beta}_3=\frac{1}{\sqrt{2}}(1,\ 0,\ 1)^{\mathrm{T}},$$

则向量组 $\boldsymbol{e}_1$，$\boldsymbol{e}_2$，$\boldsymbol{e}_3$ 为与 $\boldsymbol{\alpha}_1$，$\boldsymbol{\alpha}_2$，$\boldsymbol{\alpha}_3$ 等价的两两正交的单位向量组．

7.1.4 正交矩阵

定义 7.4 设 $\boldsymbol{A}$ 为 n 阶实矩阵，若 $\boldsymbol{A}\boldsymbol{A}^{\mathrm{T}}=\boldsymbol{E}$（或 $\boldsymbol{A}^{\mathrm{T}}\boldsymbol{A}=\boldsymbol{E}$），则称 $\boldsymbol{A}$ 为正交矩阵．

由定义可得正交矩阵的性质如下：

(1) 若 $\boldsymbol{A}$ 为 n 阶正交矩阵，则 $|\boldsymbol{A}|=\pm 1$；

(2) 若 $\boldsymbol{A}$ 为 n 阶正交矩阵，则 $\boldsymbol{A}^{-1}=\boldsymbol{A}^{\mathrm{T}}$；

(3) 若 $\boldsymbol{A}$，$\boldsymbol{B}$ 均为 n 阶正交矩阵，则 $\boldsymbol{AB}$ 也为正交矩阵；

(4) $\boldsymbol{A}$ 为 n 阶正交矩阵的充分必要条件是 $\boldsymbol{A}$ 的 n 个行(列)向量为两两正交的单位向量组．

下面只对性质(4)进行证明，其他性质证明略．

令
$$\boldsymbol{A}=\begin{pmatrix} a_{11} & a_{12} & \cdots & a_{1n}\\ a_{21} & a_{22} & \cdots & a_{2n}\\ \vdots & \vdots & & \vdots\\ a_{n1} & a_{n2} & \cdots & a_{nn}\end{pmatrix}=\begin{pmatrix}\boldsymbol{\alpha}_1^{\mathrm{T}}\\ \boldsymbol{\alpha}_2^{\mathrm{T}}\\ \vdots\\ \boldsymbol{\alpha}_n^{\mathrm{T}}\end{pmatrix}=(\boldsymbol{\beta}_1\quad \boldsymbol{\beta}_2\quad \cdots\quad \boldsymbol{\beta}_n),$$

其中 $\boldsymbol{\alpha}_i=(a_{i1},\ a_{i2},\ \cdots,\ a_{in})^{\mathrm{T}}\quad (i=1,\ 2,\ \cdots,\ n)$，$\boldsymbol{\beta}_j=\begin{pmatrix} a_{1j}\\ a_{2j}\\ \vdots\\ a_{nj}\end{pmatrix}\quad (j=1,\ 2,\ \cdots,\ n)$.

由于 $\boldsymbol{A}\boldsymbol{A}^{\mathrm{T}}=\boldsymbol{E}$，所以

$$\begin{pmatrix} \boldsymbol{\alpha}_1^{\mathrm{T}} \\ \boldsymbol{\alpha}_2^{\mathrm{T}} \\ \vdots \\ \boldsymbol{\alpha}_n^{\mathrm{T}} \end{pmatrix} (\boldsymbol{\alpha}_1 \quad \boldsymbol{\alpha}_2 \quad \cdots \quad \boldsymbol{\alpha}_n) = \begin{pmatrix} 1 & 0 & \cdots & 0 \\ 0 & 1 & \cdots & 0 \\ \vdots & \vdots & & \vdots \\ 0 & 0 & \cdots & 1 \end{pmatrix},$$

即

$$\begin{pmatrix} \boldsymbol{\alpha}_1^{\mathrm{T}}\boldsymbol{\alpha}_1 & \boldsymbol{\alpha}_1^{\mathrm{T}}\boldsymbol{\alpha}_2 & \cdots & \boldsymbol{\alpha}_1^{\mathrm{T}}\boldsymbol{\alpha}_n \\ \boldsymbol{\alpha}_2^{\mathrm{T}}\boldsymbol{\alpha}_1 & \boldsymbol{\alpha}_2^{\mathrm{T}}\boldsymbol{\alpha}_2 & \cdots & \boldsymbol{\alpha}_2^{\mathrm{T}}\boldsymbol{\alpha}_n \\ \vdots & \vdots & & \vdots \\ \boldsymbol{\alpha}_n^{\mathrm{T}}\boldsymbol{\alpha}_1 & \boldsymbol{\alpha}_n^{\mathrm{T}}\boldsymbol{\alpha}_2 & \cdots & \boldsymbol{\alpha}_n^{\mathrm{T}}\boldsymbol{\alpha}_n \end{pmatrix} = \begin{pmatrix} 1 & 0 & \cdots & 0 \\ 0 & 1 & \cdots & 0 \\ \vdots & \vdots & & \vdots \\ 0 & 0 & \cdots & 1 \end{pmatrix},$$

也即

$$\begin{cases} \boldsymbol{\alpha}_i^{\mathrm{T}}\boldsymbol{\alpha}_i = 1 \quad (i=1, 2, \cdots, n), \\ \boldsymbol{\alpha}_i^{\mathrm{T}}\boldsymbol{\alpha}_j = 0 \quad (i \neq j). \end{cases}$$

因此，n 阶方阵为正交矩阵的充分必要条件是 $\boldsymbol{A}$ 的 n 个行向量为两两正交的单位向量．

同样地，由于 $\boldsymbol{A}^{\mathrm{T}}\boldsymbol{A}=\boldsymbol{E}$，上述结论对于 $\boldsymbol{A}$ 的 n 个列向量 $\boldsymbol{\beta}_1$，$\boldsymbol{\beta}_2$，…，$\boldsymbol{\beta}_n$ 也成立．

例 7.4　判别下列矩阵是否为正交矩阵，并说明理由．

(1) $\boldsymbol{A}=\begin{pmatrix} 1 & 0 & 0 \\ 0 & \frac{1}{\sqrt{2}} & -\frac{1}{\sqrt{2}} \\ 0 & \frac{1}{\sqrt{2}} & \frac{1}{\sqrt{2}} \end{pmatrix}$；　　(2) $\boldsymbol{A}=\begin{pmatrix} 1 & 1 & \frac{1}{3} \\ -\frac{1}{2} & 2 & \frac{1}{2} \\ \frac{1}{3} & 0 & -1 \end{pmatrix}$.

解　(1) $\boldsymbol{A}$ 为正交矩阵，因为 $\boldsymbol{A}$ 的各个行向量均为单位向量，且两两正交，则由性质(4)得，$\boldsymbol{A}$ 为正交矩阵．

(2) $\boldsymbol{B}$ 不是正交矩阵，因为 $\boldsymbol{B}$ 的各个列(行)向量不是单位向量，且不能保证任意两列(或两行)向量正交，所以 $\boldsymbol{B}$ 不是正交矩阵．

也可利用 $\boldsymbol{AA}^{\mathrm{T}}=\boldsymbol{E}$ 来验证．

定义 7.5　若 n 阶方阵 $\boldsymbol{P}$ 为正交矩阵，则称线性变换 $\boldsymbol{y}=\boldsymbol{Px}$ 为正交变换，其中

$$\boldsymbol{x}=\begin{pmatrix} x_1 \\ x_2 \\ \vdots \\ x_n \end{pmatrix}, \ \boldsymbol{y}=\begin{pmatrix} y_1 \\ y_2 \\ \vdots \\ y_n \end{pmatrix}.$$

设 $\boldsymbol{y}=\boldsymbol{Px}$ 为正交变换，则有

$$|\boldsymbol{y}|=\sqrt{(\boldsymbol{y},\boldsymbol{y})}=\sqrt{(\boldsymbol{P}\boldsymbol{x},\boldsymbol{P}\boldsymbol{x})}=\sqrt{\boldsymbol{x}^{\mathrm{T}}(\boldsymbol{P}^{\mathrm{T}}\boldsymbol{P})\boldsymbol{x}}=\sqrt{(\boldsymbol{x},\boldsymbol{x})}=|\boldsymbol{x}|,$$

所以正交变换不改变向量的长度．

§7.2　方阵的特征值与特征向量

工程技术中的一些问题，如振动问题和稳定性问题，常可归结为求一个方阵的特征值和特征向量问题．数学中微分方程组的求解和矩阵的对角化等问题，也都要用到特征值的理论．

定义 7.6　设 $\boldsymbol{A}$ 为一个 n 阶方阵，λ_0 是一个数，如果存在非零列向量 $\boldsymbol{x}$，使得

$$\boldsymbol{A}\boldsymbol{x}=\lambda_0\boldsymbol{x},\tag{7.1}$$

则称数 λ_0 为 $\boldsymbol{A}$ 的一个特征值，非零列向量 $\boldsymbol{x}$ 为 $\boldsymbol{A}$ 的属于特征值 λ_0 的特征向量，简称特征向量．

在(7.1)式中，若令

$$\boldsymbol{A}=\begin{pmatrix}a_{11}&a_{12}&\cdots&a_{1n}\\a_{21}&a_{22}&\cdots&a_{2n}\\\vdots&\vdots&&\vdots\\a_{n1}&a_{n2}&\cdots&a_{nn}\end{pmatrix},\ \boldsymbol{x}=\begin{pmatrix}x_1\\x_2\\\vdots\\x_n\end{pmatrix}\neq\boldsymbol{0},$$

则(7.1)式也可写成

$$(\lambda_0\boldsymbol{E}-\boldsymbol{A})\boldsymbol{x}=\boldsymbol{0},\tag{7.2}$$

具体写出来，就是

$$\begin{pmatrix}\lambda_0-a_{11}&-a_{12}&\cdots&-a_{1n}\\-a_{21}&\lambda_0-a_{22}&\cdots&-a_{2n}\\\vdots&\vdots&&\vdots\\-a_{n1}&-a_{n2}&\cdots&\lambda_0-a_{nn}\end{pmatrix}\begin{pmatrix}x_1\\x_2\\\vdots\\x_n\end{pmatrix}=\begin{pmatrix}0\\0\\\vdots\\0\end{pmatrix},$$

这说明 $\boldsymbol{x}=\begin{pmatrix}x_1\\x_2\\\vdots\\x_n\end{pmatrix}\neq\boldsymbol{0}$ 为齐次线性方程组

$$\begin{cases}(\lambda_0-a_{11})x_1-a_{12}x_2-\cdots-a_{1n}x_n=0,\\-a_{21}x_1+(\lambda_0-a_{22})x_2-\cdots-a_{2n}x_n=0,\\\cdots\cdots\cdots\cdots\cdots\cdots\\-a_{n1}x_1-a_{n2}x_2-\cdots+(\lambda_0-a_{nn})x_n=0\end{cases}\tag{7.3}$$

的一组非零解，所以方程组(7.3)的系数矩阵的行列式等于零，即

$$\begin{vmatrix} \lambda_0-a_{11} & -a_{12} & \cdots & -a_{1n} \\ -a_{21} & \lambda_0-a_{22} & \cdots & -a_{2n} \\ \vdots & \vdots & & \vdots \\ -a_{n1} & -a_{n2} & \cdots & \lambda_0-a_{nn} \end{vmatrix}=0,$$

也即 $|\lambda_0\boldsymbol{E}-\boldsymbol{A}|=0$.

定义 7.7　设 $\boldsymbol{A}$ 为 n 阶方阵，λ 为一个未知量，矩阵 $\lambda\boldsymbol{E}-\boldsymbol{A}$ 称为 $\boldsymbol{A}$ 的特征矩阵，其行列式

$$|\lambda\boldsymbol{E}-\boldsymbol{A}|=\begin{vmatrix} \lambda-a_{11} & -a_{12} & \cdots & -a_{1n} \\ -a_{21} & \lambda-a_{22} & \cdots & -a_{2n} \\ \vdots & \vdots & & \vdots \\ -a_{n1} & -a_{n2} & \cdots & \lambda-a_{nn} \end{vmatrix} \tag{7.4}$$

为 λ 的一个多项式，称为 $\boldsymbol{A}$ 的特征多项式，相应地，称方程 $|\lambda_0\boldsymbol{E}-\boldsymbol{A}|=0$ 为 $\boldsymbol{A}$ 的特征方程.

由以上分析可知，若 λ_0 为 $\boldsymbol{A}$ 的特征值，则 λ_0 为特征方程 $|\lambda\boldsymbol{E}-\boldsymbol{A}|=0$ 的一个根；反过来，若 λ_0 为 $\boldsymbol{A}$ 的特征方程 $|\lambda\boldsymbol{E}-\boldsymbol{A}|=0$ 的一个根，即 $|\lambda_0\boldsymbol{E}-\boldsymbol{A}|=0$，则 λ_0 必为 $\boldsymbol{A}$ 的特征值，相应地，方程组(7.3)的每一个非零解都是 $\boldsymbol{A}$ 的属于 λ_0 的特征向量.

综合以上讨论，可总结出方阵的特征值和特征向量的求解步骤：

(1) 计算方阵 $\boldsymbol{A}$ 的特征多项式 $f(\lambda)=|\lambda\boldsymbol{E}-\boldsymbol{A}|$；

(2) 在数域 P 上求解特征方程 $|\lambda\boldsymbol{E}-\boldsymbol{A}|=0$ 的全部根，即为数域 P 上 $\boldsymbol{A}$ 的全部特征值；

(3) 对于每个特征值 λ_0，解方程组(7.2)求得全部非零解，即为 $\boldsymbol{A}$ 的属于 λ_0 的全部特征向量.

例 7.5　求方阵 $\boldsymbol{A}=\begin{pmatrix} 1 & 2 & 2 \\ 2 & 1 & 2 \\ 2 & 2 & 1 \end{pmatrix}$ 的特征值与特征向量.

解　先求 $\boldsymbol{A}$ 的特征多项式：

$$|\lambda\boldsymbol{E}-\boldsymbol{A}|=\begin{vmatrix} \lambda-1 & -2 & -2 \\ -2 & \lambda-1 & -2 \\ -2 & -2 & \lambda-1 \end{vmatrix}=(\lambda+1)^2(\lambda-5),$$

所以 $\boldsymbol{A}$ 的特征值为 -1(二重)和 5.

把 $\lambda=-1$ 代入齐次线性方程组(7.2)，得

$$\begin{cases}-2x_1-2x_2-2x_3=0,\\-2x_1-2x_2-2x_3=0,\\-2x_1-2x_2-2x_3=0,\end{cases}$$

化简得

$$x_1+x_2+x_3=0,$$

它的一个基础解系为

$$\begin{pmatrix}1\\0\\-1\end{pmatrix},\quad\begin{pmatrix}0\\1\\-1\end{pmatrix},$$

因此，$\boldsymbol{A}$ 的属于 -1 的全部特征向量为

$$\boldsymbol{\alpha}=k_1\begin{pmatrix}1\\0\\-1\end{pmatrix}+k_2\begin{pmatrix}0\\1\\-1\end{pmatrix}(k_1,\ k_2\ 不全为零);$$

把 $\lambda=5$ 代入齐次线性方程组(7.2)，得

$$\begin{cases}4x_1-2x_2-2x_3=0,\\-2x_1+4x_2-2x_3=0,\\-2x_1-2x_2+4x_3=0,\end{cases}$$

化简，得

$$\begin{cases}x_1\qquad-x_3=0,\\\qquad x_2-x_3=0,\end{cases}$$

它的一个基础解系为

$$\begin{pmatrix}1\\1\\1\end{pmatrix},$$

因此，$\boldsymbol{A}$ 的属于 5 的全部特征向量为

$$\boldsymbol{\beta}=k_3\begin{pmatrix}1\\1\\1\end{pmatrix}(k_3\ 为不等于零的常数).$$

例 7.6 求方阵 $\boldsymbol{B}=\begin{pmatrix}-1&1&0\\-4&3&0\\1&0&2\end{pmatrix}$ 的特征值与特征向量.

解 先求 $\boldsymbol{B}$ 的特征多项式：

$$|\lambda\boldsymbol{E}-\boldsymbol{B}|=\begin{vmatrix}\lambda+1&-1&0\\4&\lambda-3&0\\-1&0&\lambda-2\end{vmatrix}=(\lambda-1)^2(\lambda-2),$$

所以 $\boldsymbol{B}$ 的特征值为 1(二重)和 2.

把$\lambda=1$代入齐次线性方程组(7.2)，得

$$\begin{cases}2x_1-x_2=0,\\4x_1-2x_2=0,\\-x_1-x_3=0,\end{cases}$$

化简，得
$$\begin{cases}x_1+x_3=0,\\x_2+2x_3=0,\end{cases}$$

它的一个基础解系为

$$\begin{pmatrix}-1\\-2\\1\end{pmatrix},$$

因此，$\boldsymbol{B}$的属于1的全部特征向量为

$$\boldsymbol{\alpha}=k_1\begin{pmatrix}-1\\-2\\1\end{pmatrix}\ (k_1\text{ 为不等于零的常数})；$$

把$\lambda=2$代入齐次线性方程组(7.2)，得

$$\begin{cases}3x_1-x_2=0,\\4x_1-x_2=0,\\-x_1=0,\end{cases}$$

化简，得
$$\begin{cases}x_1=0,\\x_2=0,\end{cases}$$

它的一个基础解系为

$$\begin{pmatrix}0\\0\\1\end{pmatrix},$$

因此，$\boldsymbol{B}$的属于2的全部特征向量为

$$\boldsymbol{\beta}=k_2\begin{pmatrix}0\\0\\1\end{pmatrix}\ (k_2\text{ 为不等于零的常数}).$$

下面我们来讨论特征值与特征向量的性质．

定理7.3　设n阶方阵$\boldsymbol{A}=(a_{ij})_{n\times n}$的特征值为$\lambda_1$，$\lambda_2$，…，$\lambda_n$，则有

(1) $\lambda_1+\lambda_2+\cdots+\lambda_n=a_{11}+a_{22}+\cdots+a_{nn}$；

(2) $\lambda_1\lambda_2\cdots\lambda_n=|\boldsymbol{A}|$.

证　令

$$|\lambda \boldsymbol{E}-\boldsymbol{A}|=\begin{vmatrix}\lambda-a_{11} & -a_{12} & \cdots & -a_{1n}\\ -a_{21} & \lambda-a_{22} & \cdots & -a_{2n}\\ \vdots & \vdots & & \vdots\\ -a_{n1} & -a_{n2} & \cdots & \lambda-a_{nn}\end{vmatrix}=(\lambda-\lambda_1)(\lambda-\lambda_2)\cdots(\lambda-\lambda_n), \tag{7.5}$$

比较(7.5)式两端λ^{n-1}的系数，左端λ^{n-1}的项含于$(\lambda-a_{11})(\lambda-a_{22})\cdots(\lambda-a_{nn})$中，系数为$-a_{11}-a_{22}-\cdots-a_{nn}$，而右端$\lambda^{n-1}$的系数为$-\lambda_1-\lambda_2-\cdots-\lambda_n$，所以

$$\lambda_1+\lambda_2+\cdots+\lambda_n=a_{11}+a_{22}+\cdots+a_{nn},$$

在(7.5)式中，令$\lambda=0$，即得

$$(-1)^n\lambda_1\lambda_2\cdots\lambda_n=(-1)^n|\boldsymbol{A}|,$$

所以

$$\lambda_1\lambda_2\cdots\lambda_n=|\boldsymbol{A}|.$$

定义 7.8 设$\boldsymbol{A}=(a_{ij})_{n\times n}$是一个$n$阶方阵，$\boldsymbol{A}$的对角线元素之和称为$\boldsymbol{A}$的迹，记作$\mathrm{tr}(\boldsymbol{A})$，即$\mathrm{tr}(\boldsymbol{A})=a_{11}+a_{22}+\cdots+a_{nn}$.

因此，$\boldsymbol{A}$的所有特征值之和等于$\boldsymbol{A}$的迹.

定理 7.4 设λ_1，λ_2，…，λ_s为n阶方阵$\boldsymbol{A}$的s个不同的特征值，$\boldsymbol{\alpha}_{i1}$，$\boldsymbol{\alpha}_{i2}$，…，$\boldsymbol{\alpha}_{ir_i}$为$\boldsymbol{A}$的属于特征值$\lambda_i$的线性无关的特征向量，则$\boldsymbol{\alpha}_{11}$，$\boldsymbol{\alpha}_{12}$，…，$\boldsymbol{\alpha}_{1r_1}$，…，$\boldsymbol{\alpha}_{s1}$，$\boldsymbol{\alpha}_{s2}$，…，$\boldsymbol{\alpha}_{sr_s}$也是线性无关的.

证 对特征值的个数s作数学归纳法.

当$s=1$时，由假设知$\boldsymbol{\alpha}_{11}$，$\boldsymbol{\alpha}_{12}$，…，$\boldsymbol{\alpha}_{1r_1}$线性无关，结论成立.

假设当$s=k$时，结论成立，即$\boldsymbol{\alpha}_{11}$，$\boldsymbol{\alpha}_{12}$，…，$\boldsymbol{\alpha}_{1r_1}$，…，$\boldsymbol{\alpha}_{k1}$，$\boldsymbol{\alpha}_{k2}$，…，$\boldsymbol{\alpha}_{kr_k}$线性无关，下面证明当$s=k+1$时结论也成立.

为此令

$$x_{11}\boldsymbol{\alpha}_{11}+\cdots+x_{1r_1}\boldsymbol{\alpha}_{1r_1}+\cdots+x_{k1}\boldsymbol{\alpha}_{k1}+\cdots+x_{kr_k}\boldsymbol{\alpha}_{kr_k}+ x_{k+1,1}\boldsymbol{\alpha}_{k+1,1}+\cdots+x_{k+1,r_{k+1}}\boldsymbol{\alpha}_{k+1,r_{k+1}}=\boldsymbol{0} \tag{7.6}$$

成立，在(7.6)式两边同时乘以λ_{k+1}，得

$$x_{11}\lambda_{k+1}\boldsymbol{\alpha}_{11}+\cdots+x_{1r_1}\lambda_{k+1}\boldsymbol{\alpha}_{1r_1}+\cdots+x_{k1}\lambda_{k+1}\boldsymbol{\alpha}_{k1}+\cdots+x_{kr_k}\lambda_{k+1}\boldsymbol{\alpha}_{kr_k}+ x_{k+1,1}\lambda_{k+1}\boldsymbol{\alpha}_{k+1,1}+\cdots+x_{k+1,r_{k+1}}\lambda_{k+1}\boldsymbol{\alpha}_{k+1,r_{k+1}}=\boldsymbol{0}. \tag{7.7}$$

在(7.6)式两边同时左乘$\boldsymbol{A}$，得

$$x_{11}\lambda_1\boldsymbol{\alpha}_{11}+\cdots+x_{1r_1}\lambda_1\boldsymbol{\alpha}_{1r_1}+\cdots+x_{k1}\lambda_k\boldsymbol{\alpha}_{k1}+\cdots+x_{kr_k}\lambda_k\boldsymbol{\alpha}_{kr_k}+ x_{k+1,1}\lambda_{k+1}\boldsymbol{\alpha}_{k+1,1}+\cdots+x_{k+1,r_{k+1}}\lambda_{k+1}\boldsymbol{\alpha}_{k+1,r_{k+1}}=\boldsymbol{0}. \tag{7.8}$$

(7.7)式－(7.8)式，得

$$x_{11}(\lambda_{k+1}-\lambda_1)\boldsymbol{\alpha}_{11}+\cdots+x_{1r_1}(\lambda_{k+1}-\lambda_1)\boldsymbol{\alpha}_{1r_1}+\cdots+x_{k1}(\lambda_{k+1}-\lambda_k)\boldsymbol{\alpha}_{k1}+\cdots+$$

$$x_{kr_k}(\lambda_{k+1}-\lambda_k)\boldsymbol{\alpha}_{kr_k}=\mathbf{0},$$

由归纳假设 $\boldsymbol{\alpha}_{11}$，$\boldsymbol{\alpha}_{12}$，…，$\boldsymbol{\alpha}_{1r_1}$，…，$\boldsymbol{\alpha}_{k1}$，$\boldsymbol{\alpha}_{k2}$，…，$\boldsymbol{\alpha}_{kr_k}$ 线性无关，所以

$$x_{ij}(\lambda_{k+1}-\lambda_i)=0\quad(i=1,\ 2,\ \cdots,\ k;\ j=1,\ 2,\ \cdots,\ r_i),$$

由于
$$\lambda_{k+1}-\lambda_i\neq 0\quad(i=1,\ 2,\ \cdots,\ k),$$

所以 $x_{ij}=0(i=1,\ 2,\ \cdots,\ k;\ j=1,\ 2,\ \cdots,\ r_i)$，于是(7.6)式变为

$$x_{k+1,1}\boldsymbol{\alpha}_{k+1,1}+\cdots+x_{k+1,r_{k+1}}\boldsymbol{\alpha}_{k+1,r_{k+1}}=\mathbf{0}.$$

又因为 $\boldsymbol{\alpha}_{k+1,1}$，$\boldsymbol{\alpha}_{k+1,2}$，…，$\boldsymbol{\alpha}_{k+1,r_{k+1}}$ 线性无关，所以

$$x_{k+1,1}=x_{k+1,2}=\cdots=x_{k+1,r_{k+1}}=\mathbf{0},$$

从而证明 $\boldsymbol{\alpha}_{11}$，$\boldsymbol{\alpha}_{12}$，…，$\boldsymbol{\alpha}_{1r_1}$，…，$\boldsymbol{\alpha}_{k+1,1}$，$\boldsymbol{\alpha}_{k+1,2}$，…，$\boldsymbol{\alpha}_{k+1,r_{k+1}}$ 也是线性无关的.

特别地，若 λ_1，λ_2，…，λ_s 为 $\boldsymbol{A}$ 的 s 个不同的特征值，$\boldsymbol{\alpha}_1$，$\boldsymbol{\alpha}_2$，…，$\boldsymbol{\alpha}_s$ 分别为 $\boldsymbol{A}$ 对应于特征值 λ_1，λ_2，…，λ_s 的特征向量，那么 $\boldsymbol{\alpha}_1$，$\boldsymbol{\alpha}_2$，…，$\boldsymbol{\alpha}_s$ 必定线性无关.

因为方阵 $\boldsymbol{A}$ 的特征值是 $\boldsymbol{A}$ 的特征方程的根，而方程的求根问题是与所考虑的数域有关的，因此，矩阵 $\boldsymbol{A}$ 的特征值与特征向量的存在也与所考虑的数域有关，在不同的数域中，可以得到不同的结果，下面举例说明.

例 7.7　求方阵 $\boldsymbol{C}=\begin{pmatrix}2 & 0 & 0\\ 1 & 0 & -1\\ 2 & -2 & 0\end{pmatrix}$ 的特征值与特征向量.

解　$\boldsymbol{C}$ 的特征多项式为

$$f(\lambda)=|\lambda\boldsymbol{E}-\boldsymbol{C}|=\begin{vmatrix}\lambda-2 & 0 & 0\\ -1 & \lambda & 1\\ -2 & 2 & \lambda\end{vmatrix}=(\lambda-2)(\lambda^2-2),$$

如果在有理数域中考虑，$\boldsymbol{C}$ 只有一个特征值 $\lambda=2$，把 $\lambda=2$ 代入方程组(7.2)，得

$$\begin{cases}-x_1+2x_2+x_3=0,\\ -2x_1+2x_2+2x_3=0,\end{cases}$$

化简，得

$$\begin{cases}x_1 \qquad -x_3=0,\\ \qquad x_2 \qquad =0,\end{cases}$$

其基础解系为

$$\begin{pmatrix}1\\0\\1\end{pmatrix},$$

所以 $\boldsymbol{C}$ 的全部特征向量为

$$\boldsymbol{\alpha}=k\begin{pmatrix}1\\0\\1\end{pmatrix}\ (k\text{ 为不等于零的有理数}).$$

如果在实数域中考虑，方阵 $\boldsymbol{C}$ 除 $\lambda=2$ 的特征值外，还有两个实特征值 $\lambda=\pm\sqrt{2}$，把 $\lambda=\pm\sqrt{2}$ 分别代入方程组(7.2)，得

$$\begin{cases}(\sqrt{2}-2)x_1 & =0,\\ -x_1+\sqrt{2}x_2+x_3=0,\\ -2x_1+2x_2+\sqrt{2}x_3=0,\end{cases}$$

及

$$\begin{cases}(-\sqrt{2}-2)x_1 & =0,\\ -x_1-\sqrt{2}x_2+x_3=0,\\ -2x_1+2x_2-\sqrt{2}x_3=0,\end{cases}$$

化简，得

$$\begin{cases}x_1=0,\\ x_2+\dfrac{1}{\sqrt{2}}x_3=0,\end{cases}$$

及

$$\begin{cases}x_1=0,\\ x_2-\dfrac{1}{\sqrt{2}}x_3=0,\end{cases}$$

得基础解系分别为

$$\begin{pmatrix}0\\-\dfrac{1}{\sqrt{2}}\\1\end{pmatrix},\ \begin{pmatrix}0\\\dfrac{1}{\sqrt{2}}\\1\end{pmatrix},$$

所以 $\boldsymbol{C}$ 的全部特征值为 2，$\sqrt{2}$，$-\sqrt{2}$，对应的全部特征向量分别为

$$\boldsymbol{\alpha}_1=k\begin{pmatrix}1\\0\\1\end{pmatrix},\ \boldsymbol{\alpha}_2=l\begin{pmatrix}0\\-\dfrac{1}{\sqrt{2}}\\1\end{pmatrix},\ \boldsymbol{\alpha}_3=m\begin{pmatrix}0\\\dfrac{1}{\sqrt{2}}\\1\end{pmatrix},$$

其中 k，l，m 均为非负实数.

另外，若在复数域上考虑方阵 $\boldsymbol{A}$ 的特征值及特征向量，由于复系数多项式在复数域中一定有根，所以在复数域中任一方阵 $\boldsymbol{A}$ 的特征值和特征向量必定存在.

§7.3　相似矩阵

本节主要介绍相似矩阵的概念及性质，并给出方阵可对角化的条件．

定义 7.9　设$\boldsymbol{A}$、$\boldsymbol{B}$均为n阶方阵，如果存在n阶可逆阵$\boldsymbol{P}$，使得

$$\boldsymbol{P}^{-1}\boldsymbol{A}\boldsymbol{P}=\boldsymbol{B}, \tag{7.9}$$

则称方阵$\boldsymbol{A}$与$\boldsymbol{B}$相似，记作$\boldsymbol{A}\sim\boldsymbol{B}$.

例如，因为

$$\begin{pmatrix} 0 & 1 & 0 \\ -1 & 0 & 1 \\ 1 & 0 & 1 \end{pmatrix}^{-1}\begin{pmatrix} 4 & 0 & 0 \\ 0 & 3 & 1 \\ 0 & 1 & 3 \end{pmatrix}\begin{pmatrix} 0 & 1 & 0 \\ -1 & 0 & 1 \\ 1 & 0 & 1 \end{pmatrix}=\begin{pmatrix} 2 & 0 & 0 \\ 0 & 4 & 0 \\ 0 & 0 & 4 \end{pmatrix},$$

所以

$$\begin{pmatrix} 4 & 0 & 0 \\ 0 & 3 & 1 \\ 0 & 1 & 3 \end{pmatrix}\sim\begin{pmatrix} 2 & 0 & 0 \\ 0 & 4 & 0 \\ 0 & 0 & 4 \end{pmatrix}.$$

相似是矩阵间的一种关系，相似矩阵具有如下性质：

(1) 反身性：$\boldsymbol{A}\sim\boldsymbol{A}$；

(2) 对称性：如果$\boldsymbol{A}\sim\boldsymbol{B}$，则$\boldsymbol{B}\sim\boldsymbol{A}$；

(3) 传递性：如果$\boldsymbol{A}\sim\boldsymbol{B}$，$\boldsymbol{B}\sim\boldsymbol{C}$，则$\boldsymbol{A}\sim\boldsymbol{C}$.

相似矩阵还具有如下性质：

定理 7.5　若n阶方阵$\boldsymbol{A}$与$\boldsymbol{B}$相似，则它们有相同的特征多项式，从而有相同的特征值．

证　因为$\boldsymbol{A}\sim\boldsymbol{B}$，则存在可逆阵$\boldsymbol{P}$，使$\boldsymbol{P}^{-1}\boldsymbol{A}\boldsymbol{P}=\boldsymbol{B}$，所以

$$|\lambda\boldsymbol{E}-\boldsymbol{B}|=|\lambda\boldsymbol{E}-\boldsymbol{P}^{-1}\boldsymbol{A}\boldsymbol{P}|=|\boldsymbol{P}^{-1}(\lambda\boldsymbol{E}-\boldsymbol{A})\boldsymbol{P}|=|\boldsymbol{P}^{-1}||\lambda\boldsymbol{E}-\boldsymbol{A}||\boldsymbol{P}|=|\lambda\boldsymbol{E}-\boldsymbol{A}|,$$

故$\boldsymbol{A}$与$\boldsymbol{B}$有相同的特征多项式，从而有相同的特征值．

但是，具有相同特征多项式的矩阵却未必是相似矩阵，例如，方阵

$$\boldsymbol{A}=\begin{pmatrix} 2 & 0 \\ 0 & 2 \end{pmatrix},\ \boldsymbol{B}=\begin{pmatrix} 2 & 0 \\ 1 & 2 \end{pmatrix}$$

的特征多项式都等于$(\lambda-2)^2$，但$\boldsymbol{A}$与$\boldsymbol{B}$并不相似，因为与$\boldsymbol{A}$相似的矩阵只有自身．

定理 7.6　若n阶方阵$\boldsymbol{A}$与$\boldsymbol{B}$相似，则

(1) $|\boldsymbol{A}|=|\boldsymbol{B}|$；

(2) $\mathrm{tr}(\boldsymbol{A})=\mathrm{tr}(\boldsymbol{B})$.

证　因为$\boldsymbol{A}\sim\boldsymbol{B}$，所以存在可逆阵$\boldsymbol{P}$，使$\boldsymbol{P}^{-1}\boldsymbol{A}\boldsymbol{P}=\boldsymbol{B}$，从而

$$|\boldsymbol{B}|=|\boldsymbol{P}^{-1}\boldsymbol{A}\boldsymbol{P}|=|\boldsymbol{P}^{-1}||\boldsymbol{A}||\boldsymbol{P}|=|\boldsymbol{A}|.$$

由定理 7.5，$\boldsymbol{A}$与$\boldsymbol{B}$相似，则$\boldsymbol{A}$与$\boldsymbol{B}$有相同的特征值，由定义 7.8 及定理

7.3，有

$$\mathrm{tr}(\boldsymbol{A})=\mathrm{tr}(\boldsymbol{B}).$$

定理 7.7 若 n 阶方阵 $\boldsymbol{A}$ 与 $\boldsymbol{B}$ 相似，则 $\boldsymbol{A}$ 与 $\boldsymbol{B}$ 同时可逆或者不可逆，且若 $\boldsymbol{B}=\boldsymbol{P}^{-1}\boldsymbol{A}\boldsymbol{P}$，那么当 $\boldsymbol{A}$，$\boldsymbol{B}$ 可逆时，$\boldsymbol{A}^{-1}$ 与 $\boldsymbol{B}^{-1}$ 也相似，且有 $\boldsymbol{B}^{-1}=\boldsymbol{P}^{-1}\boldsymbol{A}^{-1}\boldsymbol{P}$；若 $f(x)$ 为数域 P 上的一个多项式，那么 $f(\boldsymbol{B})=\boldsymbol{P}^{-1}f(\boldsymbol{A})\boldsymbol{P}$.

该定理可根据矩阵运算规律直接证明.

下面讨论的主要问题是，对 n 阶矩阵 $\boldsymbol{A}$，寻求相似变换矩阵 $\boldsymbol{P}$，使得 $\boldsymbol{P}^{-1}\boldsymbol{A}\boldsymbol{P}=\boldsymbol{\Lambda}$ 为对角矩阵，这个过程称为把方阵 $\boldsymbol{A}$ 对角化.

设 $\boldsymbol{A}=(a_{ij})_{n\times n}$ 为 n 阶方阵，假设已经找到 n 阶可逆阵 $\boldsymbol{P}$ 及对角矩阵

$$\boldsymbol{\Lambda}=\begin{pmatrix}\lambda_1 & 0 & \cdots & 0\\ 0 & \lambda_2 & \cdots & 0\\ \vdots & \vdots & & \vdots\\ 0 & 0 & \cdots & \lambda_n\end{pmatrix},$$

使 $\boldsymbol{P}^{-1}\boldsymbol{A}\boldsymbol{P}=\boldsymbol{\Lambda}$.

用 $\boldsymbol{\alpha}_1$，$\boldsymbol{\alpha}_2$，…，$\boldsymbol{\alpha}_n$ 表示 $\boldsymbol{P}$ 的 n 个列向量，则 $\boldsymbol{P}=(\boldsymbol{\alpha}_1,\ \boldsymbol{\alpha}_2,\ \cdots,\ \boldsymbol{\alpha}_n)$，且有 $\boldsymbol{A}\boldsymbol{P}=\boldsymbol{P}\boldsymbol{\Lambda}$，即

$$\boldsymbol{A}(\boldsymbol{\alpha}_1,\ \boldsymbol{\alpha}_2,\ \cdots,\ \boldsymbol{\alpha}_n)=(\boldsymbol{\alpha}_1,\ \boldsymbol{\alpha}_2,\ \cdots,\ \boldsymbol{\alpha}_n)\begin{pmatrix}\lambda_1 & 0 & \cdots & 0\\ 0 & \lambda_2 & \cdots & 0\\ \vdots & \vdots & & \vdots\\ 0 & 0 & \cdots & \lambda_n\end{pmatrix},$$

也即 $$(\boldsymbol{A}\boldsymbol{\alpha}_1,\ \boldsymbol{A}\boldsymbol{\alpha}_2,\ \cdots,\ \boldsymbol{A}\boldsymbol{\alpha}_n)=(\lambda_1\boldsymbol{\alpha}_1,\ \lambda_2\boldsymbol{\alpha}_2,\ \cdots,\ \lambda_n\boldsymbol{\alpha}_n),$$

所以 $$\boldsymbol{A}\boldsymbol{\alpha}_i=\lambda_i\boldsymbol{\alpha}_i\quad(i=1,\ 2,\ \cdots,\ n).$$

由以上分析可知，$\boldsymbol{A}$ 与 $\boldsymbol{\Lambda}$ 相似，则 λ_1，λ_2，…，λ_n 为 $\boldsymbol{A}$ 的特征值，$\boldsymbol{\alpha}_1$，$\boldsymbol{\alpha}_2$，…，$\boldsymbol{\alpha}_n$ 为 $\boldsymbol{A}$ 分别属于上述特征值的线性无关的特征向量，上述过程是可逆的. 因而我们不难得到 n 阶方阵 $\boldsymbol{A}$ 与对角矩阵 $\boldsymbol{\Lambda}$ 相似($\boldsymbol{A}$ 可对角化)的判别条件如下：

定理 7.8 n 阶方阵 $\boldsymbol{A}=(a_{ij})$ 与对角矩阵

$$\boldsymbol{\Lambda}=\begin{pmatrix}\lambda_1 & 0 & \cdots & 0\\ 0 & \lambda_2 & \cdots & 0\\ \vdots & \vdots & & \vdots\\ 0 & 0 & \cdots & \lambda_n\end{pmatrix}$$

相似的充分必要条件是 $\boldsymbol{A}$ 有 n 个线性无关的特征向量.

推论 1 n 阶方阵 $\boldsymbol{A}$ 有 n 个不同的特征值，则 $\boldsymbol{A}$ 与对角矩阵相似.

由于$\boldsymbol{A}$有n个不同的特征值，从而$\boldsymbol{A}$有n个线性无关的特征向量，由定理7.8知$\boldsymbol{A}$与对角矩阵相似.

由于在复数域上，任一n次多项式都有n个根，因而由推论不难得到如下结论.

推论2　若n阶方阵$\boldsymbol{A}$的特征方程在复数域上没有重根，则$\boldsymbol{A}$可对角化.

应该注意，以上两个条件只是方阵$\boldsymbol{A}$可对角化的充分条件而非必要条件.例如，n阶单位矩阵$\boldsymbol{E}$为对角阵，只有一个特征值1，1是其特征方程的n重根.

推论3　设λ_1，λ_2，…，λ_s为n阶方阵$\boldsymbol{A}=(a_{ij})$的所有不同的特征值，n_1，n_2，…，n_s分别为λ_1，λ_2，…，λ_s的重数($n_1+n_2+\cdots+n_s=n$)，则$\boldsymbol{A}$可对角化的充分必要条件是$\boldsymbol{A}$的每个n_i重特征值λ_i对应n_i个线性无关的特征向量.

证　略.

例7.8　判定矩阵$\boldsymbol{A}=\begin{pmatrix}-1&1&0\\-4&3&0\\1&0&2\end{pmatrix}$是否可对角化，并说明理由.

解　令$|\lambda\boldsymbol{E}-\boldsymbol{A}|=0$，即

$$\begin{vmatrix}\lambda+1&-1&0\\4&\lambda-3&0\\-1&0&\lambda-2\end{vmatrix}=(\lambda-2)(\lambda-1)^2=0,$$

所以$\boldsymbol{A}$的特征值为$\lambda_1=2$，$\lambda_2=\lambda_3=1$.

把$\lambda_1=2$代入齐次线性方程组$(\lambda\boldsymbol{E}-\boldsymbol{A})\boldsymbol{x}=\boldsymbol{0}$，得

$$\begin{cases}3x_1-x_2=0,\\4x_1-x_2=0,\\x_1\qquad\ \ =0,\end{cases}$$

化简，得

$$\begin{cases}x_1\qquad=0,\\\qquad x_2=0,\end{cases}$$

它的一个基础解系为$\boldsymbol{\alpha}_1=\begin{pmatrix}0\\0\\1\end{pmatrix}$，$\boldsymbol{\alpha}_1$为$\lambda_1=2$对应的一个特征向量.

把$\lambda_2=\lambda_3=1$代入齐次线性方程组$(\lambda\boldsymbol{E}-\boldsymbol{A})\boldsymbol{x}=\boldsymbol{0}$，得

$$\begin{cases}2x_1-\ x_2\qquad\ \ =0,\\4x_1-2x_2\qquad\ \ =0,\\-x_1\qquad\quad -x_3=0,\end{cases}$$

化简，得
$$\begin{cases} x_1 + \quad\ \ x_3 = 0, \\ \qquad x_2 + 2x_3 = 0, \end{cases}$$

它的一个基础解系为 $\boldsymbol{\alpha}_2 = \begin{pmatrix} -1 \\ -2 \\ 1 \end{pmatrix}$，$\boldsymbol{\alpha}_2$ 为 $\lambda_2 = \lambda_3 = 1$ 对应的一个特征向量.

因此，三阶方阵 $\boldsymbol{A}$ 对应的线性无关的特征向量的个数少于 3，由定理 7.8，$\boldsymbol{A}$ 不可对角化.

例 7.9 已知 $\boldsymbol{A} = \begin{pmatrix} 2 & a & 2 \\ 5 & b & 3 \\ -1 & 1 & -1 \end{pmatrix}$ 有特征值 ± 1，问 $\boldsymbol{A}$ 能否对角化，说明理由.

解 由于 $\lambda_1 = -1$，$\lambda_2 = 1$ 为 $\boldsymbol{A}$ 的特征值，则有 $|-\boldsymbol{E} - \boldsymbol{A}| = 0$，$|\boldsymbol{E} - \boldsymbol{A}| = 0$，

即
$$\begin{vmatrix} -3 & -a & -2 \\ -5 & -1-b & -3 \\ 1 & -1 & 0 \end{vmatrix} = 0, \quad \begin{vmatrix} -1 & -a & -2 \\ -5 & 1-b & -3 \\ 1 & -1 & 2 \end{vmatrix} = 0,$$

也即
$$3a - 2b - 3 = 0, \ -7(1+a) = 0,$$

解得 $a = -1$，$b = -3$，所以
$$\boldsymbol{A} = \begin{pmatrix} 2 & -1 & 2 \\ 5 & -3 & 3 \\ -1 & 1 & -1 \end{pmatrix}.$$

由定理 7.3，有
$$\lambda_1 + \lambda_2 + \lambda_3 = a_{11} + a_{22} + a_{33}, \text{即 } 1 + (-1) + \lambda_3 = 2 + (-3) + (-1),$$

所以 $\lambda_3 = -2$，从而三阶方阵 $\boldsymbol{A}$ 有 3 个不同的特征值，由定理 7.8 的推论 1，$\boldsymbol{A}$ 可对角化.

例 7.10 已知三阶方阵 $\boldsymbol{A}$ 的特征值为 1，1，0，对应的特征向量分别为
$$\boldsymbol{\alpha}_1 = \begin{pmatrix} 0 \\ 3 \\ 2 \end{pmatrix}, \ \boldsymbol{\alpha}_2 = \begin{pmatrix} 1 \\ 0 \\ -1 \end{pmatrix}, \ \boldsymbol{\alpha}_3 = \begin{pmatrix} -2 \\ -1 \\ 1 \end{pmatrix},$$

求矩阵 $\boldsymbol{A}$.

解 由于三阶方阵 $\boldsymbol{A}$ 有三个线性无关的特征向量 $\boldsymbol{\alpha}_1$，$\boldsymbol{\alpha}_2$，$\boldsymbol{\alpha}_3$，所以由定理 7.8 知 $\boldsymbol{A}$ 可对角化，即存在三阶可逆阵 $\boldsymbol{P}$ 以及对角阵 $\boldsymbol{\Lambda}$，使 $\boldsymbol{P}^{-1}\boldsymbol{A}\boldsymbol{P} = \boldsymbol{\Lambda}$. 由定理 7.8 的证明过程，可令
$$\boldsymbol{P} = (\boldsymbol{\alpha}_1, \boldsymbol{\alpha}_2, \boldsymbol{\alpha}_3) = \begin{pmatrix} 0 & 1 & -2 \\ 3 & 0 & -1 \\ 2 & -1 & 1 \end{pmatrix}, \ \boldsymbol{\Lambda} = \begin{pmatrix} 1 & 0 & 0 \\ 0 & 1 & 0 \\ 0 & 0 & 0 \end{pmatrix},$$

所以，
$$A=P\Lambda P^{-1}=\begin{pmatrix}0&1&-2\\3&0&-1\\2&-1&1\end{pmatrix}\begin{pmatrix}1&0&0\\0&1&0\\0&0&0\end{pmatrix}\begin{pmatrix}0&1&-2\\3&0&-1\\2&-1&1\end{pmatrix}^{-1}$$
$$=\begin{pmatrix}-5&4&-6\\-3&3&-3\\3&-2&4\end{pmatrix}.$$

综上所述，将一个 n 阶方阵 A 对角化的计算步骤如下：

(1) 求 A 的所有不同的特征值 λ_1，λ_2，…，λ_s(其重数分别为 n_1，n_2，…，n_s，且 $n_1+n_2+\cdots+n_s=n$)；

(2) 对于每个特征值 $\lambda_i(i=1, 2, \cdots, n)$，解方程组 $(\lambda_i E-A)x=0$，求出属于特征值 λ_i 的线性无关的特征向量 α_{i1}，α_{i2}，…，α_{ir_i} $(i=1, 2, \cdots, s)$；

(3) 若如上求出 A 有 n 个线性无关的特征向量 α_{11}，α_{12}，…，α_{1r_1}，…，α_{s1}，…，α_{sr_s} （此时 $r_i=n_i(i=1, 2, \cdots, s)$），则令
$$P=(\alpha_{11}, \alpha_{12}, \cdots, \alpha_{1n_s}, \cdots, \alpha_{s1}, \cdots, \alpha_{sn_s}),$$
$$\Lambda=\begin{pmatrix}\lambda_1&&&&&\\&\ddots&&&&\\&&\lambda_1&&&\\&&&\ddots&&\\&&&&\lambda_s&\\&&&&&\ddots&\\&&&&&&\lambda_s\end{pmatrix},$$
且有 $P^{-1}AP=\Lambda$.

注：(1) 若 A 的全部线性无关特征向量的个数小于 n，则 A 不能对角化，方阵 A 只能与若当标准形相似(见第12章)；

(2) 可逆阵 P 中特征向量的排列顺序与 Λ 中特征值的排列顺序应一致.

作为相似矩阵的一个应用，利用方阵的对角化，可以求方阵的幂 A^k 以及方阵 A 的多项式矩阵 $f(A)=a_0A^k+a_1A^{k-1}+\cdots+a_{k-1}A+a_kE$.

例 7.11　已知 $A=\begin{pmatrix}1&2&2\\2&1&2\\2&2&1\end{pmatrix}$，求：

(1) A^5；(2) $f(A)=A^3-5A^2+A-E$.

解　由例 7.5 知 $\lambda_1=\lambda_2=-1$，$\lambda_3=5$ 为 A 的特征值，

$$\boldsymbol{\alpha}_1=\begin{pmatrix}1\\0\\-1\end{pmatrix},\ \boldsymbol{\alpha}_2=\begin{pmatrix}0\\1\\-1\end{pmatrix},\ \boldsymbol{\alpha}_3=\begin{pmatrix}1\\1\\1\end{pmatrix}$$

分别为 $\boldsymbol{A}$ 对应于特征值 $\lambda_1=\lambda_2=-1$，$\lambda_3=5$ 的线性无关的特征向量，由定理 7.8 知，$\boldsymbol{A}$ 可对角化，且存在可逆阵

$$\boldsymbol{P}=(\boldsymbol{\alpha}_1,\ \boldsymbol{\alpha}_2,\ \boldsymbol{\alpha}_3)=\begin{pmatrix}1&0&1\\0&1&1\\-1&-1&1\end{pmatrix}$$

及对角矩阵
$$\boldsymbol{\Lambda}=\begin{pmatrix}-1&0&0\\0&-1&0\\0&0&5\end{pmatrix},$$

使 $\boldsymbol{P}^{-1}\boldsymbol{AP}=\boldsymbol{\Lambda}$，从而 $\boldsymbol{A}=\boldsymbol{P\Lambda P}^{-1}$，所以

$$\begin{aligned}\boldsymbol{A}^5&=(\boldsymbol{P\Lambda P}^{-1})^5=\boldsymbol{P\Lambda}^5\boldsymbol{P}^{-1}\\&=\begin{pmatrix}1&0&1\\0&1&1\\-1&-1&1\end{pmatrix}\begin{pmatrix}-1&0&0\\0&-1&0\\0&0&5\end{pmatrix}^5\begin{pmatrix}1&0&1\\0&1&1\\-1&-1&1\end{pmatrix}^{-1}\\&=\frac{1}{3}\begin{pmatrix}-2+5^5&1+5^5&1+5^5\\1+5^5&-2+5^5&1+5^5\\1+5^5&1+5^5&-2+5^5\end{pmatrix},\end{aligned}$$

$$\begin{aligned}f(\boldsymbol{A})&=\boldsymbol{A}^3-5\boldsymbol{A}^2+\boldsymbol{A}-\boldsymbol{E}=\boldsymbol{P}(\boldsymbol{\Lambda}^3-5\boldsymbol{\Lambda}^2+\boldsymbol{\Lambda}-\boldsymbol{E})\boldsymbol{P}^{-1}=\boldsymbol{P}f(\boldsymbol{\Lambda})\boldsymbol{P}^{-1}\\&=\begin{pmatrix}1&0&1\\0&1&1\\-1&-1&1\end{pmatrix}\begin{pmatrix}f(-1)&0&0\\0&f(-1)&0\\0&0&f(5)\end{pmatrix}\begin{pmatrix}1&0&1\\0&1&1\\-1&-1&1\end{pmatrix}^{-1}\\&=\begin{pmatrix}1&0&1\\0&1&1\\-1&-1&1\end{pmatrix}\begin{pmatrix}-8&0&0\\0&-8&0\\0&0&4\end{pmatrix}\begin{pmatrix}1&0&1\\0&1&1\\-1&-1&1\end{pmatrix}^{-1}\\&=\begin{pmatrix}-4&4&4\\4&-4&4\\4&4&-4\end{pmatrix}.\end{aligned}$$

§7.4 实对称矩阵的对角化

由上节讨论可知，并非所有的 n 阶方阵都能对角化，本节将指出实对称矩阵(所有元素均为实数的对称矩阵)必定可以对角化．

为此，首先介绍实对称矩阵的特征值及特征向量的性质．

定理 7.9　实对称矩阵的特征值全为实数．

证　设 λ_0 为实对称矩阵 $\boldsymbol{A}$ 的特征值，非零向量

$$\boldsymbol{x}=\begin{pmatrix}x_1\\x_2\\\vdots\\x_n\end{pmatrix}$$

为 $\boldsymbol{A}$ 属于 λ_0 的特征向量，则有 $\boldsymbol{A}\boldsymbol{x}=\lambda_0\boldsymbol{x}$，用 $\overline{\lambda_0}$ 表示 λ_0 的共轭复数，$\overline{\boldsymbol{x}}$ 表示 $\boldsymbol{x}$ 的共轭向量，其中

$$\overline{\boldsymbol{x}}=\begin{pmatrix}\overline{x_1}\\\overline{x_2}\\\vdots\\\overline{x_n}\end{pmatrix},$$

则
$$\boldsymbol{A}\overline{\boldsymbol{x}}=\overline{\boldsymbol{A}}\,\overline{\boldsymbol{x}}=\overline{\boldsymbol{A}\boldsymbol{x}}=\overline{\lambda\boldsymbol{x}}=\overline{\lambda}\,\overline{\boldsymbol{x}},$$
于是
$$\overline{\boldsymbol{x}}^{\mathrm{T}}\boldsymbol{A}\boldsymbol{x}=\overline{\boldsymbol{x}}^{\mathrm{T}}(\boldsymbol{A}\boldsymbol{x})=\overline{\boldsymbol{x}}^{\mathrm{T}}(\lambda\boldsymbol{x})=\lambda(\overline{\boldsymbol{x}}^{\mathrm{T}}\boldsymbol{x}),$$
及
$$\overline{\boldsymbol{x}}^{\mathrm{T}}\boldsymbol{A}\boldsymbol{x}=(\overline{\boldsymbol{x}}^{\mathrm{T}}\boldsymbol{A}^{\mathrm{T}})\boldsymbol{x}=(\boldsymbol{A}\overline{\boldsymbol{x}})^{\mathrm{T}}\boldsymbol{x}=(\overline{\lambda}\,\overline{\boldsymbol{x}})^{\mathrm{T}}\boldsymbol{x}=\overline{\lambda}(\overline{\boldsymbol{x}}^{\mathrm{T}}\boldsymbol{x}),$$
上述两式相减，得
$$(\lambda-\overline{\lambda})(\overline{\boldsymbol{x}}^{\mathrm{T}}\boldsymbol{x})=0,$$
由于 $\overline{\boldsymbol{x}}\neq\boldsymbol{0}$，所以
$$\overline{\boldsymbol{x}}^{\mathrm{T}}\boldsymbol{x}=\sum_{i=1}^{n}\overline{x_i}x_i=\sum_{i=1}^{n}|x_i|^2\neq 0,$$
从而 $\lambda-\overline{\lambda}=0$，即 $\lambda=\overline{\lambda}$ 为实数．

定理 7.10　设 $\boldsymbol{A}$ 为 n 阶实对称矩阵，则 $\boldsymbol{A}$ 的不同特征值所对应的特征向量必正交．

证　令 λ_1，λ_2 为 $\boldsymbol{A}$ 的两个不同的特征值，$\boldsymbol{\alpha}_1$，$\boldsymbol{\alpha}_2$ 分别为 $\boldsymbol{A}$ 属于特征值 λ_1，λ_2 的特征向量，则

$$\boldsymbol{A}\boldsymbol{\alpha}_1=\lambda_1\boldsymbol{\alpha}_1,\ \boldsymbol{A}\boldsymbol{\alpha}_2=\lambda_2\boldsymbol{\alpha}_2,$$
于是
$$(\boldsymbol{A}\boldsymbol{\alpha}_1,\boldsymbol{\alpha}_2)=(\lambda_1\boldsymbol{\alpha}_1,\boldsymbol{\alpha}_2)=\lambda_1(\boldsymbol{\alpha}_1,\boldsymbol{\alpha}_2),$$
而
$$\begin{aligned}(\boldsymbol{A}\boldsymbol{\alpha}_1,\boldsymbol{\alpha}_2)&=(\boldsymbol{A}\boldsymbol{\alpha}_1)^{\mathrm{T}}\boldsymbol{\alpha}_2=\boldsymbol{\alpha}_1^{\mathrm{T}}\boldsymbol{A}^{\mathrm{T}}\boldsymbol{\alpha}_2=\boldsymbol{\alpha}_1^{\mathrm{T}}\boldsymbol{A}\boldsymbol{\alpha}_2=(\boldsymbol{\alpha}_1,\boldsymbol{A}\boldsymbol{\alpha}_2)\\&=(\boldsymbol{\alpha}_1,\lambda_2\boldsymbol{\alpha}_2)=\lambda_2(\boldsymbol{\alpha}_1,\boldsymbol{\alpha}_2),\end{aligned}$$
所以
$$\lambda_1(\boldsymbol{\alpha}_1,\boldsymbol{\alpha}_2)=\lambda_2(\boldsymbol{\alpha}_1,\boldsymbol{\alpha}_2),$$
由于 $\lambda_1\neq\lambda_2$，所以 $(\boldsymbol{\alpha}_1,\boldsymbol{\alpha}_2)=0$，即 $\boldsymbol{\alpha}_1$ 与 $\boldsymbol{\alpha}_2$ 正交．

定理 7.11 若λ是实对称矩阵$\boldsymbol{A}$ 的k 重特征根，则对应特征值λ恰有k 个线性无关的特征向量．

证 略．

下面来证明本节的主要结论．

定理 7.12 设$\boldsymbol{A}$为n阶实对称矩阵，则存在n阶正交矩阵$\boldsymbol{P}$，使得$\boldsymbol{P}^{\mathrm{T}}\boldsymbol{A}\boldsymbol{P}=\boldsymbol{P}^{-1}\boldsymbol{A}\boldsymbol{P}$为对角矩阵．

证 对实对称矩阵$\boldsymbol{A}$的阶数作数学归纳法．

当$n=1$时，结论显然成立．

假设对于$n-1$阶实对称矩阵结论成立，设λ_1为$\boldsymbol{A}$的一个特征值，$\boldsymbol{\alpha}_1$为$\boldsymbol{A}$属于λ_1的单位特征向量，于是$\boldsymbol{A}\boldsymbol{\alpha}_1=\lambda_1\boldsymbol{\alpha}_1$，以$\boldsymbol{\alpha}_1$为第1列构造一个正交矩阵$\boldsymbol{P}_1$，那么

$$\boldsymbol{P}_1^{-1}\boldsymbol{A}\boldsymbol{P}_1=\begin{pmatrix}\lambda_1 & b_2 & \cdots & b_n\\ 0 & & & \\ \vdots & & \boldsymbol{A}_1 & \\ 0 & & & \end{pmatrix}.$$

由于$\boldsymbol{P}_1$为正交矩阵，所以

$$(\boldsymbol{P}_1^{-1}\boldsymbol{A}\boldsymbol{P}_1)^{\mathrm{T}}=\boldsymbol{P}_1^{\mathrm{T}}\boldsymbol{A}^{\mathrm{T}}(\boldsymbol{P}_1^{-1})^{\mathrm{T}}=\boldsymbol{P}_1^{-1}\boldsymbol{A}\boldsymbol{P}_1,$$

即$\boldsymbol{P}_1^{-1}\boldsymbol{A}\boldsymbol{P}_1$也是对称矩阵，所以$b_2=\cdots=b_n=0$，且$\boldsymbol{A}_1$为$n-1$阶实对称矩阵，即

$$\boldsymbol{P}_1^{-1}\boldsymbol{A}\boldsymbol{P}_1=\begin{pmatrix}\lambda_1 & \boldsymbol{0}\\ \boldsymbol{0} & A_1\end{pmatrix}.$$

由归纳假设，对于$n-1$阶实对称矩阵$\boldsymbol{A}_1$，存在$n-1$阶正交矩阵$\boldsymbol{P}_2$，使

$$\boldsymbol{P}_2^{-1}\boldsymbol{A}_1\boldsymbol{P}_2=\begin{pmatrix}\lambda_2 & & \\ & \ddots & \\ & & \lambda_n\end{pmatrix}.$$

为此，令$\boldsymbol{P}_3=\begin{pmatrix}1 & \boldsymbol{0}\\ \boldsymbol{0} & \boldsymbol{P}_2\end{pmatrix}$，则

$$\boldsymbol{P}_3^{-1}\begin{pmatrix}\lambda_1 & \boldsymbol{0}\\ \boldsymbol{0} & \boldsymbol{A}_1\end{pmatrix}\boldsymbol{P}_3=\begin{pmatrix}\lambda_1 & \boldsymbol{0}\\ \boldsymbol{0} & \boldsymbol{P}_2^{-1}\boldsymbol{A}_1\boldsymbol{P}_2\end{pmatrix}=\begin{pmatrix}\lambda_1 & & & \\ & \lambda_2 & & \\ & & \ddots & \\ & & & \lambda_n\end{pmatrix},$$

再令$\boldsymbol{P}=\boldsymbol{P}_1\boldsymbol{P}_3$，则$\boldsymbol{P}$为$n$阶正交矩阵，且有

$$P^{-1}AP=\begin{pmatrix}\lambda_1 & & & \\ & \lambda_2 & & \\ & & \ddots & \\ & & & \lambda_n\end{pmatrix}.$$

以上证明过程一方面说明了将实对称矩阵 $\boldsymbol{A}$ 化为对角形的正交矩阵 $\boldsymbol{P}$ 的存在性，另一方面给出了寻找正交矩阵 $\boldsymbol{P}$ 及对角阵 $\boldsymbol{\Lambda}$，使得 $\boldsymbol{P}^{-1}\boldsymbol{AP}=\boldsymbol{\Lambda}$ 的方法．具体步骤如下：

(1) 求解 $\boldsymbol{A}$ 的特征方程 $|\lambda\boldsymbol{E}-\boldsymbol{A}|=0$，得到 $\boldsymbol{A}$ 的全部不同的特征值 λ_1，λ_2，…，λ_s；

(2) 对于每个 $\lambda_i(i=1, 2, \cdots, s)$，解齐次线性方程组 $(\lambda_i\boldsymbol{E}-\boldsymbol{A})\boldsymbol{x}=\boldsymbol{0}$，找出一个基础解系 $\boldsymbol{\alpha}_{i1}$，$\boldsymbol{\alpha}_{i2}$，…，$\boldsymbol{\alpha}_{ir_i}$；

(3) 将 $\boldsymbol{\alpha}_{i1}$，$\boldsymbol{\alpha}_{i2}$，…，$\boldsymbol{\alpha}_{ir_i}$ 正交单位化，得到 $\boldsymbol{A}$ 属于特征值 λ_i 的两两正交的单位特征向量 $\boldsymbol{\eta}_{i1}$，$\boldsymbol{\eta}_{i2}$，…，$\boldsymbol{\eta}_{ir_i}$；

(4) 由于 λ_1，λ_2，…，λ_s 互不相同，向量组 $\boldsymbol{\eta}_{11}$，$\boldsymbol{\eta}_{12}$，…，$\boldsymbol{\eta}_{1r_1}$，…，$\boldsymbol{\eta}_{s1}$，$\boldsymbol{\eta}_{s2}$，…，$\boldsymbol{\eta}_{sr_s}$ 仍为两两正交的单位向量组，且它们总数为 n.

令
$$\boldsymbol{P}=(\boldsymbol{\eta}_{11}, \boldsymbol{\eta}_{12}, \cdots, \boldsymbol{\eta}_{1r_1}, \cdots, \boldsymbol{\eta}_{s1}, \boldsymbol{\eta}_{s2}, \cdots, \boldsymbol{\eta}_{sr_s})$$

及
$$\boldsymbol{\Lambda}=\begin{pmatrix}\lambda_1 & & & & & \\ & \ddots & & & & \\ & & \lambda_1 & & & \\ & & & \ddots & & \\ & & & & \lambda_s & \\ & & & & & \ddots \\ & & & & & & \lambda_s\end{pmatrix},$$

则 $\boldsymbol{P}$ 为 n 阶正交矩阵，且 $\boldsymbol{P}^{-1}\boldsymbol{AP}=\boldsymbol{\Lambda}$.

例 7.12　设 $\boldsymbol{A}=\begin{pmatrix}2 & 2 & -2\\ 2 & 5 & -4\\ -2 & -4 & 5\end{pmatrix}$，求正交矩阵 $\boldsymbol{P}$，使 $\boldsymbol{P}^{-1}\boldsymbol{AP}$ 为对角阵．

解　首先求 $\boldsymbol{A}$ 的特征值．因为

$$|\lambda\boldsymbol{E}-\boldsymbol{A}|=\begin{vmatrix}\lambda-2 & -2 & 2\\ -2 & \lambda-5 & 4\\ 2 & 4 & \lambda-5\end{vmatrix}=(\lambda-10)(\lambda-1)^2,$$

所以 $\boldsymbol{A}$ 的特征值为 1(二重)，10.

其次求属于 1 的特征向量．把 $\lambda_1=\lambda_2=1$ 代入齐次线性方程组 $(\lambda\boldsymbol{E}-\boldsymbol{A})\boldsymbol{x}=\boldsymbol{0}$，得

$$\begin{cases}-x_1-2x_2+2x_3=0,\\-2x_1-4x_2+4x_3=0,\\2x_1+4x_2-4x_3=0,\end{cases}$$

求得一个基础解系

$$\boldsymbol{\alpha}_1=\begin{pmatrix}-2\\1\\0\end{pmatrix},\ \boldsymbol{\alpha}_2=\begin{pmatrix}2\\0\\1\end{pmatrix},$$

把它们正交化，得

$$\begin{cases}\boldsymbol{\beta}_1=\boldsymbol{\alpha}_1,\\\boldsymbol{\beta}_2=\boldsymbol{\alpha}_2-\dfrac{(\boldsymbol{\alpha}_2,\ \boldsymbol{\beta}_1)}{(\boldsymbol{\beta}_1,\ \boldsymbol{\beta}_1)}\boldsymbol{\beta}_1=\dfrac{1}{5}(2,\ 4,\ 5)^{\mathrm{T}},\end{cases}$$

再单位化，得

$$\begin{cases}\boldsymbol{\eta}_1=\dfrac{1}{\sqrt{5}}(-2,\ 1,\ 0)^{\mathrm{T}},\\\boldsymbol{\eta}_2=\dfrac{1}{3\sqrt{5}}(2,\ 4,\ 5)^{\mathrm{T}}.\end{cases}$$

再求属于 $\lambda_3=10$ 的特征向量．把 $\lambda_3=10$ 代入齐次线性方程组 $(\lambda\boldsymbol{E}-\boldsymbol{A})\boldsymbol{x}=\boldsymbol{0}$，得

$$\begin{cases}8x_1-2x_2+2x_3=0,\\-2x_1+5x_2+4x_3=0,\\2x_1+4x_2+5x_3=0,\end{cases}$$

求得基础解系为

$$\boldsymbol{\alpha}_3=\begin{pmatrix}1\\2\\-2\end{pmatrix},$$

$\boldsymbol{\alpha}_3$ 一定与 $\boldsymbol{\eta}_1$，$\boldsymbol{\eta}_2$ 正交，再将 $\boldsymbol{\alpha}_3$ 单位化，得

$$\boldsymbol{\eta}_3=\frac{1}{3}\begin{pmatrix}1\\2\\-2\end{pmatrix}.$$

那么 $\boldsymbol{\eta}_1$，$\boldsymbol{\eta}_2$，$\boldsymbol{\eta}_3$ 是 $\boldsymbol{A}$ 的一组正交的单位特征向量，以它们为列构造矩阵

$$P=\begin{pmatrix} -\frac{2}{\sqrt{5}} & \frac{2}{3\sqrt{5}} & \frac{1}{3} \\ \frac{1}{\sqrt{5}} & \frac{4}{3\sqrt{5}} & \frac{2}{3} \\ 0 & \frac{5}{3\sqrt{5}} & -\frac{2}{3} \end{pmatrix},$$

$\boldsymbol{P}$ 为一个正交矩阵，且

$$\boldsymbol{P}^{-1}\boldsymbol{A}\boldsymbol{P}=\begin{pmatrix} 1 & 0 & 0 \\ 0 & 1 & 0 \\ 0 & 0 & 10 \end{pmatrix}.$$

例 7.13　设三阶实对称矩阵 $\boldsymbol{A}$ 的特征值为 $\lambda_1=6$，$\lambda_2=\lambda_3=3$，属于特征值 $\lambda_1=6$ 的特征向量为 $\boldsymbol{\alpha}_1=\begin{pmatrix}1\\1\\1\end{pmatrix}$，求属于 $\lambda_2=\lambda_3=3$ 的特征向量及 $\boldsymbol{A}$.

解　令属于 $\lambda_2=\lambda_3=3$ 的特征向量为

$$\boldsymbol{x}=\begin{pmatrix}x_1\\x_2\\x_3\end{pmatrix},$$

由于 $\boldsymbol{A}$ 为实对称矩阵，则$(\boldsymbol{\alpha}_1, \boldsymbol{x})=0$，即

$$x_1+x_2+x_3=0,$$

解上述方程组，得基础解系

$$\boldsymbol{\alpha}_2=\begin{pmatrix}-1\\1\\0\end{pmatrix},\ \boldsymbol{\alpha}_3=\begin{pmatrix}-1\\0\\1\end{pmatrix},$$

所以属于 $\lambda_2=\lambda_3=3$ 的特征向量为

$$k_2\boldsymbol{\alpha}_2+k_3\boldsymbol{\alpha}_3\ (k_2,\ k_3 \text{ 不全为零}).$$

将 $\boldsymbol{\alpha}_1$ 单位化，得

$$\boldsymbol{\eta}_1=\frac{1}{\sqrt{3}}\begin{pmatrix}1\\1\\1\end{pmatrix}.$$

将 $\boldsymbol{\alpha}_2$，$\boldsymbol{\alpha}_3$ 正交化，得

$$\begin{cases} \boldsymbol{\beta}_2=\boldsymbol{\alpha}_2, \\ \boldsymbol{\beta}_3=\boldsymbol{\alpha}_3-\dfrac{(\boldsymbol{\alpha}_3,\ \boldsymbol{\beta}_2)}{(\boldsymbol{\beta}_2,\ \boldsymbol{\beta}_2)}\boldsymbol{\beta}_2=\dfrac{1}{2}(-1,\ -1,\ 2)^{\mathrm{T}}, \end{cases}$$

再将 $\boldsymbol{\beta}_2$，$\boldsymbol{\beta}_3$ 单位化，得

$$\begin{cases}\boldsymbol{\eta}_2=\dfrac{1}{\sqrt{2}}(-1,\ 1,\ 0)^{\mathrm{T}},\\ \boldsymbol{\eta}_3=\dfrac{1}{\sqrt{6}}(-1,\ -1,\ 2)^{\mathrm{T}}.\end{cases}$$

则 $\boldsymbol{\eta}_1$，$\boldsymbol{\eta}_2$，$\boldsymbol{\eta}_3$ 是 $\boldsymbol{A}$ 的一组正交的单位特征向量，以它们为列构造矩阵

$$\boldsymbol{P}=\begin{pmatrix}\dfrac{1}{\sqrt{3}} & -\dfrac{1}{\sqrt{2}} & -\dfrac{1}{\sqrt{6}}\\ \dfrac{1}{\sqrt{3}} & \dfrac{1}{\sqrt{2}} & -\dfrac{1}{\sqrt{6}}\\ \dfrac{1}{\sqrt{3}} & 0 & \dfrac{2}{\sqrt{6}}\end{pmatrix},$$

$\boldsymbol{P}$ 为正交矩阵，且

$$\boldsymbol{P}^{-1}\boldsymbol{AP}=\begin{pmatrix}6&0&0\\0&3&0\\0&0&3\end{pmatrix},$$

所以

$$\boldsymbol{A}=\boldsymbol{P}\begin{pmatrix}6&0&0\\0&3&0\\0&0&3\end{pmatrix}\boldsymbol{P}^{-1}=\begin{pmatrix}4&1&1\\1&4&1\\1&1&4\end{pmatrix}.$$

习 题 7

(A)

1. 试用施密特法把下列向量组正交化：

(1) $(\boldsymbol{\alpha}_1,\ \boldsymbol{\alpha}_2,\ \boldsymbol{\alpha}_3)=\begin{pmatrix}1&1&1\\1&2&4\\1&3&9\end{pmatrix}$；

(2) $(\boldsymbol{\alpha}_1,\ \boldsymbol{\alpha}_2,\ \boldsymbol{\alpha}_3)=\begin{pmatrix}1&-1&4\\2&3&-1\\-1&1&0\end{pmatrix}$.

2. 已知向量组

$$\boldsymbol{\alpha}_1=\begin{pmatrix}0\\1\\1\end{pmatrix},\ \boldsymbol{\alpha}_2=\begin{pmatrix}1\\1\\0\end{pmatrix},\ \boldsymbol{\alpha}_3=\begin{pmatrix}1\\0\\1\end{pmatrix},$$

试求与向量组 $\boldsymbol{\alpha}_1$，$\boldsymbol{\alpha}_2$，$\boldsymbol{\alpha}_3$ 等价的正交单位向量组．

3. 判断下列矩阵是否为正交矩阵，并说明理由：

(1) $\begin{pmatrix} 1 & 4 & \frac{1}{3} \\ 4 & 1 & -1 \\ \frac{1}{3} & -1 & -1 \end{pmatrix}$；　(2) $\begin{pmatrix} -\frac{1}{\sqrt{2}} & -\frac{1}{\sqrt{6}} & \frac{1}{\sqrt{3}} \\ \frac{1}{\sqrt{2}} & -\frac{1}{\sqrt{6}} & \frac{1}{\sqrt{3}} \\ 0 & \frac{2}{\sqrt{6}} & \frac{1}{\sqrt{3}} \end{pmatrix}$.

4. 求一个正交矩阵 $\boldsymbol{A}$，使 $\boldsymbol{A}$ 以向量

$$\boldsymbol{\alpha}_1=\begin{pmatrix} \frac{1}{3} \\ -\frac{2}{3} \\ 0 \\ \frac{2}{3} \end{pmatrix}，\boldsymbol{\alpha}_2=\begin{pmatrix} -\frac{2}{\sqrt{6}} \\ 0 \\ \frac{1}{\sqrt{6}} \\ \frac{1}{\sqrt{6}} \end{pmatrix}$$

为两列．

5. 设 $\boldsymbol{\alpha}$ 为 n 维列向量，证明：$\boldsymbol{A}=\boldsymbol{E}-\frac{2}{\boldsymbol{\alpha}^{\mathrm{T}}\boldsymbol{\alpha}}\boldsymbol{\alpha}\boldsymbol{\alpha}^{\mathrm{T}}$ 为正交矩阵．

6. 设 $\boldsymbol{A}$ 为 n 阶实对称矩阵，且满足 $\boldsymbol{A}^2-4\boldsymbol{A}+3\boldsymbol{E}=\boldsymbol{O}$，证明：$\boldsymbol{A}-2\boldsymbol{E}$ 为正交矩阵．

7. 设 $\boldsymbol{A}$、$\boldsymbol{B}$ 为 n 阶正交矩阵，证明：$\boldsymbol{AB}$ 也为正交矩阵．

8. 设 $\boldsymbol{\alpha}_1$，$\boldsymbol{\alpha}_2$，…，$\boldsymbol{\alpha}_s$ 为 $\boldsymbol{A}$ 的属于特征值 λ_0 的特征向量，试证：$\boldsymbol{\alpha}_1$，$\boldsymbol{\alpha}_2$，…，$\boldsymbol{\alpha}_s$ 的任一非零线性组合也是 $\boldsymbol{A}$ 的属于 λ_0 的特征向量．

9. 在复数域上求下列矩阵的特征值及特征向量：

(1) $\boldsymbol{A}=\begin{pmatrix} 5 & 6 & -3 \\ -1 & 0 & 1 \\ 1 & 2 & -1 \end{pmatrix}$；　(2) $\boldsymbol{A}=\begin{pmatrix} 1 & 1 & 1 & 1 \\ 1 & 1 & -1 & -1 \\ 1 & -1 & 1 & -1 \\ 1 & -1 & -1 & 1 \end{pmatrix}$；

(3) $\boldsymbol{A}=\begin{pmatrix} 1 & 2 & 3 \\ 2 & 1 & 3 \\ 3 & 3 & 6 \end{pmatrix}$；　(4) $\boldsymbol{A}=\begin{pmatrix} -1 & 1 & 0 \\ -4 & 3 & 0 \\ 1 & 0 & 2 \end{pmatrix}$；

(5) $\boldsymbol{A}=\begin{pmatrix} 0 & 2 & 1 \\ -2 & 0 & 3 \\ -1 & -3 & 0 \end{pmatrix}$.

10. 设非零向量 $\boldsymbol{\alpha}$ 为 n 阶矩阵 $\boldsymbol{A}$ 的属于特征值 λ_0 的特征向量，证明：

(1) $\boldsymbol{\alpha}$ 为 $\boldsymbol{A}^{-1}$($\boldsymbol{A}^{-1}$存在)的属于特征值 $\dfrac{1}{\lambda_0}$ 的特征向量；

(2) $\boldsymbol{\alpha}$ 为 $\boldsymbol{A}^*$ 的属于特征值 $\dfrac{|\boldsymbol{A}|}{\lambda_0}$ $(\lambda_0\neq 0)$的特征向量；

(3) $\boldsymbol{\alpha}$ 为 $\boldsymbol{A}^k$ 的属于特征值 λ_0^k 的特征向量；

(4) $\boldsymbol{\alpha}$ 为方阵 $\boldsymbol{A}$ 的多项式矩阵 $f(\boldsymbol{A})=a_0\boldsymbol{A}^k+a_1\boldsymbol{A}^{k-1}+\cdots+a_{k-1}\boldsymbol{A}+a_k\boldsymbol{E}$ 属于特征值 $f(\lambda)=a_0\lambda^k+a_1\lambda^{k-1}+\cdots+a_{k-1}\lambda+a_k$ 的特征向量．

11. 设-2，3，-1是三阶方阵 $\boldsymbol{A}$ 的特征值，求 $|\boldsymbol{A}^3-6\boldsymbol{A}+11\boldsymbol{E}|$．

12. 试证：

(1) $\mathrm{tr}(\boldsymbol{A}+\boldsymbol{B})=\mathrm{tr}(\boldsymbol{A})+\mathrm{tr}(\boldsymbol{B})$；

(2) $\mathrm{tr}(k\boldsymbol{A})=k\,\mathrm{tr}(\boldsymbol{A})$($k$ 为常数)；

(3) $\mathrm{tr}(\boldsymbol{AB})=\mathrm{tr}(\boldsymbol{BA})$.

13. 试证：如果 n 阶矩阵 $\boldsymbol{A}$ 的任意一行 n 个元素之和都为 a，则 $\lambda=a$ 为 $\boldsymbol{A}$ 的特征值，而向量 $\begin{pmatrix}1\\1\\\vdots\\1\end{pmatrix}$ 是 $\boldsymbol{A}$ 的属于 $\lambda=a$ 的特征向量．

14. 设 $\boldsymbol{\alpha}_1$，$\boldsymbol{\alpha}_2$ 分别为 $\boldsymbol{A}$ 的属于不同特征值 λ_1，λ_2 的特征向量，试证：$\boldsymbol{\alpha}_1+\boldsymbol{\alpha}_2$ 不可能是 $\boldsymbol{A}$ 的特征向量．

15. 设 $\boldsymbol{A}$、$\boldsymbol{B}$ 是 n 阶方阵，且 $R(\boldsymbol{A})+R(\boldsymbol{B})<n$，证明：$\boldsymbol{A}$、$\boldsymbol{B}$ 存在公共的特征值及特征向量．

16. 试证：若 $\boldsymbol{A}$ 为 n 阶可逆阵，则 $\boldsymbol{AB}$ 与 $\boldsymbol{BA}$ 相似．

17. 设 $\boldsymbol{A}$ 与 $\boldsymbol{B}$ 相似，$\boldsymbol{C}$ 与 $\boldsymbol{D}$ 相似，证明：$\begin{pmatrix}\boldsymbol{A}&\boldsymbol{O}\\\boldsymbol{O}&\boldsymbol{C}\end{pmatrix}$ 与 $\begin{pmatrix}\boldsymbol{B}&\boldsymbol{O}\\\boldsymbol{O}&\boldsymbol{D}\end{pmatrix}$ 相似．

18. 设三阶实对称矩阵 $\boldsymbol{A}$ 的特征值为-1，1，1，与特征值-1对应的特征向量为 $\boldsymbol{\alpha}_1=\begin{pmatrix}0\\1\\1\end{pmatrix}$，求与特征值 1 对应的特征向量．

19. 设矩阵 $\boldsymbol{A}=\begin{pmatrix}2&0&0\\0&0&1\\0&1&x\end{pmatrix}$ 与 $\boldsymbol{B}=\begin{pmatrix}2&0&0\\0&y&0\\0&0&-1\end{pmatrix}$ 相似，

(1) 求 x，y；(2) 求可逆阵 $\boldsymbol{P}$，使 $\boldsymbol{P}^{-1}\boldsymbol{AP}=\boldsymbol{B}$.

20. 设三阶实对称矩阵 $\boldsymbol{A}$ 的特征值为 0，1，1，$\boldsymbol{A}$ 的属于 0 的特征向量为

$\boldsymbol{\alpha}_1=\begin{pmatrix}0\\1\\1\end{pmatrix}$，求 $\boldsymbol{A}$.

21. 求正交矩阵 $\boldsymbol{P}$，使 $\boldsymbol{P}^{-1}\boldsymbol{A}\boldsymbol{P}$ 为对角矩阵.

（1）$\boldsymbol{A}=\begin{pmatrix}1&-2&2\\-2&-2&4\\2&4&-2\end{pmatrix}$；　　（2）$\boldsymbol{A}=\begin{pmatrix}1&3&-3&3\\3&1&3&-3\\-3&3&1&3\\3&-3&3&1\end{pmatrix}$；

（3）$\boldsymbol{A}=\begin{pmatrix}2&2&-2\\2&5&-4\\-2&-4&5\end{pmatrix}$；　　（4）$\boldsymbol{A}=\begin{pmatrix}1&-1&0&0\\-1&1&0&0\\0&0&1&-1\\0&0&-1&1\end{pmatrix}$.

22. 试证：若任一 n 维非零向量都是 n 阶方阵 $\boldsymbol{A}$ 的特征向量，则 $\boldsymbol{A}$ 为一个数量矩阵.

23. 设矩阵 $\boldsymbol{A}=\begin{pmatrix}a&-1&c\\5&b&3\\1-c&0&-a\end{pmatrix}$，$|\boldsymbol{A}|=-1$，又 $\boldsymbol{A}$ 的伴随矩阵 $\boldsymbol{A}^*$ 的一个特征值为 λ_0，属于 λ_0 的特征向量为 $\boldsymbol{\alpha}=\begin{pmatrix}-1\\-1\\1\end{pmatrix}$，求 a，b，c 及 λ_0 的值.

(B)

1. 设二阶方阵 $\boldsymbol{A}$ 的特征多项式为 $f_{\boldsymbol{A}}(\lambda)=|\lambda\boldsymbol{E}-\boldsymbol{A}|=\lambda^2-10\lambda+21$，试求 $\boldsymbol{A}^{-1}$ 的特征多项式.

2. 设 n 阶矩阵 $\boldsymbol{A}=\boldsymbol{\alpha}\boldsymbol{\alpha}^{\mathrm{T}}$，其中 $\boldsymbol{\alpha}=\begin{pmatrix}1\\1\\\vdots\\1\end{pmatrix}$，$\boldsymbol{B}=\boldsymbol{A}-\boldsymbol{E}$，求 $\boldsymbol{B}$ 的特征值.

3. 证明：如果 $\boldsymbol{A}$ 是 $m\times n$ 实矩阵，则 $\boldsymbol{A}^{\mathrm{T}}\boldsymbol{A}$ 的特征值都是非负实数.

4. 设 $\boldsymbol{A}=(a_{ij})_{m\times n}$，$\boldsymbol{B}=(b_{ij})_{n\times m}$，$m>n$，$f_{\boldsymbol{AB}}(\lambda)=|\lambda\boldsymbol{E}_m-\boldsymbol{AB}|$ $f_{\boldsymbol{BA}}(\lambda)=|\lambda\boldsymbol{E}_n-\boldsymbol{BA}|$，则 $f_{\boldsymbol{AB}}(\lambda)=\lambda^{m-n}f_{\boldsymbol{BA}}(\lambda)$，且 $\boldsymbol{AB}$ 与 $\boldsymbol{BA}$ 有相同的非零特征值.

5. 设 $\boldsymbol{A}=(a_{ij})$ 为 n 阶实正交矩阵，且 $|\boldsymbol{A}|=-1$，证明：$a_{ij}=-A_{ij}$，其中 A_{ij} 为 a_{ij} 的代数余子式.

6. 证明：正交矩阵的实特征值为 ±1.

7. 设 $\boldsymbol{A}$、$\boldsymbol{B}$ 为 n 阶正交矩阵，且 $|\boldsymbol{A}|=1$，$|\boldsymbol{B}|=-1$，证明：$\boldsymbol{A}+\boldsymbol{B}$ 必为退化矩阵.

8. 设 $\boldsymbol{A}$ 为奇数阶正交矩阵，$|\boldsymbol{A}|=1$，证明：$|\boldsymbol{A}-\boldsymbol{E}|=0$.

9. 设 $\boldsymbol{A}=(a_{ij})_{n\times n}$ 的秩为 r，若 $\boldsymbol{A}^2=\boldsymbol{A}$，证明：$\mathrm{tr}\boldsymbol{A}=\sum\limits_{i=1}^{n}a_{ii}=r$.

10. 给定数域 P 上的三阶方阵

$$\boldsymbol{A}=\begin{pmatrix}1&-1&1\\2&4&-2\\-3&-3&5\end{pmatrix},$$

(1) 求数域 P 上的三阶可逆方阵 $\boldsymbol{Q}$，使 $\boldsymbol{Q}^{-1}\boldsymbol{A}\boldsymbol{Q}$ 为对角阵；

(2) 对于任意 $m\in\mathbf{Z}^+$，求 $\boldsymbol{A}^m$.

11. 设矩阵 $\boldsymbol{A}=\dfrac{1}{2}\begin{pmatrix}1&2a&1\\-1&\sqrt{2}&2b\\\sqrt{2}&2c&-\sqrt{2}\end{pmatrix}$，问 a，b，c 为何值时，$\boldsymbol{A}$ 为正交矩阵，当 $\boldsymbol{A}$ 为正交矩阵时，求解线性方程组 $\boldsymbol{Ax}=\boldsymbol{\beta}$，其中 $\boldsymbol{\beta}=\begin{pmatrix}1\\1\\1\end{pmatrix}$.

12. 设 $\boldsymbol{A}=\begin{pmatrix}&&&1\\&&1&\\&\cdot^{\cdot^{\cdot}}&&\\1&&&\end{pmatrix}$ 为 $2n$ 阶实对称阵，试求正交矩阵 $\boldsymbol{P}$ 及 $\boldsymbol{\Lambda}$，使 $\boldsymbol{P}^{-1}\boldsymbol{AP}=\boldsymbol{\Lambda}$ 为对角阵.

13. 若 $\boldsymbol{A}=\begin{pmatrix}1&2&-3\\-1&4&-3\\1&a&5\end{pmatrix}$ 的特征方程有一个二重根，求 a 的值，并讨论 $\boldsymbol{A}$ 是否可对角化.

14. 设 $\boldsymbol{A}=(a_{ij})$ 为 n 阶下三角阵，证明：

(1) 如果 $a_{ii}\neq a_{jj}(i\neq j)$，则 $\boldsymbol{A}$ 可对角化；

(2) 如果 $a_{11}=a_{22}=\cdots=a_{nn}$，且至少有一个 $a_{ij}\neq 0(i\neq j)$，则 $\boldsymbol{A}$ 不可对角化.

15. 证明：幂零矩阵 $\boldsymbol{A}$(对于 n 阶方阵 $\boldsymbol{A}$，存在 $k\in\mathbf{Z}^+$，使 $\boldsymbol{A}^k=\boldsymbol{O}$)可对角化的充分必要条件是 $\boldsymbol{A}=\boldsymbol{O}$.

16. 设 $\boldsymbol{A}$ 为 n 阶实对称阵，且 $\boldsymbol{A}^2=\boldsymbol{A}$，证明：存在正交阵 $\boldsymbol{P}$ 使

$$P^{-1}AP=\begin{pmatrix}1 & & & & & \\ & \ddots & & & & \\ & & 1 & & & \\ & & & 0 & & \\ & & & & \ddots & \\ & & & & & 0\end{pmatrix}.$$

17. 设 A、B 为 n 阶矩阵，$AB=A+B$，

(1) 证明：A 的特征值不等于 1；

(2) 若 A 有 n 个互不相同的特征值 λ_1，λ_2，…，λ_n，则 B 可对角化，并求与 B 相似的对角阵．

18. 已知三阶矩阵 A 以及三维列向量 x，使得 x，Ax，A^2x 线性无关，且满足 $A^3x=3Ax-2A^2x$．

(1) 若记 $P=(x, Ax, A^2x)$，求三阶方阵 B，使 $A=PBP^{-1}$；

(2) 计算 $|A+E|$．

19. 设 A、B 都是实对称矩阵，试证：存在正交矩阵 P，使 $P^{-1}AP=B$ 的充分必要条件是 A 与 B 的特征方程的根全部相同．

20. 设 A、B 为 n 阶方阵且 B 可逆，又方程 $f(\lambda)=|A-\lambda B|=0$ 有 n 个互异根 λ_1，λ_2，…，λ_n，证明：若 x_i 为方程组 $(A-\lambda_i B)x=\mathbf{0}$ $(i=1, 2, \cdots, n)$ 的非零解，则 x_1，x_2，…，x_n 线性无关．

21. 设 A、B 为 n 阶实对称方阵，B 可逆，且方程 $f(\lambda)=|A-\lambda B|=0$ 有 n 个互异根 λ_1，λ_2，…，λ_n，证明：存在可逆方阵 C，使

$$C^{\mathrm{T}}AC=\begin{pmatrix}\lambda_1 & & & \\ & \lambda_2 & & \\ & & \ddots & \\ & & & \lambda_n\end{pmatrix},\ C^{\mathrm{T}}BC=E.$$

第 8 章　二 次 型

二次型的理论起源于二次曲线方程和二次曲面方程的化简问题．在解析几何中，以坐标原点为中心的有心二次曲线的一般方程为

$$ax^2+bxy+cy^2=d,$$

等式左边称为二次齐次多项式．为了研究曲线的几何特性，只要通过适当的转轴：

$$\begin{cases}x=x'\cos\theta-y'\sin\theta,\\y=x'\sin\theta+y'\cos\theta,\end{cases}$$

就能将曲线方程化为标准形：

$$a'x'^2+b'y'^2=d'.$$

由此可以断定其图形是圆、椭圆还是双曲线，并进而研究曲线的其他特征．

本章主要讨论一般 n 元二次齐次多项式的化简问题以及正定二次型的基本性质，它在数学的其他分支以及物理、力学中有重要应用．

§8.1　二次型及其矩阵表示

8.1.1　二次型的定义

定义 8.1　设 P 是一个数域，一个系数在数域 P 中的含有 n 个变量 x_1，x_2，…，x_n 的二次齐次多项式，称为数域 P 上的一个 n 元二次型，在不致引起混淆的情况下，简称二次型．它的一般形式为

$$\begin{aligned}f(x_1,x_2,\cdots,x_n)&=a_{11}x_1^2+a_{22}x_2^2+\cdots+a_{nn}x_n^2+2a_{12}x_1x_2+\cdots+2a_{1n}x_1x_n+\\&\quad 2a_{23}x_2x_3+\cdots+2a_{2n}x_2x_n+\cdots+2a_{n-1,n}x_{n-1}x_n\\&=\sum_{i=1}^{n}\sum_{j=1}^{n}a_{ij}x_ix_j\ ,\end{aligned}\qquad(8.1)$$

其中，$a_{ij}=a_{ji}$，$1\leqslant i$，$j\leqslant n$. 当系数 a_{ij} 都是实数时，f 称为实二次型；当系数 a_{ij} 为复数时，f 称为复二次型．

本章仅讨论实二次型．

例如，$x_1^2-3x_1x_2+5x_1x_3+4x_2x_3+3x_2^2-9x_3^2$ 就是实数域上的一个三元二次型．

注：为了讨论问题方便，(8.1)式中的 $x_i x_j(i<j)$ 的系数写成 $2a_{ij}$，而不简单写成 a_{ij}.

因为 $a_{ij}=a_{ji}$，不难验证(8.1)式可用矩阵乘法表示为

$$f(x_1, x_2, \cdots, x_n)=(x_1, x_2, \cdots, x_n)\begin{pmatrix} a_{11} & a_{12} & \cdots & a_{1n} \\ a_{21} & a_{22} & \cdots & a_{2n} \\ \vdots & \vdots & & \vdots \\ a_{n1} & a_{n2} & \cdots & a_{nn} \end{pmatrix}\begin{pmatrix} x_1 \\ x_2 \\ \vdots \\ x_n \end{pmatrix}. \tag{8.2}$$

记
$$\boldsymbol{A}=\begin{pmatrix} a_{11} & a_{12} & \cdots & a_{1n} \\ a_{21} & a_{22} & \cdots & a_{2n} \\ \vdots & \vdots & & \vdots \\ a_{n1} & a_{n2} & \cdots & a_{nn} \end{pmatrix}, \boldsymbol{x}=\begin{pmatrix} x_1 \\ x_2 \\ \vdots \\ x_n \end{pmatrix},$$

则二次型可记为

$$f=\boldsymbol{x}^{\mathrm{T}}\boldsymbol{A}\boldsymbol{x}. \tag{8.3}$$

据此，二次型与对称矩阵之间存在一一对应关系．任意给定一个二次型，唯一确定一个对称矩阵，称之为二次型的(对称)矩阵；反之，任给一个对称矩阵，也就唯一地确定了一个二次型，称之为(对称)矩阵的二次型．

定义 8.2 二次型 f 所对应的矩阵 $\boldsymbol{A}$ 的秩也称为二次型的秩，记为 $R(f)$.

例 8.1 写出二次型 $f(x_1, x_2, x_3)=2x_1x_2-4x_2x_3+4x_1x_3$ 的矩阵，并求该二次型的秩．

解 二次型的矩阵

$$\boldsymbol{A}=\begin{pmatrix} 0 & 1 & 2 \\ 1 & 0 & -2 \\ 2 & -2 & 0 \end{pmatrix},$$

由于 $|\boldsymbol{A}|=-8(\neq 0)$，所以 $R(\boldsymbol{A})=3$，故二次型的秩为 $R(f)=3$.

例 8.2 (1)写出对应矩阵

$$\boldsymbol{A}=\begin{pmatrix} 1 & 2 & -1 \\ 2 & 0 & 0 \\ -1 & 0 & 1 \end{pmatrix}$$

的二次型 $g(\boldsymbol{x})=\boldsymbol{x}^{\mathrm{T}}\boldsymbol{A}\boldsymbol{x}$，其中 $\boldsymbol{x}=\begin{pmatrix} x_1 \\ x_2 \\ x_3 \end{pmatrix}$；

(2) 求矩阵 $\boldsymbol{A}$，使二次型 $g(\boldsymbol{x})=4x_1^2+2x_2^2+6x_3^2-2x_1x_2+4x_2x_3$ 表示为

$\boldsymbol{x}^{\mathrm{T}}\boldsymbol{A}\boldsymbol{x}$ 的形式，并求当$\boldsymbol{x}=\begin{pmatrix}1\\0\\-1\end{pmatrix}$时，$g(\boldsymbol{x})$的值．

解 (1) $$\boldsymbol{x}^{\mathrm{T}}\boldsymbol{A}\boldsymbol{x}=(x_1,\ x_2,\ x_3)\begin{pmatrix}1&2&-1\\2&0&0\\-1&0&1\end{pmatrix}\begin{pmatrix}x_1\\x_2\\x_3\end{pmatrix}$$

$$=(x_1,\ x_2,\ x_3)\begin{pmatrix}x_1+2x_2-x_3\\2x_1\\-x_1+x_3\end{pmatrix}$$

$$=x_1^2+4x_1x_2-2x_1x_3+x_3^2.$$

(2) 二次型 $g(\boldsymbol{x})=\boldsymbol{x}^{\mathrm{T}}\boldsymbol{A}\boldsymbol{x}$ 的矩阵

$$\boldsymbol{A}=\begin{pmatrix}4&-1&0\\-1&2&2\\0&2&6\end{pmatrix}.$$

当$\boldsymbol{x}=\begin{pmatrix}1\\0\\-1\end{pmatrix}$时，

$$g(\boldsymbol{x})=4\times1^2+2\times0^2+6\times(-1)^2-2\times1\times0+4\times0\times(-1)=10.$$

8.1.2 二次型的化简原则

像本章开头所指出的那样，对于二次型，主要目标是用变量的线性变换来化简二次型，使其化成只含有平方项的二次型．为此，首先引入下述定义．

定义 8.3 设 $x_1,\ x_2,\ \cdots,\ x_n;\ y_1,\ y_2,\ \cdots,\ y_n$ 是两组变量，系数在数域 P 中的一组关系式

$$\begin{cases}x_1=c_{11}y_1+c_{12}y_2+\cdots+c_{1n}y_n,\\x_2=c_{21}y_1+c_{22}y_2+\cdots+c_{2n}y_n,\\\cdots\cdots\cdots\cdots\cdots\cdots\\x_n=c_{n1}y_1+c_{n2}y_2+\cdots+c_{nn}y_n\end{cases}\tag{8.4}$$

称为由 $x_1,\ x_2,\ \cdots,\ x_n$ 到 $y_1,\ y_2,\ \cdots,\ y_n$ 的一个线性变换，简称为线性变换.

将(8.4)式简记为

$$\boldsymbol{x}=\boldsymbol{C}\boldsymbol{y},\tag{8.5}$$

其中$\boldsymbol{C}=(c_{ij})_{n\times n}$为矩阵，若$\boldsymbol{C}=(c_{ij})_{n\times n}$为数域 P 上的 n 阶可逆矩阵，就称线

性变换(8.5)为非退化变换或可逆变换；若$\boldsymbol{C}=(c_{ij})_{n\times n}$是正交矩阵，就称(8.5)为正交变换．

由§7.1知，正交变换不改变向量的长度．

二次型变换的目的是使非退化的线性变换(8.5)代入$\boldsymbol{x}^{\mathrm{T}}\boldsymbol{A}\boldsymbol{x}$后，得到

$$\boldsymbol{x}^{\mathrm{T}}\boldsymbol{A}\boldsymbol{x}=(\boldsymbol{C}\boldsymbol{y})^{\mathrm{T}}\boldsymbol{A}(\boldsymbol{C}\boldsymbol{y})=\boldsymbol{y}^{\mathrm{T}}(\boldsymbol{C}^{\mathrm{T}}\boldsymbol{A}\boldsymbol{C})\boldsymbol{y} \tag{8.6}$$

的二次型$\boldsymbol{y}^{\mathrm{T}}(\boldsymbol{C}^{\mathrm{T}}\boldsymbol{A}\boldsymbol{C})\boldsymbol{y}$只含平方项．也就是寻求合适的线性变换(8.5)，使得新二次型$\boldsymbol{y}^{\mathrm{T}}\boldsymbol{B}\boldsymbol{y}$（其中$\boldsymbol{B}=\boldsymbol{C}^{\mathrm{T}}\boldsymbol{A}\boldsymbol{C}$)的具体表达式为

$$\boldsymbol{y}^{\mathrm{T}}\boldsymbol{B}\boldsymbol{y}=k_1y_1^2+k_2y_2^2+\cdots+k_ny_n^2,$$

称这种只含平方项的二次型为**标准形**．

例 8.3 对于二次型$f=x_1^2-8x_1x_2-5x_2^2$，作线性变换

$$\begin{pmatrix}x_1\\x_2\end{pmatrix}=\begin{pmatrix}\frac{2}{\sqrt{5}} & \frac{1}{\sqrt{5}}\\-\frac{1}{\sqrt{5}} & \frac{2}{\sqrt{5}}\end{pmatrix}\begin{pmatrix}y_1\\y_2\end{pmatrix},$$

试求二次型的变化结果．

解 按照(8.6)式的变换方法，得到

$$\begin{aligned}f&=(x_1,\ x_2)\begin{pmatrix}1 & -4\\-4 & -5\end{pmatrix}\begin{pmatrix}x_1\\x_2\end{pmatrix}\\&=(y_1,\ y_2)\begin{pmatrix}\frac{2}{\sqrt{5}} & -\frac{1}{\sqrt{5}}\\\frac{1}{\sqrt{5}} & \frac{2}{\sqrt{5}}\end{pmatrix}\begin{pmatrix}1 & -4\\-4 & -5\end{pmatrix}\begin{pmatrix}\frac{2}{\sqrt{5}} & \frac{1}{\sqrt{5}}\\-\frac{1}{\sqrt{5}} & \frac{2}{\sqrt{5}}\end{pmatrix}\begin{pmatrix}y_1\\y_2\end{pmatrix}\\&=3y_1^2-7y_2^2.\end{aligned}$$

在线性变换的过程中，值得注意的是矩阵形式$\boldsymbol{C}^{\mathrm{T}}\boldsymbol{A}\boldsymbol{C}$，它与矩阵$\boldsymbol{A}$之间存在某种关系，受此启发，引出如下概念：

定义 8.4 数域P上的两个n阶矩阵$\boldsymbol{A}$与$\boldsymbol{B}$，如果存在P上的可逆矩阵$\boldsymbol{C}$，使得

$$\boldsymbol{B}=\boldsymbol{C}^{\mathrm{T}}\boldsymbol{A}\boldsymbol{C},$$

则称矩阵$\boldsymbol{A}$与$\boldsymbol{B}$合同，或$\boldsymbol{A}$与$\boldsymbol{B}$为合同矩阵，记为$\boldsymbol{A}\simeq\boldsymbol{B}$.

从定义8.4容易得出，合同矩阵具有下列性质：

(1) 反身性：对任意n阶矩阵$\boldsymbol{A}$，$\boldsymbol{A}\simeq\boldsymbol{A}$；

(2) 对称性：若$\boldsymbol{A}\simeq\boldsymbol{B}$，则$\boldsymbol{B}\simeq\boldsymbol{A}$；

(3) 传递性：若$\boldsymbol{A}\simeq\boldsymbol{B}$，$\boldsymbol{B}\simeq\boldsymbol{C}$，则$\boldsymbol{A}\simeq\boldsymbol{C}$.

由(8.6)式知，二次型在非退化的线性变换的作用下，新二次型矩阵

C^TAC 与原二次型矩阵 A 是合同的.

根据对称矩阵和可逆矩阵的性质，不难得出如下结论.

定理 8.1 设矩阵 A 与 B 合同，若矩阵 A 为对称矩阵，则 B 也为对称矩阵，且矩阵 A，B 的秩相同.

证 因为 A 与 B 合同，所以存在可逆矩阵 C，使得 $B=C^TAC$，由已知有 $A^T=A$，故

$$B^T=(C^TAC)^T=C^TA^T(C^T)^T=C^TAC=B,$$

即 B 为对称矩阵.

又因为矩阵 A 与可逆矩阵之积不改变矩阵 A 的秩，所以 $R(B)=R(A)$.

根据上面的讨论，二次型的化简问题，归结为找非退化线性变换(8.5)中的可逆矩阵 C.

§8.2 二次型的标准形

对于纷繁复杂的二次型来说，如何找出可逆变换 $x=Cy$ 使二次型化成标准形是本节讨论的重要内容，这里我们将给出将二次型化为标准形的三种常用方法：正交变换法、配方法和初等变换法.

8.2.1 正交变换方法

对于实数域上的 n 阶对称矩阵 A，已经证明：存在一个 n 阶正交矩阵 P，使得 $P^{-1}AP=\Lambda$，其中 Λ 为对角矩阵，并且其对角线上的元素是矩阵 A 的全部特征值. 由于 $P^{-1}=P^T$，所以有 $P^TAP=\Lambda$ 为对角矩阵，即矩阵 A 合同于对角矩阵.

将这些经验与上节讨论的二次型结合起来，可以获得如下用正交变换化二次型为标准形的方法.

定理 8.2（主轴定理） 任给一个系数在数域 P 中含有 n 个变量 x_1，x_2，…，x_n 的二次型 $f=x^TAx$，总存在正交矩阵 P，使得经过正交变换 $x=Py$，把二次型 f 化为标准形

$$f=\lambda_1y_1^2+\lambda_2y_2^2+\cdots+\lambda_ny_n^2,$$

其中 λ_1，λ_2，…，λ_n 是矩阵 A 的特征值，P 的 n 个列向量 p_1，p_2，…，p_n 是 A 的对应于特征值 λ_1，λ_2，…，λ_n 的两两正交的单位特征向量.

由以上定理，容易得出用正交变换化二次型为标准形的步骤：

(1) 写出二次型的矩阵 A，求出矩阵 A 的全部特征值 λ_1，λ_2，…，λ_t；

(2) 对矩阵 A 的每个特征值 λ_i，解线性方程组 $(\lambda_iE-A)x=0$（注：若 λ_i

是 $\boldsymbol{A}$ 的 k_i 重特征值，则该线性方程组的基础解系中必含有 k_i 个解向量，它们即是 $\boldsymbol{A}$ 的属于特征值 λ_i 的全部线性无关的特征向量)；

(3) 用施密特法将属于 λ_i 的 k_i 个线性无关的特征向量单位正交化；

(4) 把上述求得的 n 个两两正交的单位特征向量作为列向量构成正交矩阵 $\boldsymbol{P}$，则正交变换 $\boldsymbol{x}=\boldsymbol{P}\boldsymbol{y}$ 就将二次型化为只含平方项的标准形.

例 8.4　求一个正交变换 $\boldsymbol{x}=\boldsymbol{P}\boldsymbol{y}$，把二次型

$$f=3x_1^2+4x_2^2+3x_3^2+2x_1x_3$$

化为标准形.

解　二次型的矩阵为

$$\boldsymbol{A}=\begin{pmatrix}3&0&1\\0&4&0\\1&0&3\end{pmatrix},$$

其特征多项式为

$$|\lambda\boldsymbol{E}-\boldsymbol{A}|=\begin{vmatrix}\lambda-3&0&-1\\0&\lambda-4&0\\-1&0&\lambda-3\end{vmatrix}=(\lambda-2)(\lambda-4)^2,$$

故特征值为 $\lambda_1=2$，$\lambda_2=\lambda_3=4$.

当 $\lambda_1=2$ 时，由

$$\begin{pmatrix}-1&0&-1\\0&-2&0\\-1&0&-1\end{pmatrix}\begin{pmatrix}x_1\\x_2\\x_3\end{pmatrix}=\begin{pmatrix}0\\0\\0\end{pmatrix},$$

得基础解系

$$\boldsymbol{\xi}_1=\begin{pmatrix}1\\0\\-1\end{pmatrix}$$

为对应于 λ_1 的特征向量，单位化得

$$\boldsymbol{p}_1=\begin{pmatrix}\frac{1}{\sqrt{2}}\\0\\-\frac{1}{\sqrt{2}}\end{pmatrix}.$$

当 $\lambda_2=\lambda_3=4$ 时，由

$$\begin{pmatrix}1&0&-1\\0&0&0\\-1&0&1\end{pmatrix}\begin{pmatrix}x_1\\x_2\\x_3\end{pmatrix}=\begin{pmatrix}0\\0\\0\end{pmatrix},$$

得基础解系

$$\boldsymbol{\xi}_2=\begin{pmatrix}1\\0\\1\end{pmatrix},\ \boldsymbol{\xi}_3=\begin{pmatrix}0\\1\\0\end{pmatrix}$$

为对应于 λ_2 的两个线性无关的特征向量，单位正交化得

$$\boldsymbol{p}_2=\begin{pmatrix}\frac{1}{\sqrt{2}}\\0\\\frac{1}{\sqrt{2}}\end{pmatrix},\ \boldsymbol{p}_3=\begin{pmatrix}0\\1\\0\end{pmatrix}.$$

令

$$\boldsymbol{P}=\begin{pmatrix}\frac{1}{\sqrt{2}}&\frac{1}{\sqrt{2}}&0\\0&0&1\\-\frac{1}{\sqrt{2}}&\frac{1}{\sqrt{2}}&0\end{pmatrix},$$

则所求的线性变换为 $\boldsymbol{x}=\boldsymbol{P}\boldsymbol{y}$，在此变换下二次型化为标准形

$$f=2y_1^2+4y_2^2+4y_3^2.$$

请读者通过本例仔细体会如下事实，在化成二次型的标准形中，平方项的系数的顺序与正交矩阵 $\boldsymbol{P}$ 中列向量所对应的特征值的顺序是一致的．

例 8.5 求一个正交变换 $\boldsymbol{x}=\boldsymbol{P}\boldsymbol{y}$，把二次型

$$f=2x_1^2+5x_2^2+5x_3^2+4x_1x_2-4x_1x_3-8x_2x_3$$

化为标准形．

解 二次型的矩阵为

$$\boldsymbol{A}=\begin{pmatrix}2&2&-2\\2&5&-4\\-2&-4&5\end{pmatrix},$$

其特征多项式为

$$|\lambda\boldsymbol{E}-\boldsymbol{A}|=(\lambda-1)^2(\lambda-10),$$

故特征值为 $\lambda_1=\lambda_2=1$，$\lambda_3=10$.

可以求得对应的特征向量分别为

$$\boldsymbol{\xi}_1=\begin{pmatrix}-2\\1\\0\end{pmatrix},\ \boldsymbol{\xi}_2=\begin{pmatrix}2\\0\\1\end{pmatrix},\ \boldsymbol{\xi}_3=\begin{pmatrix}-1\\-2\\2\end{pmatrix}.$$

将 $\boldsymbol{\xi}_1$，$\boldsymbol{\xi}_2$ 正交化，得

$$\boldsymbol{\eta}_1=\boldsymbol{\xi}_1=\begin{pmatrix}-2\\1\\0\end{pmatrix},\ \boldsymbol{\eta}_2=\boldsymbol{\xi}_2-\frac{(\boldsymbol{\xi}_2,\ \boldsymbol{\eta}_1)}{(\boldsymbol{\eta}_1,\ \boldsymbol{\eta}_1)}\boldsymbol{\eta}_1=\begin{pmatrix}\frac{2}{5}\\\frac{4}{5}\\1\end{pmatrix}.$$

再将 $\boldsymbol{\eta}_1$，$\boldsymbol{\eta}_2$，$\boldsymbol{\xi}_3$单位化，得

$$\boldsymbol{p}_1=\begin{pmatrix}-\frac{2}{\sqrt{5}}\\\frac{1}{\sqrt{5}}\\0\end{pmatrix},\ \boldsymbol{p}_2=\begin{pmatrix}\frac{2}{3\sqrt{5}}\\\frac{4}{3\sqrt{5}}\\\frac{5}{3\sqrt{5}}\end{pmatrix},\ \boldsymbol{p}_3=\begin{pmatrix}-\frac{1}{3}\\-\frac{2}{3}\\\frac{2}{3}\end{pmatrix}.$$

于是令

$$\boldsymbol{P}=\begin{pmatrix}-\frac{2}{\sqrt{5}}&\frac{2}{3\sqrt{5}}&-\frac{1}{3}\\\frac{1}{\sqrt{5}}&\frac{4}{3\sqrt{5}}&-\frac{2}{3}\\0&\frac{5}{3\sqrt{5}}&\frac{2}{3}\end{pmatrix},$$

所求的正交变换为$\boldsymbol{x}=\boldsymbol{P}\boldsymbol{y}$，使二次型化为标准形

$$f=y_1^2+y_2^2+10y_3^2.$$

例 8.6　已知二次型 $f(x_1,\ x_2,\ x_3)=\lambda x_1^2+3x_2^2+3x_3^2+4x_2x_3$ 可以通过正交变换$\boldsymbol{x}=\boldsymbol{P}\boldsymbol{y}$ 化为标准形 $y_1^2-y_2^2+5y_3^2$，试求实数 λ，并写出所用的正交变换．

解　所给二次型的矩阵

$$\boldsymbol{A}=\begin{pmatrix}\lambda&0&0\\0&3&2\\0&2&3\end{pmatrix}.$$

由条件可得

$$\boldsymbol{P}^{\mathrm{T}}\boldsymbol{A}\boldsymbol{P}=\begin{pmatrix}1&&\\&-1&\\&&5\end{pmatrix},$$

注意到 $\boldsymbol{P}^{\mathrm{T}}=\boldsymbol{P}^{-1}$，上式表明矩阵 $\boldsymbol{A}$ 与矩阵

$$\begin{pmatrix}1&&\\&-1&\\&&5\end{pmatrix}$$

相似，故矩阵 $\boldsymbol{A}$ 的特征值为 1，-1，5.

由矩阵特征值与矩阵主对角线元素的关系有

$$\lambda+3+3=1+(-1)+5,$$

所以 $\lambda=-1$.

下面分别求解齐次线性方程组

$$(\lambda_i\boldsymbol{E}-\boldsymbol{A})\boldsymbol{x}=\boldsymbol{0},\ i=1,\ 2,\ 3,$$

其中 $\lambda_1=1$，$\lambda_2=-1$，$\lambda_3=5$.

计算得出对应特征值 $\lambda_1=1$，$\lambda_2=-1$，$\lambda_3=5$ 的特征向量分别为

$$\boldsymbol{\alpha}_1=\begin{pmatrix}0\\1\\-1\end{pmatrix},\ \boldsymbol{\alpha}_2=\begin{pmatrix}1\\0\\0\end{pmatrix},\ \boldsymbol{\alpha}_3=\begin{pmatrix}0\\1\\1\end{pmatrix},$$

它们已经两两正交，再将其单位化，可得

$$\boldsymbol{P}=\begin{pmatrix}0&1&0\\\frac{1}{\sqrt{2}}&0&\frac{1}{\sqrt{2}}\\-\frac{1}{\sqrt{2}}&0&\frac{1}{\sqrt{2}}\end{pmatrix},$$

故所求正交变换为

$$\begin{cases}x_1=y_2,\\x_2=\frac{1}{\sqrt{2}}y_1+\frac{1}{\sqrt{2}}y_3,\\x_3=-\frac{1}{\sqrt{2}}y_1+\frac{1}{\sqrt{2}}y_3.\end{cases}$$

作为应用，下面介绍如何把一般的二次曲面方程化为标准方程.

一般的二次曲线方程的化简过程是，首先通过坐标轴的适当旋转消去乘积项，再通过坐标轴的平移化为标准方程. 这里坐标轴的旋转是一个正交变换，它将原坐标轴转到与二次曲线的"主轴"平行的方向，而平移使得新坐标轴与二次曲线的"主轴"重合. 同样，对于一般的二次曲面方程 $f(x_1,\ x_2,\ x_3)=0$，其中

$$f(x_1,\ x_2,\ x_3)=a_{11}x_1^2+a_{22}x_2^2+a_{33}x_3^2+2a_{12}x_1x_2+2a_{23}x_2x_3+2a_{13}x_1x_3+b_1x_1+b_2x_2+b_3x_3+c.$$

令 $$\boldsymbol{x}=\begin{pmatrix}x_1\\x_2\\x_3\end{pmatrix},\ \boldsymbol{b}=\begin{pmatrix}b_1\\b_2\\b_3\end{pmatrix},\ \boldsymbol{A}=\begin{pmatrix}a_{11}&a_{12}&a_{13}\\a_{12}&a_{22}&a_{23}\\a_{13}&a_{23}&a_{33}\end{pmatrix},$$

则该式还可以写成

$$f=\boldsymbol{x}^{\mathrm{T}}\boldsymbol{A}\boldsymbol{x}+\boldsymbol{b}^{\mathrm{T}}\boldsymbol{x}+\boldsymbol{c}.$$

作正交变换$\boldsymbol{x}=\boldsymbol{P}\boldsymbol{y}$，$\boldsymbol{y}=\begin{pmatrix}y_1\\y_2\\y_3\end{pmatrix}$，其中正交矩阵$\boldsymbol{P}$满足：

$$\boldsymbol{P}^{\mathrm{T}}\boldsymbol{A}\boldsymbol{P}=\begin{pmatrix}\lambda_1&&\\&\lambda_2&\\&&\lambda_3\end{pmatrix}.$$

又记$\boldsymbol{b}^{\mathrm{T}}\boldsymbol{P}=(b_1',\ b_2',\ b_3')$，则二次曲面方程化为

$$\lambda_1y_1^2+\lambda_2y_2^2+\lambda_3y_3^2+b_1'y_1+b_2'y_2+b_3'y_3+c=0.$$

这里，可以要求$|\boldsymbol{P}|=1$，相当于坐标轴的旋转，因此，这一步骤即是将坐标轴转到与二次曲面的“主轴”平行的方向．再做平移即可将其化为标准方程．

将正交变换与平移变换统称为直角坐标变换，用直角坐标变换化一般二次曲面(曲线)方程为标准方程的问题称为主轴问题．之所以要用直角坐标变换进行化简，是因为这一变换具有保持向量长度及夹角等度量不变的性质，从而保持曲面或曲线的形状不变．

例如，试用直角坐标变换化简二次曲面方程

$$3x_1^2+4x_2^2+3x_3^2+2x_1x_3+2x_2-4x_3-5=0.$$

注意到本例中二次项的系数与例8.4的系数的一致性，例8.4的过程可以引入本例中，特征值为$\lambda_1=2$，$\lambda_2=\lambda_3=4$，则正交变换$\boldsymbol{x}=\boldsymbol{P}\boldsymbol{y}$，其中

$$\boldsymbol{P}=\begin{pmatrix}\frac{1}{\sqrt{2}}&\frac{1}{\sqrt{2}}&0\\0&0&1\\-\frac{1}{\sqrt{2}}&\frac{1}{\sqrt{2}}&0\end{pmatrix}$$

可将所给的二次曲面方程化为

$$2y_1^2+4y_2^2+4y_3^2+2\sqrt{2}y_1-2\sqrt{2}y_2+2y_3-5=0.$$

将该式利用中学学过的配平方法，得到

$$\left(y_1+\frac{\sqrt{2}}{2}\right)^2+2\left(y_2-\frac{\sqrt{2}}{4}\right)^2+2\left(y_3+\frac{1}{4}\right)^2=\frac{27}{8},$$

令 $$\begin{cases} z_1=y_1+\dfrac{\sqrt{2}}{2}, \\ z_2=y_2-\dfrac{\sqrt{2}}{4}, \\ z_3=y_3+\dfrac{1}{4}, \end{cases}$$

方程化为 $z_1^2+2z_2^2+2z_3^2=\dfrac{27}{8}$，它是椭球面．

8.2.2 配方法

用正交变换化二次型为标准形的方法有保持几何形状不变的特点，但我们也可以采用如下比较简捷的配方法把二次型化为标准形．这是中学一元二次多项式中配方法的推广，先看下面的例子．

例 8.7 化二次型

$$f(x_1, x_2, x_3)=x_1^2+2x_2^2+4x_3^2+2x_1x_2+6x_2x_3+2x_1x_3$$

为标准形，并写出所用的线性变换．

解 先集中含 x_1 的项，利用配方法把 f 改写成

$$\begin{aligned} f(x_1, x_2, x_3)&=x_1^2+2x_1(x_2+x_3)+2x_2^2+6x^2x_3+4x_3^2 \\ &=(x_1+x_2+x_3)^2+x_2^2+4x_2x_3+3x_3^2, \end{aligned}$$

再对后面三项集中含 x_2 的项，配方后得到

$$f=(x_1+x_2+x_3)^2+(x_2+2x_3)^2-x_3^2,$$

于是，线性变换

$$\begin{cases} y_1=x_1+x_2+x_3, \\ y_2=x_2+2x_3, \\ y_3=x_3, \end{cases} \quad 或 \quad \begin{cases} x_1=y_1-y_2+y_3, \\ x_2=y_2-2y_3, \\ x_3=y_3 \end{cases}$$

把二次型 f 化为标准形

$$f=y_1^2+y_2^2-y_3^2.$$

容易验证所作的线性变换的系数矩阵

$$\boldsymbol{C}=\begin{pmatrix} 1 & -1 & 1 \\ 0 & 1 & -2 \\ 0 & 0 & 1 \end{pmatrix}$$

是可逆矩阵，但不是正交矩阵．

这里二次型 $f(x_1, x_2, x_3)$ 的矩阵为

$$A=\begin{pmatrix}1 & 1 & 1\\1 & 2 & 3\\1 & 3 & 4\end{pmatrix},$$

读者可以验证

$$C^{T}AC=\begin{pmatrix}1 & 0 & 0\\0 & 1 & 0\\0 & 0 & -1\end{pmatrix}.$$

例 8.8　通过配方法把二次型 $f=2x_1x_2+2x_1x_3+4x_2x_3$ 化为标准形，并求所用的线性变换．

解　由于二次型中不含平方项，不易直接配方，但注意到若令 $x_1=y_1-y_2$，$x_2=y_1+y_2$，则含 x_1x_2 的项将会产生平方项．故令

$$\begin{cases}x_1=y_1-y_2,\\x_2=y_1+y_2,\\x_3=y_3,\end{cases}$$

代入二次型，得

$$f=2y_1^2-2y_2^2+6y_1y_3+2y_2y_3.$$

下面按上例的方法进行配方，先将含有 y_1 的项归并起来配方，可得

$$\begin{aligned}f&=(2y_1^2+6y_1y_3)-2y_2^2+2y_2y_3\\&=\left(2y_1^2+6y_1y_3+\frac{9}{2}y_3^2\right)-\frac{9}{2}y_3^2-2y_2^2+2y_2y_3\end{aligned}$$

（再将含有 y_2 的项归并起来配方，依此类推．）

$$\begin{aligned}&=2\left(y_1+\frac{3}{2}y_3\right)^2+(-2y_2^2+2y_2y_3)-\frac{9}{2}y_3^2\\&=2\left(y_1+\frac{3}{2}y_3\right)^2-2\left(y_2-\frac{1}{2}y_3\right)^2-4y_3^2.\end{aligned}$$

令
$$\begin{cases}z_1=y_1+\frac{3}{2}y_3,\\z_2=y_2-\frac{1}{2}y_3,\\z_3=y_3,\end{cases}\text{即}\begin{cases}y_1=z_1-\frac{3}{2}z_3,\\y_2=z_2+\frac{1}{2}z_3,\\y_3=z_3,\end{cases}$$

就把二次型 f 化为标准形 $2z_1^2-2z_2^2-4z_3^2$.

将两次线性变换组合得到

$$\begin{pmatrix}x_1\\x_2\\x_3\end{pmatrix}=\begin{pmatrix}1&-1&0\\1&1&0\\0&0&1\end{pmatrix}\begin{pmatrix}y_1\\y_2\\y_3\end{pmatrix}=\begin{pmatrix}1&-1&0\\1&1&0\\0&0&1\end{pmatrix}\begin{pmatrix}1&0&-\dfrac{3}{2}\\0&1&\dfrac{1}{2}\\0&0&1\end{pmatrix}\begin{pmatrix}z_1\\z_2\\z_3\end{pmatrix},$$

即
$$\begin{pmatrix}x_1\\x_2\\x_3\end{pmatrix}=\begin{pmatrix}1&-1&-2\\1&1&-1\\0&0&1\end{pmatrix}\begin{pmatrix}z_1\\z_2\\z_3\end{pmatrix}$$

为所求的线性变换.

因为经过非退化线性变换，二次型的矩阵变成了与之合同的矩阵，合同的矩阵有相同的秩，即经过非退化的线性变换之后，二次型矩阵的秩是不变的.标准形的矩阵是对角矩阵，而对角矩阵的秩就等于对角线上非零元素的个数.因此，在一个二次型的标准形中，系数不为零的平方项个数是唯一确定的，与所作的非退化线性变换无关.

下面给出配方法的一般结论.

定理 8.3 数域 P 上任意一个二次型都可以经过非退化的线性变换化为标准形.

证 这个证明实际上也是将二次型化为标准形的一般方法，即配方法.

不妨设二次型 $f(x_1, x_2, \cdots, x_n)\neq 0$，若为零就已经是标准形了.

下面用数学归纳法证之.

若 $n=1$，$f(x_1)=a_{11}x_1^2$ 已经为平方和.假定对 $n-1$ 元的二次型定理成立，下证对 n 元情形结论亦真.

分三种情况讨论：

(1) $a_{ii}(i=1, 2, \cdots, n)$中至少有一个不为零，如 $a_{11}\neq 0$，此时

$$\begin{aligned}f&=a_{11}x_1^2+2x_1\sum_{j=2}^{n}a_{1j}x_j+\sum_{i=2}^{n}\sum_{j=2}^{n}a_{ij}x_ix_j\\&=a_{11}\Big(x_1+a_{11}^{-1}\sum_{j=2}^{n}a_{1j}x_j\Big)^2+g(x_2, \cdots, x_n),\end{aligned}$$

其中 $g(x_2, \cdots, x_n)=-a_{11}^{-1}\Big(\sum_{j=2}^{n}a_{1j}x_j\Big)^2+\sum_{i=2}^{n}\sum_{j=2}^{n}a_{ij}x_ix_j$ 是以 $x_2, \cdots, x_n$ 为变量的 $n-1$ 元二次型.

令 $\begin{cases}y_1=x_1+a_{11}^{-1}\sum\limits_{j=2}^{n}a_{1j}x_j,\\y_2=x_2,\\\cdots\cdots\\y_n=x_n,\end{cases}$ 即 $\begin{cases}x_1=y_1-a_{11}^{-1}\sum\limits_{j=2}^{n}a_{1j}y_j,\\x_2=y_2,\\\cdots\cdots\\x_n=y_n,\end{cases}$

这是一个可逆线性变换，它使得

$$f=a_{11}y_1^2+g(x_2, \cdots, x_n),$$

由归纳假定，对 $n-1$ 元二次型 $g(x_2, \cdots, x_n)$，存在可逆线性变换

$$\begin{cases} y_2=c_{22}z_2+c_{23}z_3+\cdots+c_{2n}z_n, \\ y_3=c_{32}z_2+c_{33}z_3+\cdots+c_{3n}z_n, \\ \cdots\cdots\cdots\cdots\cdots\cdots\cdots\cdots \\ y_n=c_{n2}z_2+c_{n3}z_3+\cdots+c_{nn}z_n, \end{cases}$$

把 $g(x_2, \cdots, x_n)$化为标准形 $d_2z_2^2+d_3z_3^2+\cdots+d_nz_n^2$.

于是非退化线性变换

$$\begin{cases} y_1=z_1, \\ y_2=c_{22}z_2+c_{23}z_3+\cdots+c_{2n}z_n, \\ y_3=c_{32}z_2+c_{33}z_3+\cdots+c_{3n}z_n, \\ \cdots\cdots\cdots\cdots\cdots\cdots\cdots\cdots \\ y_n=c_{n2}z_2+c_{n3}z_3+\cdots+c_{nn}z_n \end{cases}$$

把二次型 $f(x_1, x_2, \cdots, x_n)$化成平方和

$$f(x_1, x_2, \cdots, x_n)=a_{11}y_1^2+d_2z_2^2+d_3z_3^2+\cdots+d_nz_n^2.$$

(2) 所有 $a_{ii}=0(i=1, 2, \cdots, n)$，但至少有一个 $a_{1j}\neq 0(j>1)$，不妨设 $a_{12}\neq 0$. 令

$$\begin{cases} x_1=y_1+y_2, \\ x_2=y_1-y_2, \\ x_3=y_3, \\ \cdots\cdots \\ x_n=y_n, \end{cases}$$

这是可逆线性变换，它使得

$$\begin{aligned} f(x_1, x_2, \cdots, x_n) &= 2a_{12}(y_1+y_2)(y_1-y_2)+\cdots \\ &= 2a_{12}y_1^2-2a_{12}y_2^2+\cdots, \end{aligned}$$

上式右端是 $y_1, y_2, \cdots, y_n$ 的二次型，且 y_1^2 的系数不为零，属于第一种情形，可化为标准形.

(3) $a_{11}=a_{12}=\cdots=a_{1n}=0$. 由对称性有 $a_{21}=a_{31}=\cdots=a_{n1}=0$，这时 $f(x_1, x_2, \cdots, x_n)=\sum_{i=2}^{n}\sum_{j=2}^{n}a_{ij}x_ix_j$ 是一个 $n-1$ 元二次型，根据归纳法假定，它能用非退化的线性变换化成标准形.

由于变换前后的二次型是合同的，而合同的矩阵秩相同，所以二次型的标

准形中含 r(二次型的秩)个非零平方项，适当地调整平方项的次序可使得标准形前 r 项为非零平方项．这样定理 8.3 还可以叙述为

定理 8.4 数域 P 上秩为 r 的任意 n 阶对称矩阵 $\boldsymbol{A}$ 都合同于对角矩阵，即存在 n 阶可逆矩阵 $\boldsymbol{C}$，使得

$$\boldsymbol{C}^{\mathrm{T}}\boldsymbol{A}\boldsymbol{C}=\boldsymbol{\Lambda}=\mathrm{diag}(d_1, \cdots, d_r, 0, \cdots, 0) \quad (d_i\neq 0, i=1, 2, \cdots, r).$$

例 8.9 设 $\boldsymbol{A}=\begin{pmatrix}0&1&1\\1&0&2\\1&2&0\end{pmatrix}$，求可逆矩阵 $\boldsymbol{C}$，使得 $\boldsymbol{C}^{\mathrm{T}}\boldsymbol{A}\boldsymbol{C}$ 为对角矩阵．

解 对应矩阵 $\boldsymbol{A}$ 的二次型为 $f(x_1, x_2, x_3)=2x_1x_2+2x_1x_3+4x_2x_3$，由上面的例子知存在非退化的线性变换

$$\begin{pmatrix}x_1\\x_2\\x_3\end{pmatrix}=\begin{pmatrix}1&-1&-2\\1&1&-1\\0&0&1\end{pmatrix}\begin{pmatrix}z_1\\z_2\\z_3\end{pmatrix},$$

可将二次型 $f(x_1, x_2, x_3)$ 化为标准形

$$2z_1^2-2z_2^2-4z_3^2,$$

因此，令 $\boldsymbol{C}=\begin{pmatrix}1&-1&-2\\1&1&-1\\0&0&1\end{pmatrix}$，即有 $\boldsymbol{C}^{\mathrm{T}}\boldsymbol{A}\boldsymbol{C}$ 为对角矩阵，具体地有

$$\boldsymbol{C}^{\mathrm{T}}\boldsymbol{A}\boldsymbol{C}=\begin{pmatrix}2&&\\&-2&\\&&-4\end{pmatrix}.$$

本例题给出了应用二次型的配方法求可逆矩阵 $\boldsymbol{C}$，使得 $\boldsymbol{C}^{\mathrm{T}}\boldsymbol{A}\boldsymbol{C}$ 为对角矩阵的方法．

8.2.3 初等变换法

上面的定理指出，对于任意一个对称矩阵，一定存在可逆矩阵 $\boldsymbol{C}$ 使得 $\boldsymbol{C}^{\mathrm{T}}\boldsymbol{A}\boldsymbol{C}$ 为对角矩阵．又由于可逆矩阵可以表示为若干初等矩阵的乘积，即存在初等矩阵 $\boldsymbol{P}_1$，$\boldsymbol{P}_2$，…，$\boldsymbol{P}_s$，使得

$$\boldsymbol{C}=\boldsymbol{P}_1\boldsymbol{P}_2\cdots\boldsymbol{P}_s.$$

将上式代入 $\boldsymbol{C}^{\mathrm{T}}\boldsymbol{A}\boldsymbol{C}$，得

$$\boldsymbol{C}^{\mathrm{T}}\boldsymbol{A}\boldsymbol{C}=\boldsymbol{P}_s^{\mathrm{T}}\cdots\boldsymbol{P}_2^{\mathrm{T}}\boldsymbol{P}_1^{\mathrm{T}}\boldsymbol{A}\boldsymbol{P}_1\boldsymbol{P}_2\cdots\boldsymbol{P}_s \tag{8.7}$$

为对角矩阵．

(8.7)式表明，将对称矩阵 $\boldsymbol{A}$ 施行 s 次初等行变换及相同的 s 次初等列变换，矩阵 $\boldsymbol{A}$ 就变成对角矩阵 $\boldsymbol{\Lambda}$．对 $\boldsymbol{E}$ 施行上述的初等列变换，$\boldsymbol{E}$ 就变成可逆矩

阵$\boldsymbol{C}$. 这种利用矩阵的初等变换求可逆矩阵$\boldsymbol{C}$及对角矩阵$\boldsymbol{\Lambda}$，使得矩阵$\boldsymbol{A}$与矩阵$\boldsymbol{\Lambda}$合同的方法称为**初等变换法**.

具体做法为

$$\begin{pmatrix} \boldsymbol{A} \\ \hdashline \boldsymbol{E} \end{pmatrix} \xrightarrow{\text{等对初等行列变换}} \begin{pmatrix} \boldsymbol{P}_s^{\mathrm{T}}\cdots\boldsymbol{P}_2^{\mathrm{T}}\boldsymbol{P}_1^{\mathrm{T}}\boldsymbol{A}\boldsymbol{P}_1\boldsymbol{P}_2\cdots\boldsymbol{P}_s \\ \boldsymbol{P}_1\boldsymbol{P}_2\cdots\boldsymbol{P}_s \end{pmatrix}.$$

由此得到可逆矩阵$\boldsymbol{C}=\boldsymbol{P}_1\boldsymbol{P}_2\cdots\boldsymbol{P}_s$和对应的非退化线性变换$\boldsymbol{x}=\boldsymbol{C}\boldsymbol{y}$，在此线性变换下，二次型化为标准形.

例 8.10 用初等变换法求非退化的线性变换$\boldsymbol{x}=\boldsymbol{C}\boldsymbol{y}$，将二次型

$$f(x_1,\ x_2,\ x_3)=x_1^2+2x_2^2+5x_3^2+2x_1x_2+2x_1x_3+6x_2x_3$$

化为标准形.

解 已知二次型的矩阵

$$\boldsymbol{A}=\begin{pmatrix} 1 & 1 & 1 \\ 1 & 2 & 3 \\ 1 & 3 & 5 \end{pmatrix},$$

$$\begin{pmatrix} \boldsymbol{A} \\ \hdashline \boldsymbol{E} \end{pmatrix}=\begin{pmatrix} 1 & 1 & 1 \\ 1 & 2 & 3 \\ 1 & 3 & 5 \\ \hdashline 1 & 0 & 0 \\ 0 & 1 & 0 \\ 0 & 0 & 1 \end{pmatrix} \xrightarrow[c_2+(-1)c_1]{r_2+(-1)r_1} \begin{pmatrix} 1 & 0 & 1 \\ 0 & 1 & 2 \\ 1 & 2 & 5 \\ \hdashline 1 & -1 & 0 \\ 0 & 1 & 0 \\ 0 & 0 & 1 \end{pmatrix}$$

$$\xrightarrow[c_3+(-1)c_1]{r_3+(-1)r_1} \begin{pmatrix} 1 & 0 & 0 \\ 0 & 1 & 2 \\ 0 & 2 & 4 \\ \hdashline 1 & -1 & -1 \\ 0 & 1 & 0 \\ 0 & 0 & 1 \end{pmatrix} \xrightarrow[c_3+(-2)c_2]{r_3+(-2)r_2} \begin{pmatrix} 1 & 0 & 0 \\ 0 & 1 & 0 \\ 0 & 0 & 0 \\ \hdashline 1 & -1 & 1 \\ 0 & 1 & -2 \\ 0 & 0 & 1 \end{pmatrix}.$$

（注：行列变换交替进行）

所求可逆矩阵$\boldsymbol{C}$及对角矩阵$\boldsymbol{\Lambda}$分别为

$$\boldsymbol{C}=\begin{pmatrix} 1 & -1 & 1 \\ 0 & 1 & -2 \\ 0 & 0 & 1 \end{pmatrix},\ \boldsymbol{\Lambda}=\begin{pmatrix} 1 & 0 & 0 \\ 0 & 1 & 0 \\ 0 & 0 & 0 \end{pmatrix},$$

使得$\boldsymbol{C}^{\mathrm{T}}\boldsymbol{A}\boldsymbol{C}=\boldsymbol{\Lambda}$，所得标准形为$f=y_1^2+y_2^2$.

§8.3 规 范 形

假定一个二次型 $f(x_1, x_2, \cdots, x_n)$ 经过非退化线性变换化成标准形

$$f=d_1y_1^2+d_2y_2^2+\cdots+d_ry_r^2,\ d_i\neq 0,\ i=1, 2, \cdots, r, \tag{8.8}$$

r 是二次型 $f(x_1, x_2, \cdots, x_n)$ 的秩．

对于复二次型，由于负数可以开方，可以经过如下非退化线性变换

$$\begin{cases} y_1=\dfrac{1}{\sqrt{d_1}}z_1, \\ \cdots\cdots\cdots \\ y_r=\dfrac{1}{\sqrt{d_r}}z_r, \\ y_{r+1}=z_{r+1}, \\ \cdots\cdots \\ y_n=z_n, \end{cases}$$

将(8.8)式变为

$$f=z_1^2+z_2^2+\cdots+z_r^2. \tag{8.9}$$

这种系数皆为1的平方和形式称为复二次型的规范形．显然，规范形中平方项的个数等于二次型的秩，即规范形完全被原二次型矩阵的秩所决定，而二次型的秩是唯一的，所以每个复二次型的规范形是唯一的．

对于实二次型，要考虑 d_i 的符号问题，假设经过一个适当的非退化线性变换，二次型 $f(x_1, x_2, \cdots, x_n)$ 的标准形具有如下形式：

$$f=d_1y_1^2+d_2y_2^2+\cdots+d_py_p^2-d_{p+1}y_{p+1}^2-\cdots-d_ry_r^2, \tag{8.10}$$

其中 $d_i>0$，$i=1, 2, \cdots, r$，r 是二次型 $f(x_1, x_2, \cdots, x_n)$ 的秩．

因为在实数范围内，正实数可以开平方，所以再进行非退化的线性变换

$$\begin{cases} y_1=\dfrac{1}{\sqrt{d_1}}z_1, \\ \cdots\cdots\cdots \\ y_r=\dfrac{1}{\sqrt{d_r}}z_r, \\ y_{r+1}=z_{r+1}, \\ \cdots\cdots \\ y_n=z_n, \end{cases}$$

可将(8.10)式变为

$$f=z_1^2+\cdots+z_p^2-z_{p+1}^2-\cdots-z_r^2, \tag{8.11}$$

其中 p 为含有的正平方项的个数，$r-p$ 为含有的负平方项的个数．称(8.11)式为实二次型 $f(x_1, x_2, \cdots, x_n)$的规范形．这时规范形由二次型 $f(x_1, x_2, \cdots, x_n)$的秩 r 以及正平方项个数 p 完全确定．

定理 8.5(惯性定理) 任意一个实数域上的二次型，经过一适当的非退化线性变换可以变成规范形，且规范形是唯一的．

证 这里关键是证明正平方项个数 p 由所给的二次型完全确定，而不受其他条件的影响．

设秩为 r 的二次型 $f(x_1, x_2, \cdots, x_n)$经过实的可逆线性变换$\boldsymbol{x}=\boldsymbol{C}\boldsymbol{y}$ 和 $\boldsymbol{x}=\boldsymbol{D}\boldsymbol{z}$ 分别化为规范形

$$f=y_1^2+\cdots+y_p^2-y_{p+1}^2-\cdots-y_r^2,$$
$$f=z_1^2+\cdots+z_q^2-z_{q+1}^2-\cdots-z_r^2.$$

要证明规范形唯一，只需证 $p=q$ 即可．

采用反证法，不妨设 $p>q$，则有

$$y_1^2+\cdots+y_p^2-y_{p+1}^2-\cdots-y_r^2=z_1^2+\cdots+z_q^2-z_{q+1}^2-\cdots-z_r^2, \tag{8.12}$$

由$\boldsymbol{x}=\boldsymbol{C}\boldsymbol{y}$ 和$\boldsymbol{x}=\boldsymbol{D}\boldsymbol{z}$，有$\boldsymbol{z}=\boldsymbol{D}^{-1}\boldsymbol{C}\boldsymbol{y}\xlongequal{\text{记为}}\boldsymbol{G}\boldsymbol{y}$，即

$$\begin{cases} z_1=g_{11}y_1+g_{12}y_2+\cdots+g_{1n}y_n, \\ z_2=g_{21}y_1+g_{22}y_2+\cdots+g_{2n}y_n, \\ \cdots\cdots\cdots\cdots\cdots\cdots \\ z_q=g_{q1}y_1+g_{q2}y_2+\cdots+g_{qn}y_n, \\ \cdots\cdots\cdots\cdots\cdots\cdots \\ z_n=g_{n1}y_1+g_{n2}y_2+\cdots+g_{nn}y_n. \end{cases} \tag{8.13}$$

考虑齐次线性方程组

$$\begin{cases} g_{11}y_1+g_{12}y_2+\cdots+g_{1n}y_n=0, \\ \cdots\cdots\cdots\cdots\cdots\cdots \\ g_{q1}y_1+g_{q2}y_2+\cdots+g_{qn}y_n=0, \\ y_{p+1}=0, \\ \cdots\cdots \\ y_n=0. \end{cases} \tag{8.14}$$

方程组(8.14)含有 n 个未知量，而含有 $q+(n-p)=n-(p-q)<n$ 个方程，所以它有非零解．设

$$y_1=k_1,\ y_2=k_2,\ \cdots,\ y_p=k_p,\ y_{p+1}=k_{p+1},\ \cdots,\ y_n=k_n$$

是它的一个非零解，显然 $k_{p+1}=\cdots=k_n=0$，那么 k_1，k_2，…，k_p 不全为零．因此，将 $y_i=k_i(i=1,\ 2,\ \cdots,\ n)$ 代入(8.12)式左端，得到的值为 $k_1^2+k_2^2+\cdots+k_p^2>0$.

另一方面，因为 $y_i=k_i(i=1,\ 2,\ \cdots,\ n)$ 是方程组(8.14)的解，将它们代入关系式(8.13)，得到一组值 $z_i(i=1,\ 2,\ \cdots,\ n)$，其中 $z_1=z_2=\cdots=z_q=0$，因此，将这一组 z_i 代入(8.12)式右端，得到的值是 $-z_{q+1}^2-\cdots-z_r^2\leqslant 0$. 这是一个矛盾，这说明 $p>q$ 是不可能的．

同理可证 $p<q$ 也是不可能的，所以 $p=q$.

既然二次型中正平方项的个数 p 由该二次型唯一确定，故有下面的定义．

定义 8.5 在实二次型 $f(x_1,\ x_2,\ \cdots,\ x_n)$ 的规范形中，正平方项的个数 p 称为二次型 $f(x_1,\ x_2,\ \cdots,\ x_n)$ 的正惯性指数；负平方项的个数 $r-p$ 称为二次型 $f(x_1,\ x_2,\ \cdots,\ x_n)$ 的负惯性指数；它们的差 $p-(r-p)=2p-r$ 称为二次型 $f(x_1,\ x_2,\ \cdots,\ x_n)$ 的符号差．

虽然实二次型的标准形不是唯一的，但是根据规范形的唯一性以及上面化标准形为规范形的过程可以看出：标准形中系数为正的平方项的个数是唯一确定的，它等于正惯性指数；标准形中系数为负的平方项的个数也是唯一确定的，它等于负惯性指数．因此，两个实系数二次型可以经非退化线性变换互变的充分必要条件是：它们有相同的秩和正惯性指数．

上述内容用矩阵的语言来叙述，即

(1) 任一复对称矩阵 $\boldsymbol{A}$ 都合同于矩阵

$$\begin{pmatrix} 1 & & & & & & \\ & 1 & & & & & \\ & & \ddots & & & & \\ & & & 1 & & & \\ & & & & 0 & & \\ & & & & & \ddots & \\ & & & & & & 0 \end{pmatrix},$$

其中对角线上 1 的个数 r 为矩阵 $\boldsymbol{A}$ 的秩．

(2) 任一实对称矩阵 $\boldsymbol{A}$ 都合同于矩阵

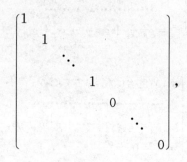

$$\begin{pmatrix} 1 & & & & & & & & \\ & \ddots & & & & & & & \\ & & 1 & & & & & & \\ & & & -1 & & & & & \\ & & & & \ddots & & & & \\ & & & & & -1 & & & \\ & & & & & & 0 & & \\ & & & & & & & \ddots & \\ & & & & & & & & 0 \end{pmatrix},$$

其中对角线上1的个数p以及-1的个数$r-p$都是唯一确定的，分别为二次型的正惯性指数与负惯性指数，其中r为矩阵$\boldsymbol{A}$的秩．两个同阶的实对称矩阵合同的充分必要条件是它们的秩和正惯性指数分别相等．

§8.4　正定二次型

定义 8.6　对于实二次型$f(x_1, x_2, \cdots, x_n)$，如果对于任意一组不全为零的实数$c_1, c_2, \cdots, c_n$，都有$f(c_1, c_2, \cdots, c_n)>0$，则称$f$为正定二次型.

类似地，如果对于任意一组不全为零的实数$c_1, c_2, \cdots, c_n$，都有$f(c_1, c_2, \cdots, c_n)<0$（或$\geqslant 0$，或$\leqslant 0$），则称实二次型为负定的（或半正定的、或半负定的），否则就称二次型为不定的．

为了讨论问题方便，称正定二次型的矩阵为正定矩阵．

如果将二次型用矩阵表示，可得如下正定二次型的等价定义：

设有n元实二次型$f=\boldsymbol{x}^{\mathrm{T}}\boldsymbol{A}\boldsymbol{x}$，如果对任意$\boldsymbol{x}\neq\boldsymbol{0}$都有$f>0$，则称$f$为正定二次型，并称实对称矩阵$\boldsymbol{A}$为正定矩阵．

类似可定义负定、半正定、半负定矩阵．

正定二次型与正定矩阵在数学、物理以及工程技术中有着重要的应用，因此判定二次型与矩阵是否正定是本节的主要任务．

定理 8.6　n元实二次型$f=\boldsymbol{x}^{\mathrm{T}}\boldsymbol{A}\boldsymbol{x}$为正定的充分必要条件是其标准形中的$n$个系数全为正，即二次型$f=\boldsymbol{x}^{\mathrm{T}}\boldsymbol{A}\boldsymbol{x}$的正惯性指数等于$n$.

证　设可逆线性变换$\boldsymbol{x}=\boldsymbol{C}\boldsymbol{y}$使$f=d_1y_1^2+d_2y_2^2+\cdots+d_ny_n^2$，因$\boldsymbol{C}$可逆，则对任意$\boldsymbol{x}\neq\boldsymbol{0}$，$\boldsymbol{y}=\boldsymbol{C}^{-1}\boldsymbol{x}\neq\boldsymbol{0}$，从而

$$f(x_1, x_2, \cdots, x_n)\xlongequal{\boldsymbol{x}=\boldsymbol{C}\boldsymbol{y}}\sum_{i=1}^{n}d_iy_i^2>0\Leftrightarrow d_i>0\ (i=1, 2, \cdots, n),$$

即正惯性指数为n.

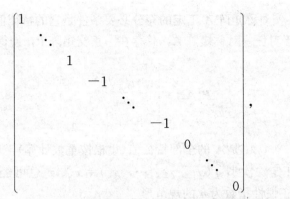

推论 1 实对称矩阵 $\boldsymbol{A}$ 正定的充分必要条件是它的特征值全为正数.

证 由于对任一对称矩阵 $\boldsymbol{A}$，总存在一正交矩阵 $\boldsymbol{P}$，使得

$$\boldsymbol{P}^{\mathrm{T}}\boldsymbol{A}\boldsymbol{P}=\begin{pmatrix}\lambda_1 & & & \\ & \lambda_2 & & \\ & & \ddots & \\ & & & \lambda_n\end{pmatrix},$$

其中 λ_1，λ_2，…，λ_n 是 $\boldsymbol{A}$ 的全部特征值(重根按重数计算)，从而得证.

注意到正定二次型 $f(x_1, x_2, \cdots, x_n)=\boldsymbol{x}^{\mathrm{T}}\boldsymbol{A}\boldsymbol{x}$ 总可经过可逆线性变换 $\boldsymbol{x}=\boldsymbol{C}\boldsymbol{y}$ 化为正惯性指数为 n 的规范形

$$f=y_1^2+y_2^2+\cdots+y_n^2=\boldsymbol{y}^{\mathrm{T}}\boldsymbol{E}\boldsymbol{y},$$

故有下列推论.

推论 2 实对称矩阵 $\boldsymbol{A}$ 正定的充分必要条件是存在可逆矩阵 $\boldsymbol{C}$，使 $\boldsymbol{A}=\boldsymbol{C}^{\mathrm{T}}\boldsymbol{C}$，即 $\boldsymbol{A}$ 与 $\boldsymbol{E}$ 合同.

推论 3 若矩阵 $\boldsymbol{A}$ 正定，则 $|\boldsymbol{A}|>0$.

证 $|\boldsymbol{A}|=|\boldsymbol{C}^{\mathrm{T}}\boldsymbol{C}|=|\boldsymbol{C}|^2$，因 $\boldsymbol{C}$ 是可逆矩阵，$|\boldsymbol{C}|\neq 0$，则 $|\boldsymbol{A}|>0$.

例 8.11 设 $\boldsymbol{A}$ 为正定矩阵，证明：$|\boldsymbol{A}+\boldsymbol{E}|>1$.

证 因 $\boldsymbol{A}$ 为正定矩阵，所以 $\boldsymbol{A}$ 的特征值全大于 0. 设 λ_1，λ_2，…，λ_n 是 $\boldsymbol{A}$ 的全部特征值，则 $\boldsymbol{A}+\boldsymbol{E}$ 的特征值为 λ_1+1，λ_2+1，…，λ_n+1，从而

$$|\boldsymbol{A}+\boldsymbol{E}|=(\lambda_1+1)(\lambda_2+1)\cdots(\lambda_n+1)>1.$$

注意推论 3 的逆命题不成立，即由 $|\boldsymbol{A}|>0$ 不能断定 $\boldsymbol{A}$ 为正定矩阵，那么如何由行列式来判定矩阵的正定性呢？为此先给出下列定义.

定义 8.7 n 阶矩阵 $\boldsymbol{A}$ 的子式

$$\Delta_i=\begin{vmatrix}a_{11} & a_{12} & \cdots & a_{1i}\\ a_{21} & a_{22} & \cdots & a_{2i}\\ \vdots & \vdots & & \vdots\\ a_{i1} & a_{i2} & \cdots & a_{ii}\end{vmatrix}\quad (i=1,\ 2,\ \cdots,\ n)$$

称为矩阵 $\boldsymbol{A}$ 的顺序主子式.

定理 8.7(霍尔维茨定理) 实二次型 $f(x_1, x_2, \cdots, x_n)=\boldsymbol{x}^{\mathrm{T}}\boldsymbol{A}\boldsymbol{x}$ 正定(或实对称矩阵 $\boldsymbol{A}$ 正定)的充分必要条件为矩阵 $\boldsymbol{A}$ 的所有顺序主子式全大于零.

证 必要性 设二次型 $f(x_1, x_2, \cdots, x_n)$正定，记

$$f_k(x_1, x_2, \cdots, x_k)=\sum_{i=1}^{k}\sum_{j=1}^{k}a_{ij}x_ix_j\ (k=1,\ 2,\ \cdots,\ n),$$

对任意 k 个不全为 0 的实数 c_1，c_2，…，c_k，有

$$f_k(c_1, c_2, \cdots, c_k)=\sum_{i=1}^{k}\sum_{j=1}^{k}a_{ij}c_ic_j=f(c_1, c_2, \cdots, c_k, 0, \cdots, 0)>0,$$

这说明二次型 $f_k(x_1, x_2, \cdots, x_k)$是正定的，所以二次型 $f_k(x_1, x_2, \cdots, x_k)$的矩阵正定，由推论 3 知其矩阵所对应的行列式，也就是矩阵 $\boldsymbol{A}$ 的顺序主子式全大于零.

充分性 对 n 作数学归纳法.

当 $n=1$ 时，由条件 $a_{11}>0$，显然有 $f(x_1)=a_{11}x_1^2$ 正定.

假设对 $n-1$ 元二次型，结论成立，现在来证 n 元的情形.

令 $$\boldsymbol{A}_1=\begin{pmatrix} a_{11} & \cdots & a_{1,n-1} \\ \vdots & & \vdots \\ a_{n-1,1} & \cdots & a_{n-1,n-1} \end{pmatrix}, \boldsymbol{\alpha}=\begin{pmatrix} a_{1n} \\ \vdots \\ a_{n-1,n} \end{pmatrix},$$

于是矩阵 $\boldsymbol{A}$ 可以分块写成

$$\boldsymbol{A}=\begin{pmatrix} \boldsymbol{A}_1 & \boldsymbol{\alpha} \\ \boldsymbol{\alpha}^{\mathrm{T}} & a_{nn} \end{pmatrix}.$$

既然 $\boldsymbol{A}$ 的顺序主子式全大于零，当然 $\boldsymbol{A}_1$ 的顺序主子式也全大于零. 由归纳法假定，$\boldsymbol{A}_1$ 是正定矩阵，换句话说，有可逆的 $n-1$ 阶矩阵 $\boldsymbol{G}$ 使 $\boldsymbol{G}^{\mathrm{T}}\boldsymbol{A}_1\boldsymbol{G}=\boldsymbol{E}_{n-1}$，这里 $\boldsymbol{E}_{n-1}$为 $n-1$ 阶单位矩阵.

令 $\boldsymbol{C}_1=\begin{pmatrix} \boldsymbol{G} & \boldsymbol{0} \\ \boldsymbol{0} & 1 \end{pmatrix}$，则

$$\boldsymbol{C}_1^{\mathrm{T}}\boldsymbol{A}\boldsymbol{C}_1=\begin{pmatrix} \boldsymbol{G}^{\mathrm{T}} & \boldsymbol{0} \\ \boldsymbol{0} & 1 \end{pmatrix}\begin{pmatrix} \boldsymbol{A}_1 & \boldsymbol{\alpha} \\ \boldsymbol{\alpha}^{\mathrm{T}} & a_{nn} \end{pmatrix}\begin{pmatrix} \boldsymbol{G} & \boldsymbol{0} \\ \boldsymbol{0} & 1 \end{pmatrix}=\begin{pmatrix} \boldsymbol{E}_{n-1} & \boldsymbol{G}^{\mathrm{T}}\boldsymbol{\alpha} \\ \boldsymbol{\alpha}^{\mathrm{T}}\boldsymbol{G} & a_{nn} \end{pmatrix}.$$

再令 $\boldsymbol{C}_2=\begin{pmatrix} \boldsymbol{E}_{n-1} & -\boldsymbol{G}^{\mathrm{T}}\boldsymbol{\alpha} \\ \boldsymbol{0} & 1 \end{pmatrix}$，有

$$\begin{aligned}\boldsymbol{C}_2^{\mathrm{T}}\boldsymbol{C}_1^{\mathrm{T}}\boldsymbol{A}\boldsymbol{C}_1\boldsymbol{C}_2&=\begin{pmatrix} \boldsymbol{E}_{n-1} & \boldsymbol{0} \\ -\boldsymbol{\alpha}^{\mathrm{T}}\boldsymbol{G} & 1 \end{pmatrix}\begin{pmatrix} \boldsymbol{E}_{n-1} & \boldsymbol{G}^{\mathrm{T}}\boldsymbol{\alpha} \\ \boldsymbol{\alpha}^{\mathrm{T}}\boldsymbol{G} & a_{nn} \end{pmatrix}\begin{pmatrix} \boldsymbol{E}_{n-1} & -\boldsymbol{G}^{\mathrm{T}}\boldsymbol{\alpha} \\ \boldsymbol{0} & 1 \end{pmatrix}\\&=\begin{pmatrix} \boldsymbol{E}_{n-1} & \boldsymbol{0} \\ \boldsymbol{0} & a_{nn}-\boldsymbol{\alpha}^{\mathrm{T}}\boldsymbol{G}\boldsymbol{G}^{\mathrm{T}}\boldsymbol{\alpha} \end{pmatrix}.\end{aligned}$$

令 $\boldsymbol{C}=\boldsymbol{C}_1\boldsymbol{C}_2$，$a_{nn}-\boldsymbol{\alpha}^{\mathrm{T}}\boldsymbol{G}\boldsymbol{G}^{\mathrm{T}}\boldsymbol{\alpha}=a$，就有

$$\boldsymbol{C}^{\mathrm{T}}\boldsymbol{A}\boldsymbol{C}=\begin{pmatrix} 1 & & & \\ & \ddots & & \\ & & 1 & \\ & & & a \end{pmatrix}.$$

两边取行列式，得$|\boldsymbol{C}|^2|\boldsymbol{A}|=a$. 由条件，$|\boldsymbol{A}|>0$，因此，$a>0$. 显然，

$$\begin{pmatrix}1&&&\\&\ddots&&\\&&1&\\&&&a\end{pmatrix}=\begin{pmatrix}1&&&\\&\ddots&&\\&&1&\\&&&\sqrt{a}\end{pmatrix}\begin{pmatrix}1&&&\\&\ddots&&\\&&1&\\&&&1\end{pmatrix}\begin{pmatrix}1&&&\\&\ddots&&\\&&1&\\&&&\sqrt{a}\end{pmatrix},$$

这就是说，矩阵$\boldsymbol{A}$与单位矩阵合同，因而，$\boldsymbol{A}$是正定矩阵，或者说，二次型$f(x_1, x_2, \cdots, x_n)$是正定的．

根据归纳法原理，充分性得证．

对于负定二次型$\boldsymbol{x}^{\mathrm{T}}\boldsymbol{A}\boldsymbol{x}$，由于$\boldsymbol{x}^{\mathrm{T}}(-\boldsymbol{A})\boldsymbol{x}$为正定二次型，故由定理 8.7 直接得出下面的推论．

推论 二次型$f(x_1, x_2, \cdots, x_n)=\boldsymbol{x}^{\mathrm{T}}\boldsymbol{A}\boldsymbol{x}$负定的充分必要条件是$\boldsymbol{A}$的奇数阶顺序主子式小于 0，而偶数阶顺序主子式大于 0.

至于半正定性，我们有

定理 8.8 对于实二次型$f(x_1, x_2, \cdots, x_n)=\boldsymbol{x}^{\mathrm{T}}\boldsymbol{A}\boldsymbol{x}$，其中$\boldsymbol{A}$是实对称的，下列条件等价：

(1) $f(x_1, x_2, \cdots, x_n)$是半正定的．

(2) 它的正惯性指数与秩相等．

(3) 有可逆实矩阵$\boldsymbol{C}$，使得

$$\boldsymbol{C}^{\mathrm{T}}\boldsymbol{A}\boldsymbol{C}=\begin{pmatrix}d_1&&&\\&d_2&&\\&&\ddots&\\&&&d_n\end{pmatrix},$$

其中$d_i\geqslant 0(i=1, 2, \cdots, n)$.

(4) 有实矩阵$\boldsymbol{C}$使得$\boldsymbol{A}=\boldsymbol{C}^{\mathrm{T}}\boldsymbol{C}$.

(5) $\boldsymbol{A}$的所有主子式(见本章习题(B)第 14 题)皆大于或等于零．

注：在(5)中，仅有顺序主子式大于或等于零是不能保证半正定性的．

如，$f(x_1, x_2)=-x_2^2=(x_1, x_2)\begin{pmatrix}0&0\\0&-1\end{pmatrix}\begin{pmatrix}x_1\\x_2\end{pmatrix}$就是一个反例．

例 8.12 判断下列二次型的正定性：

(1) $f(x_1, x_2, x_3)=17x_1^2+14x_2^2+14x_3^2-4x_1x_2-4x_1x_3-8x_2x_3$;

(2) $f(x_1, x_2, x_3)=-5x_1^2-6x_2^2-4x_3^2+4x_1x_2+4x_1x_3$;

(3) $f(x_1, x_2, x_3)=x_1^2+x_2^2+x_3^2+2ax_1x_2+2bx_2x_3(a, b\in\mathbf{R})$.

解 (1) f的矩阵为

$$A=\begin{pmatrix}17 & -2 & -2\\ -2 & 14 & -4\\ -2 & -4 & 14\end{pmatrix},$$

特征方程为

$$|A-\lambda E|=-(\lambda-18)^2(\lambda-9)=0,$$

解得 A 的全部特征值为

$$\lambda_1=\lambda_2=18,\ \lambda_3=9,$$

特征值全为正，所以该二次型为正定二次型.（注：本小题也可用霍尔维茨定理判定）

（2）f 的矩阵为

$$A=\begin{pmatrix}-5 & 2 & 2\\ 2 & -6 & 0\\ 2 & 0 & -4\end{pmatrix},$$

$$\Delta_1=-5<0,\ \Delta_2=\begin{vmatrix}-5 & 2\\ 2 & -6\end{vmatrix}=26>0,\ \Delta_3=|A|=-80<0,$$

故 A 为负定矩阵，f 为负定二次型.

（3）f 的矩阵为

$$A=\begin{pmatrix}1 & a & 0\\ a & 1 & b\\ 0 & b & 1\end{pmatrix},$$

$$\Delta_1=1,\ \Delta_2=\begin{vmatrix}1 & a\\ a & 1\end{vmatrix}=1-a^2,\ \Delta_3=|A|=1-(a^2+b^2).$$

当 $a^2+b^2<1$ 时，有 $\Delta_1>0$，$\Delta_2>0$，$\Delta_3>0$，此时 A 为正定矩阵，f 为正定二次型；

当 $a^2+b^2\geqslant1$ 时，有 $\Delta_1>0$，$\Delta_3\leqslant0$，此时 A 为不定矩阵，f 为不定二次型.

例 8.13　求 λ 的值，使二次型

$$f(x_1,x_2,x_3,x_4)=\lambda(x_1^2+x_2^2+x_3^2)+2x_1x_2-2x_2x_3+2x_3x_1+x_4^2$$

为正定二次型.

解　该二次型的矩阵为

$$A=\begin{pmatrix}\lambda & 1 & 1 & 0\\ 1 & \lambda & -1 & 0\\ 1 & -1 & \lambda & 0\\ 0 & 0 & 0 & 1\end{pmatrix},$$

当顺序主子式

$$|\lambda|>0,\quad \begin{vmatrix}\lambda & 1\\ 1 & \lambda\end{vmatrix}>0,\quad \begin{vmatrix}\lambda & 1 & 1\\ 1 & \lambda & -1\\ 1 & -1 & \lambda\end{vmatrix}>0,\quad |\boldsymbol{A}|>0$$

时，该二次型是正定的．由此得

$$\begin{cases}\lambda>0,\\ \lambda^2-1>0,\\ (1+\lambda)^2(\lambda-2)>0,\end{cases}$$

解此不等式组得，$\lambda>2$，因此，当 $\lambda>2$ 时，该二次型是正定的．

习 题 8

(A)

1. 令 $\boldsymbol{x}=\begin{pmatrix}x_1\\ x_2\end{pmatrix}$，分别计算二次型 $f=\boldsymbol{x}^{\mathrm{T}}\boldsymbol{A}_i\boldsymbol{x}$ $(i=1,2,3)$，其中

$$\boldsymbol{A}_1=\begin{pmatrix}3 & 0\\ 0 & 0\end{pmatrix},\ \boldsymbol{A}_2=\begin{pmatrix}1 & 0\\ 0 & -4\end{pmatrix},\ \boldsymbol{A}_3=\begin{pmatrix}3 & 1\\ 1 & -7\end{pmatrix}.$$

2. 判断正误：

(1) 二次型 $x_1x_2-x_3x_4$ 的矩阵是 $\boldsymbol{A}=\begin{pmatrix}0 & 1 & 0 & 0\\ 1 & 0 & 0 & 0\\ 0 & 0 & 0 & -1\\ 0 & 0 & -1 & 0\end{pmatrix}$；

(2) 对称矩阵 $\boldsymbol{A}=\begin{pmatrix}0 & 1 & 0\\ 1 & -2 & 0\\ 0 & 0 & 1\end{pmatrix}$ 对应的二次型是 $2x_1x_2-4x_2^2+2x_3^2$.

3. 计算二次型 $\boldsymbol{x}^{\mathrm{T}}\boldsymbol{A}\boldsymbol{x}$，其中矩阵 $\boldsymbol{A}=\begin{pmatrix}4 & 3 & 0\\ 3 & 2 & 1\\ 0 & 1 & 1\end{pmatrix}$，$\boldsymbol{x}$ 分别为

(1) $\begin{pmatrix}x_1\\ x_2\\ x_3\end{pmatrix}$；(2) $\begin{pmatrix}2\\ -1\\ 5\end{pmatrix}$；(3) $\begin{pmatrix}1/\sqrt{3}\\ 1/\sqrt{3}\\ 1/\sqrt{3}\end{pmatrix}$.

4. 写出下列二次型的矩阵表达式，并求二次型的秩：

(1) $f(x_1,x_2,x_3)=8x_1^2+7x_2^2-3x_3^2-6x_1x_2+4x_1x_3-2x_2x_3$；

(2) $f(x_1,x_2,x_3)=x_1^2+2x_2^2+x_1x_2-2x_2x_3$；

(3) $f(x_1, x_2, x_3, x_4)=x_1x_2+3x_3x_4-2x_2x_3$.

5. 已知二次型 $f(x_1, x_2, x_3)=5x_1^2+5x_2^2+cx_3^2-2x_1x_2+6x_1x_3-6x_2x_3$，秩为 2，求参数 c.

6. 设 $\boldsymbol{A}$，$\boldsymbol{B}$ 都是实数域上的 n 阶矩阵，下列判断是否正确？

(1) 若 $\boldsymbol{A}$ 与 $\boldsymbol{B}$ 合同，则 $\boldsymbol{A}$ 与 $\boldsymbol{B}$ 等价；

(2) 若 $\boldsymbol{A}$ 与 $\boldsymbol{B}$ 等价，则 $\boldsymbol{A}$ 与 $\boldsymbol{B}$ 合同；

(3) 若 $\boldsymbol{A}$ 与 $\boldsymbol{B}$ 合同，则 $\boldsymbol{A}$ 与 $\boldsymbol{B}$ 相似；

(4) 若 $\boldsymbol{A}$ 与 $\boldsymbol{B}$ 相似，则 $\boldsymbol{A}$ 与 $\boldsymbol{B}$ 合同.

7. 用正交变换化下列二次型为标准形，并写出所用的正交变换：

(1) $f(x_1, x_2, x_3)=2x_1^2+3x_2^2+3x_3^2+4x_2x_3$；

(2) $f(x_1, x_2, x_3)=2x_1^2+x_2^2-4x_1x_2-4x_2x_3$；

(3) $f(x_1, x_2, x_3, x_4)=2x_1x_2-2x_3x_4$.

8. 写出第 7 题中各二次型的规范形.

9. 用配方法将下列二次型化为标准形，并写出所用的非退化线性变换：

(1) $f(x_1, x_2, x_3)=x_1^2+3x_2^2-2x_1x_2+2x_1x_3-6x_2x_3$；

(2) $f(x_1, x_2, x_3)=x_1x_2-2x_1x_3+3x_2x_3$.

10. 用初等变换法将下列二次型化为标准形，并写出所用的可逆线性变换：

(1) $f(x_1, x_2, x_3)=x_1^2+2x_2^2+4x_3^2+2x_1x_2+4x_2x_3$；

(2) $f(x_1, x_2, x_3)=-x_2^2+4x_3^2+2x_1x_2+4x_1x_3+2x_2x_3$.

11. 判断下列二次型的正定性：

(1) $f(x_1, x_2, x_3)=10x_1^2+4x_2^2+x_3^2+2x_1x_2+2x_2x_3-2x_1x_3$；

(2) $f(x_1, x_2, x_3)=x_1^2+2x_2^2-4x_1x_2-2x_2x_3$；

(3) $f(x_1, x_2, x_3)=x_1^2+4x_2^2+4x_3^2-4x_1x_2+4x_1x_3-2x_2x_3$.

12. t 满足什么条件时，下列二次型是正定的？

(1) $f(x_1, x_2, x_3)=x_1^2+x_2^2+5x_3^2+2tx_1x_2+4x_2x_3-2x_1x_3$；

(2) $f(x_1, x_2, x_3)=x_1^2+4x_2^2+2x_3^2+2tx_1x_2+2x_1x_3$；

(3) $f(x_1, x_2, x_3)=2x_1^2+x_2^2+x_3^2+2x_1x_2+tx_2x_3$.

13. 若 $\boldsymbol{A}=\begin{pmatrix}2 & 1 & 0\\ 1 & a & 0\\ 0 & 0 & a\end{pmatrix}$ 为正定矩阵，求 a 的取值范围.

14. 设矩阵 $\boldsymbol{A}=\begin{pmatrix}1 & 1 & 1 & 1\\ 1 & 1 & 1 & 1\\ 1 & 1 & 1 & 1\\ 1 & 1 & 1 & 1\end{pmatrix}$，矩阵 $\boldsymbol{B}=\begin{pmatrix}4 & & & \\ & 0 & & \\ & & 0 & \\ & & & 0\end{pmatrix}$，问矩阵 $\boldsymbol{A}$ 与矩阵

$\boldsymbol{B}$ 是否相似？又是否合同？为什么？

15. 设二次型 $f(x_1, x_2, x_3)=x_1^2+2x_2^2+ax_3^2-4x_1x_2-4x_2x_3$，若二次型经过正交变换化为标准形 $f(x_1, x_2, x_3)=2y_1^2+5y_2^2+bx_3^2$，求 a，b.

16. 设二次型 $f(x_1, x_2, x_3)=ax_1^2+2x_2^2-2x_3^2+2bx_1x_3(b>0)$，其中二次型的矩阵 $\boldsymbol{A}$ 的特征值之和为 1，特征值之积为 -12，求 a，b.

17. 证明：如果矩阵 $\boldsymbol{A}$ 是正定矩阵，则 $\boldsymbol{M}^{\mathrm{T}}\boldsymbol{A}\boldsymbol{M}$ 也是正定矩阵，其中 $\boldsymbol{M}$ 为可逆矩阵.

18. 证明：如果矩阵 $\boldsymbol{A}$，$\boldsymbol{B}$ 都是正定矩阵，则 $\boldsymbol{A}+\boldsymbol{B}$ 也是正定矩阵.

19. 判定二次型 $\sum\limits_{i=1}^{n}2x_i^2+\sum\limits_{i=1}^{n-1}2x_ix_{i+1}$ 是否为正定二次型.

20. 设 $\boldsymbol{A}$ 是一个 n 阶对称矩阵，如果对于任意的 n 维列向量 $\boldsymbol{x}$，有 $\boldsymbol{x}^{\mathrm{T}}\boldsymbol{A}\boldsymbol{x}=0$，则 $\boldsymbol{A}=\boldsymbol{O}$.

21. 证明：秩为 r 的对称矩阵可表示为 r 个秩为 1 的对称矩阵之和.

22. 证明：$\begin{pmatrix}1 & & & \\ & 2 & & \\ & & \ddots & \\ & & & n\end{pmatrix}$ 与 $\begin{pmatrix}i_1 & & & \\ & i_2 & & \\ & & \ddots & \\ & & & i_n\end{pmatrix}$ 合同，这里 $i_1i_2\cdots i_n$ 是 $12\cdots n$ 的一个排列.

23. 证明：正定矩阵的迹大于零.

24. 证明：已知 $\boldsymbol{A}$ 与 $\boldsymbol{A}-\boldsymbol{E}$ 均为 n 阶正定矩阵，则 $\boldsymbol{E}-\boldsymbol{A}^{-1}$ 也是正定矩阵.

(B)

1. 证明：

（1）在实数域上，对称矩阵 $\begin{pmatrix}1 & 0\\ 0 & 1\end{pmatrix}$ 与 $\begin{pmatrix}1 & 0\\ 0 & -1\end{pmatrix}$ 不是合同的.

（2）在复数域上，对称矩阵 $\begin{pmatrix}1 & 0\\ 0 & 1\end{pmatrix}$ 与 $\begin{pmatrix}1 & 0\\ 0 & -1\end{pmatrix}$ 是合同的.

2. 设 $\boldsymbol{A}$ 为一个 n 阶实反对称矩阵，则对任意一个 n 维列向量 $\boldsymbol{x}$，都有 $\boldsymbol{x}^{\mathrm{T}}\boldsymbol{A}\boldsymbol{x}=\boldsymbol{0}$，反之，若对任意一个 n 维列向量 $\boldsymbol{x}$，都有 $\boldsymbol{x}^{\mathrm{T}}\boldsymbol{A}\boldsymbol{x}=\boldsymbol{0}$，则 $\boldsymbol{A}$ 为一个 n 阶实反对称矩阵.

3. 证明：n 阶实对称矩阵

$$\boldsymbol{A}=\begin{pmatrix}1 & b & \cdots & b\\ b & 1 & \cdots & b\\ \vdots & \vdots & & \vdots\\ b & b & \cdots & 1\end{pmatrix}$$

当 $b=\frac{1}{n-2}$时为正定矩阵．

4. 如果把实 n 阶实对称矩阵按合同分类，即两个实 n 阶实对称矩阵属于同一类当且仅当它们合同，问共有几类?

5. 证明：一个实二次型可以分解为两个实系数的一次齐次多项式的乘积的充分必要条件是，它的秩等于 2 和符号差等于 0，或者秩等于 1.

6. 设 $\boldsymbol{A}$ 为实对称矩阵，证明：当实数 t 充分大之后，$t\boldsymbol{E}+\boldsymbol{A}$ 是正定矩阵．

7. 设 $\boldsymbol{A}$，$\boldsymbol{B}$ 分别为 m，n 阶实正定矩阵，方阵 $\boldsymbol{C}=\begin{pmatrix}\boldsymbol{A} & \boldsymbol{O}\\ \boldsymbol{O} & \boldsymbol{B}\end{pmatrix}$，试证：$\boldsymbol{C}$ 也是正定矩阵．

8. 证明：二次型$\frac{1}{3}\sum\limits_{i=1}^{n}x_i^2+\frac{1}{3}\sum\limits_{i=1}^{n}x_ix_{i+1}$ 是正定的．

9. 证明：如果 $\boldsymbol{A}$，$\boldsymbol{B}$ 都是 n 阶正定矩阵，且 $\boldsymbol{AB}=\boldsymbol{BA}$，则 $\boldsymbol{AB}$ 也是正定矩阵.

10. 设矩阵 $\boldsymbol{A}=\begin{pmatrix}1 & 0 & 1\\ 0 & 2 & 0\\ 1 & 0 & 1\end{pmatrix}$，矩阵 $\boldsymbol{B}=(k\boldsymbol{E}+\boldsymbol{A})^2$，其中 k 为实数，$\boldsymbol{E}$ 为单位矩阵．求对角阵 $\boldsymbol{\Lambda}$ 使 $\boldsymbol{B}$ 与 $\boldsymbol{\Lambda}$ 相似，并求 k 为何值时，$\boldsymbol{B}$ 为正定矩阵．

11. 设 $\boldsymbol{A}$ 为 n 阶正定矩阵，$\boldsymbol{B}$ 为 n 阶实反对称矩阵，证明：$\boldsymbol{A}-\boldsymbol{B}^2$ 为正定矩阵．

12. 设 $\boldsymbol{A}$ 为 m 阶实对称正定矩阵，$\boldsymbol{B}$ 为 $m\times n$ 的实矩阵．证明：$\boldsymbol{B}^{\mathrm{T}}\boldsymbol{AB}$ 为正定矩阵的充分必要条件是 $R(\boldsymbol{B})=n$.

13. 证明：二次型 $f=\boldsymbol{x}^{\mathrm{T}}\boldsymbol{Ax}$ 在 $|\boldsymbol{x}|=1$ 时的最大值为矩阵 $\boldsymbol{A}$ 的最大特征值.

14. 证明：实对称矩阵 $\boldsymbol{A}$ 是半正定的充分必要条件是 $\boldsymbol{A}$ 的一切主子式全大于或等于零(所谓 k 阶主子式是指形为

$$\begin{vmatrix}a_{i_1i_1} & a_{i_1i_2} & \cdots & a_{i_1i_k}\\ a_{i_2i_1} & a_{i_2i_2} & \cdots & a_{i_2i_k}\\ \vdots & \vdots & & \vdots\\ a_{i_ki_1} & a_{i_ki_2} & \cdots & a_{i_ki_k}\end{vmatrix}$$

的 k 阶子式，其中 $1\leqslant i_1<\cdots<i_k\leqslant n$).

第 9 章　线性空间

在第 4 章中，我们介绍了 n 维向量空间的概念，它是几何空间的推广．向量空间反映的是有序数组在线性运算下的性质，但是在一些数学问题和实践问题中还会遇到许多其他的研究对象，它们之间也可以进行线性运算，也具有一些类似的性质．为了对这些更为广泛的问题统一地加以研究，有必要使向量的概念更为一般化、抽象化，这就需要引入一般的线性空间的概念．

线性空间具有高度的抽象性和应用的广泛性，其研究方法与以前不同．我们抽象地看待线性空间的元素，即不考虑它们的具体属性，只考虑元素间可以进行哪些代数运算．把这些运算的最基本的性质作为公理提出来，然后从这些公理出发进行逻辑推理，逐步深入地揭示线性空间的其他性质．

本章主要介绍线性空间、线性空间的维数和基、线性子空间等基本概念，并讨论它们的一些重要性质．

§9.1　线性空间的定义与简单性质

定义 9.1　令 V 是一个非空集合，P 是一个数域．在集合 V 的元素之间定义了一种**加法**运算，在数域 P 与集合 V 的元素之间定义了一种**数量乘法**运算．如果 V 对这两种运算封闭，即对任意 $\boldsymbol{\alpha}$，$\boldsymbol{\beta}\in V$，$k\in P$，都有 $\boldsymbol{\alpha}+\boldsymbol{\beta}\in V$，$k\boldsymbol{\alpha}\in V$，且满足以下八条规则(设 $\boldsymbol{\alpha}$，$\boldsymbol{\beta}$，$\boldsymbol{\gamma}\in V$，k，$l\in P$)：

(1) $\boldsymbol{\alpha}+\boldsymbol{\beta}=\boldsymbol{\beta}+\boldsymbol{\alpha}$；

(2) $(\boldsymbol{\alpha}+\boldsymbol{\beta})+\boldsymbol{\gamma}=\boldsymbol{\alpha}+(\boldsymbol{\beta}+\boldsymbol{\gamma})$；

(3) 在 V 中有一个元素$\mathbf{0}$，对任一元素 $\boldsymbol{\alpha}\in V$，都有 $\boldsymbol{\alpha}+\mathbf{0}=\boldsymbol{\alpha}$(具有这个性质的元素$\mathbf{0}$称为 V 的零元素)；

(4) 对于 V 中的每一个元素 $\boldsymbol{\alpha}$，都有 V 中的元素 $\boldsymbol{\beta}$，使得 $\boldsymbol{\alpha}+\boldsymbol{\beta}=\mathbf{0}$($\boldsymbol{\beta}$ 称为 $\boldsymbol{\alpha}$ 的负元素)；

(5) $1\boldsymbol{\alpha}=\boldsymbol{\alpha}$；

(6) $k(l\boldsymbol{\alpha})=(kl)\boldsymbol{\alpha}$；

(7) $(k+l)\boldsymbol{\alpha}=k\boldsymbol{\alpha}+l\boldsymbol{\alpha}$；

(8) $k(\boldsymbol{\alpha}+\boldsymbol{\beta})=k\boldsymbol{\alpha}+k\boldsymbol{\beta}$,

则称 V 为数域 P 上的**线性空间**.

线性空间的元素也称为**向量**.当然这里的向量比几何中的向量的含义要广泛得多，可以是数、矩阵、多项式、函数等.线性空间有时也称为**向量空间**.通常用黑体的小写希腊字母 $\boldsymbol{\alpha}$，$\boldsymbol{\beta}$，$\boldsymbol{\gamma}$，…代表线性空间 V 中的元素，用小写拉丁字母 a，b，c，…代表数域 P 中的数.

例 9.1　以下是几个常见的线性空间：

(1) 分量属于数域 P 的全体 n 元数组构成数域 P 上的线性空间，用 P^n 来表示.

(2) 数域 P 上所有多项式的全体

$$P[x]=\{a_0+a_1x+a_2x^2+\cdots+a_nx^n+\cdots \mid a_0, a_1, a_2, \cdots, a_n, \cdots\in P\},$$

按通常多项式的加法及数与多项式的乘法，构成数域 P 上的线性空间；

次数小于 n 的多项式，再添上零多项式也构成数域 P 上的线性空间，用 $P[x]_n$ 表示，即

$$P[x]_n=\{a_0+a_1x+a_2x^2+\cdots+a_{n-1}x^{n-1} \mid a_0, a_1, a_2, \cdots, a_{n-1}\in P\}.$$

(3) 数域 P 上的 $m\times n$ 矩阵，按矩阵的加法和数与矩阵的数量乘法，构成数域 P 上的线性空间，用 $P^{m\times n}$ 表示.

(4) 数域 P 按照本身的加法与乘法，构成自身上的线性空间.

上例中的加法和数乘运算都是熟知的，相应的验证也很简便.为了对线性运算的理解更具一般性，再看两例.

例 9.2　全体正实数的集合记为 $\mathbf{R}^+$，在其中定义加法和数乘运算为

$$a\oplus b=ab,\quad k\circ a=a^k\quad (\text{对任意 } a, b\in\mathbf{R}^+,\ k\in\mathbf{R}).$$

试证：$\mathbf{R}^+$ 对于上述加法与数乘运算构成 $\mathbf{R}$ 上的线性空间.

证　对任意 a，$b\in\mathbf{R}^+$，有 $a\oplus b=ab\in\mathbf{R}^+$；又对任意 $k\in\mathbf{R}$，$a\in\mathbf{R}^+$，有 $k\circ a=a^k\in\mathbf{R}^+$，即 $\mathbf{R}^+$ 对所定义的加法与数乘运算封闭.

其次，加法和数量乘法满足下列运算规律：

(1) $a\oplus b=ab=ba=b\oplus a$；

(2) $(a\oplus b)\oplus c=(ab)\oplus c=(ab)c=a(bc)=a\oplus(b\oplus c)$；

(3) 1 是零元素：$a\oplus 1=a\times 1=a$；

(4) a 的负元素是 a^{-1}：$a\oplus a^{-1}=aa^{-1}=1$；

(5) $1\circ a=a^1=a$；

(6) $k\circ(l\circ a)=k\circ(a^l)=(a^l)^k=a^{kl}=(kl)\circ a$；

(7) $(k+l)\circ a=a^{k+l}=a^ka^l=a^k\oplus a^l=(k\circ a)\oplus(l\circ a)$；

(8) $k\circ(a\oplus b)=k\circ(ab)=(ab)^k=a^kb^k=a^k\oplus b^k=(k\circ a)\oplus(k\circ b)$.

故 $\mathbf{R}^+$ 对于所定义的加法与数乘运算构成 $\mathbf{R}$ 上的线性空间．

例 9.3 数域 P 上所有 n 维向量的集合 V 对于通常向量的加法及如下定义的数乘运算

$$k \circ \boldsymbol{\alpha}=\mathbf{0}(k\in P,\ \boldsymbol{\alpha}\in V)$$

不构成线性空间．这是因为当 $\boldsymbol{\alpha}\neq\mathbf{0}$ 时，$\mathbf{1}\circ\boldsymbol{\alpha}=\mathbf{0}\neq\boldsymbol{\alpha}$，即不满足运算规律(5)．

根据线性空间的定义，可以推出线性空间的一些基本性质．

定理 9.1 设 V 是线性空间，则有以下结论：

(1) 零元素是唯一的；

(2) 负元素是唯一的；

(3) $0\boldsymbol{\alpha}=\mathbf{0}$，$k\,\mathbf{0}=\mathbf{0}$，$(-1)\boldsymbol{\alpha}=-\boldsymbol{\alpha}$；

(4) 如果 $k\boldsymbol{\alpha}=\mathbf{0}$，那么 $k=0$ 或者 $\boldsymbol{\alpha}=\mathbf{0}$；

(5) $(-k)\boldsymbol{\alpha}=-(k\boldsymbol{\alpha})=k(-\boldsymbol{\alpha})$．

证 (1) 设$\mathbf{0}_1$，$\mathbf{0}_2$ 是线性空间 V 中的两个零元素，下证$\mathbf{0}_1=\mathbf{0}_2$．考虑它们的和$\mathbf{0}_1+\mathbf{0}_2$．一方面，由于$\mathbf{0}_1$ 是零元素，所以

$$\mathbf{0}_1+\mathbf{0}_2=\mathbf{0}_2;$$

另一方面，由于$\mathbf{0}_2$ 也是零元素，所以

$$\mathbf{0}_1+\mathbf{0}_2=\mathbf{0}_1.$$

因此得$\mathbf{0}_1=\mathbf{0}_2$，即零元素是唯一的．

(2) 设 $\boldsymbol{\alpha}$ 有两个负元素 $\boldsymbol{\beta}$、$\boldsymbol{\gamma}$，则

$$\boldsymbol{\alpha}+\boldsymbol{\beta}=\mathbf{0},\ \boldsymbol{\alpha}+\boldsymbol{\gamma}=\mathbf{0},$$

那么

$$\boldsymbol{\beta}=\boldsymbol{\beta}+\mathbf{0}=\boldsymbol{\beta}+(\boldsymbol{\alpha}+\boldsymbol{\gamma})=(\boldsymbol{\beta}+\boldsymbol{\alpha})+\boldsymbol{\gamma}=\mathbf{0}+\boldsymbol{\gamma}=\boldsymbol{\gamma},$$

所以 $\boldsymbol{\beta}=\boldsymbol{\gamma}$.

利用负元素，定义减法为

$$\boldsymbol{\alpha}-\boldsymbol{\beta}=\boldsymbol{\alpha}+(-\boldsymbol{\beta}).$$

(3) 先证 $0\boldsymbol{\alpha}=\mathbf{0}$. 因为

$$\boldsymbol{\alpha}+0\boldsymbol{\alpha}=(1+0)\boldsymbol{\alpha}=1\boldsymbol{\alpha}=\boldsymbol{\alpha},$$

两边加上$-\boldsymbol{\alpha}$，即得 $0\boldsymbol{\alpha}=\mathbf{0}$，

再证 $k\,\mathbf{0}=\mathbf{0}$. 因为

$$k\boldsymbol{\alpha}=k(\boldsymbol{\alpha}+\mathbf{0})=k\boldsymbol{\alpha}+k\mathbf{0},$$

两边加上$-k\boldsymbol{\alpha}$，即得 $k\mathbf{0}=\mathbf{0}$.

最后证$(-1)\boldsymbol{\alpha}=-\boldsymbol{\alpha}$.

$$\boldsymbol{\alpha}+(-1)\boldsymbol{\alpha}=1\boldsymbol{\alpha}+(-1)\boldsymbol{\alpha}=(1-1)\boldsymbol{\alpha}=0\boldsymbol{\alpha}=\mathbf{0},$$

两边加上$-\boldsymbol{\alpha}$，即得$(-1)\boldsymbol{\alpha}=-\boldsymbol{\alpha}$.

(4) 假设 $k\neq 0$，于是一方面

$$k^{-1}(k\boldsymbol{\alpha})=k^{-1}\mathbf{0}=\mathbf{0};$$

而另一方面

$$k^{-1}(k\boldsymbol{\alpha})=(k^{-1}k)\boldsymbol{\alpha}=1\boldsymbol{\alpha}=\boldsymbol{\alpha}.$$

所以 $\boldsymbol{\alpha}=\mathbf{0}$.

(5) $(-k)\boldsymbol{\alpha}+k\boldsymbol{\alpha}=(-k+k)\boldsymbol{\alpha}=0\boldsymbol{\alpha}=\mathbf{0}$，所以 $(-k)\boldsymbol{\alpha}=-(k\boldsymbol{\alpha})$；

$k(-\boldsymbol{\alpha})+k\boldsymbol{\alpha}=k(-\boldsymbol{\alpha}+\boldsymbol{\alpha})=\mathbf{0}$，所以 $k(-\boldsymbol{\alpha})=-(k\boldsymbol{\alpha})$.

故 $(-k)\boldsymbol{\alpha}=-(k\boldsymbol{\alpha})=k(-\boldsymbol{\alpha})$.

§9.2　维数、基与坐标

有关向量组之间的线性关系，也可以推广到线性空间．

定义 9.2　设 V 是数域 P 上的一个线性空间，$\boldsymbol{\alpha}_1$，$\boldsymbol{\alpha}_2$，…，$\boldsymbol{\alpha}_r(r\geqslant 1)$是 V 中的一组向量，如果存在数域 P 中的数 k_1，k_2，…，k_r，使得向量

$$\boldsymbol{\alpha}=k_1\boldsymbol{\alpha}_1+k_2\boldsymbol{\alpha}_2+\cdots+k_r\boldsymbol{\alpha}_r,$$

则称 $\boldsymbol{\alpha}$ 是向量组 $\boldsymbol{\alpha}_1$，$\boldsymbol{\alpha}_2$，…，$\boldsymbol{\alpha}_r$ 的一个**线性组合**，或称向量 $\boldsymbol{\alpha}$ 可以用向量组 $\boldsymbol{\alpha}_1$，$\boldsymbol{\alpha}_2$，…，$\boldsymbol{\alpha}_r$ **线性表出**．

定义 9.3　设 V 是数域 P 上的一个线性空间，

$$A:\boldsymbol{\alpha}_1, \boldsymbol{\alpha}_2, \cdots, \boldsymbol{\alpha}_r; \quad B:\boldsymbol{\beta}_1, \boldsymbol{\beta}_2, \cdots, \boldsymbol{\beta}_s$$

是 V 中的两个向量组，如果向量组 A 中的每个向量都可以用向量组 B 线性表出，那么称向量组 A 可以用向量组 B 线性表出．如果向量组 A 与向量组 B 可以相互线性表出，就称向量组 A 与 B 是**等价的**．

定义 9.4　设 $\boldsymbol{\alpha}_1$，$\boldsymbol{\alpha}_2$，…，$\boldsymbol{\alpha}_r(r\geqslant 1)$是线性空间 V 中的一组向量，如果存在数域 P 中的 r 个不全为零的数 k_1，k_2，…，k_r，使得

$$k_1\boldsymbol{\alpha}_1+k_2\boldsymbol{\alpha}_2+\cdots+k_r\boldsymbol{\alpha}_r=\mathbf{0},$$

则称向量组 $\boldsymbol{\alpha}_1$，$\boldsymbol{\alpha}_2$，…，$\boldsymbol{\alpha}_r(r\geqslant 1)$**线性相关**．当且仅当 $k_1=k_2=\cdots=k_r=0$ 时上式才成立，则称向量组 $\boldsymbol{\alpha}_1$，$\boldsymbol{\alpha}_2$，…，$\boldsymbol{\alpha}_r$ **线性无关**．

以上定义是对 n 维向量组的有关概念的重复．不仅如此，在第 4 章中，从那些定义所引出的一些性质、结果及其证明也可以搬到数域 P 上的线性空间中来，只要注意其中的加法和数乘是线性空间中定义的加法和数乘运算即可．下面把几个常用的结论叙述如下，不再重复证明．

结论 1　单个向量 $\boldsymbol{\alpha}$ 线性相关的充分必要条件是 $\boldsymbol{\alpha}=\mathbf{0}$；单个向量 $\boldsymbol{\alpha}$ 线性无关的充分必要条件是 $\boldsymbol{\alpha}\neq\mathbf{0}$；两个以上的向量 $\boldsymbol{\alpha}_1$，$\boldsymbol{\alpha}_2$，…，$\boldsymbol{\alpha}_r$ 线性相关的充分

必要条件是至少有一个向量是其余向量的线性组合.

结论 2 如果向量组 $\boldsymbol{\alpha}_1$, $\boldsymbol{\alpha}_2$, …, $\boldsymbol{\alpha}_r$ 线性无关，而且可以被 $\boldsymbol{\beta}_1$, $\boldsymbol{\beta}_2$, …, $\boldsymbol{\beta}_s$ 线性表出，那么 $r \leqslant s$. 由此推出，两个等价的线性无关的向量组，必含有相同个数的向量.

结论 3 如果向量组 $\boldsymbol{\alpha}_1$, $\boldsymbol{\alpha}_2$, …, $\boldsymbol{\alpha}_r$ 线性无关，但 $\boldsymbol{\alpha}_1$, $\boldsymbol{\alpha}_2$, …, $\boldsymbol{\alpha}_r$, $\boldsymbol{\beta}$ 线性相关，那么 $\boldsymbol{\beta}$ 可以由 $\boldsymbol{\alpha}_1$, $\boldsymbol{\alpha}_2$, …, $\boldsymbol{\alpha}_r$ 线性表出，而且表示法是唯一的.

例 9.4 证明：线性空间 $P[x]_n$ 中，1, x, x^2, …, x^{n-1} 是线性无关的，且 $P[x]_n$ 中任意一个多项式都可以由它们线性表出.

解 设存在数域 P 中的数 k_0, k_1, …, k_{n-1}，使得

$$k_0 1+k_1 x+\cdots+k_{n-1}x^{n-1}=0.$$

根据多项式相等的条件，得

$$k_0=k_1=\cdots=k_{n-1}=0,$$

所以 1, x, x^2, …, x^{n-1} 线性无关，且对任意 $f(x)=a_0+a_1x+a_2x^2+\cdots+a_{n-1}x^{n-1}\in P[x]_n$，均可由 1, x, x^2, …, x^{n-1} 线性表出.

例 9.5 在线性空间 $P^{m\times n}$ 中，设 $\boldsymbol{E}_{ij}$ $(i=1, 2, \cdots, m;\ j=1, 2, \cdots, n)$ 是第 i 行第 j 列元素为 1，其余元素为 0 的 $m\times n$ 矩阵，则 $\boldsymbol{E}_{ij}$ $(i=1, 2, \cdots, m;\ j=1, 2, \cdots, n)$ 线性无关，且任意 $m\times n$ 矩阵都可以由它们线性表出.

这是因为，若有数域 P 中的数 k_{ij} $(i=1, 2, \cdots, m;\ j=1, 2, \cdots, n)$，使得

$$\sum_{i=1}^{m}\sum_{j=1}^{n}k_{ij}\boldsymbol{E}_{ij}=\boldsymbol{O},$$

则 $(k_{ij})_{m\times n}=\boldsymbol{O}$，从而 $k_{ij}=0$ $(i=1, 2, \cdots, m;\ j=1, 2, \cdots, n)$，故 $\boldsymbol{E}_{ij}$ $(i=1, 2, \cdots, m;\ j=1, 2, \cdots, n)$ 线性无关. 又对 $P^{m\times n}$ 中的任意矩阵 $\boldsymbol{A}=(a_{ij})_{m\times n}$，有 $\boldsymbol{A}=\sum\limits_{i=1}^{m}\sum\limits_{j=1}^{n}a_{ij}\boldsymbol{E}_{ij}$，即任意矩阵 $\boldsymbol{A}_{m\times n}$ 都可由 $\boldsymbol{E}_{ij}$ $(i=1, 2, \cdots, m;\ j=1, 2, \cdots, n)$ 线性表出.

定义 9.5 在线性空间 V 中，如果有 n 个元素 $\boldsymbol{\varepsilon}_1$, $\boldsymbol{\varepsilon}_2$, …, $\boldsymbol{\varepsilon}_n$，满足：

(1) $\boldsymbol{\varepsilon}_1$, $\boldsymbol{\varepsilon}_2$, …, $\boldsymbol{\varepsilon}_n$ 线性无关；

(2) V 中任一向量 $\boldsymbol{\alpha}$ 都可以由 $\boldsymbol{\varepsilon}_1$, $\boldsymbol{\varepsilon}_2$, …, $\boldsymbol{\varepsilon}_n$ 线性表出，

则称 $\boldsymbol{\varepsilon}_1$, $\boldsymbol{\varepsilon}_2$, …, $\boldsymbol{\varepsilon}_n$ 是 V 的一组**基**，称 n 是线性空间 V 的**维数**，记作 $\dim V=n$，那么 V 就称为 n **维线性空间**.

注：只含有一个零向量的线性空间(称为零空间)的维数定义为 0.

如果在 V 中可以找到任意多个线性无关的向量，那么 V 就称为**无限维线**

性空间．无限维线性空间是一个专门的研究对象，它与有限维线性空间有较大的差别，本书只讨论有限维线性空间．

在解析几何中，坐标是研究向量的重要工具．对于有限维线性空间来说，坐标同样是一个有力的工具．

定义 9.6　设线性空间 V 中，$\boldsymbol{\varepsilon}_1$，$\boldsymbol{\varepsilon}_2$，…，$\boldsymbol{\varepsilon}_n$ 是 V 的一组基，则 V 中任意向量 $\boldsymbol{\alpha}$ 可以由基 $\boldsymbol{\varepsilon}_1$，$\boldsymbol{\varepsilon}_2$，…，$\boldsymbol{\varepsilon}_n$ 线性表出：

$$\boldsymbol{\alpha}=a_1\boldsymbol{\varepsilon}_1+a_2\boldsymbol{\varepsilon}_2+\cdots+a_n\boldsymbol{\varepsilon}_n \quad (a_1, a_2, \cdots, a_n\in P),$$

称 a_1，a_2，…，a_n 为**向量 $\boldsymbol{\alpha}$ 在基 $\boldsymbol{\varepsilon}_1$，$\boldsymbol{\varepsilon}_2$，…，$\boldsymbol{\varepsilon}_n$ 下的坐标**，记为 $(a_1, a_2, \cdots, a_n)^{\mathrm{T}}$，有时也形式地记作

$$\boldsymbol{\alpha}=(\boldsymbol{\varepsilon}_1, \boldsymbol{\varepsilon}_2, \cdots, \boldsymbol{\varepsilon}_n)\begin{pmatrix}a_1\\a_2\\\vdots\\a_n\end{pmatrix}.$$

注：向量 $\boldsymbol{\alpha}$ 在基 $\boldsymbol{\varepsilon}_1$，$\boldsymbol{\varepsilon}_2$，…，$\boldsymbol{\varepsilon}_n$ 下的坐标 a_1，a_2，…，a_n 是被 $\boldsymbol{\alpha}$ 和基 $\boldsymbol{\varepsilon}_1$，$\boldsymbol{\varepsilon}_2$，…，$\boldsymbol{\varepsilon}_n$ 唯一确定的，但是在不同基下 $\boldsymbol{\alpha}$ 的坐标一般是不同的．

例 9.6　(1) 证明：线性空间 $P[x]_n$ 是 n 维的，且 1，x，x^2，…，x^{n-1} 为 $P[x]_n$ 的一组基．

(2) 证明：1，$x-a$，$(x-a)^2$，…，$(x-a)^{n-1}$ 也为 $P[x]_n$ 的一组基．

(3) 求 $f(x)=a_0+a_1x+\cdots+a_{n-1}x^{n-1}$ 在以上两组基下的坐标．

(1) **证**　结合例 9.4 与定义 9.5 知，线性空间 $P[x]_n$ 是 n 维的，且 1，x，x^2，…，x^{n-1} 为 $P[x]_n$ 的一组基．

(2) **证**　易证 1，$x-a$，$(x-a)^2$，…，$(x-a)^{n-1}$ 线性无关．

又对任意 $f(x)=a_0+a_1x+\cdots+a_{n-1}x^{n-1}\in P[x]_n$，按泰勒展开公式有

$$f(x)=f(a)+f'(a)(x-a)+\cdots+\frac{f^{(n-1)}(a)}{(n-1)!}(x-a)^{n-1},$$

即 $f(x)$ 可由 1，$x-a$，$(x-a)^2$，…，$(x-a)^{n-1}$ 线性表出，所以 1，$x-a$，$(x-a)^2$，…，$(x-a)^{n-1}$ 也为 $P[x]_n$ 的一组基．

(3) **解**　由上可知，$f(x)=a_0+a_1x+\cdots+a_{n-1}x^{n-1}$ 在基 1，x，x^2，…，x^{n-1} 下的坐标是

$$(a_0, a_1, \cdots, a_{n-1})^{\mathrm{T}};$$

在基 1，$x-a$，$(x-a)^2$，…，$(x-a)^{n-1}$ 下的坐标是

$$\left(f(a), f'(a), \cdots, \frac{f^{(n-1)}(a)}{(n-1)!}\right)^{\mathrm{T}}.$$

例 9.7　在 n 维线性空间 P^n 中，显然

$$\begin{cases}\boldsymbol{\varepsilon}_1=(1, 0, \cdots, 0)^{\mathrm{T}},\\ \boldsymbol{\varepsilon}_2=(0, 1, \cdots, 0)^{\mathrm{T}},\\ \cdots\cdots\cdots\cdots\cdots\\ \boldsymbol{\varepsilon}_n=(0, 0, \cdots, 1)^{\mathrm{T}}\end{cases}$$

是一组基．对于每一个向量 $\boldsymbol{\alpha}=(a_1, a_2, \cdots, a_n)^{\mathrm{T}}$，都有

$$\boldsymbol{\alpha}=a_1\boldsymbol{\varepsilon}_1+a_2\boldsymbol{\varepsilon}_2+\cdots+a_n\boldsymbol{\varepsilon}_n,$$

所以 $(a_1, a_2, \cdots, a_n)^{\mathrm{T}}$ 就是向量 $\boldsymbol{\alpha}$ 在这组基下的坐标．

设
$$\begin{cases}\boldsymbol{\eta}_1=(1, 0, \cdots, 0)^{\mathrm{T}},\\ \boldsymbol{\eta}_2=(1, 1, \cdots, 0)^{\mathrm{T}},\\ \cdots\cdots\cdots\cdots\cdots\\ \boldsymbol{\eta}_n=(1, 1, \cdots, 1)^{\mathrm{T}},\end{cases}$$

则 $\boldsymbol{\eta}_1, \boldsymbol{\eta}_2, \cdots, \boldsymbol{\eta}_n$ 也是 P^n 的一组基，对于这组基，$\boldsymbol{\alpha}=(a_1, a_2, \cdots, a_n)^{\mathrm{T}}$ 可表示成

$$\boldsymbol{\alpha}=(a_1-a_2)\boldsymbol{\eta}_1+(a_2-a_3)\boldsymbol{\eta}_2+\cdots+a_n\boldsymbol{\eta}_n,$$

所以 $\boldsymbol{\alpha}$ 在基 $\boldsymbol{\eta}_1, \boldsymbol{\eta}_2, \cdots, \boldsymbol{\eta}_n$ 下的坐标是 $(a_1-a_2, a_2-a_3, \cdots, a_{n-1}-a_n, a_n)^{\mathrm{T}}$.

例 9.8 如果把复数域 **C** 看作是自身上的线性空间，它是一维的，数 1 是一组基；若看作是实数域 **R** 上的线性空间，就是二维的，数 1 与 i 是它的一组基．

这是因为把复数域 **C** 看作是自身上的线性空间，对任意 $a+b\mathrm{i}\in\mathbf{C}$，$a+b\mathrm{i}=(a+b\mathrm{i})\cdot 1$，所以它是一维的，数 1 就是一组基．

如果把复数域 **C** 看作实数域 **R** 上的线性空间，由于 1，i 线性无关，且对任意 $a+b\mathrm{i}\in\mathbf{C}$，$a+b\mathrm{i}=a\cdot 1+b\cdot \mathrm{i}(a, b\in\mathbf{R})$，所以它是二维的，数 1 与 i 就是一组基．

这个例子告诉我们，维数是和所考虑的数域有关的．

§9.3 基变换与坐标变换

一个线性空间的基不唯一，且线性空间中的元素在不同基下的坐标一般是不同的．如何选择适当的基才能使我们所讨论向量的坐标比较简单是一个实际的问题．为此我们就需要讨论向量的坐标是如何随着基的改变而发生改变的．

定义 9.7 设 $\boldsymbol{\varepsilon}_1, \boldsymbol{\varepsilon}_2, \cdots, \boldsymbol{\varepsilon}_n$ 与 $\boldsymbol{\eta}_1, \boldsymbol{\eta}_2, \cdots, \boldsymbol{\eta}_n$ 是 n 维线性空间 V 的两组基，且有

$$\begin{cases}\boldsymbol{\eta}_1=a_{11}\boldsymbol{\varepsilon}_1+a_{21}\boldsymbol{\varepsilon}_2+\cdots+a_{n1}\boldsymbol{\varepsilon}_n,\\ \boldsymbol{\eta}_2=a_{12}\boldsymbol{\varepsilon}_1+a_{22}\boldsymbol{\varepsilon}_2+\cdots+a_{n2}\boldsymbol{\varepsilon}_n,\\ \cdots\cdots\cdots\cdots\cdots\cdots\\ \boldsymbol{\eta}_n=a_{1n}\boldsymbol{\varepsilon}_1+a_{2n}\boldsymbol{\varepsilon}_2+\cdots+a_{nn}\boldsymbol{\varepsilon}_n,\end{cases}\tag{9.1}$$

按照矩阵的乘法规则上式可写为

$$(\boldsymbol{\eta}_1,\ \boldsymbol{\eta}_2,\ \cdots,\ \boldsymbol{\eta}_n)=(\boldsymbol{\varepsilon}_1,\ \boldsymbol{\varepsilon}_2,\ \cdots,\ \boldsymbol{\varepsilon}_n)\begin{pmatrix}a_{11}&a_{12}&\cdots&a_{1n}\\a_{21}&a_{22}&\cdots&a_{2n}\\\vdots&\vdots&&\vdots\\a_{n1}&a_{n2}&\cdots&a_{nn}\end{pmatrix},\tag{9.2}$$

称矩阵 $\boldsymbol{A}=(a_{ij})_{n\times n}$ 为由基 $\boldsymbol{\varepsilon}_1,\boldsymbol{\varepsilon}_2,\cdots,\boldsymbol{\varepsilon}_n$ 到基 $\boldsymbol{\eta}_1,\boldsymbol{\eta}_2,\cdots,\boldsymbol{\eta}_n$ 的**过渡矩阵**．称(9.1)式或(9.2)式为由基 $\boldsymbol{\varepsilon}_1,\boldsymbol{\varepsilon}_2,\cdots,\boldsymbol{\varepsilon}_n$ 到基 $\boldsymbol{\eta}_1,\boldsymbol{\eta}_2,\cdots,\boldsymbol{\eta}_n$ 的**基变换公式**．

(9.2)式是一种形式记法，把基写成一个 $1\times n$ 矩阵，把向量的坐标写成一个 $n\times 1$ 矩阵，而把向量看作是这两个矩阵的乘积．这里是以向量作为矩阵的元素，一般说来没有意义．不过在这个特殊的情况下，这种约定的记法是不会出问题的．

在利用形式记法作计算之前，首先指出这种记法所具有的一些运算规律．

设 $\boldsymbol{\alpha}_1,\boldsymbol{\alpha}_2,\cdots,\boldsymbol{\alpha}_n$ 和 $\boldsymbol{\beta}_1,\boldsymbol{\beta}_2,\cdots,\boldsymbol{\beta}_n$ 是 V 中两个向量组，$\boldsymbol{A}=(a_{ij})$，$\boldsymbol{B}=(b_{ij})$ 是两个 $n\times n$ 矩阵，那么

$$((\boldsymbol{\alpha}_1,\ \boldsymbol{\alpha}_2,\ \cdots,\ \boldsymbol{\alpha}_n)\boldsymbol{A})\boldsymbol{B}=(\boldsymbol{\alpha}_1,\ \boldsymbol{\alpha}_2,\ \cdots,\ \boldsymbol{\alpha}_n)(\boldsymbol{AB});$$

$$(\boldsymbol{\alpha}_1,\ \boldsymbol{\alpha}_2,\ \cdots,\ \boldsymbol{\alpha}_n)\boldsymbol{A}+(\boldsymbol{\alpha}_1,\ \boldsymbol{\alpha}_2,\ \cdots,\ \boldsymbol{\alpha}_n)\boldsymbol{B}=(\boldsymbol{\alpha}_1,\ \boldsymbol{\alpha}_2,\ \cdots,\ \boldsymbol{\alpha}_n)(\boldsymbol{A}+\boldsymbol{B});$$

$$(\boldsymbol{\alpha}_1,\ \boldsymbol{\alpha}_2,\ \cdots,\ \boldsymbol{\alpha}_n)\boldsymbol{A}+(\boldsymbol{\beta}_1,\ \boldsymbol{\beta}_2,\ \cdots,\ \boldsymbol{\beta}_n)\boldsymbol{A}=(\boldsymbol{\alpha}_1+\boldsymbol{\beta}_1,\ \boldsymbol{\alpha}_2+\boldsymbol{\beta}_2,\ \cdots,\ \boldsymbol{\alpha}_n+\boldsymbol{\beta}_n)\boldsymbol{A}.$$

定理 9.2　设在 n 维线性空间 V 中，由基 $\boldsymbol{\varepsilon}_1,\boldsymbol{\varepsilon}_2,\cdots,\boldsymbol{\varepsilon}_n$ 到基 $\boldsymbol{\eta}_1,\boldsymbol{\eta}_2,\cdots,\boldsymbol{\eta}_n$ 的过渡矩阵为 $\boldsymbol{A}$，则 $\boldsymbol{A}$ 可逆．

证　用反证法．假设 $\boldsymbol{A}$ 不可逆，则齐次线性方程组 $\boldsymbol{Ax}=\boldsymbol{0}$ 有非零解．设存在 $\boldsymbol{x}_0=(x_{01},\ x_{02},\ \cdots,\ x_{0n})^{\mathrm{T}}\neq\boldsymbol{0}$，使得 $\boldsymbol{Ax}_0=\boldsymbol{0}$，于是

$$x_{01}\boldsymbol{\eta}_1+x_{02}\boldsymbol{\eta}_2+\cdots+x_{0n}\boldsymbol{\eta}_n=(\boldsymbol{\eta}_1,\ \boldsymbol{\eta}_2,\ \cdots,\ \boldsymbol{\eta}_n)\begin{pmatrix}x_{01}\\x_{02}\\\vdots\\x_{0n}\end{pmatrix}=(\boldsymbol{\varepsilon}_1,\ \boldsymbol{\varepsilon}_2,\ \cdots,\ \boldsymbol{\varepsilon}_n)\boldsymbol{A}\begin{pmatrix}x_{01}\\x_{02}\\\vdots\\x_{0n}\end{pmatrix}=\boldsymbol{0}.$$

因 $\boldsymbol{\eta}_1,\boldsymbol{\eta}_2,\cdots,\boldsymbol{\eta}_n$ 线性无关，所以 $x_{01}=x_{02}=\cdots=x_{0n}=0$，得出矛盾，故 $\boldsymbol{A}$ 可逆．

定理 9.3 设在 n 维线性空间 V 中，由基 $\boldsymbol{\varepsilon}_1, \boldsymbol{\varepsilon}_2, \cdots, \boldsymbol{\varepsilon}_n$ 到基 $\boldsymbol{\eta}_1, \boldsymbol{\eta}_2, \cdots, \boldsymbol{\eta}_n$ 的过渡矩阵为 $\boldsymbol{A}$. V 中向量 $\boldsymbol{\xi}$ 在这两组基下的坐标分别是 $(x_1, x_2, \cdots, x_n)^{\mathrm{T}}$ 与 $(y_1, y_2, \cdots, y_n)^{\mathrm{T}}$，则

$$\begin{pmatrix} x_1 \\ x_2 \\ \vdots \\ x_n \end{pmatrix} = \boldsymbol{A} \begin{pmatrix} y_1 \\ y_2 \\ \vdots \\ y_n \end{pmatrix}, \tag{9.3}$$

或者

$$\begin{pmatrix} y_1 \\ y_2 \\ \vdots \\ y_n \end{pmatrix} = \boldsymbol{A}^{-1} \begin{pmatrix} x_1 \\ x_2 \\ \vdots \\ x_n \end{pmatrix}. \tag{9.4}$$

证明 由已知

$$(\boldsymbol{\eta}_1, \boldsymbol{\eta}_2, \cdots, \boldsymbol{\eta}_n) = (\boldsymbol{\varepsilon}_1, \boldsymbol{\varepsilon}_2, \cdots, \boldsymbol{\varepsilon}_n)\boldsymbol{A},$$

从而

$$\boldsymbol{\xi} = (\boldsymbol{\varepsilon}_1, \boldsymbol{\varepsilon}_2, \cdots, \boldsymbol{\varepsilon}_n) \begin{pmatrix} x_1 \\ x_2 \\ \vdots \\ x_n \end{pmatrix} = (\boldsymbol{\eta}_1, \boldsymbol{\eta}_2, \cdots, \boldsymbol{\eta}_n) \begin{pmatrix} y_1 \\ y_2 \\ \vdots \\ y_n \end{pmatrix} = (\boldsymbol{\varepsilon}_1, \boldsymbol{\varepsilon}_2, \cdots, \boldsymbol{\varepsilon}_n)\boldsymbol{A} \begin{pmatrix} y_1 \\ y_2 \\ \vdots \\ y_n \end{pmatrix}.$$

由 $\boldsymbol{\varepsilon}_1, \boldsymbol{\varepsilon}_2, \cdots, \boldsymbol{\varepsilon}_n$ 的线性无关性，得

$$\begin{pmatrix} x_1 \\ x_2 \\ \vdots \\ x_n \end{pmatrix} = \boldsymbol{A} \begin{pmatrix} y_1 \\ y_2 \\ \vdots \\ y_n \end{pmatrix},$$

或

$$\begin{pmatrix} y_1 \\ y_2 \\ \vdots \\ y_n \end{pmatrix} = \boldsymbol{A}^{-1} \begin{pmatrix} x_1 \\ x_2 \\ \vdots \\ x_n \end{pmatrix}.$$

称(9.3)式或(9.4)式为向量 $\boldsymbol{\xi}$ 在基变换(9.1)下的**坐标变换公式**.

推论 1 如果由基 $\boldsymbol{\varepsilon}_1, \boldsymbol{\varepsilon}_2, \cdots, \boldsymbol{\varepsilon}_n$ 到基 $\boldsymbol{\eta}_1, \boldsymbol{\eta}_2, \cdots, \boldsymbol{\eta}_n$ 的过渡矩阵是 $\boldsymbol{A}$，则由基 $\boldsymbol{\eta}_1, \boldsymbol{\eta}_2, \cdots, \boldsymbol{\eta}_n$ 到基 $\boldsymbol{\varepsilon}_1, \boldsymbol{\varepsilon}_2, \cdots, \boldsymbol{\varepsilon}_n$ 的过渡矩阵是 $\boldsymbol{A}^{-1}$.

推论 2 如果由基 $\boldsymbol{\varepsilon}_1, \boldsymbol{\varepsilon}_2, \cdots, \boldsymbol{\varepsilon}_n$ 到基 $\boldsymbol{\eta}_1, \boldsymbol{\eta}_2, \cdots, \boldsymbol{\eta}_n$ 的过渡矩阵是 $\boldsymbol{A}$，由

基 $\boldsymbol{\eta}_1$，$\boldsymbol{\eta}_2$，…，$\boldsymbol{\eta}_n$ 到基 $\boldsymbol{\gamma}_1$，$\boldsymbol{\gamma}_2$，…，$\boldsymbol{\gamma}_n$ 的过渡矩阵是 $\boldsymbol{B}$，则由基 $\boldsymbol{\varepsilon}_1$，$\boldsymbol{\varepsilon}_2$，…，$\boldsymbol{\varepsilon}_n$ 到基 $\boldsymbol{\gamma}_1$，$\boldsymbol{\gamma}_2$，…，$\boldsymbol{\gamma}_n$ 的过渡矩阵是 $\boldsymbol{AB}$.

例 9.9　在例 9.7 中给了 P^n 的两组基：

$$\begin{cases}\boldsymbol{\varepsilon}_1=(1, 0, \cdots, 0)^{\mathrm{T}},\\ \boldsymbol{\varepsilon}_2=(0, 1, \cdots, 0)^{\mathrm{T}},\\ \cdots\cdots\cdots\cdots\\ \boldsymbol{\varepsilon}_n=(0, 0, \cdots, 1)^{\mathrm{T}}\end{cases} \quad 及 \quad \begin{cases}\boldsymbol{\eta}_1=(1, 0, \cdots, 0)^{\mathrm{T}},\\ \boldsymbol{\eta}_2=(1, 1, \cdots, 0)^{\mathrm{T}},\\ \cdots\cdots\cdots\cdots\\ \boldsymbol{\eta}_n=(1, 1, \cdots, 1)^{\mathrm{T}},\end{cases}$$

于是
$$(\boldsymbol{\eta}_1, \boldsymbol{\eta}_2, \cdots, \boldsymbol{\eta}_n)=(\boldsymbol{\varepsilon}_1, \boldsymbol{\varepsilon}_2, \cdots, \boldsymbol{\varepsilon}_n)\begin{pmatrix}1 & 1 & \cdots & 1\\ 0 & 1 & \cdots & 1\\ \vdots & \vdots & & \vdots\\ 0 & 0 & \cdots & 1\end{pmatrix},$$

所以由基 $\boldsymbol{\varepsilon}_1$，$\boldsymbol{\varepsilon}_2$，…，$\boldsymbol{\varepsilon}_n$ 到基 $\boldsymbol{\eta}_1$，$\boldsymbol{\eta}_2$，…，$\boldsymbol{\eta}_n$ 的过渡矩阵是

$$\boldsymbol{A}=\begin{pmatrix}1 & 1 & \cdots & 1\\ 0 & 1 & \cdots & 1\\ \vdots & \vdots & & \vdots\\ 0 & 0 & \cdots & 1\end{pmatrix},$$

经计算

$$\boldsymbol{A}^{-1}=\begin{pmatrix}1 & -1 & 0 & \cdots & 0\\ 0 & 1 & -1 & \cdots & 0\\ 0 & 0 & 1 & \cdots & 0\\ \vdots & \vdots & \vdots & & \vdots\\ 0 & 0 & 0 & \cdots & 1\end{pmatrix},$$

因此，对于向量 $\boldsymbol{\alpha}=(a_1, a_2, \cdots, a_n)^{\mathrm{T}}$，设它在基 $\boldsymbol{\eta}_1$，$\boldsymbol{\eta}_2$，…，$\boldsymbol{\eta}_n$ 下的坐标为 $(y_1, y_2, \cdots, y_n)^{\mathrm{T}}$，则

$$\begin{pmatrix}y_1\\ y_2\\ \vdots\\ y_n\end{pmatrix}=\begin{pmatrix}1 & -1 & 0 & \cdots & 0\\ 0 & 1 & -1 & \cdots & 0\\ 0 & 0 & 1 & \cdots & 0\\ \vdots & \vdots & \vdots & & \vdots\\ 0 & 0 & 0 & \cdots & 1\end{pmatrix}\begin{pmatrix}a_1\\ a_2\\ \vdots\\ a_n\end{pmatrix},$$

即
$$y_1=a_1-a_2,\ y_2=a_2-a_3,\ \cdots,\ y_n=a_n.$$

与例 9.7 的结果一致.

例 9.10　在 $\mathbf{R}^2$ 中，基 $\boldsymbol{\varepsilon}_1=(1, 0)^{\mathrm{T}}$，$\boldsymbol{\varepsilon}_2=(0, 1)^{\mathrm{T}}$ 与基 $\boldsymbol{\eta}_1=(\cos\theta, \sin\theta)^{\mathrm{T}}$，$\boldsymbol{\eta}_2=(-\sin\theta, \cos\theta)^{\mathrm{T}}$ 的关系为

$$(\boldsymbol{\eta}_1, \boldsymbol{\eta}_2)=(\boldsymbol{\varepsilon}_1, \boldsymbol{\varepsilon}_2)\begin{pmatrix}\cos\theta & -\sin\theta\\ \sin\theta & \cos\theta\end{pmatrix},$$

故若 $\boldsymbol{\alpha}$ 在基 $\boldsymbol{\varepsilon}_1$，$\boldsymbol{\varepsilon}_2$ 下的坐标为 $(x_1, x_2)^{\mathrm{T}}$，在基 $\boldsymbol{\eta}_1$，$\boldsymbol{\eta}_2$ 下的坐标为 $(y_1, y_2)^{\mathrm{T}}$，则

$$\begin{pmatrix}y_1\\ y_2\end{pmatrix}=\begin{pmatrix}\cos\theta & \sin\theta\\ -\sin\theta & \cos\theta\end{pmatrix}\begin{pmatrix}x_1\\ x_2\end{pmatrix}.$$

例 9.11 在 P^4 中，求由基 $\boldsymbol{\eta}_1$，$\boldsymbol{\eta}_2$，$\boldsymbol{\eta}_3$，$\boldsymbol{\eta}_4$ 到基 $\boldsymbol{\xi}_1$，$\boldsymbol{\xi}_2$，$\boldsymbol{\xi}_3$，$\boldsymbol{\xi}_4$ 的过渡矩阵，其中，

$$\begin{cases}\boldsymbol{\eta}_1=(1, 2, -1, 0)^{\mathrm{T}},\\ \boldsymbol{\eta}_2=(1, -1, 1, 1)^{\mathrm{T}},\\ \boldsymbol{\eta}_3=(-1, 2, 1, 1)^{\mathrm{T}},\\ \boldsymbol{\eta}_4=(-1, -1, 0, 1)^{\mathrm{T}},\end{cases}\qquad \begin{cases}\boldsymbol{\xi}_1=(2, 1, 0, 1)^{\mathrm{T}},\\ \boldsymbol{\xi}_2=(0, 1, 2, 2)^{\mathrm{T}},\\ \boldsymbol{\xi}_3=(-2, 1, 1, 2)^{\mathrm{T}},\\ \boldsymbol{\xi}_4=(1, 3, 1, 2)^{\mathrm{T}}.\end{cases}$$

解 设 $\boldsymbol{\varepsilon}_1=(1, 0, 0, 0)^{\mathrm{T}}$，$\boldsymbol{\varepsilon}_2=(0, 1, 0, 0)^{\mathrm{T}}$，$\boldsymbol{\varepsilon}_3=(0, 0, 1, 0)^{\mathrm{T}}$，$\boldsymbol{\varepsilon}_4=(0, 0, 0, 1)^{\mathrm{T}}$，于是

$$(\boldsymbol{\eta}_1, \boldsymbol{\eta}_2, \boldsymbol{\eta}_3, \boldsymbol{\eta}_4)=(\boldsymbol{\varepsilon}_1, \boldsymbol{\varepsilon}_2, \boldsymbol{\varepsilon}_3, \boldsymbol{\varepsilon}_4)\begin{pmatrix}1 & 1 & -1 & -1\\ 2 & -1 & 2 & -1\\ -1 & 1 & 1 & 0\\ 0 & 1 & 1 & 1\end{pmatrix},$$

或 $$(\boldsymbol{\varepsilon}_1, \boldsymbol{\varepsilon}_2, \boldsymbol{\varepsilon}_3, \boldsymbol{\varepsilon}_4)=(\boldsymbol{\eta}_1, \boldsymbol{\eta}_2, \boldsymbol{\eta}_3, \boldsymbol{\eta}_4)\begin{pmatrix}1 & 1 & -1 & -1\\ 2 & -1 & 2 & -1\\ -1 & 1 & 1 & 0\\ 0 & 1 & 1 & 1\end{pmatrix}^{-1}.$$

又 $$(\boldsymbol{\xi}_1, \boldsymbol{\xi}_2, \boldsymbol{\xi}_3, \boldsymbol{\xi}_4)=(\boldsymbol{\varepsilon}_1, \boldsymbol{\varepsilon}_2, \boldsymbol{\varepsilon}_3, \boldsymbol{\varepsilon}_4)\begin{pmatrix}2 & 0 & -2 & 1\\ 1 & 1 & 1 & 3\\ 0 & 2 & 1 & 1\\ 1 & 2 & 2 & 2\end{pmatrix},$$

从而有

$$(\boldsymbol{\xi}_1, \boldsymbol{\xi}_2, \boldsymbol{\xi}_3, \boldsymbol{\xi}_4)=(\boldsymbol{\eta}_1, \boldsymbol{\eta}_2, \boldsymbol{\eta}_3, \boldsymbol{\eta}_4)\begin{pmatrix}1 & 1 & -1 & -1\\ 2 & -1 & 2 & -1\\ -1 & 1 & 1 & 0\\ 0 & 1 & 1 & 1\end{pmatrix}^{-1}\begin{pmatrix}2 & 0 & -2 & 1\\ 1 & 1 & 1 & 3\\ 0 & 2 & 1 & 1\\ 1 & 2 & 2 & 2\end{pmatrix}$$

$$=(\boldsymbol{\eta}_1,\ \boldsymbol{\eta}_2,\ \boldsymbol{\eta}_3,\ \boldsymbol{\eta}_4)\begin{pmatrix}1&0&0&1\\1&1&0&1\\0&1&1&1\\0&0&1&0\end{pmatrix},$$

所以由基 $\boldsymbol{\eta}_1$，$\boldsymbol{\eta}_2$，$\boldsymbol{\eta}_3$，$\boldsymbol{\eta}_4$ 到基 $\boldsymbol{\xi}_1$，$\boldsymbol{\xi}_2$，$\boldsymbol{\xi}_3$，$\boldsymbol{\xi}_4$ 的过渡矩阵为

$$\begin{pmatrix}1&0&0&1\\1&1&0&1\\0&1&1&1\\0&0&1&0\end{pmatrix}.$$

例 9.12　已知 $P^{2\times 2}$ 的两组基：

$$\boldsymbol{E}_{11}=\begin{pmatrix}1&0\\0&0\end{pmatrix},\ \boldsymbol{E}_{12}=\begin{pmatrix}0&1\\0&0\end{pmatrix},\ \boldsymbol{E}_{21}=\begin{pmatrix}0&0\\1&0\end{pmatrix},\ \boldsymbol{E}_{22}=\begin{pmatrix}0&0\\0&1\end{pmatrix};$$

$$\boldsymbol{F}_{11}=\begin{pmatrix}1&0\\0&0\end{pmatrix},\ \boldsymbol{F}_{12}=\begin{pmatrix}1&1\\0&0\end{pmatrix},\ \boldsymbol{F}_{21}=\begin{pmatrix}1&1\\1&0\end{pmatrix},\ \boldsymbol{F}_{22}=\begin{pmatrix}1&1\\1&1\end{pmatrix}.$$

(1) 求由基 $\boldsymbol{E}_{11}$，$\boldsymbol{E}_{12}$，$\boldsymbol{E}_{21}$，$\boldsymbol{E}_{22}$ 到基 $\boldsymbol{F}_{11}$，$\boldsymbol{F}_{12}$，$\boldsymbol{F}_{21}$，$\boldsymbol{F}_{22}$ 的过渡矩阵；

(2) 求矩阵 $\boldsymbol{A}=\begin{pmatrix}-3&5\\4&2\end{pmatrix}$ 在基 $\boldsymbol{F}_{11}$，$\boldsymbol{F}_{12}$，$\boldsymbol{F}_{21}$，$\boldsymbol{F}_{22}$ 下的坐标．

解　(1)因为

$$\begin{cases}\boldsymbol{F}_{11}=\boldsymbol{E}_{11},\\ \boldsymbol{F}_{12}=\boldsymbol{E}_{11}+\boldsymbol{E}_{12},\\ \boldsymbol{F}_{21}=\boldsymbol{E}_{11}+\boldsymbol{E}_{12}+\boldsymbol{E}_{21},\\ \boldsymbol{F}_{22}=\boldsymbol{E}_{11}+\boldsymbol{E}_{12}+\boldsymbol{E}_{21}+\boldsymbol{E}_{22},\end{cases}$$

即

$$(\boldsymbol{F}_{11},\ \boldsymbol{F}_{12},\ \boldsymbol{F}_{21},\ \boldsymbol{F}_{22})=(\boldsymbol{E}_{11},\ \boldsymbol{E}_{12},\ \boldsymbol{E}_{21},\ \boldsymbol{E}_{22})\begin{pmatrix}1&1&1&1\\0&1&1&1\\0&0&1&1\\0&0&0&1\end{pmatrix},$$

所以由基 $\boldsymbol{E}_{11}$，$\boldsymbol{E}_{12}$，$\boldsymbol{E}_{21}$，$\boldsymbol{E}_{22}$ 到基 $\boldsymbol{F}_{11}$，$\boldsymbol{F}_{12}$，$\boldsymbol{F}_{21}$，$\boldsymbol{F}_{22}$ 的过渡矩阵为

$$\begin{pmatrix}1&1&1&1\\0&1&1&1\\0&0&1&1\\0&0&0&1\end{pmatrix}.$$

(2) $\boldsymbol{A}=\begin{pmatrix}-3&5\\4&2\end{pmatrix}=-3\boldsymbol{E}_{11}+5\boldsymbol{E}_{12}+4\boldsymbol{E}_{21}+2\boldsymbol{E}_{22}$，

设 $\boldsymbol{A}$ 在基 $\boldsymbol{F}_{11}$，$\boldsymbol{F}_{12}$，$\boldsymbol{F}_{21}$，$\boldsymbol{F}_{22}$ 下的坐标为 $(x_1, x_2, x_3, x_4)^{\mathrm{T}}$，则

$$\begin{pmatrix} x_1 \\ x_2 \\ x_3 \\ x_4 \end{pmatrix} = \begin{pmatrix} 1 & 1 & 1 & 1 \\ 0 & 1 & 1 & 1 \\ 0 & 0 & 1 & 1 \\ 0 & 0 & 0 & 1 \end{pmatrix}^{-1} \begin{pmatrix} -3 \\ 5 \\ 4 \\ 2 \end{pmatrix} = \begin{pmatrix} 1 & -1 & 0 & 0 \\ 0 & 1 & -1 & 0 \\ 0 & 0 & 1 & -1 \\ 0 & 0 & 0 & 1 \end{pmatrix} \begin{pmatrix} -3 \\ 5 \\ 4 \\ 2 \end{pmatrix} = \begin{pmatrix} -8 \\ 1 \\ 2 \\ 2 \end{pmatrix},$$

所以矩阵 $\boldsymbol{A}$ 在基 $\boldsymbol{F}_{11}$，$\boldsymbol{F}_{12}$，$\boldsymbol{F}_{21}$，$\boldsymbol{F}_{22}$ 下的坐标为 $(-8, 1, 2, 2)^{\mathrm{T}}$.

§9.4 线性空间的同构

设 $\boldsymbol{\varepsilon}_1$，$\boldsymbol{\varepsilon}_2$，…，$\boldsymbol{\varepsilon}_n$ 是线性空间 V 的一组基，在这组基下，V 中每个向量都有确定的坐标 $(a_1, a_2, \cdots, a_n)^{\mathrm{T}} \in P^n$，因此，向量与它的坐标之间的对应实质上就是 V 到 P^n 的一个映射．显然，这个映射是一一对应的，此对应的重要性表现在它与运算的关系上．设

$$\boldsymbol{\alpha} = a_1\boldsymbol{\varepsilon}_1 + a_2\boldsymbol{\varepsilon}_2 + \cdots + a_n\boldsymbol{\varepsilon}_n,\quad \boldsymbol{\beta} = b_1\boldsymbol{\varepsilon}_1 + b_2\boldsymbol{\varepsilon}_2 + \cdots + b_n\boldsymbol{\varepsilon}_n,$$

$$\sigma(\boldsymbol{\alpha}) = (a_1, a_2, \cdots, a_n)^{\mathrm{T}},\quad \sigma(\boldsymbol{\beta}) = (b_1, b_2, \cdots, b_n)^{\mathrm{T}},$$

则
$$\begin{aligned} \sigma(\boldsymbol{\alpha}+\boldsymbol{\beta}) &= (a_1+b_1, a_2+b_2, \cdots, a_n+b_n)^{\mathrm{T}} \\ &= (a_1, a_2, \cdots, a_n)^{\mathrm{T}} + (b_1, b_2, \cdots, b_n)^{\mathrm{T}} = \sigma(\boldsymbol{\alpha}) + \sigma(\boldsymbol{\beta}), \end{aligned}$$

$$\sigma(k\boldsymbol{\alpha}) = (ka_1, ka_2, \cdots, ka_n)^{\mathrm{T}} = k(a_1, a_2, \cdots, a_n)^{\mathrm{T}} = k\sigma(\boldsymbol{\alpha}).$$

以上的式子说明在向量用坐标表示之后，它们的运算就可以归结为它们坐标的运算，因而，线性空间 V 的讨论也就可以归结为 P^n 的讨论．下面通过同构进一步说明这个事实．

定义 9.8 设 V 与 V' 是数域 P 上的两个线性空间，σ 是由 V 到 V' 的一个双射．若对任意 $\boldsymbol{\alpha}$，$\boldsymbol{\beta} \in V$，$k \in P$，有

(1) $\sigma(\boldsymbol{\alpha}+\boldsymbol{\beta}) = \sigma(\boldsymbol{\alpha}) + \sigma(\boldsymbol{\beta})$；

(2) $\sigma(k\boldsymbol{\alpha}) = k\sigma(\boldsymbol{\alpha})$，

则称 σ 是 V 到 V' 的一个**同构映射**，并称线性空间 V 与 V' **同构**，记作 $V \cong V'$.

前面的讨论说明，在 n 维线性空间 V 中取定一组基后，向量与它的坐标之间的对应就是 V 到 P^n 的一个同构映射，因而，数域 P 上任一 n 维线性空间都与 P^n 同构．

同构映射具有下列性质：

性质 9.1 $\sigma(\mathbf{0}) = \mathbf{0}$，$\sigma(-\boldsymbol{\alpha}) = -\sigma(\boldsymbol{\alpha})$.

证 在定义 9.8 的(2)中分别取 $k=0$，-1 即得．

性质 9.2 $\sigma(k_1\boldsymbol{\alpha}_1 + k_2\boldsymbol{\alpha}_2 + \cdots + k_r\boldsymbol{\alpha}_r) = k_1\sigma(\boldsymbol{\alpha}_1) + k_2\sigma(\boldsymbol{\alpha}_2) + \cdots + k_r\sigma(\boldsymbol{\alpha}_r)$.

这是定义 9.8 的(1)与(2)结合的结果.

性质 9.3 V 中向量组 $\boldsymbol{\alpha}_1$, $\boldsymbol{\alpha}_2$, …, $\boldsymbol{\alpha}_r$ 线性相关(线性无关)的充分必要条件是它们的像 $\sigma(\boldsymbol{\alpha}_1)$, $\sigma(\boldsymbol{\alpha}_2)$, …, $\sigma(\boldsymbol{\alpha}_r)$线性相关(线性无关).

证 由
$$k_1\boldsymbol{\alpha}_1+k_2\boldsymbol{\alpha}_2+\cdots+k_r\boldsymbol{\alpha}_r=\mathbf{0},$$
可得
$$k_1\sigma(\boldsymbol{\alpha}_1)+k_2\sigma(\boldsymbol{\alpha}_2)+\cdots+k_r\sigma(\boldsymbol{\alpha}_r)=\mathbf{0}.$$

反过来，由
$$k_1\sigma(\boldsymbol{\alpha}_1)+k_2\sigma(\boldsymbol{\alpha}_2)+\cdots+k_r\sigma(\boldsymbol{\alpha}_r)=\mathbf{0},$$
有
$$\sigma(k_1\boldsymbol{\alpha}_1+k_2\boldsymbol{\alpha}_2+\cdots+k_r\boldsymbol{\alpha}_r)=\mathbf{0}.$$
因为 σ 是一一对应的，只有 $\sigma(\mathbf{0})=\mathbf{0}$，所以
$$k_1\boldsymbol{\alpha}_1+k_2\boldsymbol{\alpha}_2+\cdots+k_r\boldsymbol{\alpha}_r=\mathbf{0},$$
因此，向量组 $\boldsymbol{\alpha}_1$, $\boldsymbol{\alpha}_2$, …, $\boldsymbol{\alpha}_r$ 线性相关(线性无关)的充分必要条件是 $\sigma(\boldsymbol{\alpha}_1)$, $\sigma(\boldsymbol{\alpha}_2)$, …, $\sigma(\boldsymbol{\alpha}_r)$线性相关(线性无关).

性质 9.4 同构的线性空间有相同的维数.

证 设 $\dim V=n$, $\boldsymbol{\varepsilon}_1$, $\boldsymbol{\varepsilon}_2$, …, $\boldsymbol{\varepsilon}_n$ 为 V 中任意一组基，由性质 9.2、性质 9.3，知
$$\sigma(\boldsymbol{\varepsilon}_1),\ \sigma(\boldsymbol{\varepsilon}_2),\ \cdots,\ \sigma(\boldsymbol{\varepsilon}_n)$$
为 V' 的一组基，所以 $\dim V'=n$.

性质 9.5 同构映射的逆映射是同构映射.

证 设 σ 是线性空间 V 到 V' 的同构映射，显然逆映射 σ^{-1} 是 V' 到 V 的一个双射. 下证 σ^{-1} 还适合定义 9.8 的条件(1)、(2).

令 $\boldsymbol{\alpha}'$, $\boldsymbol{\beta}'$ 是 V' 中任意两个向量，于是
$$\sigma\sigma^{-1}(\boldsymbol{\alpha}'+\boldsymbol{\beta}')=\boldsymbol{\alpha}'+\boldsymbol{\beta}'=\sigma\sigma^{-1}(\boldsymbol{\alpha}')+\sigma\sigma^{-1}(\boldsymbol{\beta}')=\sigma(\sigma^{-1}(\boldsymbol{\alpha}')+\sigma^{-1}(\boldsymbol{\beta}')).$$
两边用 σ^{-1} 作用，即得
$$\sigma^{-1}(\boldsymbol{\alpha}'+\boldsymbol{\beta}')=\sigma^{-1}(\boldsymbol{\alpha}')+\sigma^{-1}(\boldsymbol{\beta}').$$
同样可证条件(2)成立.

性质 9.6 同构映射的乘积是同构映射.

证 设 σ, τ 分别是线性空间 V 到 V' 和 V' 到 V'' 的同构映射，我们来证乘积 $\tau\sigma$ 是 V 到 V'' 的一个同构映射.

显然 $\tau\sigma$ 是双射. 由
$$\tau\sigma(\boldsymbol{\alpha}+\boldsymbol{\beta})=\tau(\sigma(\boldsymbol{\alpha}+\boldsymbol{\beta}))=\tau(\sigma(\boldsymbol{\alpha})+\sigma(\boldsymbol{\beta}))=\tau(\sigma(\boldsymbol{\alpha}))+\tau(\sigma(\boldsymbol{\beta}))=\tau\sigma(\boldsymbol{\alpha})+\tau\sigma(\boldsymbol{\beta}),$$
$$\tau\sigma(k\boldsymbol{\alpha})=\tau(k\sigma(\boldsymbol{\alpha}))=k\tau\sigma(\boldsymbol{\alpha})$$
看出，$\tau\sigma$ 适合定义 9.8 的条件(1)、(2)，因而是同构映射.

因为任一线性空间 V 到自身的恒等映射显然是一同构映射，所以性质 9.5

与性质 9.6 表明，同构作为线性空间之间的一种关系，具有反身性、对称性与传递性．

既然数域 P 上任意一个 n 维线性空间都与 P^n 同构，由同构的对称性与传递性即得，**数域 P 上任意两个 n 维线性空间都同构**．

综上所述，我们有：

定理 9.4 数域 P 上两个有限维线性空间同构的充分必要条件是它们有相同的维数．

在线性空间的抽象讨论中，并没有考虑线性空间的元素是什么，也没有考虑其中运算是怎样定义的，而只涉及线性空间在所定义的运算下的代数性质．从这个观点看来，同构的线性空间是可以不加区别的．因此，定理 9.4 说明了，维数是有限维线性空间的唯一的本质特征．

例 9.13 把复数域 $\mathbf{C}$ 看成实数域 $\mathbf{R}$ 上的线性空间，证明：$\mathbf{C}$ 与 $\mathbf{R}^2$ 同构．

解 由例 9.8 知，把复数域 $\mathbf{C}$ 看成实数域 $\mathbf{R}$ 上的线性空间，其维数是 2，又线性空间 $\mathbf{R}^2$ 的维数也是 2，所以 $\mathbf{C}$ 与 $\mathbf{R}^2$ 同构．

例 9.14 全体正实数 $\mathbf{R}^+$ 关于加法$\oplus$与数量乘法$\circ$：

$$a\oplus b=ab，k\circ a=a^k，$$

构成实数域 $\mathbf{R}$ 上的线性空间；把实数域 $\mathbf{R}$ 看成是自身上的线性空间，证明：$\mathbf{R}^+$ 与 $\mathbf{R}$ 同构，并写出一个同构映射．

证 作对应 σ：$\mathbf{R}^+\to\mathbf{R}$，$\sigma(a)=\ln a$，$\forall a\in\mathbf{R}^+$．易证 σ 是 $\mathbf{R}^+$ 到 $\mathbf{R}$ 的一个双射．且对任意 a，$b\in\mathbf{R}^+$，$k\in\mathbf{R}$，有

$$\sigma(a\oplus b)=\ln ab=\ln a+\ln b=\sigma(a)+\sigma(b),$$

$$\sigma(k\circ a)=\ln a^k=k\ln a=k\sigma(a),$$

所以，σ 是 $\mathbf{R}^+$ 到 $\mathbf{R}$ 的一个同构映射，故 $\mathbf{R}^+$ 与 $\mathbf{R}$ 同构．

§9.5 线性子空间

有时，一个线性空间的子集合也是一个线性空间．例如，$P^{n\times n}$ 是数域 P 上的一个线性空间，其中全体对称矩阵对于加法与数乘也组成数域 P 上的一个线性空间．又如，在通常的三维几何空间中，一个通过原点的平面上的向量对于加法和数乘组成一个二维的线性空间．这就是说，它一方面是三维空间的一部分，同时它对于原来的运算也构成一个线性空间．这就是子空间的概念．

定义 9.9 设 V 是数域 P 上的一个线性空间，W 是 V 的一个非空子集合．如果 W 对于 V 中所定义的加法和数乘也构成数域 P 上的线性空间，那么称 W 为 V 的一个**线性子空间**，简称**子空间**．

既然线性子空间也是线性空间，所以前面引入的基、维数、坐标等有关概念和结论也可以用到线性子空间中．

下面来分析一下，一个非空子集要满足什么条件，才能成为子空间．

设 W 是 V 的非空子集合．因为 V 是线性空间，所以对于原有的运算，W 中的向量满足线性空间定义中的规则(1)，(2)，(5)，(6)，(7)，(8)是显然的. 为了使 W 自身构成一个线性空间，主要的条件是要求 W 对于 V 中原有运算的封闭性，以及规则(3)与(4)成立．现在把这些条件列在下面：

① 如果 W 包含向量 $\boldsymbol{\alpha}$，$\boldsymbol{\beta}$，那么 W 就一定同时包含向量 $\boldsymbol{\alpha}$，$\boldsymbol{\beta}$ 之和 $\boldsymbol{\alpha}+\boldsymbol{\beta}$；

② 如果 W 包含向量 $\boldsymbol{\alpha}$，那么 W 就一定同时包含数域 P 中的数 k 与向量 $\boldsymbol{\alpha}$ 的乘积 $k\boldsymbol{\alpha}$；

③ $\mathbf{0}$在 W 中；

④ 如果 W 包含向量 $\boldsymbol{\alpha}$，那么 $-\boldsymbol{\alpha}$ 也一定在 W 中．

不难看出③、④两个条件是多余的，因为它们已经包含在条件②中，实际上只要令 $k=0$，-1，即可得$\mathbf{0}$与 $-\boldsymbol{\alpha}$ 在 W 中了．因此得如下定理．

定理 9.5　如果线性空间 V 的一个非空子集合 W 对于 V 的加法和数乘运算封闭，则 W 就是 V 一个线性子空间．

显然，$P[x]_n$ 是线性空间 $P[x]$ 的子空间．

推论　数域 P 上线性空间 V 的一个非空子集 W 是 V 的一个子空间的充分必要条件是：对任意 a，$b\in P$，$\boldsymbol{\alpha}$，$\boldsymbol{\beta}\in W$，都有 $a\boldsymbol{\alpha}+b\boldsymbol{\beta}\in W$.

在线性空间 V 中，由单个的零向量所组成的子集合$\{\mathbf{0}\}$称为**零子空间**．零子空间和 V 本身都是 V 的子空间，称它们为 V 的**平凡子空间**，其他的子空间称为**非平凡子空间**．

例 9.15　在线性空间 P^n 中，齐次线性方程组

$$\begin{cases} a_{11}x_1+a_{12}x_2+\cdots+a_{1n}x_n=0, \\ a_{21}x_1+a_{22}x_2+\cdots+a_{2n}x_n=0, \\ \cdots\cdots\cdots\cdots\cdots\cdots\cdots\cdots\cdots \\ a_{s1}x_1+a_{s2}x_2+\cdots+a_{sn}x_n=0 \end{cases}$$

的全部解向量组成一个子空间，这个子空间叫做齐次线性方程组的**解空间**．解空间的基就是方程组的基础解系，它的维数等于 $n-r$，其中 r 为系数矩阵的秩.

例 9.16　证明：线性空间 $W=\{\boldsymbol{A}\,|\,\boldsymbol{A}^{\mathrm{T}}=\boldsymbol{A}\in P^{n\times n}\}$ 是 $P^{n\times n}$ 的子空间，并求其维数．

证　因 $\boldsymbol{O}\in W$，所以 W 非空．对任意 $\boldsymbol{A}$，$\boldsymbol{B}\in W$，有 $\boldsymbol{A}^{\mathrm{T}}=\boldsymbol{A}$，$\boldsymbol{B}^{\mathrm{T}}=\boldsymbol{B}$，从而

$$(\boldsymbol{A}+\boldsymbol{B})^{\mathrm{T}}=\boldsymbol{A}^{\mathrm{T}}+\boldsymbol{B}^{\mathrm{T}}=\boldsymbol{A}+\boldsymbol{B},$$

$$(k\boldsymbol{A})^{\mathrm{T}}=k\boldsymbol{A}^{\mathrm{T}}=k\boldsymbol{A},$$

即 $\boldsymbol{A}+\boldsymbol{B}\in W$，$k\boldsymbol{A}\in W$，所以 $W=\{\boldsymbol{A}\mid\boldsymbol{A}^{\mathrm{T}}=\boldsymbol{A}\in P^{n\times n}\}$ 是 $P^{n\times n}$ 的子空间.

取 W 中的矩阵

$$\boldsymbol{E}_{ij}+\boldsymbol{E}_{ji}(i,\ j=1,\ 2,\ \cdots,\ n;\ i<j),\ \boldsymbol{E}_{ii}(i=1,\ 2,\ \cdots,\ n),$$

则上述 $\dfrac{n(n+1)}{2}$ 个矩阵 $\boldsymbol{E}_{ij}+\boldsymbol{E}_{ji}$，$\boldsymbol{E}_{ii}$ 线性无关，且对任意 $\boldsymbol{A}=(a_{ij})_{n\times n}\in W$，有

$$\begin{aligned}\boldsymbol{A}=&a_{11}\boldsymbol{E}_{11}+a_{12}(\boldsymbol{E}_{12}+\boldsymbol{E}_{21})+\cdots+a_{1n}(\boldsymbol{E}_{1n}+\boldsymbol{E}_{n1})+a_{22}\boldsymbol{E}_{22}+a_{23}(\boldsymbol{E}_{23}+\boldsymbol{E}_{32})+\cdots+\\&a_{2n}(\boldsymbol{E}_{2n}+\boldsymbol{E}_{n2})+\cdots+a_{n-1,n-1}\boldsymbol{E}_{n-1,n-1}+a_{n-1,n}(\boldsymbol{E}_{n-1,n}+\boldsymbol{E}_{n,n-1})+a_{nn}\boldsymbol{E}_{nn},\end{aligned}$$

故 $\dim W=\dfrac{n(n+1)}{2}$.

定理 9.6 设 $\boldsymbol{\alpha}_1$，$\boldsymbol{\alpha}_2$，…，$\boldsymbol{\alpha}_r$ 是线性空间 V 中的一组向量，则这组向量所有可能的线性组合所成的集合

$$W=\{k_1\boldsymbol{\alpha}_1+k_2\boldsymbol{\alpha}_2+\cdots+k_r\boldsymbol{\alpha}_r\mid k_1,\ k_2,\ \cdots,\ k_r\in P\}$$

是 V 的一个子空间，称为由 $\boldsymbol{\alpha}_1$，$\boldsymbol{\alpha}_2$，…，$\boldsymbol{\alpha}_r$ **生成的子空间**，记为 $L(\boldsymbol{\alpha}_1,\ \boldsymbol{\alpha}_2,\ \cdots,\ \boldsymbol{\alpha}_r)$.

证 由于 $\boldsymbol{0}\in W$，所以 W 非空. 对任意 $\boldsymbol{\alpha}$，$\boldsymbol{\beta}\in W$，$k\in P$，有

$$\boldsymbol{\alpha}=k_1\boldsymbol{\alpha}_1+k_2\boldsymbol{\alpha}_2+\cdots+k_r\boldsymbol{\alpha}_r,\ \boldsymbol{\beta}=l_1\boldsymbol{\alpha}_1+l_2\boldsymbol{\alpha}_2+\cdots+l_r\boldsymbol{\alpha}_r,$$

则

$$\boldsymbol{\alpha}+\boldsymbol{\beta}=(k_1+l_1)\boldsymbol{\alpha}_1+(k_2+l_2)\boldsymbol{\alpha}_2+\cdots+(k_r+l_r)\boldsymbol{\alpha}_r\in W,$$

$$k\boldsymbol{\alpha}=(kk_1)\boldsymbol{\alpha}_1+(kk_2)\boldsymbol{\alpha}_2+\cdots+(kk_r)\boldsymbol{\alpha}_r\in W,$$

即 W 对加法和数乘运算封闭，因而 W 是 V 的一个子空间.

在有限维线性空间中，任何一个子空间都可以认为是由其自身的基生成的. 设 W 是 V 的一个子空间，若 $\boldsymbol{\alpha}_1$，$\boldsymbol{\alpha}_2$，…，$\boldsymbol{\alpha}_r$ 是 W 的一组基，就有

$$W=L(\boldsymbol{\alpha}_1,\ \boldsymbol{\alpha}_2,\ \cdots,\ \boldsymbol{\alpha}_r).$$

例如，在 P^n 中，$\boldsymbol{\varepsilon}_i=(0,\ \cdots,\ 0,\ 1,\ 0,\ \cdots,\ 0)^{\mathrm{T}}$，$i=1,\ 2,\ \cdots,\ n$，则有 $P^n=L(\boldsymbol{\varepsilon}_1,\ \boldsymbol{\varepsilon}_2,\ \cdots,\ \boldsymbol{\varepsilon}_n)$. 类似还有 $P[x]_n=L(1,\ x,\ x^2,\ \cdots,\ x^{n-1})$.

关于子空间，我们有以下常用的结果.

定理 9.7 (1) 两个向量组生成相同子空间的充分必要条件是这两个向量组等价；

(2) $L(\boldsymbol{\alpha}_1,\ \boldsymbol{\alpha}_2,\ \cdots,\ \boldsymbol{\alpha}_r)$ 的维数等于向量组 $\boldsymbol{\alpha}_1$，$\boldsymbol{\alpha}_2$，…，$\boldsymbol{\alpha}_r$ 的秩.

证 (1) 设 $\boldsymbol{\alpha}_1$，$\boldsymbol{\alpha}_2$，…，$\boldsymbol{\alpha}_r$ 与 $\boldsymbol{\beta}_1$，$\boldsymbol{\beta}_2$，…，$\boldsymbol{\beta}_s$ 是两个向量组. 如果

$$L(\boldsymbol{\alpha}_1,\ \boldsymbol{\alpha}_2,\ \cdots,\ \boldsymbol{\alpha}_r)=L(\boldsymbol{\beta}_1,\ \boldsymbol{\beta}_2,\ \cdots,\ \boldsymbol{\beta}_s),$$

那么每个向量 $\boldsymbol{\alpha}_i(i=1,\ 2,\ \cdots,\ r)$ 作为 $L(\boldsymbol{\beta}_1,\ \boldsymbol{\beta}_2,\ \cdots,\ \boldsymbol{\beta}_s)$ 中的向量都可以被 $\boldsymbol{\beta}_1$，$\boldsymbol{\beta}_2$，…，$\boldsymbol{\beta}_s$ 线性表出；同样每个向量 $\boldsymbol{\beta}_j(j=1,\ 2,\ \cdots,\ s)$ 作为 $L(\boldsymbol{\alpha}_1,\ \boldsymbol{\alpha}_2,\ \cdots,$

$\boldsymbol{\alpha}_r$)中的向量也可以被$\boldsymbol{\alpha}_1$，$\boldsymbol{\alpha}_2$，…，$\boldsymbol{\alpha}_r$ 线性表出，因为这两个向量组等价.

反之，如果这两个向量组等价，那么对任意$\boldsymbol{\alpha}\in L(\boldsymbol{\alpha}_1, \boldsymbol{\alpha}_2, \cdots, \boldsymbol{\alpha}_r)$，$\boldsymbol{\alpha}$可被$\boldsymbol{\alpha}_1$，$\boldsymbol{\alpha}_2$，…，$\boldsymbol{\alpha}_r$ 线性表出，从而可被$\boldsymbol{\beta}_1$，$\boldsymbol{\beta}_2$，…，$\boldsymbol{\beta}_s$ 线性表出，即$\boldsymbol{\alpha}\in L(\boldsymbol{\beta}_1, \boldsymbol{\beta}_2, \cdots, \boldsymbol{\beta}_s)$，所以

$$L(\boldsymbol{\alpha}_1, \boldsymbol{\alpha}_2, \cdots, \boldsymbol{\alpha}_r)\subseteq L(\boldsymbol{\beta}_1, \boldsymbol{\beta}_2, \cdots, \boldsymbol{\beta}_s);$$

同理可证$L(\boldsymbol{\beta}_1, \boldsymbol{\beta}_2, \cdots, \boldsymbol{\beta}_s)\subseteq L(\boldsymbol{\alpha}_1, \boldsymbol{\alpha}_2, \cdots, \boldsymbol{\alpha}_r)$，因而$L(\boldsymbol{\alpha}_1, \boldsymbol{\alpha}_2, \cdots, \boldsymbol{\alpha}_r)=L(\boldsymbol{\beta}_1, \boldsymbol{\beta}_2, \cdots, \boldsymbol{\beta}_s)$.

(2) 设向量组$\boldsymbol{\alpha}_1$，$\boldsymbol{\alpha}_2$，…，$\boldsymbol{\alpha}_r$ 的秩是 t，不妨设$\boldsymbol{\alpha}_1$，$\boldsymbol{\alpha}_2$，…，$\boldsymbol{\alpha}_t$($t\leqslant r$)是它的一个极大线性无关组. 因为$\boldsymbol{\alpha}_1$，$\boldsymbol{\alpha}_2$，…，$\boldsymbol{\alpha}_r$ 与$\boldsymbol{\alpha}_1$，$\boldsymbol{\alpha}_2$，…，$\boldsymbol{\alpha}_t$ 等价，所以$L(\boldsymbol{\alpha}_1, \boldsymbol{\alpha}_2, \cdots, \boldsymbol{\alpha}_r)=L(\boldsymbol{\alpha}_1, \boldsymbol{\alpha}_2, \cdots, \boldsymbol{\alpha}_t)$，因此，$\boldsymbol{\alpha}_1$，$\boldsymbol{\alpha}_2$，…，$\boldsymbol{\alpha}_t$ 就是$L(\boldsymbol{\alpha}_1, \boldsymbol{\alpha}_2, \cdots, \boldsymbol{\alpha}_r)$的一组基，$L(\boldsymbol{\alpha}_1, \boldsymbol{\alpha}_2, \cdots, \boldsymbol{\alpha}_r)$的维数是 t.

推论　设$\boldsymbol{\alpha}_1$，$\boldsymbol{\alpha}_2$，…，$\boldsymbol{\alpha}_r$ 是线性空间 V 中不全为零的一组向量，$\boldsymbol{\alpha}_{i_1}$，$\boldsymbol{\alpha}_{i_2}$，…，$\boldsymbol{\alpha}_{i_t}$($t\leqslant r$)是它的一个极大线性无关组，则

$$L(\boldsymbol{\alpha}_1, \boldsymbol{\alpha}_2, \cdots, \boldsymbol{\alpha}_r)=L(\boldsymbol{\alpha}_{i_1}, \boldsymbol{\alpha}_{i_2}, \cdots, \boldsymbol{\alpha}_{i_t}).$$

例 9.17　设$\boldsymbol{\alpha}_1$，$\boldsymbol{\alpha}_2$，…，$\boldsymbol{\alpha}_n$ 为 n 维线性空间 V 的一组基，$\boldsymbol{A}$ 是一个 $n\times m$ 矩阵，而

$$(\boldsymbol{\beta}_1, \boldsymbol{\beta}_2, \cdots, \boldsymbol{\beta}_m)=(\boldsymbol{\alpha}_1, \boldsymbol{\alpha}_2, \cdots, \boldsymbol{\alpha}_n)\boldsymbol{A},$$

证明：由$\boldsymbol{\beta}_1$，$\boldsymbol{\beta}_2$，…，$\boldsymbol{\beta}_m$ 生成的子空间$L(\boldsymbol{\beta}_1, \boldsymbol{\beta}_2, \cdots, \boldsymbol{\beta}_m)$的维数等于$\boldsymbol{A}$的秩.

证　令$\boldsymbol{A}=\begin{pmatrix} a_{11} & \cdots & a_{1m} \\ \vdots & & \vdots \\ a_{n1} & \cdots & a_{nm} \end{pmatrix}$，且$\boldsymbol{A}$的秩是 r，则 $r\leqslant\min\{n, m\}$. 不妨设$\boldsymbol{A}$的前 r 列线性无关，则它是$\boldsymbol{A}$的列向量组的一个极大线性无关组. 由于

$$(\boldsymbol{\beta}_1, \boldsymbol{\beta}_2, \cdots, \boldsymbol{\beta}_m)=(\boldsymbol{\alpha}_1, \boldsymbol{\alpha}_2, \cdots, \boldsymbol{\alpha}_n)\boldsymbol{A},$$

故
$$\boldsymbol{\beta}_j=a_{1j}\boldsymbol{\alpha}_1+a_{2j}\boldsymbol{\alpha}_2+\cdots+a_{nj}\boldsymbol{\alpha}_n, \ j=1, 2, \cdots, m.$$

下证$\boldsymbol{\beta}_1$，$\boldsymbol{\beta}_2$，…，$\boldsymbol{\beta}_r$ 是向量组$\boldsymbol{\beta}_1$，$\boldsymbol{\beta}_2$，…，$\boldsymbol{\beta}_m$ 的一个极大线性无关组，亦即子空间$L(\boldsymbol{\beta}_1, \boldsymbol{\beta}_2, \cdots, \boldsymbol{\beta}_m)$的一组基.

设有数 k_1，k_2，…，$k_r\in P$，使得

$$k_1\boldsymbol{\beta}_1+k_2\boldsymbol{\beta}_2+\cdots+k_r\boldsymbol{\beta}_r=\boldsymbol{0},$$

即
$$\sum_{i=1}^{n}(k_1a_{i1}+k_2a_{i2}+\cdots+k_ra_{ir})\boldsymbol{\alpha}_i=\boldsymbol{0}.$$

由于$\boldsymbol{\alpha}_1$，$\boldsymbol{\alpha}_2$，…，$\boldsymbol{\alpha}_n$ 线性无关，故

$$\begin{cases} a_{11}k_1+a_{12}k_2+\cdots+a_{1r}k_r=0, \\ a_{21}k_1+a_{22}k_2+\cdots+a_{2r}k_r=0, \\ \cdots\cdots\cdots\cdots\cdots\cdots \\ a_{n1}k_1+a_{n2}k_2+\cdots+a_{nr}k_r=0. \end{cases}$$

但此方程组只有零解，故

$$k_1=k_2=\cdots=k_r=0,$$

从而 $\boldsymbol{\beta}_1$，$\boldsymbol{\beta}_2$，…，$\boldsymbol{\beta}_r$ 线性无关．

类似上面，可证 $\boldsymbol{\beta}_1$，$\boldsymbol{\beta}_2$，…，$\boldsymbol{\beta}_r$，$\boldsymbol{\beta}_j$（$j=1$，2，…m）线性相关，故 $\boldsymbol{\beta}_1$，$\boldsymbol{\beta}_2$，…，$\boldsymbol{\beta}_r$ 是向量组 $\boldsymbol{\beta}_1$，$\boldsymbol{\beta}_2$，…，$\boldsymbol{\beta}_m$ 的一个极大线性无关组，即 $\boldsymbol{\beta}_1$，$\boldsymbol{\beta}_2$，…，$\boldsymbol{\beta}_m$ 的秩是 r，从而子空间 $L(\boldsymbol{\beta}_1, \boldsymbol{\beta}_2, \cdots, \boldsymbol{\beta}_m)$ 的维数是 r，等于 $\boldsymbol{A}$ 的秩．

例 9.18 在线性空间 $P^{2\times2}$ 中，求由矩阵

$$\boldsymbol{A}_1=\begin{pmatrix} 2 & 1 \\ -1 & 3 \end{pmatrix}, \boldsymbol{A}_2=\begin{pmatrix} 1 & 0 \\ 2 & 0 \end{pmatrix}, \boldsymbol{A}_3=\begin{pmatrix} 3 & 1 \\ 1 & 3 \end{pmatrix}, \boldsymbol{A}_4=\begin{pmatrix} 1 & 1 \\ -3 & 3 \end{pmatrix}$$

生成的子空间的基与维数．

解 取 $P^{2\times2}$ 的基 $\boldsymbol{E}_{11}$，$\boldsymbol{E}_{12}$，$\boldsymbol{E}_{21}$，$\boldsymbol{E}_{22}$，则 $\boldsymbol{A}_1$，$\boldsymbol{A}_2$，$\boldsymbol{A}_3$，$\boldsymbol{A}_4$ 在这组基下的坐标分别为

$$\boldsymbol{\alpha}_1=(2, 1, -1, 3)^{\mathrm{T}}, \boldsymbol{\alpha}_2=(1, 0, 2, 0)^{\mathrm{T}},$$
$$\boldsymbol{\alpha}_3=(3, 1, 1, 3)^{\mathrm{T}}, \boldsymbol{\alpha}_4=(1, 1, -3, 3)^{\mathrm{T}}.$$

可求得 $\boldsymbol{\alpha}_1$，$\boldsymbol{\alpha}_2$，$\boldsymbol{\alpha}_3$，$\boldsymbol{\alpha}_4$ 的秩是 2，且 $\boldsymbol{\alpha}_1$，$\boldsymbol{\alpha}_2$ 是一个极大线性无关组，所以由矩阵 $\boldsymbol{A}_1$，$\boldsymbol{A}_2$，$\boldsymbol{A}_3$，$\boldsymbol{A}_4$ 生成子空间的维数是 2，$\boldsymbol{A}_1$，$\boldsymbol{A}_2$ 是其一组基．

定理 9.8（基的扩充定理） 设 W 是数域 P 上的 n 维线性空间 V 的一个 m 维子空间，$\boldsymbol{\alpha}_1$，$\boldsymbol{\alpha}_2$，…，$\boldsymbol{\alpha}_m$ 是 W 的一组基，那么这组向量必可扩充为整个空间 V 的基．也就是说，在 V 中必定可以找到 $n-m$ 个向量 $\boldsymbol{\alpha}_{m+1}$，$\boldsymbol{\alpha}_{m+2}$，…，$\boldsymbol{\alpha}_n$，使得 $\boldsymbol{\alpha}_1$，$\boldsymbol{\alpha}_2$，…，$\boldsymbol{\alpha}_n$ 是 V 的一组基．

证 对维数差 $n-m$ 作归纳法．当 $n-m=0$ 时，定理显然成立，因为 $\boldsymbol{\alpha}_1$，$\boldsymbol{\alpha}_2$，…，$\boldsymbol{\alpha}_m$ 已经是 V 的基．现在假定 $n-m=k$ 时定理成立，下面我们考虑 $n-m=k+1$ 的情形．

既然 $\boldsymbol{\alpha}_1$，$\boldsymbol{\alpha}_2$，…，$\boldsymbol{\alpha}_m$ 还不是 V 的一组基，它又是线性无关的，那么在 V 中必定有一个向量 $\boldsymbol{\alpha}_{m+1}$ 不能被 $\boldsymbol{\alpha}_1$，$\boldsymbol{\alpha}_2$，…，$\boldsymbol{\alpha}_m$ 线性表出，把 $\boldsymbol{\alpha}_{m+1}$ 添加进去，$\boldsymbol{\alpha}_1$，$\boldsymbol{\alpha}_2$，…，$\boldsymbol{\alpha}_m$，$\boldsymbol{\alpha}_{m+1}$ 必定是线性无关的．由定理 9.7，子空间 $L(\boldsymbol{\alpha}_1, \boldsymbol{\alpha}_2, \cdots, \boldsymbol{\alpha}_m, \boldsymbol{\alpha}_{m+1})$ 的维数是 $m+1$. 因为

$$n-(m+1)=(n-m)-1=k+1-1=k,$$

由归纳假设，$L(\boldsymbol{\alpha}_1, \boldsymbol{\alpha}_2, \cdots, \boldsymbol{\alpha}_m, \boldsymbol{\alpha}_{m+1})$ 的基 $\boldsymbol{\alpha}_1$，$\boldsymbol{\alpha}_2$，…，$\boldsymbol{\alpha}_m$，$\boldsymbol{\alpha}_{m+1}$ 可以扩充

成整个空间的基．

根据归纳法原理，定理得证．

例 9.19　求 $L(\boldsymbol{\alpha}_1, \boldsymbol{\alpha}_2, \boldsymbol{\alpha}_3, \boldsymbol{\alpha}_4, \boldsymbol{\alpha}_5)$ 的维数与一组基，并把它扩充为 P^4 的一组基，其中，$\boldsymbol{\alpha}_1=(1, -1, 2, 4)^{\mathrm{T}}$，$\boldsymbol{\alpha}_2=(0, 3, 1, 2)^{\mathrm{T}}$，$\boldsymbol{\alpha}_3=(3, 0, 7, 14)^{\mathrm{T}}$，$\boldsymbol{\alpha}_4=(1, -1, 2, 0)^{\mathrm{T}}$，$\boldsymbol{\alpha}_5=(2, 1, 5, 6)^{\mathrm{T}}$.

解　对以 $\boldsymbol{\alpha}_1, \boldsymbol{\alpha}_2, \boldsymbol{\alpha}_3, \boldsymbol{\alpha}_4, \boldsymbol{\alpha}_5$ 为列向量的矩阵 $\boldsymbol{A}$ 作一系列初等行变换

$$\boldsymbol{A}=\begin{pmatrix} 1 & 0 & 3 & 1 & 2 \\ -1 & 3 & 0 & -1 & 1 \\ 2 & 1 & 7 & 2 & 5 \\ 4 & 2 & 14 & 0 & 6 \end{pmatrix} \rightarrow \begin{pmatrix} 1 & 0 & 3 & 1 & 2 \\ 0 & 1 & 1 & 0 & 1 \\ 0 & 0 & 0 & 1 & 1 \\ 0 & 0 & 0 & 0 & 0 \end{pmatrix}=\boldsymbol{B}.$$

由 $\boldsymbol{B}$ 知，$\boldsymbol{\alpha}_1, \boldsymbol{\alpha}_2, \boldsymbol{\alpha}_4$ 为 $\boldsymbol{\alpha}_1, \boldsymbol{\alpha}_2, \boldsymbol{\alpha}_3, \boldsymbol{\alpha}_4, \boldsymbol{\alpha}_5$ 的一个极大线性无关组，故 $L(\boldsymbol{\alpha}_1, \boldsymbol{\alpha}_2, \boldsymbol{\alpha}_3, \boldsymbol{\alpha}_4, \boldsymbol{\alpha}_5)$ 的维数是 3，$\boldsymbol{\alpha}_1, \boldsymbol{\alpha}_2, \boldsymbol{\alpha}_4$ 就是 $L(\boldsymbol{\alpha}_1, \boldsymbol{\alpha}_2, \boldsymbol{\alpha}_3, \boldsymbol{\alpha}_4, \boldsymbol{\alpha}_5)$ 的一组基．

又
$$\begin{vmatrix} 1 & 0 & 1 \\ -1 & 3 & -1 \\ 4 & 2 & 0 \end{vmatrix}=-12\neq 0,$$

所以
$$\begin{pmatrix} 1 & 0 & 1 & 0 \\ -1 & 3 & -1 & 0 \\ 2 & 1 & 2 & 1 \\ 4 & 2 & 0 & 0 \end{pmatrix}$$

可逆．令 $\boldsymbol{\gamma}=(0, 0, 1, 0)^{\mathrm{T}}$，则 $\boldsymbol{\alpha}_1, \boldsymbol{\alpha}_2, \boldsymbol{\alpha}_4, \boldsymbol{\gamma}$ 线性无关，从而为 P^4 的一组基．

§9.6　子空间的交与和

集合有交与并等运算，关于子空间，我们来介绍交与和两种运算．

定理 9.9　如果 V_1, V_2 是线性空间 V 的两个子空间，则集合

$$V_1 \cap V_2=\{\boldsymbol{\alpha} \mid \boldsymbol{\alpha}\in V_1 \text{ 且 } \boldsymbol{\alpha}\in V_2\}$$

也是 V 的子空间，称之为 V_1 与 V_2 的**交空间**．

证　首先，由 $\mathbf{0}\in V_1$，$\mathbf{0}\in V_2$，可知 $\mathbf{0}\in V_1\cap V_2$，因而 $V_1\cap V_2$ 是非空的．其次，如果 $\boldsymbol{\alpha}, \boldsymbol{\beta}\in V_1\cap V_2$，即 $\boldsymbol{\alpha}, \boldsymbol{\beta}\in V_1$，且 $\boldsymbol{\alpha}, \boldsymbol{\beta}\in V_2$，那么 $\boldsymbol{\alpha}+\boldsymbol{\beta}\in V_1$，$\boldsymbol{\alpha}+\boldsymbol{\beta}\in V_2$，因此 $\boldsymbol{\alpha}+\boldsymbol{\beta}\in V_1\cap V_2$. 对数量乘法同样可以证明．所以 $V_1\cap V_2$ 是 V 的子空间．

由集合的交的定义有，子空间的交适合下列运算规律：

$$V_1\cap V_2=V_2\cap V_1 \text{（交换律）},$$

$$(V_1\cap V_2)\cap V_3=V_1\cap(V_2\cap V_3)\text{(结合律)}.$$

由结合律，可以定义多个子空间的交：

$$V_1\cap V_2\cap\cdots\cap V_s=\bigcap_{i=1}^{s}V_i,$$

它也是子空间.

定义 9.10 设 V_1，V_2 是线性空间 V 的子空间，则称集合

$$V_1+V_2=\{\boldsymbol{\alpha}\mid\boldsymbol{\alpha}=\boldsymbol{\alpha}_1+\boldsymbol{\alpha}_2,\ \boldsymbol{\alpha}_1\in V_1,\ \boldsymbol{\alpha}_2\in V_2\}$$

为 V_1 **与** V_2 **的和**，记作 V_1+V_2.

定理 9.10 如果 V_1，V_2 是线性空间 V 的子空间，那么它们的和 V_1+V_2 也是 V 的子空间.

证 首先，显然 V_1+V_2 是非空的. 其次，如果 $\boldsymbol{\alpha}$，$\boldsymbol{\beta}\in V_1+V_2$，即

$$\boldsymbol{\alpha}=\boldsymbol{\alpha}_1+\boldsymbol{\alpha}_2,\ \boldsymbol{\alpha}_1\in V_1,\ \boldsymbol{\alpha}_2\in V_2,$$

$$\boldsymbol{\beta}=\boldsymbol{\beta}_1+\boldsymbol{\beta}_2,\ \boldsymbol{\beta}_1\in V_1,\ \boldsymbol{\beta}_2\in V_2,$$

那么 $$\boldsymbol{\alpha}+\boldsymbol{\beta}=\boldsymbol{\alpha}_1+\boldsymbol{\alpha}_2+\boldsymbol{\beta}_1+\boldsymbol{\beta}_2=(\boldsymbol{\alpha}_1+\boldsymbol{\beta}_1)+(\boldsymbol{\alpha}_2+\boldsymbol{\beta}_2).$$

又因 V_1，V_2 是子空间，故有

$$\boldsymbol{\alpha}_1+\boldsymbol{\beta}_1\in V_1,\ \boldsymbol{\alpha}_2+\boldsymbol{\beta}_2\in V_2,$$

因此， $$\boldsymbol{\alpha}+\boldsymbol{\beta}\in V_1+V_2.$$

同样 $$k\boldsymbol{\alpha}=k\boldsymbol{\alpha}_1+k\boldsymbol{\alpha}_2\in V_1+V_2.$$

所以，V_1+V_2 是 V 的子空间.

由定义有，子空间的和适合下列运算规律：

$$V_1+V_2=V_2+V_1\text{(交换律)},$$

$$(V_1+V_2)+V_3=V_1+(V_2+V_3)\text{(结合律)}.$$

由结合律，可以定义多个子空间的和

$$V_1+V_2+\cdots+V_s=\sum_{i=1}^{s}V_i.$$

它是由所有表示成

$$\boldsymbol{\alpha}_1+\boldsymbol{\alpha}_2+\cdots+\boldsymbol{\alpha}_s,\ \boldsymbol{\alpha}_i\in V_i\ (i=1,\ 2,\ \cdots,\ s)$$

的向量组成的子空间.

关于子空间的交与和有以下结论：

(1) 设 V_1，V_2，W 都是子空间，那么由 $W\subset V_1$ 与 $W\subset V_2$ 可推出 $W\subset V_1\cap V_2$；而由 $W\supset V_1$ 与 $W\supset V_2$ 可推出 $W\supset V_1+V_2$.

(2) 对于子空间 V_1 与 V_2，以下三个论断是等价的：

① $V_1\subset V_2$；

② $V_1\cap V_2=V_1$；

③ $V_1+V_2=V_2$.

例 9.20　在线性空间 P^n 中，用 V_1 与 V_2 分别表示齐次线性方程组

$$\begin{cases} a_{11}x_1+a_{12}x_2+\cdots+a_{1n}x_n=0, \\ a_{21}x_1+a_{22}x_2+\cdots+a_{2n}x_n=0, \\ \cdots\cdots\cdots\cdots\cdots\cdots \\ a_{s1}x_1+a_{s2}x_2+\cdots+a_{sn}x_n=0 \end{cases}$$

与

$$\begin{cases} b_{11}x_1+b_{12}x_2+\cdots+b_{1n}x_n=0, \\ b_{21}x_1+b_{22}x_2+\cdots+b_{2n}x_n=0, \\ \cdots\cdots\cdots\cdots\cdots\cdots \\ b_{t1}x_1+b_{t2}x_2+\cdots+b_{tn}x_n=0 \end{cases}$$

的解空间，那么 $V_1\cap V_2$ 就是齐次线性方程组

$$\begin{cases} a_{11}x_1+a_{12}x_2+\cdots+a_{1n}x_n=0, \\ \cdots\cdots\cdots\cdots\cdots\cdots \\ a_{s1}x_1+a_{s2}x_2+\cdots+a_{sn}x_n=0, \\ b_{11}x_1+b_{12}x_2+\cdots+b_{1n}x_n=0, \\ \cdots\cdots\cdots\cdots\cdots\cdots \\ b_{t1}x_1+b_{t2}x_2+\cdots+b_{tn}x_n=0 \end{cases}$$

的解空间.

例 9.21　设 $\boldsymbol{\alpha}_1$，$\boldsymbol{\alpha}_2$，…，$\boldsymbol{\alpha}_s$ 与 $\boldsymbol{\beta}_1$，$\boldsymbol{\beta}_2$，…，$\boldsymbol{\beta}_t$ 为线性空间 V 中的两组向量，则

$$L(\boldsymbol{\alpha}_1, \boldsymbol{\alpha}_2, \cdots, \boldsymbol{\alpha}_s)+L(\boldsymbol{\beta}_1, \boldsymbol{\beta}_2, \cdots, \boldsymbol{\beta}_t)=L(\boldsymbol{\alpha}_1, \boldsymbol{\alpha}_2, \cdots, \boldsymbol{\alpha}_s, \boldsymbol{\beta}_1, \boldsymbol{\beta}_2, \cdots, \boldsymbol{\beta}_t).$$

例 9.22　在 P^4 中，设

$$\begin{cases} \boldsymbol{\alpha}_1=(1, 2, 1, 0)^{\mathrm{T}}, \\ \boldsymbol{\alpha}_2=(-1, 1, 1, 1)^{\mathrm{T}}, \end{cases} \qquad \begin{cases} \boldsymbol{\beta}_1=(2, -1, 0, 1)^{\mathrm{T}}, \\ \boldsymbol{\beta}_2=(1, -1, 3, 7)^{\mathrm{T}}. \end{cases}$$

(1) 求 $L(\boldsymbol{\alpha}_1, \boldsymbol{\alpha}_2)\cap L(\boldsymbol{\beta}_1, \boldsymbol{\beta}_2)$ 的维数与一组基；

(2) 求 $L(\boldsymbol{\alpha}_1, \boldsymbol{\alpha}_2)+L(\boldsymbol{\beta}_1, \boldsymbol{\beta}_2)$ 的维数与一组基.

解　(1) 任取 $\boldsymbol{\gamma}\in L(\boldsymbol{\alpha}_1, \boldsymbol{\alpha}_2)\cap L(\boldsymbol{\beta}_1, \boldsymbol{\beta}_2)$，则有 k_1，k_2，l_1，l_2，使得

$$\boldsymbol{\gamma}=k_1\boldsymbol{\alpha}_1+k_2\boldsymbol{\alpha}_2=l_1\boldsymbol{\beta}_1+l_2\boldsymbol{\beta}_2,$$

于是

$$k_1\boldsymbol{\alpha}_1+k_2\boldsymbol{\alpha}_2-l_1\boldsymbol{\beta}_1-l_2\boldsymbol{\beta}_2=\mathbf{0}.$$

用分量写出来，得

$$\begin{cases} k_1-k_2-2l_1-l_2=0, \\ 2k_1+k_2+l_1+l_2=0, \\ k_1+k_2-3l_2=0, \\ k_2-l_1-7l_2=0, \end{cases}$$

其基础解系为$(1, -4, 3, -1)^{T}$，即$k_1=1$，$k_2=-4$，$l_1=3$，$l_2=-1$.

因为 $\boldsymbol{\gamma}=\boldsymbol{\alpha}_1-4\boldsymbol{\alpha}_2=3\boldsymbol{\beta}_1-\boldsymbol{\beta}_2=(5, -2, -3, -4)^{T}$，

所以$L(\boldsymbol{\alpha}_1, \boldsymbol{\alpha}_2)\cap L(\boldsymbol{\beta}_1, \boldsymbol{\beta}_2)$的维数是 1，$\boldsymbol{\gamma}=(5, -2, -3, -4)^{T}$是它的一组基.

(2) 因为$L(\boldsymbol{\alpha}_1, \boldsymbol{\alpha}_2)+L(\boldsymbol{\beta}_1, \boldsymbol{\beta}_2)=L(\boldsymbol{\alpha}_1, \boldsymbol{\alpha}_2, \boldsymbol{\beta}_1, \boldsymbol{\beta}_2)$. 而经计算，向量组$\boldsymbol{\alpha}_1$，$\boldsymbol{\alpha}_2$，$\boldsymbol{\beta}_1$，$\boldsymbol{\beta}_2$的秩等于 3，$\boldsymbol{\alpha}_1$，$\boldsymbol{\alpha}_2$，$\boldsymbol{\beta}_1$是它的一个极大线性无关组，所以$L(\boldsymbol{\alpha}_1, \boldsymbol{\alpha}_2)+L(\boldsymbol{\beta}_1, \boldsymbol{\beta}_2)$的维数是 3，$\boldsymbol{\alpha}_1$，$\boldsymbol{\alpha}_2$，$\boldsymbol{\beta}_1$是它的一组基.

关于两个子空间的交与和的维数，有以下定理.

定理 9.11（维数公式） 如果V_1，V_2是线性空间V的两个子空间，那么

$$\dim V_1+\dim V_2=\dim(V_1+V_2)+\dim(V_1\cap V_2).$$

证 设V_1，V_2的维数分别为n_1，n_2，$V_1\cap V_2$的维数是m. 取$V_1\cap V_2$的一组基

$$\boldsymbol{\alpha}_1, \boldsymbol{\alpha}_2, \cdots, \boldsymbol{\alpha}_m.$$

根据基的扩充定理 9.8，它可以扩充成V_1的一组基

$$\boldsymbol{\alpha}_1, \boldsymbol{\alpha}_2, \cdots, \boldsymbol{\alpha}_m, \boldsymbol{\beta}_1, \cdots, \boldsymbol{\beta}_{n_1-m}.$$

也可以扩充成V_2的一组基

$$\boldsymbol{\alpha}_1, \boldsymbol{\alpha}_2, \cdots, \boldsymbol{\alpha}_m, \boldsymbol{\gamma}_1, \cdots, \boldsymbol{\gamma}_{n_2-m}.$$

我们来证明，向量组

$$\boldsymbol{\alpha}_1, \boldsymbol{\alpha}_2, \cdots, \boldsymbol{\alpha}_m, \boldsymbol{\beta}_1, \cdots, \boldsymbol{\beta}_{n_1-m}, \boldsymbol{\gamma}_1, \cdots, \boldsymbol{\gamma}_{n_2-m}$$

是V_1+V_2的一组基.

由于
$$V_1=L(\boldsymbol{\alpha}_1, \boldsymbol{\alpha}_2, \cdots, \boldsymbol{\alpha}_m, \boldsymbol{\beta}_1, \cdots, \boldsymbol{\beta}_{n_1-m}),$$
$$V_2=L(\boldsymbol{\alpha}_1, \boldsymbol{\alpha}_2, \cdots, \boldsymbol{\alpha}_m, \boldsymbol{\gamma}_1, \cdots, \boldsymbol{\gamma}_{n_2-m}),$$

所以 $V_1+V_2=L(\boldsymbol{\alpha}_1, \boldsymbol{\alpha}_2, \cdots, \boldsymbol{\alpha}_m, \boldsymbol{\beta}_1, \cdots, \boldsymbol{\beta}_{n_1-m}, \boldsymbol{\gamma}_1, \cdots, \boldsymbol{\gamma}_{n_2-m})$.

现在来证明$\boldsymbol{\alpha}_1$，$\boldsymbol{\alpha}_2$，…，$\boldsymbol{\alpha}_m$，$\boldsymbol{\beta}_1$，…，$\boldsymbol{\beta}_{n_1-m}$，$\boldsymbol{\gamma}_1$，…，$\boldsymbol{\gamma}_{n_2-m}$是线性无关的. 假设有等式

$$k_1\boldsymbol{\alpha}_1+\cdots+k_m\boldsymbol{\alpha}_m+p_1\boldsymbol{\beta}_1+\cdots+p_{n_1-m}\boldsymbol{\beta}_{n_1-m}+q_1\boldsymbol{\gamma}_1+\cdots+q_{n_2-m}\boldsymbol{\gamma}_{n_2-m}=\boldsymbol{0}.$$

令
$$\begin{aligned}\boldsymbol{\alpha}&=k_1\boldsymbol{\alpha}_1+\cdots+k_m\boldsymbol{\alpha}_m+p_1\boldsymbol{\beta}_1+\cdots+p_{n_1-m}\boldsymbol{\beta}_{n_1-m}\\&=-q_1\boldsymbol{\gamma}_1-\cdots-q_{n_2-m}\boldsymbol{\gamma}_{n_2-m}.\end{aligned}$$

由第一个等式，$\boldsymbol{\alpha}\in V_1$；而由第二个等式，$\boldsymbol{\alpha}\in V_2$，于是$\boldsymbol{\alpha}\in V_1\cap V_2$，即$\boldsymbol{\alpha}$可以被$\boldsymbol{\alpha}_1$，$\boldsymbol{\alpha}_2$，…，$\boldsymbol{\alpha}_m$线性表出. 令$\boldsymbol{\alpha}=l_1\boldsymbol{\alpha}_1+\cdots+l_m\boldsymbol{\alpha}_m$，则

$$l_1\boldsymbol{\alpha}_1+\cdots+l_m\boldsymbol{\alpha}_m+q_1\boldsymbol{\gamma}_1+\cdots+q_{n_2-m}\boldsymbol{\gamma}_{n_2-m}=\boldsymbol{0}.$$

由于$\boldsymbol{\alpha}_1$，…，$\boldsymbol{\alpha}_m$，$\boldsymbol{\gamma}_1$，…，$\boldsymbol{\gamma}_{n_2-m}$线性无关，得

$$l_1=\cdots=l_m=q_1=\cdots=q_{n_2-m}=0,$$

因而 $\boldsymbol{\alpha}=\mathbf{0}$，从而有

$$k_1\boldsymbol{\alpha}_1+\cdots+k_m\boldsymbol{\alpha}_m+p_1\boldsymbol{\beta}_1+\cdots+p_{n_1-m}\boldsymbol{\beta}_{n_1-m}=\mathbf{0}.$$

由于 $\boldsymbol{\alpha}_1$，…，$\boldsymbol{\alpha}_m$，$\boldsymbol{\beta}_1$，…，$\boldsymbol{\beta}_{n_1-m}$线性无关，又得

$$k_1=\cdots=k_m=p_1=\cdots=p_{n_1-m}=0.$$

这就证明了 $\boldsymbol{\alpha}_1$，$\boldsymbol{\alpha}_2$，…，$\boldsymbol{\alpha}_m$，$\boldsymbol{\beta}_1$，…，$\boldsymbol{\beta}_{n_1-m}$，$\boldsymbol{\gamma}_1$，…，$\boldsymbol{\gamma}_{n_2-m}$线性无关，因而它是 V_1+V_2 的一组基，故维数公式成立．

维数公式表明，和空间的维数不超过空间维数的和．

例如，在 $\mathbf{R}^3$ 中，设子空间 $V_1=L(\boldsymbol{\varepsilon}_1, \boldsymbol{\varepsilon}_2)$，$V_2=L(\boldsymbol{\varepsilon}_2, \boldsymbol{\varepsilon}_3)$，其中

$$\boldsymbol{\varepsilon}_1=(1, 0, 0)^{\mathrm{T}}, \boldsymbol{\varepsilon}_2=(0, 1, 0)^{\mathrm{T}}, \boldsymbol{\varepsilon}_3=(0, 0, 1)^{\mathrm{T}},$$

则 $\dim V_1=2$，$\dim V_2=2$. 但 $V_1+V_2=L(\boldsymbol{\varepsilon}_1, \boldsymbol{\varepsilon}_2, \boldsymbol{\varepsilon}_3)=\mathbf{R}^3$，于是 $\dim(V_1+V_2)=3$.

由此还可以得到，$\dim(V_1\cap V_2)=1$，$V_1\cap V_2$ 是一直线．

推论　如果 n 维线性空间 V 中的两个子空间 V_1，V_2 的维数之和大于 n，那么 V_1，V_2 中必含有非零的公共向量．

证　由假设

$$\dim V_1+\dim V_2=\dim(V_1+V_2)+\dim(V_1\cap V_2)>n.$$

但因 V_1+V_2 是 V 的子空间，而有

$$\dim(V_1+V_2)\leqslant n,$$

所以 $\dim(V_1\cap V_2)>0$，即 $V_1\cap V_2$ 中含有非零的公共向量．

§9.7　子空间的直和

子空间的直和是子空间和的一个重要的特殊情形．

定义 9.11　设 V_1，V_2 是线性空间 V 的子空间，如果和 V_1+V_2 中的每个向量 $\boldsymbol{\alpha}$ 的分解式

$$\boldsymbol{\alpha}=\boldsymbol{\alpha}_1+\boldsymbol{\alpha}_2, \ \boldsymbol{\alpha}_1\in V_1, \ \boldsymbol{\alpha}_2\in V_2$$

是唯一的，这个和就称为直和，记为 $V_1\oplus V_2$.

定理 9.12　设 V_1，V_2 是线性空间 V 的子空间，则下列四个条件等价：

(1) V_1+V_2 是直和；

(2) 零向量的分解式唯一；

(3) $V_1\cap V_2=\{\mathbf{0}\}$；

(4) $\dim V_1+\dim V_2=\dim(V_1+V_2)$.

证　(1)⇒(2)：因为 V_1+V_2 是直和，所以对任意 $\boldsymbol{\alpha}\in V_1+V_2$，$\boldsymbol{\alpha}$ 的分解式是唯一的．若 $\boldsymbol{\alpha}_1+\boldsymbol{\alpha}_2=\mathbf{0}$，$\boldsymbol{\alpha}_1\in V_1$，$\boldsymbol{\alpha}_2\in V_2$，而$\mathbf{0}$有分解式$\mathbf{0}=\mathbf{0}+\mathbf{0}$，所以

$\boldsymbol{\alpha}_1=\mathbf{0}$，$\boldsymbol{\alpha}_2=\mathbf{0}$，即零向量分解式唯一．

(2)⇒(1)：设 $\boldsymbol{\alpha}\in V_1+V_2$，它有两个分解式

$$\boldsymbol{\alpha}=\boldsymbol{\alpha}_1+\boldsymbol{\alpha}_2=\boldsymbol{\beta}_1+\boldsymbol{\beta}_2,\ \boldsymbol{\alpha}_1,\ \boldsymbol{\beta}_1\in V_1,\ \boldsymbol{\alpha}_2,\ \boldsymbol{\beta}_2\in V_2,$$

于是

$$(\boldsymbol{\alpha}_1-\boldsymbol{\beta}_1)+(\boldsymbol{\alpha}_2-\boldsymbol{\beta}_2)=\mathbf{0},$$

其中 $\boldsymbol{\alpha}_1-\boldsymbol{\beta}_1\in V_1$，$\boldsymbol{\alpha}_2-\boldsymbol{\beta}_2\in V_2$，由零向量的分解式唯一，有

$$\boldsymbol{\alpha}_1-\boldsymbol{\beta}_1=\mathbf{0},\ \boldsymbol{\alpha}_2-\boldsymbol{\beta}_2=\mathbf{0}.$$

这就是说，向量 $\boldsymbol{\alpha}$ 的分解式唯一，于是和 V_1+V_2 是直和．

(2)⇒(3)：任取向量 $\boldsymbol{\alpha}\in V_1\cap V_2$，于是零向量可以表示为

$$\mathbf{0}=\boldsymbol{\alpha}+(-\boldsymbol{\alpha}),\ \boldsymbol{\alpha}\in V_1,\ -\boldsymbol{\alpha}\in V_2.$$

由(2)，得 $\boldsymbol{\alpha}=-\boldsymbol{\alpha}=\mathbf{0}$，这就证明了 $V_1\cap V_2=\{\mathbf{0}\}$.

(3)⇒(2)：假设有等式

$$\boldsymbol{\alpha}_1+\boldsymbol{\alpha}_2=\mathbf{0},\ \boldsymbol{\alpha}_i\in V_i(i=1,\ 2),$$

那么

$$\boldsymbol{\alpha}_1=-\boldsymbol{\alpha}_2\in V_1\cap V_2=\{\mathbf{0}\},$$

所以

$$\boldsymbol{\alpha}_1=\boldsymbol{\alpha}_2=\mathbf{0},$$

即零向量分解式唯一．

(3)⇔(4)：由维数公式 $\dim V_1+\dim V_2=\dim(V_1+V_2)+\dim(V_1\cap V_2)$，有

$$\dim V_1+\dim V_2=\dim(V_1+V_2)\Leftrightarrow\dim(V_1\cap V_2)=0.$$

推论 设 V_1，V_2 是线性空间 V 的两个子空间，如果 $\boldsymbol{\alpha}_1$，$\boldsymbol{\alpha}_2$，…，$\boldsymbol{\alpha}_s$ 是 V_1 的一组基，$\boldsymbol{\beta}_1$，$\boldsymbol{\beta}_2$，…，$\boldsymbol{\beta}_t$ 是 V_2 的一组基，且 V_1+V_2 是直和，则 $\boldsymbol{\alpha}_1$，$\boldsymbol{\alpha}_2$，…，$\boldsymbol{\alpha}_s$，$\boldsymbol{\beta}_1$，$\boldsymbol{\beta}_2$，…，$\boldsymbol{\beta}_t$ 是 V_1+V_2 的一组基．

证 因为 $V_1=L(\boldsymbol{\alpha}_1,\ \boldsymbol{\alpha}_2,\ \cdots,\ \boldsymbol{\alpha}_s)$，$V_2=L(\boldsymbol{\beta}_1,\ \boldsymbol{\beta}_2,\ \cdots,\ \boldsymbol{\beta}_t)$，所以

$$V_1+V_2=L(\boldsymbol{\alpha}_1,\ \boldsymbol{\alpha}_2,\ \cdots,\ \boldsymbol{\alpha}_s,\ \boldsymbol{\beta}_1,\ \boldsymbol{\beta}_2,\ \cdots,\ \boldsymbol{\beta}_t).$$

又因为 V_1+V_2 是直和，由定理 9.12 知，$\dim(V_1+V_2)=s+t$，所以 $\boldsymbol{\alpha}_1$，$\boldsymbol{\alpha}_2$，…，$\boldsymbol{\alpha}_s$，$\boldsymbol{\beta}_1$，$\boldsymbol{\beta}_2$，…，$\boldsymbol{\beta}_t$ 线性无关，因此它们是 V_1+V_2 的一组基．

定理 9.13 设 U 是线性空间 V 的一个子空间，那么一定存在一个子空间 W，使 $V=U\oplus W$.

证 取 U 的一组基 $\boldsymbol{\alpha}_1$，$\boldsymbol{\alpha}_2$，…，$\boldsymbol{\alpha}_m$，把它扩充成 V 的一组基 $\boldsymbol{\alpha}_1$，$\boldsymbol{\alpha}_2$，…，$\boldsymbol{\alpha}_m$，$\boldsymbol{\alpha}_{m+1}$，…，$\boldsymbol{\alpha}_n$. 令

$$W=L(\boldsymbol{\alpha}_{m+1},\ \cdots,\ \boldsymbol{\alpha}_n),$$

W 即满足条件．

子空间的直和的概念可以推广到多个子空间的情形．

定义 9.12　设 V_1，V_2，…，V_s 都是线性空间 V 的子空间，如果和 $V_1+V_2+\cdots+V_s$ 中每个向量 $\boldsymbol{\alpha}$ 的分解式

$$\boldsymbol{\alpha}=\boldsymbol{\alpha}_1+\boldsymbol{\alpha}_2+\cdots+\boldsymbol{\alpha}_s,\ \boldsymbol{\alpha}_i\in V_i(i=1,2,\cdots,s)$$

是唯一的，这个和就称为直和，记为 $V_1\oplus V_2\oplus\cdots\oplus V_s$.

和两个子空间的直和一样，我们有

定理 9.14　V_1，V_2，…，V_s 是线性空间 V 的子空间，下面这些条件是等价的：

(1) $W=\sum\limits_i V_i$ 是直和；

(2) 零向量的分解式唯一；

(3) $V_i\cap\sum\limits_{j\neq i}V_j=\{\mathbf{0}\}(i=1,2,\cdots,s)$；

(4) $\dim W=\sum\limits_i\dim(V_i)$.

例 9.23　设 V_1，V_2 分别是齐次线性方程组 $x_1+x_2+\cdots+x_n=0$ 与 $x_1=x_2=\cdots=x_n$ 的解空间，证明：$P^n=V_1\oplus V_2$.

证　解齐次线性方程组 $x_1+x_2+\cdots+x_n=0$，得其一个基础解系

$$\begin{cases}\boldsymbol{\varepsilon}_1=(1,0,\cdots,0,-1)^{\mathrm{T}},\\ \boldsymbol{\varepsilon}_2=(0,1,\cdots,0,-1)^{\mathrm{T}},\\ \cdots\cdots\cdots\cdots\cdots\cdots\\ \boldsymbol{\varepsilon}_{n-1}=(0,0,\cdots,1,-1)^{\mathrm{T}},\end{cases}$$

所以 $V_1=L(\boldsymbol{\varepsilon}_1,\boldsymbol{\varepsilon}_2,\cdots,\boldsymbol{\varepsilon}_{n-1})$.

再解齐次线性方程组 $x_1=x_2=\cdots=x_n$，即

$$\begin{cases}x_1-x_n=0,\\ x_2-x_n=0,\\ \cdots\cdots\\ x_{n-1}-x_n=0,\end{cases}$$

得其一个基础解系 $\boldsymbol{\varepsilon}=(1,1,\cdots,1)^{\mathrm{T}}$，所以 $V_2=L(\boldsymbol{\varepsilon})$.

考虑向量组 $\boldsymbol{\varepsilon}_1$，$\boldsymbol{\varepsilon}_2$，…，$\boldsymbol{\varepsilon}_{n-1}$，$\boldsymbol{\varepsilon}$. 由于

$$\begin{vmatrix}1&0&\cdots&0&1\\0&1&\cdots&0&1\\\vdots&\vdots&&\vdots&\vdots\\0&0&\cdots&1&1\\-1&-1&\cdots&-1&1\end{vmatrix}\neq0,$$

所以$\boldsymbol{\varepsilon}_1$，$\boldsymbol{\varepsilon}_2$，…，$\boldsymbol{\varepsilon}_{n-1}$，$\boldsymbol{\varepsilon}$线性无关，即它为$P^n$的一组基，于是

$$P^n=L(\boldsymbol{\varepsilon}_1,\ \boldsymbol{\varepsilon}_2,\ \cdots,\ \boldsymbol{\varepsilon}_{n-1},\ \boldsymbol{\varepsilon})=L(\boldsymbol{\varepsilon}_1,\ \boldsymbol{\varepsilon}_2,\ \cdots,\ \boldsymbol{\varepsilon}_{n-1})+L(\boldsymbol{\varepsilon})=V_1+V_2.$$

又$\dim V_1+\dim V_2=(n-1)+1=n=\dim P^n$，所以$P^n=V_1\oplus V_2$.

注：此题还有其他证明方法，请读者自行考虑.

例 9.24 每一个n维线性空间都可以表示成n个一维子空间的直和.

证 设$\boldsymbol{\varepsilon}_1$，$\boldsymbol{\varepsilon}_2$，…，$\boldsymbol{\varepsilon}_n$是$n$维线性空间$V$的一组基，则

$$V=L(\boldsymbol{\varepsilon}_1,\ \boldsymbol{\varepsilon}_2,\ \cdots,\ \boldsymbol{\varepsilon}_n)=L(\boldsymbol{\varepsilon}_1)+L(\boldsymbol{\varepsilon}_2)+\cdots+L(\boldsymbol{\varepsilon}_n),$$

而$\dim L(\boldsymbol{\varepsilon}_i)=1$，$i=1$，2，…，$n$，从而$\dim\sum\limits_{i=1}^{n}L(\boldsymbol{\varepsilon}_i)=n=\dim V$，故

$$V=L(\boldsymbol{\varepsilon}_1)\oplus L(\boldsymbol{\varepsilon}_2)\oplus\cdots\oplus L(\boldsymbol{\varepsilon}_n).$$

例 9.25 设$\boldsymbol{\alpha}_1$，$\boldsymbol{\alpha}_2$，$\boldsymbol{\alpha}_3$都是P^4中的向量：

$$\boldsymbol{\alpha}_1=(1,\ -1,\ 0,\ 2)^{\mathrm{T}},\ \boldsymbol{\alpha}_2=(2,\ 3,\ -1,\ 1)^{\mathrm{T}},\ \boldsymbol{\alpha}_3=(1,\ 9,\ -2,\ -4)^{\mathrm{T}},$$

求P^4的一个子空间W，使$P^4=W\oplus L(\boldsymbol{\alpha}_1,\ \boldsymbol{\alpha}_2,\ \boldsymbol{\alpha}_3)$.

解 因为$R(\boldsymbol{\alpha}_1,\ \boldsymbol{\alpha}_2,\ \boldsymbol{\alpha}_3)=2$，$\boldsymbol{\alpha}_1$，$\boldsymbol{\alpha}_2$是$\boldsymbol{\alpha}_1$，$\boldsymbol{\alpha}_2$，$\boldsymbol{\alpha}_3$的一个极大线性无关组，所以$\boldsymbol{\alpha}_1$，$\boldsymbol{\alpha}_2$是$L(\boldsymbol{\alpha}_1,\ \boldsymbol{\alpha}_2,\ \boldsymbol{\alpha}_3)$的一组基，令

$$\boldsymbol{\beta}_1=(0,\ 0,\ 1,\ 0)^{\mathrm{T}},\ \boldsymbol{\beta}_2=(0,\ 0,\ 0,\ 1)^{\mathrm{T}},$$

则$\boldsymbol{\alpha}_1$，$\boldsymbol{\alpha}_2$，$\boldsymbol{\beta}_1$，$\boldsymbol{\beta}_2$线性无关，是P^4的一组基.可令

$$W=L(\boldsymbol{\beta}_1,\ \boldsymbol{\beta}_2),$$

则有$P^4=W\oplus L(\boldsymbol{\alpha}_1,\ \boldsymbol{\alpha}_2,\ \boldsymbol{\alpha}_3)$.

习 题 9

(A)

1. 检验下列集合对于所指的线性运算是否构成实数域上的线性空间：

(1) 平面上不平行于某一向量的全部向量，对于向量的加法及数乘运算；

(2) 全体二维实向量所组成的集合，对于通常的向量加法及如下定义的数量乘法：

$$k\circ(a,\ b)=(ka,\ 0);$$

(3) 全体二维实向量所组成的集合，对于运算：

$$(a_1,\ b_1)\oplus(a_2,\ b_2)=(a_1+a_2+1,\ b_1+b_2+1),$$
$$k\circ(a,\ b)=(ka,\ kb);$$

(4) 全体二维实向量所组成的集合V，对于运算：

$$(a_1,\ b_1)\oplus(a_2,\ b_2)=(a_1+a_2,\ b_1+b_2+a_1a_2),$$

$$k \circ (a,\ b)=\left(ka,\ kb+\frac{k(k-1)}{2}a^2\right);$$

（5）平面上的全体向量，对于通常的加法和如下定义的数量乘法：

$$k \circ \boldsymbol{\alpha}=\boldsymbol{\alpha};$$

（6）全体 n 阶实对称（反对称、上三角）矩阵，对于矩阵的加法和数量乘法.

2. 在线性空间中，证明：$k(\boldsymbol{\alpha}-\boldsymbol{\beta})=k\boldsymbol{\alpha}-k\boldsymbol{\beta}$.

3. 在线性空间 $P^{2\times 2}$ 中，

（1）证明：向量组 $\boldsymbol{E}_{11}$，$\boldsymbol{E}_{12}$，$\boldsymbol{E}_{21}$，$\boldsymbol{E}_{22}$ 与向量组 $\boldsymbol{E}_{11}$，$\boldsymbol{E}_{22}$，$\boldsymbol{E}_{12}+\boldsymbol{E}_{21}$，$\boldsymbol{E}_{12}-\boldsymbol{E}_{21}$ 等价；

（2）将 $\begin{pmatrix} a_{11} & a_{12} \\ a_{21} & a_{22} \end{pmatrix}$ 表示成 $\boldsymbol{E}_{11}$，$\boldsymbol{E}_{22}$，$\boldsymbol{E}_{12}+\boldsymbol{E}_{21}$，$\boldsymbol{E}_{12}-\boldsymbol{E}_{21}$ 的线性组合.

4. 在 P^4 中，求向量 $\boldsymbol{\xi}=(1,\ 2,\ 1,\ 1)^{\mathrm{T}}$ 在基 $\boldsymbol{\eta}_1$，$\boldsymbol{\eta}_2$，$\boldsymbol{\eta}_3$，$\boldsymbol{\eta}_4$ 下的坐标，其中，

$$\boldsymbol{\eta}_1=(1,\ 1,\ 1,\ 1)^{\mathrm{T}},\ \boldsymbol{\eta}_2=(1,\ 1,\ -1,\ -1)^{\mathrm{T}},$$
$$\boldsymbol{\eta}_3=(1,\ -1,\ 1,\ -1)^{\mathrm{T}},\ \boldsymbol{\eta}_4=(1,\ -1,\ -1,\ 1)^{\mathrm{T}}.$$

5. 求下列线性空间的维数与一组基.

（1）数域 P 上的空间 $P^{n\times n}$；

（2）$P^{n\times n}$ 中的全体反对称矩阵作成的数域 P 上的线性空间；

（3）$P^{n\times n}$ 中的全体上三角矩阵作成的数域 P 上的线性空间.

6. 在 P^4 中，求由基 $\boldsymbol{\varepsilon}_1$，$\boldsymbol{\varepsilon}_2$，$\boldsymbol{\varepsilon}_3$，$\boldsymbol{\varepsilon}_4$ 到基 $\boldsymbol{\eta}_1$，$\boldsymbol{\eta}_2$，$\boldsymbol{\eta}_3$，$\boldsymbol{\eta}_4$ 的过渡矩阵，并求向量 $\boldsymbol{\xi}=(x_1,\ x_2,\ x_3,\ x_4)^{\mathrm{T}}$ 在基 $\boldsymbol{\eta}_1$，$\boldsymbol{\eta}_2$，$\boldsymbol{\eta}_3$，$\boldsymbol{\eta}_4$ 下的坐标，其中

$$\begin{cases} \boldsymbol{\varepsilon}_1=(1,\ 0,\ 0,\ 0)^{\mathrm{T}}, \\ \boldsymbol{\varepsilon}_2=(0,\ 1,\ 0,\ 0)^{\mathrm{T}}, \\ \boldsymbol{\varepsilon}_3=(0,\ 0,\ 1,\ 0)^{\mathrm{T}}, \\ \boldsymbol{\varepsilon}_4=(0,\ 0,\ 0,\ 1)^{\mathrm{T}}, \end{cases} \qquad \begin{cases} \boldsymbol{\eta}_1=(2,\ 1,\ -1,\ 1)^{\mathrm{T}}, \\ \boldsymbol{\eta}_2=(0,\ 3,\ 1,\ 0)^{\mathrm{T}}, \\ \boldsymbol{\eta}_3=(5,\ 3,\ 2,\ 1)^{\mathrm{T}}, \\ \boldsymbol{\eta}_4=(6,\ 6,\ 1,\ 3)^{\mathrm{T}}. \end{cases}$$

7. 在 $P^{2\times 2}$ 中，求 $\boldsymbol{A}=\begin{pmatrix} 2 & 0 \\ -1 & 3 \end{pmatrix}$ 在基

$$\boldsymbol{A}_1=\begin{pmatrix} -1 & 1 \\ 0 & 0 \end{pmatrix},\ \boldsymbol{A}_2=\begin{pmatrix} 1 & 1 \\ 0 & 0 \end{pmatrix},\ \boldsymbol{A}_3=\begin{pmatrix} 0 & 0 \\ 1 & 0 \end{pmatrix},\ \boldsymbol{A}_4=\begin{pmatrix} 0 & 0 \\ 0 & 1 \end{pmatrix}$$

下的坐标.

8. 已知 1，x，x^2，x^3 是 $P[x]_4$ 的一组基.

（1）证明：1，$1+x$，$(1+x)^2$，$(1+x)^3$ 也是 $P[x]_4$ 的一组基；

(2) 求由基 1，x，x^2，x^3 到基 1，$1+x$，$(1+x)^2$，$(1+x)^3$ 的过渡矩阵；

(3) 求由基 1，$1+x$，$(1+x)^2$，$(1+x)^3$ 到基 1，x，x^2，x^3 的过渡矩阵；

(4) 求 $a_3x^3+a_2x^2+a_1x+a_0$ 对于基 1，$1+x$，$(1+x)^2$，$(1+x)^3$ 的坐标.

9. 设$\boldsymbol{\varepsilon}_1$，$\boldsymbol{\varepsilon}_2$，$\boldsymbol{\varepsilon}_3$是数域 P 上的三维线性空间 V 的一组基，已知 V 中向量 $\boldsymbol{\alpha}$ 对于这组基的坐标为$(x_1, x_2, x_3)^{\mathrm{T}}$.

(1) 求 $\boldsymbol{\alpha}$ 对于基$\boldsymbol{\varepsilon}_2$，$\boldsymbol{\varepsilon}_3$，$\boldsymbol{\varepsilon}_1$的坐标；

(2) 求 $\boldsymbol{\alpha}$ 对于基$\boldsymbol{\varepsilon}_1$，$k\boldsymbol{\varepsilon}_2$，$\boldsymbol{\varepsilon}_3$的坐标($k$ 是 P 中的非零常数)；

(3) 求 $\boldsymbol{\alpha}$ 对于基$\boldsymbol{\varepsilon}_1$，$\boldsymbol{\varepsilon}_2+k\boldsymbol{\varepsilon}_3$，$\boldsymbol{\varepsilon}_3$的坐标($k$ 是 P 中的非零常数).

10. 设 V_1 与 V_2 是数域 P 上的两个线性空间，σ 是 V_1 到 V_2 的一个同构映射，$\boldsymbol{\alpha}_1$，$\boldsymbol{\alpha}_2$，…，$\boldsymbol{\alpha}_n$ 是 V_1 中的一组向量，证明：$\boldsymbol{\alpha}_1$，$\boldsymbol{\alpha}_2$，…，$\boldsymbol{\alpha}_n$ 是 V_1 的一组基的充分必要条件是：$\sigma(\boldsymbol{\alpha}_1)$，$\sigma(\boldsymbol{\alpha}_2)$，…，$\sigma(\boldsymbol{\alpha}_n)$是 V_2 的一组基.

11. 设 V_1，V_2 都是线性空间 V 的子空间且 $V_1 \subset V_2$，证明：如果 $\dim V_1=\dim V_2$，则 $V_1=V_2$.

12. 设集合 $W=\left\{\begin{pmatrix} a & b \\ -b & a \end{pmatrix} \middle| a, b \in \mathbf{R}\right\}$，证明：

(1) W 为 $P^{2\times 2}$的子空间，并求出 W 的维数与一组基；

(2) 复数域 $\mathbf{C}$ 看成 $\mathbf{R}$ 上的线性空间与 W 同构，并写出一个同构映射.

13. 检验下列线性空间 V 的子集合 W 是否是 V 的线性子空间；如果是，求 W 的维数和一组基.

(1) $V=P^4$，$W=\{(a_1, a_2, a_3, a_4) \mid a_1+a_2+a_3=a_4\}$；

(2) $V=P^4$，$W=\{(a_1, a_2, a_3, a_4) \mid a_1^2=a_2\}$；

(3) $V=P^4$，$W=\{V$ 中的反对称矩阵的全体$\}$；

(4) $V=P^4$，$W=\{$数域 P 上 n 次多项式的全体$\}$.

14. 设 $\mathbf{A}\in P^{n\times n}$，

(1) 证明全体与 $\mathbf{A}$ 可交换的矩阵组成 $P^{n\times n}$的一个子空间，记作 $C(\mathbf{A})$；

(2) 当 $\mathbf{A}=\mathbf{E}$ 时，求 $C(\mathbf{A})$；

(3) 当 $\mathbf{A}=\begin{pmatrix} 1 & & & \\ & 2 & & \\ & & \ddots & \\ & & & n \end{pmatrix}$时，求 $C(\mathbf{A})$的维数和一组基.

15. 设$\boldsymbol{A}=\begin{pmatrix}1&0&0\\0&1&0\\3&1&2\end{pmatrix}$，求 $P^{3\times 3}$ 中全体与 $\boldsymbol{A}$ 可交换的矩阵所成子空间的维数和一组基．

16. 设 $c_1\boldsymbol{\alpha}+c_2\boldsymbol{\beta}+c_3\boldsymbol{\gamma}=\boldsymbol{0}$，且 $c_1c_3\neq 0$，证明：$L(\boldsymbol{\alpha},\ \boldsymbol{\beta})=L(\boldsymbol{\beta},\ \boldsymbol{\gamma})$．

17. 在 P^4 中，求 $\boldsymbol{\alpha}_1$，$\boldsymbol{\alpha}_2$，$\boldsymbol{\alpha}_3$，$\boldsymbol{\alpha}_4$ 生成的子空间的基与维数．

(1) $\boldsymbol{\alpha}_1=(2,\ 1,\ 3,\ 1)^{\mathrm{T}}$，$\boldsymbol{\alpha}_2=(1,\ 2,\ 0,\ 1)^{\mathrm{T}}$，$\boldsymbol{\alpha}_3=(-1,\ 1,\ -3,\ 0)^{\mathrm{T}}$，$\boldsymbol{\alpha}_4=(1,\ 1,\ 1,\ 1)^{\mathrm{T}}$；

(2) $\boldsymbol{\alpha}_1=(2,\ 1,\ 3,\ -1)^{\mathrm{T}}$，$\boldsymbol{\alpha}_2=(-1,\ 1,\ -3,\ 1)^{\mathrm{T}}$，$\boldsymbol{\alpha}_3=(4,\ 5,\ 3,\ -1)^{\mathrm{T}}$，$\boldsymbol{\alpha}_4=(1,\ 5,\ -3,\ 1)^{\mathrm{T}}$．

18. 在 P^4 中，求齐次线性方程组

$$\begin{cases}3x_1+2x_2-5x_3+4x_4=0,\\3x_1-x_2+3x_3-3x_4=0,\\3x_1+5x_2-13x_3+11x_4=0\end{cases}$$

确定的解空间的基与维数．

19. 求由向量 $\boldsymbol{\alpha}_1$，$\boldsymbol{\alpha}_2$ 生成的子空间 W_1 及 $\boldsymbol{\beta}_1$，$\boldsymbol{\beta}_2$（或 $\boldsymbol{\beta}_1$，$\boldsymbol{\beta}_2$，$\boldsymbol{\beta}_3$）生成的子空间 W_2 的交与和，并分别求它们的维数和一组基．

(1) $\begin{cases}\boldsymbol{\alpha}_1=(2,\ 0,\ 1,\ 3,\ -1)^{\mathrm{T}},\\\boldsymbol{\alpha}_2=(0,\ -2,\ 1,\ 5,\ -3)^{\mathrm{T}},\end{cases}$ $\begin{cases}\boldsymbol{\beta}_1=(1,\ 1,\ 0,\ -1,\ 1)^{\mathrm{T}};\\\boldsymbol{\beta}_2=(1,\ -3,\ 2,\ 0,\ 5)^{\mathrm{T}};\end{cases}$

(2) $\begin{cases}\boldsymbol{\alpha}_1=(2,\ 5,\ -1,\ -5)^{\mathrm{T}},\\\boldsymbol{\alpha}_2=(-1,\ 2,\ -2,\ 3)^{\mathrm{T}},\end{cases}$ $\begin{cases}\boldsymbol{\beta}_1=(1,\ 2,\ -1,\ -2)^{\mathrm{T}},\\\boldsymbol{\beta}_2=(3,\ 1,\ -1,\ 1)^{\mathrm{T}},\\\boldsymbol{\beta}_3=(-1,\ 0,\ 1,\ -1)^{\mathrm{T}}.\end{cases}$

20. 设 $\boldsymbol{\alpha}_1$，$\boldsymbol{\alpha}_2$，$\boldsymbol{\alpha}_3$ 都是 P^4 中的向量：

$$\boldsymbol{\alpha}_1=(1,\ 1,\ 1,\ 1)^{\mathrm{T}},\ \boldsymbol{\alpha}_2=(1,\ 2,\ 3,\ 4)^{\mathrm{T}},\ \boldsymbol{\alpha}_3=(2,\ 3,\ 4,\ 5)^{\mathrm{T}},$$

令 $W_1=L(\boldsymbol{\alpha}_1,\ \boldsymbol{\alpha}_2,\ \boldsymbol{\alpha}_3)$，求 P^4 的一个子空间 W_2，使

$$P^4=W_1\oplus W_2.$$

21. 如果 $V=V_1\oplus V_2$，$V_1=V_{11}\oplus V_{12}$，证明：$V=V_{11}\oplus V_{12}\oplus V_2$．

(B)

1. 设 $V=\{(a_1,\ a_2,\ \cdots,\ a_n)\mid a_i\in P,\ a_i\geqslant 0\}$，证明：$V$ 对 n 维向量的加法与数乘不能构成线性空间．

2. 设 V 是实数域 $\mathbf{R}$ 上的 n 阶可逆方阵的全体构成的集合，定义 V 中的加

法和数乘运算分别为

$$\boldsymbol{A}\oplus\boldsymbol{B}=\boldsymbol{AB},\ k\circ\boldsymbol{A}=\boldsymbol{A}^k(\text{任给}\ \boldsymbol{A},\ \boldsymbol{B}\in V,\ k\in\mathbf{R}),$$

试问 V 对于上述定义的加法和数量乘法是否构成 $\mathbf{R}$ 上的线性空间？为什么？

3. 设 $\boldsymbol{A}_{m\times n}$ 是行满秩矩阵，$m<n$. 令 $\boldsymbol{B}=\boldsymbol{A}^{\mathrm{T}}\boldsymbol{A}$($\boldsymbol{A}^{\mathrm{T}}$ 表示 $\boldsymbol{A}$ 的转置).

(1) 试证明：使得 $\boldsymbol{x}^{\mathrm{T}}\boldsymbol{B}\boldsymbol{x}=\boldsymbol{0}$ 的所有向量 $\boldsymbol{x}$ 构成 $\mathbf{R}^n$ 上的一个线性子空间 W.

(2) 求 W 的维数.

4. 设 $\boldsymbol{A}=\begin{pmatrix}1&0&0\\0&\omega&0\\0&0&\omega^2\end{pmatrix}$，实数域上由矩阵 $\boldsymbol{A}$ 的全体实多项式组成线性空间 V，求 V 的维数与一组基.

5. 求一非零向量 $\boldsymbol{\xi}$，使它在基 $\boldsymbol{\varepsilon}_1$，$\boldsymbol{\varepsilon}_2$，$\boldsymbol{\varepsilon}_3$，$\boldsymbol{\varepsilon}_4$ 与 $\boldsymbol{\eta}_1$，$\boldsymbol{\eta}_2$，$\boldsymbol{\eta}_3$，$\boldsymbol{\eta}_4$ 下有相同的坐标，其中，

$$\boldsymbol{\varepsilon}_1=(1,\ 0,\ 0,\ 0)^{\mathrm{T}},\ \boldsymbol{\varepsilon}_2=(0,\ 1,\ 0,\ 0)^{\mathrm{T}},$$
$$\boldsymbol{\varepsilon}_3=(0,\ 0,\ 1,\ 0)^{\mathrm{T}},\ \boldsymbol{\varepsilon}_4=(0,\ 0,\ 0,\ 1)^{\mathrm{T}};$$
$$\boldsymbol{\eta}_1=(2,\ 1,\ -1,\ 1)^{\mathrm{T}},\ \boldsymbol{\eta}_2=(0,\ 3,\ 1,\ 0)^{\mathrm{T}},$$
$$\boldsymbol{\eta}_3=(5,\ 3,\ 2,\ 1)^{\mathrm{T}},\ \boldsymbol{\eta}_4=(6,\ 6,\ 1,\ 3)^{\mathrm{T}}.$$

6. 已知

$$W_1=\left\{\begin{pmatrix}a&0&b\\c&b&0\\0&c&d\end{pmatrix}\middle|\ a,\ b,\ c,\ d\in\mathbf{R}\right\},\ W_2=\left\{\begin{pmatrix}x&0&y\\0&z&0\\0&0&0\end{pmatrix}\middle|\ x,\ y,\ z\in\mathbf{R}\right\},$$

求 W_1+W_2，$W_1\cap W_2$ 的基与维数.

7. 设 $W=\{(a,\ a+b,\ a-b)\mid a,\ b\in\mathbf{R}\}$，证明：

(1) W 关于 $\mathbf{R}^3$ 中的向量的加法和数乘运算构成 $\mathbf{R}$ 上的线性空间；

(2) $W\cong\mathbf{R}^2$.

8. 设 V_1 与 V_2 是数域 P 上的两个线性空间，$\boldsymbol{\alpha}_1$，$\boldsymbol{\alpha}_2$，…，$\boldsymbol{\alpha}_s$ 是 V_1 中的一组线性无关的向量，$\boldsymbol{\beta}_1$，$\boldsymbol{\beta}_2$，…，$\boldsymbol{\beta}_s$ 是 V_2 中的一组线性无关的向量，证明：存在 V_1 到 V_2 的同构映射 σ，使

$$\sigma(\boldsymbol{\alpha}_i)=\boldsymbol{\beta}_i,\ i=1,\ 2,\ \cdots,\ s.$$

9. 设 V 是数域 P 上的 n 维线性空间，由基 $\boldsymbol{\alpha}_1$，$\boldsymbol{\alpha}_2$，…，$\boldsymbol{\alpha}_n$ 到基 $\boldsymbol{\beta}_1$，$\boldsymbol{\beta}_2$，…，$\boldsymbol{\beta}_n$ 的过渡矩阵是 $\boldsymbol{A}$，证明：V 中存在非零向量 $\boldsymbol{\eta}$，$\boldsymbol{\eta}$ 在两组基下的坐标相同的充要条件是 $|\boldsymbol{E}-\boldsymbol{A}|=0$.

10. 证明：在 $P[x]_n$ 中，多项式

$$f_i=(x-a_1)\cdots(x-a_{i-1})(x-a_{i+1})\cdots(x-a_n),\ i=1,\ 2,\ \cdots,\ n$$

是一组基，其中 a_1，a_2，…，a_n 是互不相同的数.

11. 设 V_1，V_2 是线性空间 V 的两个非平凡的子空间，证明：在 V 中存在 $\boldsymbol{\alpha}$，使 $\boldsymbol{\alpha}\notin V_1$，且 $\boldsymbol{\alpha}\notin V_2$.

12. $\boldsymbol{A}$ 是 $P^{n\times n}$ 中的一个矩阵，设 $W=\{f(\boldsymbol{A})\mid f(x)\in P[x]\}$，证明：$W$ 是 $P^{n\times n}$ 的一个子空间.

13. 设 $\boldsymbol{A}$ 是 $P^{m\times n}$ 中的一个矩阵，使得线性方程组 $\boldsymbol{AX}=\boldsymbol{\beta}$ 有解的 m 维向量 $\boldsymbol{\beta}$ 的全体构成的集合记为 W.

(1) 证明：W 是 P^m 的一个子空间；

(2) 当 $\boldsymbol{A}=\begin{pmatrix}1 & -1 & 2 & 3\\ 1 & 3 & 0 & 1\\ 0 & 1 & -1 & -1\\ 1 & -4 & -3 & -2\end{pmatrix}$ 时，求 W 的基和维数.

14. 证明：和 $\sum_{i=1}^{s}V_i$ 是直和的充要条件是：

$$V_i\cap\sum_{j=1}^{i-1}V_j=\{\boldsymbol{0}\}.$$

15. 已知 $P^{n\times n}$ 的两个子空间

$$V_1=\{\boldsymbol{A}\mid\boldsymbol{A}^{\mathrm{T}}=\boldsymbol{A}\in P^{n\times n}\},\ V_2=\{\boldsymbol{A}\mid\boldsymbol{A}^{\mathrm{T}}=-\boldsymbol{A}\in P^{n\times n}\},$$

证明：$P^{n\times n}=V_1\oplus V_2$.

第 10 章　线性变换

线性空间是某类客观事物从量的方面的一个抽象，而线性空间中事物之间的联系，是通过线性空间到线性空间的映射来实现的．线性空间 V 到自身的映射称为 V 的一个变换，线性变换是最简单也是最基本的一种变换，它是高等代数研究的主要对象之一．

§10.1　线性变换的定义

10.1.1　线性变换的定义

定义 10.1　线性空间 V 的一个变换 A 称为线性变换，如果对于 V 中任意的元素 $\boldsymbol{\alpha}$，$\boldsymbol{\beta}$ 和数域 P 中的任意数 k，都有

$$A(\boldsymbol{\alpha}+\boldsymbol{\beta})=A(\boldsymbol{\alpha})+A(\boldsymbol{\beta}),$$
$$A(k\boldsymbol{\alpha})=kA(\boldsymbol{\alpha}). \tag{10.1}$$

一般用拉丁字母 A，B，…表示 V 的线性变换，$A(\boldsymbol{\alpha})$或 $A\boldsymbol{\alpha}$ 代表元素 $\boldsymbol{\alpha}$ 在变换 A 下的像．

定义中等式(10.1)所表示的性质，有时也称为线性变换保持向量的加法与数量乘法(或者称保持向量的线性运算)．

下面看几个有关线性变换的例子，它们表明线性变换这个概念有着丰富的内容．

例 10.1　平面上的向量构成实数域上的二维线性空间．把平面围绕坐标原点按逆时针方向旋转 θ 角，就是一个线性变换，用 I_θ 表示．如果平面上一个向量 $\boldsymbol{\alpha}$ 在直角坐标系下的坐标是(x, y)，那么像 $I_\theta(\boldsymbol{\alpha})$的坐标，即 $\boldsymbol{\alpha}$ 旋转 θ 角之后的坐标(x', y')是按照公式

$$\begin{pmatrix} x' \\ y' \end{pmatrix}=\begin{pmatrix} \cos\theta & -\sin\theta \\ \sin\theta & \cos\theta \end{pmatrix}\begin{pmatrix} x \\ y \end{pmatrix}$$

来计算的．同样，空间中绕轴的旋转也是一个线性变换．

例 10.2　设 $\boldsymbol{\alpha}$ 是几何空间 $\mathbf{R}^3$ 中的一固定非零向量，把每个向量 $\boldsymbol{\xi}$ 变到它

在 $\boldsymbol{\alpha}$ 上的内射影的变换也是一个线性变换，以 Π_{α} 表示它，用公式表示就是

$$\Pi_{\alpha}(\boldsymbol{\xi})=\frac{(\boldsymbol{\alpha},\ \boldsymbol{\xi})}{(\boldsymbol{\alpha},\ \boldsymbol{\alpha})}\boldsymbol{\alpha},$$

这里$(\boldsymbol{\alpha},\ \boldsymbol{\xi})$，$(\boldsymbol{\alpha},\ \boldsymbol{\alpha})$表示内积．

例 10.3　线性空间 V 中的恒等变换或称单位变换 E，即

$$E(\boldsymbol{\alpha})=\boldsymbol{\alpha}\quad(\boldsymbol{\alpha}\in V)$$

以及零变换 0，即

$$0(\boldsymbol{\alpha})=\mathbf{0}\quad(\boldsymbol{\alpha}\in V),$$

都是线性变换．

例 10.4　设 V 是数域 P 上的线性空间，k 是 P 中的某个数，定义 V 的变换如下：

$$\boldsymbol{\alpha}\rightarrow k\boldsymbol{\alpha},\ \boldsymbol{\alpha}\in V.$$

这是一个线性变换，称为由数 k 决定的数乘变换，用 kE 或 K 表示．显然当 $k=1$ 时，便得恒等变换，当 $k=0$ 时，便得零变换．

例 10.5　在线性空间 $P[x]$ 或者 $P[x]_n$ 中，求微商是一个线性变换．这个变换通常用 D 代表，即

$$\mathrm{D}(f(x))=f'(x).$$

例 10.6　定义在闭区间$[a,\ b]$上的全体连续函数构成实数域上一个线性空间，以 $C[a,\ b]$ 代表．在这个空间中变换

$$\mathrm{J}(f(x))=\int_a^x f(t)\mathrm{d}t$$

是一个线性变换．

例 10.7　设 P^n 表示 n 维列向量空间，$\boldsymbol{A}_{n\times n}$是数域 P 中取定的矩阵，对任意$\boldsymbol{\xi}\in P^n$，变换

$$A\boldsymbol{\xi}=\boldsymbol{A}\boldsymbol{\xi}$$

是一个线性变换．

例 10.8　线性空间 $P[x]_n$ 上定义一个变换

$$\Phi_a f(x)=f(x+a),$$

则 Φ_a 是一个线性变换．事实上，根据泰勒展开式

$$f(x+a)=f(x)+af'(x)+\frac{a^2}{2!}f''(x)+\cdots+\frac{a^{n-1}}{(n-1)!}f^{(n-1)}(x)\in P[x]_n,$$

容易验证 Φ_a 保持向量的线性运算，故 Φ_a 是一个线性变换．

10.1.2　线性变换的简单性质

线性变换具有如下性质：

(1) 设 A 是 V 上的线性变换，则 $A(\mathbf{0})=\mathbf{0}$，$A(-\boldsymbol{\alpha})=-A(\boldsymbol{\alpha})$；

(2) 线性变换保持线性组合与线性关系式不变；

(3) 线性变换把线性相关的向量组变成线性相关的向量组．

证 (1)
$$A(\mathbf{0})=A(0\boldsymbol{\alpha})=0A(\boldsymbol{\alpha})=\mathbf{0};$$
$$A(-\boldsymbol{\alpha})=A((-1)\boldsymbol{\alpha})=-1A(\boldsymbol{\alpha})=-A(\boldsymbol{\alpha}).$$

(2) 设 $\boldsymbol{\beta}$ 是 $\boldsymbol{\alpha}_1$，$\boldsymbol{\alpha}_2$，…，$\boldsymbol{\alpha}_r$ 的线性组合：
$$\boldsymbol{\beta}=k_1\boldsymbol{\alpha}_1+k_2\boldsymbol{\alpha}_2+\cdots+k_r\boldsymbol{\alpha}_r,$$
则根据线性变换的定义，我们有
$$A(\boldsymbol{\beta})=k_1A(\boldsymbol{\alpha}_1)+k_2A(\boldsymbol{\alpha}_2)+\cdots+k_rA(\boldsymbol{\alpha}_r),$$
故经过线性变换 A 之后，$A(\boldsymbol{\beta})$ 是 $A(\boldsymbol{\alpha}_1)$，$A(\boldsymbol{\alpha}_2)$，…，$A(\boldsymbol{\alpha}_r)$ 同样的线性组合.

设 $\boldsymbol{\alpha}_1$，$\boldsymbol{\alpha}_2$，…，$\boldsymbol{\alpha}_r$ 之间有一线性关系式
$$k_1\boldsymbol{\alpha}_1+k_2\boldsymbol{\alpha}_2+\cdots+k_r\boldsymbol{\alpha}_r=\mathbf{0},$$
那么根据线性变换的定义以及(1)，它们的像之间也有同样的关系式
$$k_1A(\boldsymbol{\alpha}_1)+k_2A(\boldsymbol{\alpha}_2)+\cdots+k_rA(\boldsymbol{\alpha}_r)=\mathbf{0}.$$

(3) 根据(2)容易证明．

注：线性变换可能将线性无关的向量组变成线性相关的向量组．如零变换就是如此．

最后我们给出线性映射的概念，通过这个概念我们可以清楚地看出第 9 章中线性空间的同构与本章的线性变换之间的区别与联系．所谓线性映射是指线性空间 V 与 V' 之间的一个映射 σ，如果对于 V 中的任意元素 $\boldsymbol{\alpha}$，$\boldsymbol{\beta}$ 和数域 P 中的任意数 k，都有
$$\sigma(\boldsymbol{\alpha}+\boldsymbol{\beta})=\sigma(\boldsymbol{\alpha})+\sigma(\boldsymbol{\beta}),$$
$$\sigma(k\boldsymbol{\alpha})=k\sigma(\boldsymbol{\alpha}).$$
显然线性空间的同构就是一个一一对应的线性映射，线性变换就是线性空间 V 到其本身的线性映射．关于线性映射的例子和简单性质，可以参考上述线性变换的例子和性质来给出，这里作为作业留给读者自己完成．

§10.2 线性变换的运算

10.2.1 线性变换的乘法

设 A，B 是线性空间 V 的两个线性变换，定义它们的乘积为

$$(AB)(\boldsymbol{\alpha})=A(B(\boldsymbol{\alpha})) \quad (\boldsymbol{\alpha}\in V),$$

则线性变换的乘积也是线性变换.

线性变换的乘法满足结合律，即

$$(AB)C=A(BC).$$

但线性变换的乘法不满足交换律. 例如，在实数域上的线性空间中，线性变换

$$\mathrm{D}(f(x))=f'(x),$$

$$\mathrm{J}(f(x))=\int_a^x f(t)\mathrm{d}t$$

的乘积 $\mathrm{DJ}=E$，但一般 $\mathrm{JD}\neq E$.

对于任意线性变换 A，都有

$$AE=EA=A.$$

10.2.2　线性变换的加法

设 A，B 是线性空间 V 的两个线性变换，定义它们的和 $A+B$ 为

$$(A+B)(\boldsymbol{\alpha})=A(\boldsymbol{\alpha})+B(\boldsymbol{\alpha}) \quad (\boldsymbol{\alpha}\in V),$$

则线性变换的和还是线性变换.

线性变换的加法适合结合律与交换律，即

$$A+(B+C)=(A+B)+C,$$

$$A+B=B+A.$$

对于加法，零变换 0 与所有线性变换 A 的和仍等于 A，即

$$A+0=A.$$

对于每个线性变换 A，可以定义它的负变换$(-A)$：

$$(-A)(\boldsymbol{\alpha})=-A(\boldsymbol{\alpha}) \quad (\boldsymbol{\alpha}\in V),$$

则负变换$(-A)$也是线性变换，且

$$A+(-A)=0.$$

线性变换的乘法对加法有左、右分配律，即

$$A(B+C)=AB+AC,$$

$$(B+C)A=BA+CA.$$

10.2.3　线性变换的数量乘法

数域 P 中的数与线性变换 A 的数量乘法定义为

$$kA=KA,$$

即

$$kA(\boldsymbol{\alpha})=K(A(\boldsymbol{\alpha}))=KA(\boldsymbol{\alpha}),$$

当然 kA 还是线性变换．

线性变换的数量乘法适合以下运算规律：

$$(kl)A=k(lA),$$

$$(k+l)A=kA+lA,$$

$$k(A+B)=kA+kB;$$

$$1A=A.$$

定理 10.1 设数域 P 上的 n 维线性空间 V 的全体线性变换构成的集合为 $L(V)$，则 $L(V)$ 在上述定义的加法和数量乘法下构成一个线性空间．

这个定理的证明很容易，只需按照线性空间的定义逐条验证即可，请读者自己完成．

V 的变换 A 称为**可逆**的，如果有 V 的变换 B 存在，使

$$AB=BA=E.$$

这时，变换 B 称为 A 的**逆变换**，记为 A^{-1}. 如果线性变换 A 是可逆的，那么它的逆变换 A^{-1} 也是线性变换．

既然线性变换的乘法满足结合律，当若干个线性变换 A 重复相乘时，其最终结果是完全确定的，与乘法的结合方法无关，因此，当 n 个（n 是正整数）线性变换 A 相乘时，就可以用

$$\overbrace{AA\cdots A}^{n\text{个}}$$

来表示，称为 A 的 n 次幂，简记为 A^n. 规定 $A^0=E$.

根据线性变换幂的定义，可以推出指数法则：

$$A^{m+n}=A^mA^n,\ (A^m)^n=A^{mn}(m,\ n\geqslant 0).$$

当线性变换 A 可逆时，定义 A 的负整数幂为

$$A^{-n}=(A^{-1})^n(n\text{ 是正整数}).$$

值得注意的是，线性变换乘积的指数法则不成立，即一般说来，

$$(AB)^n\neq A^nB^n.$$

设
$$f(x)=a_mx^m+a_{m-1}x^{m-1}+\cdots+a_0$$
是 $P[x]$ 中一多项式，A 是 V 的一个线性变换，定义

$$f(A)=a_mA^m+a_{m-1}A^{m-1}+\cdots+a_0E,$$

显然 $f(A)$ 是一线性变换，它称为线性变换 A 的多项式．

不难验证，如果在 $P[x]$ 中

$$h(x)=f(x)+g(x),\ p(x)=f(x)g(x),$$

那么
$$h(A)=f(A)+g(A),\ p(A)=f(A)g(A).$$

特别地，
$$f(A)g(A)=g(A)f(A),$$

即同一个线性变换的多项式的乘法是可交换的.

例 10.9 在例 10.2 中，对于某一向量 $\boldsymbol{\alpha}$ 的内射影(图 10-1). $\Pi_{\boldsymbol{\alpha}}$ 可用下式来表示

$$\Pi_{\boldsymbol{\alpha}}(\boldsymbol{\xi})=\frac{(\boldsymbol{\alpha},\ \boldsymbol{\xi})}{(\boldsymbol{\alpha},\ \boldsymbol{\alpha})}\boldsymbol{\alpha}.$$

从图 10-2 不难看到，$\boldsymbol{\xi}$在以 $\boldsymbol{\alpha}$ 为法向量的平面 x 上的内射影 $\Pi_x(\boldsymbol{\xi})$可以用公式

$$\Pi_x(\boldsymbol{\xi})=\boldsymbol{\xi}-\Pi_{\boldsymbol{\alpha}}(\boldsymbol{\xi})$$

表示，因此，

$$\Pi_x=E-\Pi_{\boldsymbol{\alpha}}.$$

这里 E 是恒等变换.

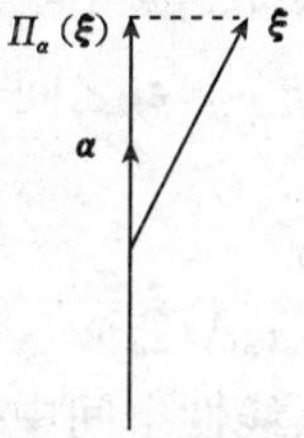

图 10-1

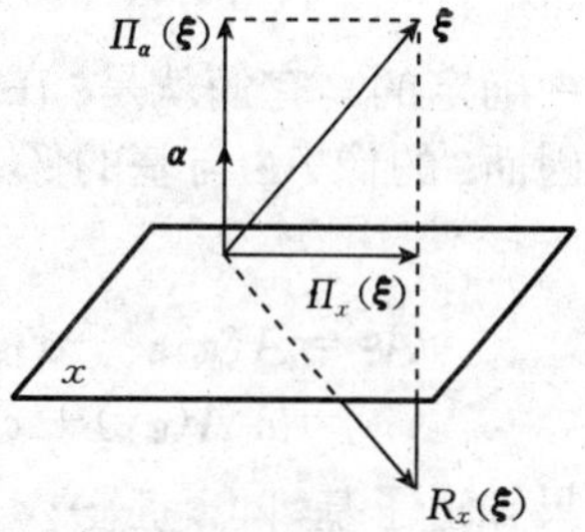

图 10-2

$\boldsymbol{\xi}$对于平面 x 的反射 R_x 也是一个线性变换，它的像(图 10-2)由公式

$$R_x(\boldsymbol{\xi})=\boldsymbol{\xi}-2\Pi_{\boldsymbol{\alpha}}(\boldsymbol{\xi})$$

给出，因此，

$$R_x=E-2\Pi_{\boldsymbol{\alpha}}.$$

设 $\boldsymbol{\alpha}$，$\boldsymbol{\beta}$ 是空间的两个向量，显然，$\boldsymbol{\alpha}$ 与 $\boldsymbol{\beta}$ 互相垂直的充分必要条件为

$$\Pi_{\boldsymbol{\alpha}}\cdot\Pi_{\boldsymbol{\beta}}=\mathbf{0}.$$

例 10.10 在例 10.5 中，线性变换 D 显然满足

$$\mathrm{D}^n=0.$$

例 10.11 在例 10.8 中，平移变换 Φ_a：$f(\lambda)\to f(\lambda+a)(a\in P)$实质上是 D 的多项式，即

$$\Phi_a=E+a\mathrm{D}+\frac{a^2}{2!}\mathrm{D}^2+\cdots+\frac{a^{n-1}}{(n-1)!}\mathrm{D}^{n-1}.$$

最后我们指出，设 $L(V,\ W)$表示线性空间 V 到 W 上所有线性映射组成的集合，根据上述类似讨论，我们可以定义 $L(V,\ W)$上元素的加法和数量乘法运算，从而可以证明 $L(V,\ W)$构成一个线性空间. 这个过程我们同样留给读者.

§10.3 线性变换的矩阵

从§10.1的例子中，我们可以体会到线性变换是几何概念的某种抽象，在本节中我们将建立这种“几何”与代数间的某种联系．

10.3.1 线性变换关于基的矩阵

设V是数域P上的n维线性空间．$\boldsymbol{\varepsilon}_1$，$\boldsymbol{\varepsilon}_2$，…，$\boldsymbol{\varepsilon}_n$是$V$的一组基，现在建立线性变换与矩阵之间的关系．在第9章中，我们知道空间V中任意一个向量$\boldsymbol{\xi}$可以被基$\boldsymbol{\varepsilon}_1$，$\boldsymbol{\varepsilon}_2$，…，$\boldsymbol{\varepsilon}_n$线性表出，即有关系式

$$\boldsymbol{\xi}=x_1\boldsymbol{\varepsilon}_1+x_2\boldsymbol{\varepsilon}_2+\cdots+x_n\boldsymbol{\varepsilon}_n,$$

其中系数是唯一确定的，它们就是$\boldsymbol{\xi}$在这组基下的坐标．由于线性变换保持线性关系不变，因而$\boldsymbol{\xi}$的像$A\boldsymbol{\xi}$与基的像$A\boldsymbol{\varepsilon}_1$，$A\boldsymbol{\varepsilon}_2$，…，$A\boldsymbol{\varepsilon}_n$之间也必然有相同的关系：

$$\begin{aligned}A\boldsymbol{\xi}&=A(x_1\boldsymbol{\varepsilon}_1+x_2\boldsymbol{\varepsilon}_2+\cdots+x_n\boldsymbol{\varepsilon}_n)\\&=x_1A(\boldsymbol{\varepsilon}_1)+x_2A(\boldsymbol{\varepsilon}_2)+\cdots+x_nA(\boldsymbol{\varepsilon}_n).\end{aligned}$$

上式表明，如果知道了基$\boldsymbol{\varepsilon}_1$，$\boldsymbol{\varepsilon}_2$，…，$\boldsymbol{\varepsilon}_n$的像，那么线性空间中任意一个向量$\boldsymbol{\xi}$的像也就知道了，或者说

引理1 设$\boldsymbol{\varepsilon}_1$，$\boldsymbol{\varepsilon}_2$，…，$\boldsymbol{\varepsilon}_n$是线性空间$V$的一组基，如果线性变换$A$与$B$在这组基上的作用相同，即

$$A\boldsymbol{\varepsilon}_i=B\boldsymbol{\varepsilon}_i,\ i=1,\ 2,\ \cdots,\ n,$$

那么$A=B$.

证 线性变换相等的意义就是它们对V中每个向量的作用相同．对V中任意的向量$\boldsymbol{\xi}$，设

$$\boldsymbol{\xi}=k_1\boldsymbol{\varepsilon}_1+k_2\boldsymbol{\varepsilon}_2+\cdots+k_n\boldsymbol{\varepsilon}_n,$$

于是 $A\boldsymbol{\xi}=k_1A\boldsymbol{\varepsilon}_1+k_2A\boldsymbol{\varepsilon}_2+\cdots+k_nA\boldsymbol{\varepsilon}_n=k_1B\boldsymbol{\varepsilon}_1+k_2B\boldsymbol{\varepsilon}_2+\cdots+k_nB\boldsymbol{\varepsilon}_n=B\boldsymbol{\xi}$.

引理1的意义就是，一个线性变换完全被它在一组基上的作用所决定．下面指出，基向量的像却完全可以是任意的，即有如下引理．

引理2 设$\boldsymbol{\varepsilon}_1$，$\boldsymbol{\varepsilon}_2$，…，$\boldsymbol{\varepsilon}_n$是线性空间$V$的一组基，对于任意一组向量$\boldsymbol{\alpha}_1$，$\boldsymbol{\alpha}_2$，…，$\boldsymbol{\alpha}_n$，一定有一个线性变换$B$，使得

$$B\boldsymbol{\varepsilon}_i=\boldsymbol{\alpha}_i,\ i=1,\ 2,\ \cdots,\ n.$$

证 设 $\boldsymbol{\xi}=k_1\boldsymbol{\varepsilon}_1+k_2\boldsymbol{\varepsilon}_2+\cdots+k_n\boldsymbol{\varepsilon}_n$

是 V 中任意的一个向量，定义一个变换 B 为

$$B\boldsymbol{\xi}=k_1\boldsymbol{\alpha}_1+k_2\boldsymbol{\alpha}_2+\cdots+k_n\boldsymbol{\alpha}_n.$$

下面证明变换 B 是线性变换．

对 V 中任意两个向量

$$\boldsymbol{\alpha}=a_1\boldsymbol{\varepsilon}_1+a_2\boldsymbol{\varepsilon}_2+\cdots+a_n\boldsymbol{\varepsilon}_n,\ \boldsymbol{\beta}=b_1\boldsymbol{\varepsilon}_1+b_2\boldsymbol{\varepsilon}_2+\cdots+b_n\boldsymbol{\varepsilon}_n,$$

有

$$\boldsymbol{\alpha}+\boldsymbol{\beta}=(a_1+b_1)\boldsymbol{\varepsilon}_1+(a_2+b_2)\boldsymbol{\varepsilon}_2+\cdots+(a_n+b_n)\boldsymbol{\varepsilon}_n,$$

$$k\boldsymbol{\alpha}=ka_1\boldsymbol{\varepsilon}_1+ka_2\boldsymbol{\varepsilon}_2+\cdots+ka_n\boldsymbol{\varepsilon}_n,$$

于是

$$\begin{aligned}B(\boldsymbol{\alpha}+\boldsymbol{\beta})&=(a_1+b_1)\boldsymbol{\alpha}_1+(a_2+b_2)\boldsymbol{\alpha}_2+\cdots+(a_n+b_n)\boldsymbol{\alpha}_n\\&=a_1\boldsymbol{\alpha}_1+a_2\boldsymbol{\alpha}_2+\cdots+a_n\boldsymbol{\alpha}_n+b_1\boldsymbol{\alpha}_1+b_2\boldsymbol{\alpha}_2+\cdots+b_n\boldsymbol{\alpha}_n\\&=B\boldsymbol{\alpha}+B\boldsymbol{\beta},\end{aligned}$$

$$\begin{aligned}B(k\boldsymbol{\alpha})&=ka_1\boldsymbol{\alpha}_1+ka_2\boldsymbol{\alpha}_2+\cdots+ka_n\boldsymbol{\alpha}_n\\&=k(a_1\boldsymbol{\alpha}_1+a_2\boldsymbol{\alpha}_2+\cdots+a_n\boldsymbol{\alpha}_n)\\&=kB\boldsymbol{\alpha},\end{aligned}$$

因此，B 是一个线性变换．根据 B 的定义，显然有

$$B\boldsymbol{\varepsilon}_i=\boldsymbol{\alpha}_i,\ i=1,\ 2,\ \cdots,\ n.$$

根据上述两个引理，我们有

定理 10.2　设$\boldsymbol{\varepsilon}_1$，$\boldsymbol{\varepsilon}_2$，…，$\boldsymbol{\varepsilon}_n$是线性空间 V 的一组基，$\boldsymbol{\alpha}_1$，$\boldsymbol{\alpha}_2$，…，$\boldsymbol{\alpha}_n$ 是 V 中任意 n 个向量，则存在唯一的线性变换 A，使

$$A\boldsymbol{\varepsilon}_i=\boldsymbol{\alpha}_i,\ i=1,\ 2,\ \cdots,\ n.$$

定义 10.2　设$\boldsymbol{\varepsilon}_1$，$\boldsymbol{\varepsilon}_2$，…，$\boldsymbol{\varepsilon}_n$是数域 P 上的 n 维线性空间 V 的一组基，A 是 V 中的一个线性变换，基向量的像可以被基线性表出：

$$\begin{cases}A\boldsymbol{\varepsilon}_1=a_{11}\boldsymbol{\varepsilon}_1+a_{21}\boldsymbol{\varepsilon}_2+\cdots+a_{n1}\boldsymbol{\varepsilon}_n,\\A\boldsymbol{\varepsilon}_2=a_{12}\boldsymbol{\varepsilon}_1+a_{22}\boldsymbol{\varepsilon}_2+\cdots+a_{n2}\boldsymbol{\varepsilon}_n,\\\cdots\cdots\cdots\cdots\cdots\cdots\\A\boldsymbol{\varepsilon}_n=a_{1n}\boldsymbol{\varepsilon}_1+a_{2n}\boldsymbol{\varepsilon}_2+\cdots+a_{nn}\boldsymbol{\varepsilon}_n.\end{cases}$$

用矩阵表示就是

$$\begin{aligned}A(\boldsymbol{\varepsilon}_1,\ \boldsymbol{\varepsilon}_2,\ \cdots,\ \boldsymbol{\varepsilon}_n)&=(A(\boldsymbol{\varepsilon}_1),\ A(\boldsymbol{\varepsilon}_2),\ \cdots,\ A(\boldsymbol{\varepsilon}_n))\\&=(\boldsymbol{\varepsilon}_1,\ \boldsymbol{\varepsilon}_2,\ \cdots,\ \boldsymbol{\varepsilon}_n)\boldsymbol{A},\end{aligned}$$

其中，

$$\boldsymbol{A}=\begin{pmatrix}a_{11}&a_{12}&\cdots&a_{1n}\\a_{21}&a_{22}&\cdots&a_{2n}\\\vdots&\vdots&&\vdots\\a_{n1}&a_{n2}&\cdots&a_{nn}\end{pmatrix}.$$

矩阵 $\mathbf{A}$ 称为线性变换 A 在基 $\boldsymbol{\varepsilon}_1$，$\boldsymbol{\varepsilon}_2$，…，$\boldsymbol{\varepsilon}_n$ 下的矩阵．

例 10.12 六个函数：

$$\varepsilon_1=e^{ax}\cos bx,\ \varepsilon_2=e^{ax}\sin bx,$$

$$\varepsilon_3=xe^{ax}\cos bx,\ \varepsilon_4=xe^{ax}\sin bx,$$

$$\varepsilon_5=\frac{1}{2}x^2e^{ax}\cos bx,\ \varepsilon_6=\frac{1}{2}x^2e^{ax}\sin bx$$

的所有实系数线性组合构成实数域上的六维线性空间，求微分变换 D 在基 ε_1，ε_2，ε_3，ε_4，ε_5，ε_6 下的矩阵．

解

$$D\varepsilon_1=(e^{ax}\cos bx)'=a\varepsilon_1-b\varepsilon_2,$$

$$D\varepsilon_2=(e^{ax}\sin bx)'=b\varepsilon_1+a\varepsilon_2,$$

$$D\varepsilon_3=(xe^{ax}\cos bx)'=\varepsilon_1+a\varepsilon_3-b\varepsilon_4,$$

$$D\varepsilon_4=(xe^{ax}\sin bx)'=\varepsilon_2+b\varepsilon_3+a\varepsilon_4,$$

$$D\varepsilon_5=\left(\frac{1}{2}x^2e^{ax}\cos bx\right)'=\varepsilon_3+a\varepsilon_5-b\varepsilon_6,$$

$$D\varepsilon_6=\left(\frac{1}{2}x^2e^{ax}\sin bx\right)'=\varepsilon_4+b\varepsilon_5+a\varepsilon_6,$$

故可得 D 在基 ε_1，ε_2，ε_3，ε_4，ε_5，ε_6 下的矩阵为

$$\begin{pmatrix} a & b & 1 & 0 & 0 & 0 \\ -b & a & 0 & 1 & 0 & 0 \\ 0 & 0 & a & b & 1 & 0 \\ 0 & 0 & -b & a & 0 & 1 \\ 0 & 0 & 0 & 0 & a & b \\ 0 & 0 & 0 & 0 & -b & a \end{pmatrix}.$$

例 10.13 设 $\boldsymbol{\varepsilon}_1$，$\boldsymbol{\varepsilon}_2$，…，$\boldsymbol{\varepsilon}_m$ 是 $n(n>m)$ 维线性空间 V 的子空间 W 的一组基，把它扩充为 V 的一组基 $\boldsymbol{\varepsilon}_1$，$\boldsymbol{\varepsilon}_2$，…，$\boldsymbol{\varepsilon}_n$. 指定线性变换 A 如下：

$$A\boldsymbol{\varepsilon}_i=\boldsymbol{\varepsilon}_i,\ i=1,\ 2,\ \cdots,\ m,$$

$$A\boldsymbol{\varepsilon}_i=\mathbf{0},\ i=m+1,\ \cdots,\ n.$$

如此确定的线性变换 A 称为子空间 W 的一个投影．不难证明

$$A^2=A.$$

投影 A 在基 $\boldsymbol{\varepsilon}_1$，$\boldsymbol{\varepsilon}_2$，…，$\boldsymbol{\varepsilon}_n$ 下的矩阵是

$$\begin{pmatrix} 1 & & & & & & \\ & 1 & & & & & \\ & & \ddots & & & & \\ & & & 1 & & & \\ & & & & 0 & & \\ & & & & & \ddots & \\ & & & & & & 0 \end{pmatrix}.$$

根据以上讨论我们知道，在取定一组基之后，就建立了由数域 P 上的 n 维线性空间 V 的线性变换到数域 P 上的 $n\times n$ 矩阵的一个双射，即有如下定理.

定理 10.3　设 $L(V)$ 是数域 P 上的 n 维线性空间 V 的全体线性变换构成的线性空间，设 $P^{n\times n}$ 是数域 P 上的 n 阶方阵构成的线性空间，则 $L(V)$ 与 $P^{n\times n}$ 同构，即 $L(V)\cong P^{n\times n}$.

证　设 $\boldsymbol{\varepsilon}_1$，$\boldsymbol{\varepsilon}_2$，…，$\boldsymbol{\varepsilon}_n$ 是数域 P 上的 n 维线性空间 V 的一组基，对任意的 $A\in L(V)$，设矩阵 $\boldsymbol{A}$ 为线性变换 A 在基 $\boldsymbol{\varepsilon}_1$，$\boldsymbol{\varepsilon}_2$，…，$\boldsymbol{\varepsilon}_n$ 下的矩阵，定义映射

$$T: L(V)\to P^{n\times n},$$

$$T(A)=\boldsymbol{A}.$$

根据引理 1 和引理 2，T 是一个双射，下面我们验证 T 保持线性运算．设 A，$B\in L(V)$，并且矩阵 $\boldsymbol{A}=(a_{ij})$，$\boldsymbol{B}=(b_{ij})$ 为线性变换 A、B 在基 $\boldsymbol{\varepsilon}_1$，$\boldsymbol{\varepsilon}_2$，…，$\boldsymbol{\varepsilon}_n$ 下的矩阵，对任意的 $\boldsymbol{\varepsilon}_i$（$i=1, 2, \cdots, n$），

$$\begin{aligned}(A+B)(\boldsymbol{\varepsilon}_i)&=A(\boldsymbol{\varepsilon}_i)+B(\boldsymbol{\varepsilon}_i)\\&=a_{1i}\boldsymbol{\varepsilon}_1+a_{2i}\boldsymbol{\varepsilon}_2+\cdots+a_{ni}\boldsymbol{\varepsilon}_n+b_{1i}\boldsymbol{\varepsilon}_1+b_{2i}\boldsymbol{\varepsilon}_2+\cdots+b_{ni}\boldsymbol{\varepsilon}_n\\&=(a_{1i}+b_{1i})\boldsymbol{\varepsilon}_1+(a_{2i}+b_{2i})\boldsymbol{\varepsilon}_2+\cdots+(a_{ni}+b_{ni})\boldsymbol{\varepsilon}_n,\end{aligned}$$

因此，

$$T(A+B)=\boldsymbol{A}+\boldsymbol{B}.$$

同理可以证明对任意的 $k\in P$ 和 $A\in L(V)$，有

$$T(kA)=k\boldsymbol{A}.$$

根据定理 10.3，我们有

推论　设 $\boldsymbol{\varepsilon}_1$，$\boldsymbol{\varepsilon}_2$，…，$\boldsymbol{\varepsilon}_n$ 是数域 P 上的 n 维线性空间 V 的一组基，在这组基下，每个线性变换对应一个 $n\times n$ 矩阵，这个对应具有以下性质：

（1）线性变换的和对应于矩阵的和，即 $T(A+B)=\boldsymbol{A}+\boldsymbol{B}$；

（2）线性变换的乘积对应于矩阵的乘积，即 $T(AB)=\boldsymbol{AB}$；

（3）线性变换的数量乘积对应于矩阵的数量乘积，即 $T(kA)=k\boldsymbol{A}$；

（4）可逆的线性变换与可逆矩阵对应，且逆变换对应于逆矩阵，即

$$T(A^{-1})=\boldsymbol{A}^{-1};$$

(5) 恒等变换对应单位矩阵，即 $T(E)=\boldsymbol{E}$.

定理 10.4 设线性变换 A 在基 $\boldsymbol{\varepsilon}_1, \boldsymbol{\varepsilon}_2, \cdots, \boldsymbol{\varepsilon}_n$ 下的矩阵是 $\boldsymbol{A}$，向量 $\boldsymbol{\xi}$ 在基 $\boldsymbol{\varepsilon}_1, \boldsymbol{\varepsilon}_2, \cdots, \boldsymbol{\varepsilon}_n$ 下的坐标是 $(x_1, x_2, \cdots, x_n)^{\mathrm{T}}$，则 $A\boldsymbol{\xi}$ 在基 $\boldsymbol{\varepsilon}_1, \boldsymbol{\varepsilon}_2, \cdots, \boldsymbol{\varepsilon}_n$ 下的坐标是 $(y_1, y_2, \cdots, y_n)^{\mathrm{T}}$，可以按公式

$$\begin{pmatrix} y_1 \\ y_2 \\ \vdots \\ y_n \end{pmatrix}=\boldsymbol{A}\begin{pmatrix} x_1 \\ x_2 \\ \vdots \\ x_n \end{pmatrix}$$

计算.

证 设

$$\boldsymbol{A}=\begin{pmatrix} a_{11} & a_{12} & \cdots & a_{1n} \\ a_{21} & a_{22} & \cdots & a_{2n} \\ \vdots & \vdots & & \vdots \\ a_{n1} & a_{n2} & \cdots & a_{nn} \end{pmatrix},$$

则有

$$\begin{cases} A\boldsymbol{\varepsilon}_1=a_{11}\boldsymbol{\varepsilon}_1+a_{21}\boldsymbol{\varepsilon}_2+\cdots+a_{n1}\boldsymbol{\varepsilon}_n, \\ A\boldsymbol{\varepsilon}_2=a_{12}\boldsymbol{\varepsilon}_1+a_{22}\boldsymbol{\varepsilon}_2+\cdots+a_{n2}\boldsymbol{\varepsilon}_n, \\ \cdots\cdots\cdots\cdots\cdots\cdots\cdots\cdots \\ A\boldsymbol{\varepsilon}_n=a_{1n}\boldsymbol{\varepsilon}_1+a_{2n}\boldsymbol{\varepsilon}_2+\cdots+a_{nn}\boldsymbol{\varepsilon}_n. \end{cases}$$

根据假设 $\boldsymbol{\xi}=x_1\boldsymbol{\varepsilon}_1+x_2\boldsymbol{\varepsilon}_2+\cdots+x_n\boldsymbol{\varepsilon}_n$，我们有

$$\begin{aligned} A\boldsymbol{\xi} &= x_1A\boldsymbol{\varepsilon}_1+x_2A\boldsymbol{\varepsilon}_2+\cdots+x_nA\boldsymbol{\varepsilon}_n \\ &= x_1(a_{11}\boldsymbol{\varepsilon}_1+a_{21}\boldsymbol{\varepsilon}_2+\cdots+a_{n1}\boldsymbol{\varepsilon}_n)+x_2(a_{12}\boldsymbol{\varepsilon}_1+a_{22}\boldsymbol{\varepsilon}_2+\cdots+ \\ &\quad a_{n2}\boldsymbol{\varepsilon}_n)+\cdots+x_n(a_{1n}\boldsymbol{\varepsilon}_1+a_{2n}\boldsymbol{\varepsilon}_2+\cdots+a_{nn}\boldsymbol{\varepsilon}_n) \\ &= (a_{11}x_1+a_{12}x_2+\cdots+a_{1n}x_n)\boldsymbol{\varepsilon}_1+(a_{21}x_1+a_{22}x_2+\cdots+ \\ &\quad a_{2n}x_n)\boldsymbol{\varepsilon}_2+\cdots+(a_{n1}x_1+a_{n2}x_2+\cdots+a_{nn}x_n)\boldsymbol{\varepsilon}_n, \end{aligned}$$

因此，

$$\begin{cases} y_1=a_{11}x_1+a_{12}x_2+\cdots+a_{1n}x_n, \\ y_2=a_{21}x_1+a_{22}x_2+\cdots+a_{2n}x_n, \\ \cdots\cdots\cdots\cdots\cdots\cdots\cdots\cdots \\ y_n=a_{n1}x_1+a_{n2}x_2+\cdots+a_{nn}x_n, \end{cases}$$

即

$$\begin{pmatrix} y_1 \\ y_2 \\ \vdots \\ y_n \end{pmatrix}=\boldsymbol{A}\begin{pmatrix} x_1 \\ x_2 \\ \vdots \\ x_n \end{pmatrix}.$$

10.3.2 线性变换在不同基下的矩阵的关系

线性变换的矩阵是与线性空间中一组基联系在一起的．一般说来，随着基的改变，同一个线性变换就有不同的矩阵．为了利用矩阵来研究线性变换，有必要弄清楚线性变换的矩阵是如何随着基的改变而改变的．

定理 10.5 设线性空间 V 中的线性变换 A 在两组基

$$\boldsymbol{\varepsilon}_1,\ \boldsymbol{\varepsilon}_2,\ \cdots,\ \boldsymbol{\varepsilon}_n, \tag{10.2}$$

$$\boldsymbol{\eta}_1,\ \boldsymbol{\eta}_2,\ \cdots,\ \boldsymbol{\eta}_n \tag{10.3}$$

下的矩阵分别为 $\boldsymbol{A}$ 和 $\boldsymbol{B}$，从基(10.2)到基(10.3)的过渡矩阵是 $\boldsymbol{X}$，于是 $\boldsymbol{B}=\boldsymbol{X}^{-1}\boldsymbol{A}\boldsymbol{X}$，即 $\boldsymbol{A}$ 和 $\boldsymbol{B}$ 相似；反过来，如果两个矩阵相似，那么它们可以看作同一个线性变换在两组基下所对应的矩阵．

证 设 $\boldsymbol{\alpha}$ 是 V 中的任意一个向量，且

$$\boldsymbol{\alpha}=\lambda_1\boldsymbol{\varepsilon}_1+\lambda_2\boldsymbol{\varepsilon}_2+\cdots+\lambda_n\boldsymbol{\varepsilon}_n=\mu_1\boldsymbol{\eta}_1+\mu_2\boldsymbol{\eta}_2+\cdots+\mu_n\boldsymbol{\eta}_n.$$

既然从基(10.2)到基(10.3)的过渡矩阵是 $\boldsymbol{X}$，所以

$$\begin{pmatrix}\lambda_1\\ \lambda_2\\ \vdots\\ \lambda_n\end{pmatrix}=\boldsymbol{X}\begin{pmatrix}\mu_1\\ \mu_2\\ \vdots\\ \mu_n\end{pmatrix}.$$

设 $$A(\boldsymbol{\alpha})=a_1\boldsymbol{\varepsilon}_1+a_2\boldsymbol{\varepsilon}_2+\cdots+a_n\boldsymbol{\varepsilon}_n=b_1\boldsymbol{\eta}_1+b_2\boldsymbol{\eta}_2+\cdots+b_n\boldsymbol{\eta}_n,$$

因此，
$$\begin{pmatrix}a_1\\ a_2\\ \vdots\\ a_n\end{pmatrix}=\boldsymbol{X}\begin{pmatrix}b_1\\ b_2\\ \vdots\\ b_n\end{pmatrix}.$$

由定理 10.4，得

$$\begin{pmatrix}a_1\\ a_2\\ \vdots\\ a_n\end{pmatrix}=\boldsymbol{A}\begin{pmatrix}\lambda_1\\ \lambda_2\\ \vdots\\ \lambda_n\end{pmatrix},\quad \begin{pmatrix}b_1\\ b_2\\ \vdots\\ b_n\end{pmatrix}=\boldsymbol{B}\begin{pmatrix}\mu_1\\ \mu_2\\ \vdots\\ \mu_n\end{pmatrix},$$

所以，
$$\boldsymbol{A}\boldsymbol{X}\begin{pmatrix}\mu_1\\ \mu_2\\ \vdots\\ \mu_n\end{pmatrix}=\boldsymbol{X}\boldsymbol{B}\begin{pmatrix}\mu_1\\ \mu_2\\ \vdots\\ \mu_n\end{pmatrix}.$$

根据 $\boldsymbol{\alpha}$ 的任意性，得

$$AX=XB,$$

即
$$B=X^{-1}AX.$$

反之，设$\boldsymbol{A}$和$\boldsymbol{B}$相似，存在可逆矩阵$\boldsymbol{C}$，使得$\boldsymbol{B}=\boldsymbol{C}^{-1}\boldsymbol{AC}$. 任取$V$的一组基$\boldsymbol{\varepsilon}_1$，$\boldsymbol{\varepsilon}_2$，…，$\boldsymbol{\varepsilon}_n$，存在$V$的线性变换$A$，它在基$\boldsymbol{\varepsilon}_1$，$\boldsymbol{\varepsilon}_2$，…，$\boldsymbol{\varepsilon}_n$下的矩阵为$\boldsymbol{A}$. 以$\boldsymbol{C}$为过渡矩阵，由基$\boldsymbol{\varepsilon}_1$，$\boldsymbol{\varepsilon}_2$，…，$\boldsymbol{\varepsilon}_n$得到另外一组基$\boldsymbol{\eta}_1$，$\boldsymbol{\eta}_2$，…，$\boldsymbol{\eta}_n$. 根据上述讨论，$A$在$\boldsymbol{\eta}_1$，$\boldsymbol{\eta}_2$，…，$\boldsymbol{\eta}_n$下的矩阵就是$\boldsymbol{B}=\boldsymbol{C}^{-1}\boldsymbol{AC}$.

例 10.14 设V是数域P上的一个二维线性空间，$\boldsymbol{\varepsilon}_1$，$\boldsymbol{\varepsilon}_2$是一组基，线性变换$A$在基$\boldsymbol{\varepsilon}_1$，$\boldsymbol{\varepsilon}_2$下的矩阵是

$$\begin{pmatrix} 2 & 1 \\ -1 & 0 \end{pmatrix},$$

计算A在V的另一组基$\boldsymbol{\eta}_1$，$\boldsymbol{\eta}_2$下的矩阵，这里

$$(\boldsymbol{\eta}_1,\ \boldsymbol{\eta}_2)=(\boldsymbol{\varepsilon}_1,\ \boldsymbol{\varepsilon}_2)\begin{pmatrix} 1 & -1 \\ -1 & 2 \end{pmatrix}.$$

解 根据定理 10.5，A在V的基$\boldsymbol{\eta}_1$，$\boldsymbol{\eta}_2$下的矩阵为

$$\begin{pmatrix} 1 & -1 \\ -1 & 2 \end{pmatrix}^{-1}\begin{pmatrix} 2 & 1 \\ -1 & 0 \end{pmatrix}\begin{pmatrix} 1 & -1 \\ -1 & 2 \end{pmatrix}=\begin{pmatrix} 2 & 1 \\ 1 & 1 \end{pmatrix}\begin{pmatrix} 2 & 1 \\ -1 & 0 \end{pmatrix}\begin{pmatrix} 1 & -1 \\ -1 & 2 \end{pmatrix}=\begin{pmatrix} 1 & 1 \\ 0 & 1 \end{pmatrix}.$$

10.3.3 线性变换的特征值与特征向量

在第 7 章中，我们研究了方阵的特征值与特征向量，而本章前一部分又已建立了线性变换与方阵之间的联系，因此，接下来我们可以讨论线性变换的特征值与特征向量的问题．

定义 10.3 设A是数域P上的线性空间V的一个线性变换，如果对于数域P中的一个数λ_0，存在一个非零向量$\boldsymbol{\xi}$，使得

$$A\boldsymbol{\xi}=\lambda_0\boldsymbol{\xi}, \tag{10.4}$$

那么λ_0称为A的一个特征值，而$\boldsymbol{\xi}$叫做A的属于特征值λ_0的一个特征向量．

从几何上来看，特征向量的方向经过线性变换后，保持在同一条直线上，这时或者方向不变($\lambda_0>0$)或者方向相反($\lambda_0<0$)，至于$\lambda_0=0$时，特征向量就被线性变换变成$\mathbf{0}$.

如果$\boldsymbol{\xi}$是线性变换A的属于特征值λ_0的特征向量，那么$\boldsymbol{\xi}$的任何一个非零倍数$k\boldsymbol{\xi}$也是A的属于特征值λ_0的特征向量．这说明特征向量不是被特征值所唯一决定的．相反，特征值却是被特征向量所唯一决定的，因为一个特征向量只能属于一个特征值．

下面我们考虑线性变换的特征值与特征向量的求法．设V是数域P上的n

维线性空间，$\boldsymbol{\varepsilon}_1$，$\boldsymbol{\varepsilon}_2$，…，$\boldsymbol{\varepsilon}_n$是它的一组基，线性变换$A$在这组基下的矩阵是$\boldsymbol{A}$. 设$\lambda_0$是$\boldsymbol{A}$的任一特征值，对应的一个特征向量$\boldsymbol{\xi}$在$\boldsymbol{\varepsilon}_1$，$\boldsymbol{\varepsilon}_2$，…，$\boldsymbol{\varepsilon}_n$下的坐标是$(x_{01}，x_{02}，\cdots，x_{0n})^{\mathrm{T}}$，则$A\boldsymbol{\xi}$的坐标是

$$\boldsymbol{A}\begin{pmatrix}x_{01}\\x_{02}\\\vdots\\x_{0n}\end{pmatrix},$$

$\lambda_0\boldsymbol{\xi}$的坐标是

$$\lambda_0\begin{pmatrix}x_{01}\\x_{02}\\\vdots\\x_{0n}\end{pmatrix},$$

因此(10.4)式相当于坐标之间的等式

$$\boldsymbol{A}\begin{pmatrix}x_{01}\\x_{02}\\\vdots\\x_{0n}\end{pmatrix}=\lambda_0\begin{pmatrix}x_{01}\\x_{02}\\\vdots\\x_{0n}\end{pmatrix}. \tag{10.5}$$

这样就把求线性变换的特征值与特征向量问题转化为求矩阵的特征值与特征向量问题．因此确定一个线性变换A的一个特征值与特征向量的方法可以分成以下几步：

(1) 在线性空间V中取一组基$\boldsymbol{\varepsilon}_1$，$\boldsymbol{\varepsilon}_2$，…，$\boldsymbol{\varepsilon}_n$，写出$A$在这组基下的矩阵$\boldsymbol{A}$；

(2) 求出矩阵$\boldsymbol{A}$的特征值，它们也就是线性变换A的全部特征值；

(3) 把所求得的特征值逐个的代入方程组(10.5)，对于每一个特征值，解方程组(10.5)，求出一组基础解系，它们就是属于这个特征值的几个线性无关的特征向量在基$\boldsymbol{\varepsilon}_1$，$\boldsymbol{\varepsilon}_2$，…，$\boldsymbol{\varepsilon}_n$下的坐标，这样，也就求出了线性变换$A$的属于每个特征值的全部线性无关的特征向量．

例 10.15　在n维线性空间中，数乘变换kE在任意一组基下的矩阵都是$k\boldsymbol{E}$，它的特征多项式是

$$|\lambda\boldsymbol{E}-k\boldsymbol{E}|=(\lambda-k)^n,$$

因此，数乘变换kE的特征值只有k，由定义可知，每个非零向量都是属于数乘变换kE的特征向量．

例 10.16　设线性变换A在基$\boldsymbol{\varepsilon}_1$，$\boldsymbol{\varepsilon}_2$，$\boldsymbol{\varepsilon}_3$下的矩阵是

$$A=\begin{pmatrix}1&2&2\\2&1&2\\2&2&1\end{pmatrix},$$

求 A 的特征值与特征向量．

解 由 $|\lambda\boldsymbol{E}-\boldsymbol{A}|=(\lambda+1)^2(\lambda-5)=0$，得到 $\lambda=-1$（二重），$\lambda=5$.

当 $\lambda=-1$ 时，对 $\lambda\boldsymbol{E}-\boldsymbol{A}$ 进行初等行变换：

$$\lambda\boldsymbol{E}-\boldsymbol{A}\rightarrow\begin{pmatrix}1&1&1\\0&0&0\\0&0&0\end{pmatrix},$$

所以方程组 $(\lambda\boldsymbol{E}-\boldsymbol{A})\boldsymbol{x}=\boldsymbol{0}$ 的基础解系为

$$\boldsymbol{\alpha}_1=\begin{pmatrix}-1\\1\\0\end{pmatrix},\ \boldsymbol{\alpha}_2=\begin{pmatrix}-1\\0\\1\end{pmatrix};$$

当 $\lambda=5$ 时，对 $\lambda\boldsymbol{E}-\boldsymbol{A}$ 进行初等行变换：

$$\lambda\boldsymbol{E}-\boldsymbol{A}\rightarrow\begin{pmatrix}1&0&-1\\0&1&-1\\0&0&0\end{pmatrix},$$

则 $(\lambda\boldsymbol{E}-\boldsymbol{A})\boldsymbol{x}=\boldsymbol{0}$ 的基础解系为

$$\boldsymbol{\alpha}_3=\begin{pmatrix}1\\1\\1\end{pmatrix}.$$

所以线性变换 A 的属于 -1 的特征向量为

$$k_1(-\boldsymbol{\varepsilon}_1+\boldsymbol{\varepsilon}_2)+k_2(-\boldsymbol{\varepsilon}_1+\boldsymbol{\varepsilon}_3),$$

属于 5 的特征向量为

$$k_3(\boldsymbol{\varepsilon}_1+\boldsymbol{\varepsilon}_2+\boldsymbol{\varepsilon}_3),$$

其中 k_1，k_2 是不全为零的常数，k_3 是非零常数．

例 10.17 在空间 $P[x]_n$ 中，线性变换

$$\mathrm{D}f(x)=f'(x)$$

在基 1，x，$\frac{x^2}{2!}$，…，$\frac{x^{n-1}}{(n-1)!}$ 下的矩阵是

$$\boldsymbol{D}=\begin{pmatrix}0&1&0&\cdots&0\\0&0&1&\cdots&0\\\vdots&\vdots&\vdots&&\vdots\\0&0&0&\cdots&1\\0&0&0&\cdots&0\end{pmatrix},$$

$\boldsymbol{D}$ 的特征多项式是

$$|\lambda\boldsymbol{E}-\boldsymbol{D}|=\begin{vmatrix}\lambda & -1 & 0 & \cdots & 0\\ 0 & \lambda & -1 & \cdots & 0\\ \vdots & \vdots & \vdots & & \vdots\\ 0 & 0 & 0 & \cdots & -1\\ 0 & 0 & 0 & \cdots & \lambda\end{vmatrix}=\lambda^n,$$

因此，$\boldsymbol{D}$ 的特征值只有 0. 易求得线性变换 D 的属于特征值 0 的特征向量只能是任一非零常数．这表明微商为零的多项式只能是零或非零的常数．

例 10.18　平面上全体向量构成实数域上的一个二维线性空间，例 10.1 中旋转 I_θ 在直角坐标系下的矩阵为

$$\begin{pmatrix}\cos\theta & -\sin\theta\\ \sin\theta & \cos\theta\end{pmatrix},$$

它的特征多项式为

$$\begin{vmatrix}\lambda-\cos\theta & \sin\theta\\ -\sin\theta & \lambda-\cos\theta\end{vmatrix}=\lambda^2-2\lambda\cos\theta+1.$$

当 $\theta\neq k\pi$ 时，这个多项式没有实根．因此，当 $\theta\neq k\pi$ 时，I_θ 没有特征值．从几何上看，这个结论是明显的．

容易看出，对于线性变换 A 的任一个特征值 λ_0，全部适合条件

$$A\boldsymbol{\alpha}=\lambda_0\boldsymbol{\alpha}$$

的向量 $\boldsymbol{\alpha}$ 所成的集合，也就是 A 的属于 λ_0 的全部特征向量再添上零向量所成的集合，是 V 的一个子空间，称为 A 的一个特征子空间，记为 V_{λ_0}．显然，V_{λ_0} 的维数就是属于 λ_0 的线性无关的特征向量的最大个数．用集合记号可写为

$$V_{\lambda_0}=\{\boldsymbol{\alpha}\mid A\boldsymbol{\alpha}=\lambda_0\boldsymbol{\alpha},\ \boldsymbol{\alpha}\in V\}.$$

随着基的不同，线性变换的矩阵一般是不同的．但是这些矩阵是相似的，而根据第 7 章中的结论——相似矩阵有相同的特征多项式，故线性变换的矩阵的特征多项式与基的选取无关，它直接被线性变换所决定，因此，以后就可以说线性变换的特征多项式了．既然相似的矩阵有相同的特征多项式，当然特征多项式的各项系数对于相似的矩阵来说都是相同的．考虑特征多项式的常数项，得到相似矩阵有相同的行列式，因此，以后就可以说线性变换的行列式．

我们知道，数域 P 上的全体 $n\times n$ 矩阵构成的线性空间 $P^{n\times n}$ 的维数为 n^2，因此，n^2+1 个矩阵 $\boldsymbol{A}^{n^2}$，$\boldsymbol{A}^{n^2-1}$，…，$\boldsymbol{A}$，$\boldsymbol{E}$ 必线性相关，所以存在一个多项式 $f(x)$，使得 $f(\boldsymbol{A})=\boldsymbol{O}$. 我们的问题是：是否存在次数更低的多项式 $f(x)$，使得 $f(\boldsymbol{A})=\boldsymbol{O}$？答案是肯定的．我们不加证明地给出如下非常重要的结

论——哈密尔顿－凯莱(Hamilton－Cayley)定理．

定理 10.6 设 $\mathbf{A}$ 是数域 P 上的一个 $n\times n$ 矩阵，$f(\lambda)=|\lambda\mathbf{E}-\mathbf{A}|$ 是 $\mathbf{A}$ 的特征多项式，则

$$f(\mathbf{A})=\mathbf{A}^n-(a_{11}+a_{22}+\cdots+a_{nn})\mathbf{A}^{n-1}+\cdots+(-1)^n|\mathbf{A}|\mathbf{E}=\mathbf{O}.$$

推论 设 A 是有限维线性空间 V 的线性变换，$f(\lambda)$是 A 的特征多项式，那么 $f(A)=\mathbf{O}$.

§10.4 线性变换的值域与核

定义 10.4 设 A 是线性空间 V 的一个线性变换，A 的全体像组成的集合称为 A 的值域，用 AV 或者 $\mathrm{Im}A$ 表示．所有被 A 变成零向量的向量组成的集合称为 A 的核，用 $A^{-1}(\mathbf{0})$或者 $\mathrm{Ker}A$ 表示．

若用集合的记号，则 $AV=\{A\boldsymbol{\xi}\mid\boldsymbol{\xi}\in V\}$，$A^{-1}(\mathbf{0})=\{\boldsymbol{\xi}\mid A\boldsymbol{\xi}=\mathbf{0},\ \boldsymbol{\xi}\in V\}$.

不难证明，**线性变换的值域与核都是 V 的子空间**．

事实上，首先 AV 和 $A^{-1}(\mathbf{0})$都是 V 的非空子集．

设 $\boldsymbol{\alpha}$，$\boldsymbol{\beta}\in V$，$A(\boldsymbol{\alpha})+A(\boldsymbol{\beta})=A(\boldsymbol{\alpha}+\boldsymbol{\beta})\in AV$；$kA(\boldsymbol{\alpha})=A(k\boldsymbol{\alpha})\in AV$，故 AV 是 V 的子空间．

设 $\boldsymbol{\alpha}$，$\boldsymbol{\beta}\in A^{-1}(\mathbf{0})$，即 $A(\boldsymbol{\alpha})=A(\boldsymbol{\beta})=\mathbf{0}$，因此，$A(\boldsymbol{\alpha}+\boldsymbol{\beta})=A(\boldsymbol{\alpha})+A(\boldsymbol{\beta})=\mathbf{0}$，即 $\boldsymbol{\alpha}+\boldsymbol{\beta}\in A^{-1}(\mathbf{0})$；$A(k\boldsymbol{\alpha})=kA(\boldsymbol{\alpha})=\mathbf{0}$，即 $k\boldsymbol{\alpha}\in A^{-1}(\mathbf{0})$，故 $A^{-1}(\mathbf{0})$是 V 的子空间．

例 10.19 (1)在线性空间 V 中，零变换的值域为零子空间，核是 V；

(2) 在例 10.1 中，$I_\theta^{-1}(\mathbf{0})=\mathbf{0}$，$I_\theta(\mathbf{R}^2)=\mathbf{R}^2$；

(3) 在例 10.2 中，$\Pi_{\boldsymbol{\alpha}}^{-1}(\mathbf{0})=\{\boldsymbol{\xi}\in\mathbf{R}^3\mid(\boldsymbol{\alpha},\ \boldsymbol{\xi})=0\}$，$\Pi_{\boldsymbol{\alpha}}(\mathbf{R}^3)=L(\boldsymbol{\alpha})$；

(4) 在例 10.5 中，D 的值域就是 $P[x]_{n-1}$，D 的核就是子空间 P；

(5) 在例 10.8 中，Φ_a 的值域为 $P[x]_n$，Φ_a 的核是零子空间．

定义 10.5 AV 的维数称为 A 的秩，$A^{-1}(\mathbf{0})$的维数称为 A 的零度．

为了使用方便我们先给出如下引理，其正确性是显然的．

引理 有限维线性空间 V 的线性变换 A 是满射的充分必要条件是 $\dim V=\dim AV$；有限维线性空间 V 的线性变换 A 是单射的充分必要条件是 $A^{-1}(\mathbf{0})=\mathbf{0}$.

定理 10.7 设 A 是 n 维线性空间 V 的线性变换，$\boldsymbol{\varepsilon}_1$，$\boldsymbol{\varepsilon}_2$，…，$\boldsymbol{\varepsilon}_n$是 V 的一组基，在这组基下 A 的矩阵是 $\mathbf{A}$，则

(1) A 的值域 AV 是由基的像生成的子空间，即

$$AV=L(A\boldsymbol{\varepsilon}_1,\ A\boldsymbol{\varepsilon}_2,\ \cdots,\ A\boldsymbol{\varepsilon}_n),$$

(2) A 的秩$=\mathbf{A}$ 的秩．

证　(1) $\forall \boldsymbol{\xi}=k_1\boldsymbol{\varepsilon}_1+k_2\boldsymbol{\varepsilon}_2+\cdots+k_n\boldsymbol{\varepsilon}_n\in V$，则

$A\boldsymbol{\xi}=k_1A\boldsymbol{\varepsilon}_1+k_2A\boldsymbol{\varepsilon}_2+\cdots+k_nA\boldsymbol{\varepsilon}_n$，即 $A\boldsymbol{\xi}\in L(A\boldsymbol{\varepsilon}_1, A\boldsymbol{\varepsilon}_2, \cdots, A\boldsymbol{\varepsilon}_n)$，

所以，
$$AV\subseteq L(A\boldsymbol{\varepsilon}_1, A\boldsymbol{\varepsilon}_2, \cdots, A\boldsymbol{\varepsilon}_n).$$

显然，
$$AV\supseteq L(A\boldsymbol{\varepsilon}_1, A\boldsymbol{\varepsilon}_2, \cdots, A\boldsymbol{\varepsilon}_n),$$

所以，
$$AV=L(A\boldsymbol{\varepsilon}_1, A\boldsymbol{\varepsilon}_2, \cdots, A\boldsymbol{\varepsilon}_n).$$

(2) 根据(1)，A 的秩等于 $L(A\boldsymbol{\varepsilon}_1, A\boldsymbol{\varepsilon}_2, \cdots, A\boldsymbol{\varepsilon}_n)$的维数．既然 n 维线性空间 V 同构于 P^n，$L(A\boldsymbol{\varepsilon}_1, A\boldsymbol{\varepsilon}_2, \cdots, A\boldsymbol{\varepsilon}_n)$的维数等于 $\mathbf{A}$ 的秩，所以 A 的秩$=\mathbf{A}$ 的秩．

定理 10.7 说明线性变换与矩阵之间的对应关系保持不变．

定理 10.8　设 A 是 n 维线性空间 V 的线性变换，则 AV 的一组基的原像及 $A^{-1}(\mathbf{0})$的一组基合起来就是 V 的一组基．由此可得

$$A \text{ 的秩}+A \text{ 的零度}=n.$$

证　设 A 的零度为 r，并设$\boldsymbol{\varepsilon}_1, \boldsymbol{\varepsilon}_2, \cdots, \boldsymbol{\varepsilon}_r$是 $A^{-1}(\mathbf{0})$的一组基，并且把它扩充成 V 的一组基$\boldsymbol{\varepsilon}_1, \boldsymbol{\varepsilon}_2, \cdots, \boldsymbol{\varepsilon}_r, \cdots, \boldsymbol{\varepsilon}_n$．根据定理 10.7，

$$AV=L(A\boldsymbol{\varepsilon}_1, A\boldsymbol{\varepsilon}_2, \cdots, A\boldsymbol{\varepsilon}_n),$$

但是 $A\boldsymbol{\varepsilon}_i=\mathbf{0}(i=1, 2, \cdots, r)$，所以 $AV=L(A\boldsymbol{\varepsilon}_{r+1}, A\boldsymbol{\varepsilon}_{r+2}, \cdots, A\boldsymbol{\varepsilon}_n)$．下证 $A\boldsymbol{\varepsilon}_{r+1}, A\boldsymbol{\varepsilon}_{r+2}, \cdots, A\boldsymbol{\varepsilon}_n$是线性无关的．设 $\sum\limits_{i=r+1}^{n}k_iA\boldsymbol{\varepsilon}_i=\mathbf{0}$，则 $A(\sum\limits_{i=r+1}^{n}k_i\boldsymbol{\varepsilon}_i)=\mathbf{0}$．这说明 $\sum\limits_{i=r+1}^{n}k_i\boldsymbol{\varepsilon}_i\in A^{-1}(\mathbf{0})$，因此它可被基$\boldsymbol{\varepsilon}_1, \boldsymbol{\varepsilon}_2, \cdots, \boldsymbol{\varepsilon}_r$线性表示，

$$\sum_{i=r+1}^{n}k_i\boldsymbol{\varepsilon}_i=\sum_{i=1}^{r}k_i\boldsymbol{\varepsilon}_i,$$

但是$\boldsymbol{\varepsilon}_1, \boldsymbol{\varepsilon}_2, \cdots, \boldsymbol{\varepsilon}_r, \cdots, \boldsymbol{\varepsilon}_n$线性无关，故所有 $k_i=0(i=1, 2, \cdots, n)$，因此 $A\boldsymbol{\varepsilon}_{r+1}, A\boldsymbol{\varepsilon}_{r+2}, \cdots, A\boldsymbol{\varepsilon}_n$线性无关且为 AV 的一组基，即本定理结论成立．

推论　对于有限维线性空间的线性变换 A，A 是单射的充分必要条件是 A 是满射．

证　根据引理，A 是单射的充分必要条件是 $A^{-1}(\mathbf{0})=\mathbf{0}$，$A$ 是满射的充要条件是 $\dim AV=\dim V$，结合定理 10.8，结论成立．

虽然子空间 AV 与 $A^{-1}(\mathbf{0})$的维数之和为 n，但是 $AV+A^{-1}(\mathbf{0})$并不一定是整个空间 V(参看例 10.19(4))．

例 10.20　设 V 是数域 P 上的四维线性空间，线性变换 A 在基$\boldsymbol{\varepsilon}_1, \boldsymbol{\varepsilon}_2$,

$\boldsymbol{\varepsilon}_3$，$\boldsymbol{\varepsilon}_4$下的矩阵为$\boldsymbol{A}=\begin{pmatrix}1&-2&2&-1\\2&-4&8&0\\-2&4&-2&3\\3&-6&0&-6\end{pmatrix}$，求$AV$，$A^{-1}(\mathbf{0})$.

解 对矩阵$\boldsymbol{A}$进行初等行变换：

$$\boldsymbol{A}\to\begin{pmatrix}1&-2&2&-1\\0&0&4&2\\0&0&2&1\\0&0&-6&-3\end{pmatrix}\to\begin{pmatrix}1&-2&0&-2\\0&0&1&\frac{1}{2}\\0&0&0&0\\0&0&0&0\end{pmatrix},$$

$R(\boldsymbol{A})=2$，即$\dim AV=2$. $\boldsymbol{A}$的第1列和第3列线性无关，故

$$AV=L(\boldsymbol{\varepsilon}_1+2\boldsymbol{\varepsilon}_2-2\boldsymbol{\varepsilon}_3+3\boldsymbol{\varepsilon}_4,\ 2\boldsymbol{\varepsilon}_1+8\boldsymbol{\varepsilon}_2-2\boldsymbol{\varepsilon}_3).$$

方程组$\boldsymbol{Ax}=\mathbf{0}$的基础解系为

$$\boldsymbol{\alpha}_1=(2,\ 1,\ 0,\ 0)^{\mathrm{T}},\ \boldsymbol{\alpha}_2=\left(2,\ 0,\ -\frac{1}{2},\ 1\right)^{\mathrm{T}},$$

所以 $$A^{-1}(\mathbf{0})=L\left(2\boldsymbol{\varepsilon}_1+\boldsymbol{\varepsilon}_2,\ 2\boldsymbol{\varepsilon}_1-\frac{1}{2}\boldsymbol{\varepsilon}_3+\boldsymbol{\varepsilon}_4\right).$$

下面我们给出一个例子，可以看到线性变换在处理矩阵问题时所起的作用.

例 10.21 设$\boldsymbol{A}$是一个$n\times n$矩阵，$\boldsymbol{A}^2=\boldsymbol{A}$，证明：$\boldsymbol{A}$相似于一个对角矩阵

$$\boldsymbol{B}=\begin{pmatrix}1&&&&&&\\&1&&&&&\\&&\ddots&&&&\\&&&1&&&\\&&&&0&&\\&&&&&\ddots&\\&&&&&&0\end{pmatrix}.$$

证 设V是一个n维线性空间，$\boldsymbol{\varepsilon}_1$，$\boldsymbol{\varepsilon}_2$，…，$\boldsymbol{\varepsilon}_n$是$V$的一组基，线性变换$A$在基$\boldsymbol{\varepsilon}_1$，$\boldsymbol{\varepsilon}_2$，…，$\boldsymbol{\varepsilon}_n$下的矩阵为$\boldsymbol{A}$. 要证明$\boldsymbol{A}$相似于$\boldsymbol{B}$，只需要证明$A$在某一组基下的矩阵为$\boldsymbol{B}$. 由$\boldsymbol{A}^2=\boldsymbol{A}$，得$A^2=A$. 设$\boldsymbol{\alpha}\in AV$，则存在$\boldsymbol{\beta}\in V$，满足$\boldsymbol{\alpha}=A\boldsymbol{\beta}$，于是$A\boldsymbol{\alpha}=AA\boldsymbol{\beta}=A\boldsymbol{\beta}=\boldsymbol{\alpha}$，因此，我们有$AV\cap A^{-1}(\mathbf{0})=\{\mathbf{0}\}$，根据定理10.8，有

$$AV\oplus A^{-1}(\mathbf{0})=V.$$

在AV中取一组基$\boldsymbol{\eta}_1$，$\boldsymbol{\eta}_2$，…，$\boldsymbol{\eta}_r$，在$A^{-1}(\mathbf{0})$中取一组基$\boldsymbol{\eta}_{r+1}$，$\boldsymbol{\eta}_{r+2}$，…，

$\boldsymbol{\eta}_n$，则 $\boldsymbol{\eta}_1$，$\boldsymbol{\eta}_2$，…，$\boldsymbol{\eta}_r$，$\boldsymbol{\eta}_{r+1}$，$\boldsymbol{\eta}_{r+2}$，…，$\boldsymbol{\eta}_n$ 是 V 的一组基，并且 A 在基 $\boldsymbol{\eta}_1$，$\boldsymbol{\eta}_2$，…，$\boldsymbol{\eta}_r$，$\boldsymbol{\eta}_{r+1}$，$\boldsymbol{\eta}_{r+2}$，…，$\boldsymbol{\eta}_n$ 下的矩阵为 $\boldsymbol{B}$.

§10.5　不变子空间

对于给定的 n 维线性空间 V，$A\in L(V)$，如何才能选到 V 的一个基，使 A 关于这个基的矩阵具有尽可能简单的形式？由于一个线性变换关于不同基的矩阵是相似的．因而问题也可以这样提出：在一切彼此相似的 n 阶矩阵中，如何选出一个形式尽可能简单的矩阵？这一节介绍不变子空间的概念，以此来说明线性变换的矩阵的化简与线性变换的内在联系．

定义 10.6　设 A 是数域 P 上的线性空间 V 的线性变换，W 是 V 的一个子空间．如果 W 中的向量在 A 下的像仍在 W 中．换句话说，对于 W 中的任一向量 $\boldsymbol{\xi}$，有 $A\boldsymbol{\xi}\in W$，就称 W 是 A 的不变子空间，简称 A-子空间．此时把 A 限制在 W 上，则 A 是 W 上的线性变换，称之为由 A 诱导的线性变换，或称之为 A 在 W 上的限制，记作 $A|_W$.

必须在概念上弄清楚 A 与 $A|_W$ 的异同：A 是 V 的线性变换，V 中每个向量在 A 的作用下都有确定的像；$A|_W$ 是不变子空间 W 上的线性变换，对于 W 中的任一向量 $\boldsymbol{\xi}$，有

$$(A|_W)\boldsymbol{\xi}=A\boldsymbol{\xi},$$

但是对于 V 中不属于 W 的向量 $\boldsymbol{\eta}$ 来说，$(A|_W)\boldsymbol{\eta}$ 是没有意义的．

例 10.22　(1) 整个空间 V 和零子空间 $\{\boldsymbol{0}\}$，对于每个线性变换 A，都是 A-子空间．

(2) 线性变换 A 的值域与核都是 A-子空间．

(3) 若线性变换 A 与 B 是可交换的，则 B 的核与值域都是 A-子空间．

(4) 任何一个子空间都是数乘变换的不变子空间．

(5) 在例 10.2 中，$L(\boldsymbol{\alpha})$ 是 $\Pi_{\boldsymbol{\alpha}}$-子空间．

证　我们只证(3)，其他留给读者自行考虑．

在 B 的核 $B^{-1}(\boldsymbol{0})$ 中任取一个向量 $\boldsymbol{\xi}$，

$$B(A\boldsymbol{\xi})=(BA)\boldsymbol{\xi}=(AB)\boldsymbol{\xi}=A(B\boldsymbol{\xi})=A(\boldsymbol{0})=\boldsymbol{0},$$

则 $A\boldsymbol{\xi}\in B^{-1}(\boldsymbol{0})$，这就证明了 B 的核是 A-子空间．

在 B 的值域 BV 中任取一个向量 $B\boldsymbol{\eta}$，则 $A(B\boldsymbol{\eta})=B(A\boldsymbol{\eta})\in BV$，因此，$BV$ 也是 A-子空间．

注： 因为 A 的多项式 $f(A)$ 是和 A 可交换的，所以 $f(A)$ 的值域与核都是 A-子空间．

特征向量与一维不变子空间之间有着紧密的联系.

定理 10.9 设 W 是一维 A-子空间，$\boldsymbol{\alpha}$ 是 W 中的任何一个非零向量，则 $\boldsymbol{\alpha}$ 是 A 的特征向量. 反过来，设 $\boldsymbol{\xi}$ 是 A 的属于特征值 λ_0 的一个特征向量，则 $L(\boldsymbol{\xi})$ 是一维 A-子空间.

证 既然 W 是一维 A-子空间，$A\boldsymbol{\alpha}\in W$，且存在一个数 $\lambda\in P$，使得，$A\boldsymbol{\alpha}=\lambda\boldsymbol{\alpha}$，这说明 $\boldsymbol{\alpha}$ 是 A 的特征向量. 反之，$\boldsymbol{\xi}$ 是 A 属于特征值 λ_0 的一个特征向量，即 $A\boldsymbol{\xi}=\lambda_0\boldsymbol{\xi}$，对任意 $k\in P$，$A(k\boldsymbol{\xi})=kA(\boldsymbol{\xi})=k\lambda_0\boldsymbol{\xi}\in L(\boldsymbol{\xi})$，故 $L(\boldsymbol{\xi})$ 是一维 A-子空间.

不难看出，如果线性空间 V 的子空间 W 是由向量组 $\boldsymbol{\alpha}_1$，$\boldsymbol{\alpha}_2$，…，$\boldsymbol{\alpha}_s$ 生成的，即 $W=L(\boldsymbol{\alpha}_1, \boldsymbol{\alpha}_2, \cdots, \boldsymbol{\alpha}_s)$，则 W 是 A-子空间的充分必要条件为 $A\boldsymbol{\alpha}_1$，$A\boldsymbol{\alpha}_2$，…，$A\boldsymbol{\alpha}_s$ 全属于 W.

下面讨论不变子空间与线性变换矩阵化简之间的关系.

(1) 设 A 是 n 维线性空间 V 的线性变换，W 是 V 的 A-子空间. 在 W 中取一组基 $\boldsymbol{\varepsilon}_1$，$\boldsymbol{\varepsilon}_2$，…，$\boldsymbol{\varepsilon}_k$，并且把它扩充成 V 的一组基

$$\boldsymbol{\varepsilon}_1, \boldsymbol{\varepsilon}_2, \cdots, \boldsymbol{\varepsilon}_k, \boldsymbol{\varepsilon}_{k+1}, \cdots, \boldsymbol{\varepsilon}_n, \tag{10.6}$$

那么，A 在这组基下的矩阵就具有下列形状：

$$\begin{pmatrix} a_{11} & \cdots & a_{1k} & a_{1,k+1} & \cdots & a_{1n} \\ \vdots & & \vdots & \vdots & & \vdots \\ a_{k1} & & a_{kk} & a_{k,k+1} & \cdots & a_{kn} \\ 0 & \cdots & 0 & a_{k+1,k+1} & \cdots & a_{k+1,n} \\ \vdots & & \vdots & \vdots & & \vdots \\ 0 & \cdots & 0 & a_{n,k+1} & \cdots & a_{nn} \end{pmatrix}=\begin{pmatrix} \boldsymbol{A}_1 & \boldsymbol{A}_3 \\ \boldsymbol{O} & \boldsymbol{A}_2 \end{pmatrix}, \tag{10.7}$$

并且左上角的 k 阶矩阵 $\boldsymbol{A}_1$ 就是 $A|_W$ 在的基 $\boldsymbol{\varepsilon}_1$，$\boldsymbol{\varepsilon}_2$，…，$\boldsymbol{\varepsilon}_k$ 下的矩阵.

这是因为 W 是 A-子空间，所以像 $A\boldsymbol{\varepsilon}_1$，$A\boldsymbol{\varepsilon}_2$，…，$A\boldsymbol{\varepsilon}_k$ 仍在 A 中. 它们可以通过 W 的基 $\boldsymbol{\varepsilon}_1$，$\boldsymbol{\varepsilon}_2$，…，$\boldsymbol{\varepsilon}_k$ 线性表示

$$A\boldsymbol{\varepsilon}_1=a_{11}x_1+a_{12}x_2+\cdots+a_{1k}x_k,$$
$$A\boldsymbol{\varepsilon}_2=a_{21}x_1+a_{22}x_2+\cdots+a_{2k}x_k,$$
$$\cdots\cdots\cdots\cdots\cdots\cdots$$
$$A\boldsymbol{\varepsilon}_k=a_{k1}x_1+a_{k2}x_2+\cdots+a_{kk}x_k,$$

从而 A 在基 $\boldsymbol{\varepsilon}_1$，$\boldsymbol{\varepsilon}_2$，…，$\boldsymbol{\varepsilon}_k$，$\boldsymbol{\varepsilon}_{k+1}$，…，$\boldsymbol{\varepsilon}_n$ 下的矩阵具有形状(10.7)，$A|_W$ 在 W 的基 $\boldsymbol{\varepsilon}_1$，$\boldsymbol{\varepsilon}_2$，…，$\boldsymbol{\varepsilon}_k$ 下的矩阵是 $\boldsymbol{A}_1$.

反之，若 A 在基 $\boldsymbol{\varepsilon}_1$，$\boldsymbol{\varepsilon}_2$，…，$\boldsymbol{\varepsilon}_k$，$\boldsymbol{\varepsilon}_{k+1}$，…，$\boldsymbol{\varepsilon}_n$ 下的矩阵有(10.7)的形状，

不难证明，由基$\boldsymbol{\varepsilon}_1$，$\boldsymbol{\varepsilon}_2$，…，$\boldsymbol{\varepsilon}_k$生成的子空间是$A$-子空间．

(2) 设V分解成若干个A-子空间的直和：

$$V=W_1\oplus W_2\oplus\cdots\oplus W_s.$$

在每一个A-子空间W_i中取基

$$\boldsymbol{\varepsilon}_{i1},\ \boldsymbol{\varepsilon}_{i2},\ \cdots,\ \boldsymbol{\varepsilon}_{in_i}\ (i=1,\ 2,\ \cdots,\ s), \tag{10.8}$$

并把它们合并起来成为V的一组基I，则在这组基下，A的矩阵具有准对角形状

$$\begin{pmatrix} \boldsymbol{A}_1 & & & \\ & \boldsymbol{A}_2 & & \\ & & \ddots & \\ & & & \boldsymbol{A}_s \end{pmatrix}, \tag{10.9}$$

其中$\boldsymbol{A}_i(i=1,\ 2,\ \cdots,\ s)$就是$A|_W$在基(10.8)下的矩阵．

反之，如果线性变换A在基I下的矩阵是准对角形(10.9)，则由(10.8)生成的子空间W_i是A-子空间．

这个定理的正确性是显然的．由此可知，矩阵分解为准对角形与空间分解为不变子空间的直和是相当的．

例 10.23　设V是数域P上的三维线性空间，线性变换A在基$\boldsymbol{\varepsilon}_1$，$\boldsymbol{\varepsilon}_2$，$\boldsymbol{\varepsilon}_3$下的矩阵为

$$\boldsymbol{A}=\begin{pmatrix} 1 & 2 & 1 \\ 2 & 1 & 1 \\ 1 & -1 & 0 \end{pmatrix},$$

求证：$W=L(\boldsymbol{\varepsilon}_3,\ \boldsymbol{\varepsilon}_1+\boldsymbol{\varepsilon}_2)$是$V$的$A$-子空间．

证　从以上讨论可知，W是V的A-子空间的充分必要条件是$A\boldsymbol{\varepsilon}_3$，$A(\boldsymbol{\varepsilon}_1+\boldsymbol{\varepsilon}_2)$属于$W$．而$A\boldsymbol{\varepsilon}_3=\boldsymbol{\varepsilon}_1+\boldsymbol{\varepsilon}_2\in W$，$A(\boldsymbol{\varepsilon}_1+\boldsymbol{\varepsilon}_2)=3\boldsymbol{\varepsilon}_1+3\boldsymbol{\varepsilon}_2\in W$，所以$W$是$V$的$A$-子空间．

最后我们不加证明地给出一个重要定理，它是应用哈密尔顿—凯莱定理将空间V按特征值分解成不变子空间的直和．

定理 10.10　设线性变换A的特征多项式为$f(\lambda)$，它可分解成一次因式的乘积

$$f(\lambda)=(\lambda-\lambda_1)^{r_1}(\lambda-\lambda_2)^{r_2}\cdots(\lambda-\lambda_s)^{r_s},$$

则V可分解成不变子空间的直和

$$V=V_1\oplus V_2\oplus\cdots\oplus V_s,$$

其中

$$V_i=\{\boldsymbol{\xi}\mid(\boldsymbol{A}-\lambda_i\boldsymbol{E})^{r_i}\boldsymbol{\xi}=\boldsymbol{0},\ \boldsymbol{\xi}\in V\}.$$

习 题 10

(A)

1. 判断下列变换是否是线性变换：

(1) 在线性空间 V 中，固定 V 中一个向量 $\boldsymbol{\alpha}$，定义变换 $A(\boldsymbol{\xi})=\boldsymbol{\xi}+\boldsymbol{\alpha}$；

(2) 在线性空间 V 中，固定 V 中一个向量 $\boldsymbol{\alpha}$，定义变换 $A(\boldsymbol{\xi})=\boldsymbol{\alpha}$；

(3) 在 P^3 中，定义 $A(x_1, x_2, x_3)=(2x_1-x_2, x_2+x_3, x_1)$；

(4) 在 $P[x]$中，定义 $Af(x)=f(x+1)$；

(5) 把复数域看做复数域上的线性空间，定义 $A\boldsymbol{\xi}=\overline{\boldsymbol{\xi}}$；

(6) 把复数域看做实数域上的线性空间，定义 $A\boldsymbol{\xi}=\overline{\boldsymbol{\xi}}$.

2. 下列各变换 A 是否是线性空间 $P[x]$和 $P[x]_n$ 上的线性变换？

(1) $Af(x)=xf(x)$； (2) $Af(x)=f(x)f'(x)$；

(3) $Af(x)=f(x)+f'(x)$.

3. 设 A、B 是两个线性变换，满足 $AB-BA=E$，证明：

$$A^kB-BA^k=kA^{k-1},\ k>1.$$

4. 设$\boldsymbol{\varepsilon}_1, \boldsymbol{\varepsilon}_2, \cdots, \boldsymbol{\varepsilon}_n$是数域 P 上的 n 维线性空间 V 的一组基，A 是线性变换，证明：A 可逆的充要条件是 $A\boldsymbol{\varepsilon}_1, A\boldsymbol{\varepsilon}_2, \cdots, A\boldsymbol{\varepsilon}_n$线性无关.

5. 在空间 $P[x]_n$ 中，设有线性变换 A：$f(x)\mapsto f(x+1)-f(x)$，求 A 在基

$$\varepsilon_0=1,\ \varepsilon_i=\frac{x(x-1)\cdots(x-i+1)}{i!}\quad (i=1, 2, \cdots, n-1)$$

下的矩阵.

6. 在 $P^{2\times 2}$ 中，定义线性变换

$$A_1(\boldsymbol{X})=\begin{pmatrix} a & b \\ c & d \end{pmatrix}\boldsymbol{X},$$

$$A_2(\boldsymbol{X})=\boldsymbol{X}\begin{pmatrix} a & b \\ c & d \end{pmatrix},$$

$$A_3(\boldsymbol{X})=\begin{pmatrix} a & b \\ c & d \end{pmatrix}\boldsymbol{X}\begin{pmatrix} a & b \\ c & d \end{pmatrix},$$

求 A_1, A_2, A_3 在基 $\boldsymbol{E}_{11}, \boldsymbol{E}_{12}, \boldsymbol{E}_{21}, \boldsymbol{E}_{22}$ 下的矩阵.

7. 已知 P^3 中线性变换 A 在基 $\boldsymbol{\eta}_1=(-1, 1, 1)^{\mathrm{T}}$，$\boldsymbol{\eta}_2=(1, 0, -1)^{\mathrm{T}}$，

$\boldsymbol{\eta}_3=(0,1,1)^{\mathrm{T}}$ 下的矩阵为 $\boldsymbol{A}=\begin{pmatrix}1&0&1\\1&1&0\\-1&2&1\end{pmatrix}$，求 A 在基 $\boldsymbol{\varepsilon}_1=(1,0,0)^{\mathrm{T}}$，$\boldsymbol{\varepsilon}_2=(0,1,0)^{\mathrm{T}}$，$\boldsymbol{\varepsilon}_3=(0,0,1)^{\mathrm{T}}$ 下的矩阵.

8. 设三维线性空间 V 上的线性变换 A 在基 $\boldsymbol{\varepsilon}_1$，$\boldsymbol{\varepsilon}_2$，$\boldsymbol{\varepsilon}_3$ 下的矩阵为

$$\boldsymbol{A}=\begin{pmatrix}a_{11}&a_{12}&a_{13}\\a_{21}&a_{22}&a_{23}\\a_{31}&a_{32}&a_{33}\end{pmatrix},$$

(1) 求 A 在基 $\boldsymbol{\varepsilon}_3$，$\boldsymbol{\varepsilon}_2$，$\boldsymbol{\varepsilon}_1$ 下的矩阵；

(2) 求 A 在基 $\boldsymbol{\varepsilon}_1$，$k\boldsymbol{\varepsilon}_2$，$\boldsymbol{\varepsilon}_3$ 下的矩阵，其中 $k\in P$ 且 $k\neq0$；

(3) 求 A 在基 $\boldsymbol{\varepsilon}_1+\boldsymbol{\varepsilon}_2$，$\boldsymbol{\varepsilon}_2$，$\boldsymbol{\varepsilon}_3$ 下的矩阵.

9. 设 $\mathbf{R}^2$ 中的变换 T_1 在基 $\boldsymbol{\alpha}_1=(1,2)^{\mathrm{T}}$，$\boldsymbol{\alpha}_2=(2,1)^{\mathrm{T}}$ 下的矩阵为

$$\boldsymbol{A}=\begin{pmatrix}1&2\\2&3\end{pmatrix},$$

线性变换 T_2 在基 $\boldsymbol{\beta}_1=(1,1)^{\mathrm{T}}$，$\boldsymbol{\beta}_2=(1,2)^{\mathrm{T}}$ 下的矩阵为

$$\boldsymbol{B}=\begin{pmatrix}3&3\\2&4\end{pmatrix}.$$

(1) 求 T_1+T_2 对基 $\boldsymbol{\beta}_1=(1,1)^{\mathrm{T}}$，$\boldsymbol{\beta}_2=(1,2)^{\mathrm{T}}$ 的矩阵；

(2) T_1T_2 对基 $\boldsymbol{\alpha}_1=(1,2)^{\mathrm{T}}$，$\boldsymbol{\alpha}_2=(2,1)^{\mathrm{T}}$ 的矩阵；

(3) 设 $\boldsymbol{\xi}=(3,3)^{\mathrm{T}}$，求 $T_1\boldsymbol{\xi}$ 在基 $\boldsymbol{\alpha}_1=(1,2)^{\mathrm{T}}$，$\boldsymbol{\alpha}_2=(2,1)^{\mathrm{T}}$ 下的坐标；

(4) 求 $T_2\boldsymbol{\xi}$ 在基 $\boldsymbol{\beta}_1=(1,1)^{\mathrm{T}}$，$\boldsymbol{\beta}_2=(1,2)^{\mathrm{T}}$ 下的坐标.

10. 设 A 是 k 维线性空间 V 上的线性变换，如果 $A^{k-1}\boldsymbol{\xi}\neq\mathbf{0}$，但 $A^k\boldsymbol{\xi}=\mathbf{0}$，

(1) 证明：$\boldsymbol{\xi}$，$A\boldsymbol{\xi}$，…，$A^{k-1}\boldsymbol{\xi}$ $(k>0)$ 线性无关；

(2) 求 A 在基 $\boldsymbol{\xi}$，$A\boldsymbol{\xi}$，…，$A^{k-1}\boldsymbol{\xi}$ 下的矩阵.

11. 设四维线性空间 V 上的线性变换 A 在基 $\boldsymbol{\varepsilon}_1$，$\boldsymbol{\varepsilon}_2$，$\boldsymbol{\varepsilon}_3$，$\boldsymbol{\varepsilon}_4$ 下的矩阵为

$$\begin{pmatrix}1&0&2&1\\-1&2&1&3\\1&2&5&5\\2&-2&1&-2\end{pmatrix},$$

(1) 求 A 的核与值域；

(2) 在 A 的核中选一组基，把它扩充成 V 的一组基，并求在这组基下的矩阵；

(3) 在 A 的值域中选一组基，把它扩充成 V 的一组基，并求在这组基下的矩阵．

12. 设三维线性空间 V 上的线性变换 A 在基 $\boldsymbol{\varepsilon}_1$，$\boldsymbol{\varepsilon}_2$，$\boldsymbol{\varepsilon}_3$ 下的矩阵为

$$\boldsymbol{A}=\begin{pmatrix}1 & -3 & 3\\ 3 & -5 & 3\\ 6 & -6 & 4\end{pmatrix},$$

(1) 求 A 的特征值与特征向量；

(2) 求一可逆矩阵 $\boldsymbol{P}$，使得 $\boldsymbol{P}^{-1}\boldsymbol{AP}$ 成对角形．

13. 设四维线性空间 V 上的线性变换 A 在基 $\boldsymbol{\varepsilon}_1$，$\boldsymbol{\varepsilon}_2$，$\boldsymbol{\varepsilon}_3$，$\boldsymbol{\varepsilon}_4$ 下的矩阵为

$$\begin{pmatrix}0 & 0 & 6 & -5\\ 0 & 0 & -5 & 4\\ 0 & 0 & \dfrac{7}{2} & -\dfrac{3}{2}\\ 0 & 0 & 5 & -2\end{pmatrix},$$

(1) 求 A 的特征值与特征向量；

(2) 求一可逆矩阵 $\boldsymbol{T}$，使得 $\boldsymbol{T}^{-1}\boldsymbol{AT}$ 成对角形，并指出 A 在哪组基下的矩阵是这个对角阵？

14. 设 V 是实数域上全体 2×2 矩阵组成的线性空间，V 上的线性变换 T：$T\boldsymbol{X}=\boldsymbol{X}^{\mathrm{T}}$，求 V 的一组基，使得 T 在这组基下的矩阵为对角矩阵．

15. 设 V 是数域 K 上的三维线性空间，线性变换 A 在基 $\boldsymbol{\varepsilon}_1$，$\boldsymbol{\varepsilon}_2$，$\boldsymbol{\varepsilon}_3$ 下的矩阵为

$$\boldsymbol{A}=\begin{pmatrix}3 & 1 & -1\\ 2 & 2 & -1\\ 2 & 2 & 0\end{pmatrix},$$

证明：$W=L(\boldsymbol{\varepsilon}_3,\ \boldsymbol{\varepsilon}_1+\boldsymbol{\varepsilon}_2+2\boldsymbol{\varepsilon}_3)$ 是 V 的 A-子空间．

16. 设 V 是实数域 $\mathbf{R}$ 上的四维线性空间，线性变换 A 在基 $\boldsymbol{\varepsilon}_1$，$\boldsymbol{\varepsilon}_2$，$\boldsymbol{\varepsilon}_3$，$\boldsymbol{\varepsilon}_4$ 下的矩阵为

$$\begin{pmatrix}1 & 0 & 2 & -1\\ 0 & 1 & 4 & -2\\ 2 & -1 & 0 & 1\\ 2 & -1 & -1 & 2\end{pmatrix},$$

证明：$W=L(\boldsymbol{\varepsilon}_1+2\boldsymbol{\varepsilon}_2,\ \boldsymbol{\varepsilon}_2+\boldsymbol{\varepsilon}_3+2\boldsymbol{\varepsilon}_4)$ 是 V 的 A-子空间．

17. 设 A，B 是两个线性变换，$A^2=A$，$B^2=B$，证明：

(1) 如果 $(A+B)^2=A+B$，则 $AB=0$；

(2) 如果 $AB=BA$，则 $(A+B-AB)^2=A+B-AB$.

18. 设 V 是数域 P 上的 n 维线性空间，证明：$L(V)$ 是 n^2 维的.

19. 设 $V=V_1\oplus V_2\oplus\cdots\oplus V_s$. V 到 V_i 上的投影是指映射 $\varepsilon: V\rightarrow V$，它由 $\varepsilon(\boldsymbol{v})=\boldsymbol{v}_i$ 定义，其中 $\boldsymbol{v}=\boldsymbol{v}_1+\boldsymbol{v}_2+\cdots+\boldsymbol{v}_n$，$\boldsymbol{v}_i\in V_i$.

20. 设 $\mathbf{C}$ 为复数域，T 是 $\mathbf{C}^n$ 上的任意一线性空间，S_1，S_2 为 $\mathbf{C}^n$ 的任意两个子空间，则 $T(S_1\cap S_2)=TS_1\cap TS_2$ 是否一定成立?

21. 问是否存在 n 阶方阵 $\boldsymbol{A}$，$\boldsymbol{B}$ 满足 $\boldsymbol{AB}-\boldsymbol{BA}=\boldsymbol{E}$? 是否存在 n 维线性空间上的线性变换 A，B，满足 $AB-BA=E$? 若是，举出例子，若不是，给出证明.

(B)

1. 设 A 是数域 P 上的 n 维线性空间 V 的一个线性变换，证明：

(1) 在 $P[x]$ 中存在一个次数小于等于 n^2 的多项式 $f(x)$，使得 $f(A)=0$；

(2) 如果 $f(A)=0$，$g(A)=0$，那么 $d(A)=0$，这里 $d(x)$ 是 $f(x)$，$g(x)$ 的最大公因式；

(3) A 可逆的充要条件是有一个常数项不为零的多项式 $f(x)$，使得 $f(A)=0$.

2. 设 T 是 n 维线性空间 V 的一个线性变换，V_1 是 V 的子空间，证明：

$$\dim TV_1\geqslant\dim TV+\dim V_1-n.$$

3. 在 $P^{2\times2}$ 上定义一个线性变换 T 如下：

$$T(\boldsymbol{A})=\begin{pmatrix}1&-1\\-1&1\end{pmatrix}\boldsymbol{A},\ \boldsymbol{A}\in P^{2\times2}.$$

(1) 证明 T 是线性变换；

(2) 求 T 在基 $\boldsymbol{E}_{ij}$，i，$j=1$，2 下的矩阵；

(3) 求 T 的值域 $T(P^{2\times2})$，并给出它的维数和一组基；

(4) 求 T 的核 N，并给出它的维数和一组基.

4. 设 $\boldsymbol{A}$，$\boldsymbol{B}$，$\boldsymbol{C}$，$\boldsymbol{D}\in P^{n\times n}$，在 $M_n(P)$ 上定义一个线性变换 T 如下：

$$T(\boldsymbol{Z})=\boldsymbol{AZB}+\boldsymbol{CZ}+\boldsymbol{ZD},\ \boldsymbol{Z}\in P^{n\times n},$$

证明：(1) T 是 $P^{n\times n}$ 上的线性变换；(2) 当 $\boldsymbol{C}=\boldsymbol{D}=\boldsymbol{O}$ 时，T 可逆的充要条件是 $|\boldsymbol{AB}|\neq0$.

5. 设 V 是全体次数不超过 n 的实系数多项式构成的实数域上的线性空间，定义 V 上的线性变换

$$T(f(x))=xf'(x)-f(x),\ f(x)\in V,$$

(1) 求 T 的核 $T^{-1}(0)$ 与值域 TV；(2) 证明 $V=T^{-1}(0)\oplus TV$.

6. 设 $P[x]$ 表示数域 P 上的一元多项式的全体，$P[x]$ 上的映射 D：$P[x]\rightarrow$

$P[x]$对任意f，$g\in P[x]$，a，$b\in P$，满足：

(1) $D(af+bg)=aD(f)+bD(g)$；

(2) $D(fg)=D(f)g+fD(g)$；

(3) $Dx=1$.

证明：$Df=f'$.

7. 设T是线性空间V上的线性变换，$\boldsymbol{z}$是V上的非零向量．若向量组$\boldsymbol{z}$，$T\boldsymbol{z}$，…，$T^{m-1}\boldsymbol{z}$线性无关，而$T^m\boldsymbol{z}$与它们线性相关．证明：子空间$W=L(\boldsymbol{z},T\boldsymbol{z},\cdots,T^{m-1}\boldsymbol{z})$是$V$的$T$-子空间，并求在该组基下的矩阵．

8. 设A，B是n维线性空间V中的线性变换，且$A^2=A$，$B^2=B$，证明：

(1) A，B有相同的值域的充要条件是$AB=B$，$BA=A$；

(2) A，B有相同的核的充要条件是$AB=A$，$BA=B$.

9. 设V是数域P上的线性空间，σ是V上的线性变换，$f(x)$，$g(x)\in P[x]$，$h(x)=f(x)g(x)$，证明：

(1) $\mathrm{Ker}f(\sigma)+\mathrm{Ker}g(\sigma)\subseteq\mathrm{Ker}h(\sigma)$；

(2) 若$(f(x),g(x))=1$，则$\mathrm{Ker}f(\sigma)\oplus\mathrm{Ker}g(\sigma)=\mathrm{Ker}h(\sigma)$.

10. 设σ是n维线性变换V的可逆线性变换．

(1) 试证σ的逆变换σ^{-1}可表示成σ的多项式；

(2) 令$f(\lambda)$是σ的特征多项式，证明当多项式$g(\lambda)$，$f(\lambda)$互素时，$g(\sigma)$是可逆线性变换．

11. 设P是一个数域，

$$V=\left\{\begin{pmatrix}a&0&b\\0&c&0\\d&0&e\end{pmatrix}\middle|\,a,b,c,d,e\in P\right\}.$$

(1) 证明：V对于矩阵的加法和数乘构成一个线性空间；

(2) 令$\boldsymbol{A}=\begin{pmatrix}0&0&1\\0&1&0\\1&0&0\end{pmatrix}$，定义一个映射

$$\varphi\colon V\to V,\ \varphi(\boldsymbol{x})=\boldsymbol{A}\boldsymbol{x},\ \boldsymbol{x}\in V,$$

证明：φ是V的线性变换；

(3) 写出V的一组基(无需证明)，求φ在这组基下的矩阵；

(4) 求出φ的特征值及相应的全部特征向量；

(5) 求V的一组基，使得φ在这组基下的矩阵为对角矩阵．

第 11 章　欧氏空间

第 9 章介绍了线性空间的概念，在线性空间中，向量之间的基本运算只有加法和数量乘法，但是向量的长度及向量的夹角在线性空间的理论中并未得到反映．然而，这两种度量性质在许多问题中有着特殊的地位，因此，本章将讨论反映这两种度量性质的线性空间——欧氏空间．

§11.1　欧氏空间的定义与基本性质

在几何空间中，向量的长度、夹角等度量性质都可以通过向量的内积表示出来，而且向量的内积有比较明显的代数性质，因此，在抽象的讨论中，我们也取内积作为基本的概念．

定义 11.1　设 V 是实数域 $\mathbf{R}$ 上的一个线性空间，在 V 上定义了一个二元实函数，称为**内积**，记作 $(\boldsymbol{\alpha}, \boldsymbol{\beta})$，它具有以下性质：

(1) $(\boldsymbol{\alpha}, \boldsymbol{\beta})=(\boldsymbol{\beta}, \boldsymbol{\alpha})$；

(2) $(k\boldsymbol{\alpha}, \boldsymbol{\beta})=k(\boldsymbol{\alpha}, \boldsymbol{\beta})$；

(3) $(\boldsymbol{\alpha}+\boldsymbol{\beta}, \boldsymbol{\gamma})=(\boldsymbol{\alpha}, \boldsymbol{\gamma})+(\boldsymbol{\beta}, \boldsymbol{\gamma})$；

(4) $(\boldsymbol{\alpha}, \boldsymbol{\alpha})\geqslant 0$，当且仅当 $\boldsymbol{\alpha}=\mathbf{0}$ 时，$(\boldsymbol{\alpha}, \boldsymbol{\alpha})=0$.

这里 $\boldsymbol{\alpha}$，$\boldsymbol{\beta}$，$\boldsymbol{\gamma}$ 是 V 中任意的向量，k 是任意实数，这样的线性空间 V 称为**欧几里得空间**，简称**欧氏空间**．

几何空间中向量的数量积显然具有定义 11.1 中列举的 4 条性质，因此，几何空间是一个欧氏空间．

欧氏空间的内涵十分广泛，引入内积的方法也多种多样，只要符合内积的四条性质就称为内积运算．下面看几个例子．

例 11.1　在线性空间 $\mathbf{R}^n$ 中，对于向量 $\boldsymbol{\alpha}=(a_1, a_2, \cdots, a_n)$，$\boldsymbol{\beta}=(b_1, b_2, \cdots, b_n)$，定义内积

$$(\boldsymbol{\alpha}, \boldsymbol{\beta})=a_1b_1+a_2b_2+\cdots+a_nb_n, \tag{11.1}$$

则内积(11.1)适合定义中的条件，这样 $\mathbf{R}^n$ 就成为一个欧氏空间，称为欧氏空间 $\mathbf{R}^n$.

当 $n=3$ 时，(11.1)式就是几何空间中向量的内积在直角坐标系中的坐标表达式.

例 11.2 在闭区间$[a, b]$上的所有实连续函数构成的空间 $C[a, b]$ 中，对于函数 $f(x)$，$g(x)$定义内积

$$(f(x), g(x))=\int_a^b f(x)g(x)\mathrm{d}x,\ f(x),\ g(x)\in C[a,b]. \qquad (11.2)$$

对于内积(11.2)，$C[a, b]$ 构成一个欧氏空间.

同样地，线性空间 $R[x]$，$R[x]_n$ 对于内积(11.2)也构成欧氏空间.

例 11.3 对于实数域上的线性空间 $\mathbf{R}^{n\times n}$，对于 $\boldsymbol{A}=(a_{ij})_{n\times n}$，$\boldsymbol{B}=(b_{ij})_{n\times n}\in\mathbf{R}^{n\times n}$定义:

$$(\boldsymbol{A},\ \boldsymbol{B})=\mathrm{tr}(\boldsymbol{A}\boldsymbol{B}^{\mathrm{T}}), \qquad (11.3)$$

证明：$\mathbf{R}^{n\times n}$关于这样定义的法则构成欧氏空间.

证 设$\boldsymbol{A}=(a_{ij})_{n\times n}$，$\boldsymbol{B}=(b_{ij})_{n\times n}\in\mathbf{R}^{n\times n}$，则

$(\boldsymbol{A},\ \boldsymbol{B})=\mathrm{tr}(\boldsymbol{A}\boldsymbol{B}^{\mathrm{T}})=\mathrm{tr}((\boldsymbol{A}\boldsymbol{B}^{\mathrm{T}})^{\mathrm{T}})=\mathrm{tr}(\boldsymbol{B}\boldsymbol{A}^{\mathrm{T}})=(\boldsymbol{B},\ \boldsymbol{A})$;

$(k\boldsymbol{A},\ \boldsymbol{B})=\mathrm{tr}(k\boldsymbol{A}\boldsymbol{B}^{\mathrm{T}})=k\mathrm{tr}(\boldsymbol{A}\boldsymbol{B}^{\mathrm{T}})=k(\boldsymbol{A},\ \boldsymbol{B})$;

$$\begin{aligned}(\boldsymbol{A}+\boldsymbol{B},\ \boldsymbol{C})&=\mathrm{tr}((\boldsymbol{A}+\boldsymbol{B})\boldsymbol{C}^{\mathrm{T}})=\mathrm{tr}(\boldsymbol{A}\boldsymbol{C}^{\mathrm{T}}+\boldsymbol{B}\boldsymbol{C}^{\mathrm{T}})\\&=\mathrm{tr}(\boldsymbol{A}\boldsymbol{C}^{\mathrm{T}})+\mathrm{tr}(\boldsymbol{B}\boldsymbol{C}^{\mathrm{T}})=(\boldsymbol{A},\ \boldsymbol{C})+(\boldsymbol{B},\ \boldsymbol{C});\end{aligned}$$

$(\boldsymbol{A},\ \boldsymbol{A})=\mathrm{tr}(\boldsymbol{A}\boldsymbol{A}^{\mathrm{T}})\geqslant 0$，当且仅当$\boldsymbol{A}=\boldsymbol{O}$时，$(\boldsymbol{A},\ \boldsymbol{A})=0$.

所以根据定义 11.1 可知，(11.3)是 $\mathbf{R}^{n\times n}$ 的内积，$\mathbf{R}^{n\times n}$ 关于(11.3)构成欧氏空间.

由内积的定义，不难得出内积的一些基本性质.

定理 11.1 设 V 是欧氏空间，且 $\boldsymbol{\alpha}$，$\boldsymbol{\beta}$，$\boldsymbol{\gamma}$，$\boldsymbol{\alpha}_i$，$\boldsymbol{\beta}_j\in V$，$k$，$k_i$，$l_j\in\mathbf{R}$，则有

(1) $(\boldsymbol{\alpha},\ k\boldsymbol{\beta})=(k\boldsymbol{\beta},\ \boldsymbol{\alpha})=k(\boldsymbol{\alpha},\ \boldsymbol{\beta})=k(\boldsymbol{\beta},\ \boldsymbol{\alpha})$;

(2) $(\boldsymbol{\alpha},\ \boldsymbol{\beta}+\boldsymbol{\gamma})=(\boldsymbol{\alpha},\ \boldsymbol{\beta})+(\boldsymbol{\alpha},\ \boldsymbol{\gamma})$;

(3) $\left(\sum\limits_{i=1}^{m}k_i\boldsymbol{\alpha}_i,\sum\limits_{j=1}^{n}l_j\boldsymbol{\beta}_j\right)=\sum\limits_{i=1}^{m}\sum\limits_{j=1}^{n}k_il_j(\boldsymbol{\alpha}_i,\boldsymbol{\beta}_j)$;

(4) 柯西—施瓦茨(Cauchy - Schwarz)不等式:

$$(\boldsymbol{\alpha},\ \boldsymbol{\beta})^2\leqslant(\boldsymbol{\alpha},\ \boldsymbol{\alpha})(\boldsymbol{\beta},\ \boldsymbol{\beta}).$$

当且仅当$\boldsymbol{\alpha}$，$\boldsymbol{\beta}$线性相关时，等号才成立.

证 只证(4). 如果$\boldsymbol{\alpha}$，$\boldsymbol{\beta}$线性相关，不妨设$\boldsymbol{\beta}=k\boldsymbol{\alpha}$，于是

$$(\boldsymbol{\alpha},\ \boldsymbol{\beta})^2=(\boldsymbol{\alpha},\ k\boldsymbol{\alpha})^2=k^2(\boldsymbol{\alpha},\ \boldsymbol{\alpha})^2=(\boldsymbol{\alpha},\ \boldsymbol{\alpha})(k\boldsymbol{\alpha},\ k\boldsymbol{\alpha})=(\boldsymbol{\alpha},\ \boldsymbol{\alpha})(\boldsymbol{\beta},\ \boldsymbol{\beta}),$$

即等式成立.

反之，如果$(\boldsymbol{\alpha},\ \boldsymbol{\beta})^2=(\boldsymbol{\alpha},\ \boldsymbol{\alpha})(\boldsymbol{\beta},\ \boldsymbol{\beta})$，则当$\boldsymbol{\beta}=\mathbf{0}$时，$\boldsymbol{\alpha}$与$\boldsymbol{\beta}$线性相关；当

$\boldsymbol{\beta}\neq 0$时，有

$$\left(\boldsymbol{\alpha}-\frac{(\boldsymbol{\alpha},\boldsymbol{\beta})}{(\boldsymbol{\beta},\boldsymbol{\beta})}\boldsymbol{\beta},\ \boldsymbol{\alpha}-\frac{(\boldsymbol{\alpha},\boldsymbol{\beta})}{(\boldsymbol{\beta},\boldsymbol{\beta})}\boldsymbol{\beta}\right)=(\boldsymbol{\alpha},\boldsymbol{\alpha})-\frac{(\boldsymbol{\alpha},\boldsymbol{\beta})}{(\boldsymbol{\beta},\boldsymbol{\beta})}(\boldsymbol{\alpha},\boldsymbol{\beta})-\frac{(\boldsymbol{\alpha},\boldsymbol{\beta})}{(\boldsymbol{\beta},\boldsymbol{\beta})}(\boldsymbol{\beta},\boldsymbol{\alpha})+\frac{(\boldsymbol{\alpha},\boldsymbol{\beta})^2}{(\boldsymbol{\beta},\boldsymbol{\beta})^2}(\boldsymbol{\beta},\boldsymbol{\beta})=0,$$

所以$\boldsymbol{\alpha}-\frac{(\boldsymbol{\alpha},\boldsymbol{\beta})}{(\boldsymbol{\beta},\boldsymbol{\beta})}\boldsymbol{\beta}=\mathbf{0}$，即$\boldsymbol{\alpha}$与$\boldsymbol{\beta}$线性相关．

如果$\boldsymbol{\alpha}$与$\boldsymbol{\beta}$线性无关，则对于任意实数k，有$\boldsymbol{\alpha}+k\boldsymbol{\beta}\neq\mathbf{0}$，从而

$$0<(\boldsymbol{\alpha}+k\boldsymbol{\beta},\ \boldsymbol{\alpha}+k\boldsymbol{\beta})=(\boldsymbol{\alpha},\boldsymbol{\alpha})+2k(\boldsymbol{\alpha},\boldsymbol{\beta})+k^2(\boldsymbol{\beta},\boldsymbol{\beta}).$$

这说明实系数方程$(\boldsymbol{\beta},\boldsymbol{\beta})x^2+2(\boldsymbol{\alpha},\boldsymbol{\beta})x+(\boldsymbol{\alpha},\boldsymbol{\alpha})=0$无实根，因此

$$(\boldsymbol{\alpha},\boldsymbol{\beta})^2<(\boldsymbol{\alpha},\boldsymbol{\alpha})(\boldsymbol{\beta},\boldsymbol{\beta}).$$

在不同的欧氏空间中，元素及其内积的含义不一样，因此，柯西—施瓦茨不等式具有不同的形式，对于例 11.1 的空间$\mathbf{R}^n$，应用不等式，可得到

$$(a_1b_1+a_2b_2+\cdots+a_nb_n)^2\leqslant(a_1^2+a_2^2+\cdots+a_n^2)(b_1^2+b_2^2+\cdots+b_n^2).$$

对于例 11.2 的空间$C[a,b]$，应用这个不等式，可得到

$$\left(\int_a^b f(x)g(x)\mathrm{d}x\right)^2\leqslant\left(\int_a^b f^2(x)\mathrm{d}x\right)\left(\int_a^b g^2(x)\mathrm{d}x\right).$$

以上两个不等式都是历史上著名的不等式．

例 11.4　设a，b，c是正数，且$a+b+c=1$，试证：$\frac{1}{a}+\frac{1}{b}+\frac{1}{c}\geqslant 9$.

证　在$\mathbf{R}^3$中的向量，对于(11.1)定义的内积，令

$$\boldsymbol{\alpha}=(\sqrt{a},\sqrt{b},\sqrt{c}),\ \boldsymbol{\beta}=\left(\frac{1}{\sqrt{a}},\frac{1}{\sqrt{b}},\frac{1}{\sqrt{c}}\right).$$

由于

$$(\boldsymbol{\alpha},\boldsymbol{\beta})^2=\left(\sqrt{a}\frac{1}{\sqrt{a}}+\sqrt{b}\frac{1}{\sqrt{b}}+\sqrt{c}\frac{1}{\sqrt{c}}\right)^2=9,$$

$$(\boldsymbol{\alpha},\boldsymbol{\alpha})(\boldsymbol{\beta},\boldsymbol{\beta})=[(\sqrt{a})^2+(\sqrt{b})^2+(\sqrt{c})^2]\left[\left(\frac{1}{\sqrt{a}}\right)^2+\left(\frac{1}{\sqrt{b}}\right)^2+\left(\frac{1}{\sqrt{c}}\right)^2\right]$$
$$=(a+b+c)\left(\frac{1}{a}+\frac{1}{b}+\frac{1}{c}\right),$$

根据柯西—施瓦茨不等式$(\boldsymbol{\alpha},\boldsymbol{\beta})^2\leqslant(\boldsymbol{\alpha},\boldsymbol{\alpha})(\boldsymbol{\beta},\boldsymbol{\beta})$，以及$a+b+c=1$，得

$$\frac{1}{a}+\frac{1}{b}+\frac{1}{c}\geqslant 9.$$

由内积的条件(4)，有$(\boldsymbol{\alpha},\boldsymbol{\alpha})\geqslant 0$，所以对于任意的向量$\boldsymbol{\alpha}$，$\sqrt{(\boldsymbol{\alpha},\boldsymbol{\alpha})}$是有意义的．在几何空间中，向量$\boldsymbol{\alpha}$的长度为$\sqrt{(\boldsymbol{\alpha},\boldsymbol{\alpha})}$．仿照几何空间，我们对

一般的欧氏空间中的元素也给出长度、夹角及正交等概念，但它们都没有直观的几何意义，只不过是借用了几何术语．

定义 11.2 非负实数$\sqrt{(\boldsymbol{\alpha},\ \boldsymbol{\alpha})}$称为向量$\boldsymbol{\alpha}$的长度，记为$|\boldsymbol{\alpha}|$，即$|\boldsymbol{\alpha}|=\sqrt{(\boldsymbol{\alpha},\ \boldsymbol{\alpha})}$.

显然，向量的长度一般是非负数，只有零向量的长度才是零，这样定义的长度与几何空间中定义的性质是一致的，所以也符合熟知的性质：

$$|k\boldsymbol{\alpha}|=|k|\,|\boldsymbol{\alpha}|, \tag{11.4}$$

这里$k\in\mathbf{R}$，$\boldsymbol{\alpha}\in V$.

长度为 1 的向量称为**单位向量**．如果$\boldsymbol{\alpha}\neq\mathbf{0}$，由(11.4)式，向量$\dfrac{1}{|\boldsymbol{\alpha}|}\boldsymbol{\alpha}$就是一个单位向量．用非零向量$\boldsymbol{\alpha}$的长度去除向量$\boldsymbol{\alpha}$，得到一个与$\boldsymbol{\alpha}$同向的单位向量$\dfrac{1}{|\boldsymbol{\alpha}|}\boldsymbol{\alpha}$，这种做法通常称为把$\boldsymbol{\alpha}$**单位化**．

在几何空间中，向量$\boldsymbol{\alpha}$，$\boldsymbol{\beta}$的夹角$\langle\boldsymbol{\alpha},\ \boldsymbol{\beta}\rangle$的余弦可以通过内积来表示

$$\cos\langle\boldsymbol{\alpha},\ \boldsymbol{\beta}\rangle=\frac{(\boldsymbol{\alpha},\ \boldsymbol{\beta})}{|\boldsymbol{\alpha}|\,|\boldsymbol{\beta}|}.$$

根据柯西—施瓦茨不等式有$|(\boldsymbol{\alpha},\ \boldsymbol{\beta})|\leqslant|\boldsymbol{\alpha}|\,|\boldsymbol{\beta}|$，即对于非零向量有$\left|\dfrac{(\boldsymbol{\alpha},\ \boldsymbol{\beta})}{|\boldsymbol{\alpha}|\,|\boldsymbol{\beta}|}\right|\leqslant 1$，因此，在一般的欧氏空间中引入夹角的概念．

定义 11.3 非零向量$\boldsymbol{\alpha}$，$\boldsymbol{\beta}$的夹角$\langle\boldsymbol{\alpha},\ \boldsymbol{\beta}\rangle$规定为

$$\langle\boldsymbol{\alpha},\ \boldsymbol{\beta}\rangle=\arccos\frac{(\boldsymbol{\alpha},\ \boldsymbol{\beta})}{|\boldsymbol{\alpha}|\,|\boldsymbol{\beta}|},\ 0\leqslant\langle\boldsymbol{\alpha},\ \boldsymbol{\beta}\rangle\leqslant\pi. \tag{11.5}$$

如果向量$\boldsymbol{\alpha}$，$\boldsymbol{\beta}$的内积为零，即

$$(\boldsymbol{\alpha},\ \boldsymbol{\beta})=0,$$

那么$\boldsymbol{\alpha}$，$\boldsymbol{\beta}$称为**正交**或**互相垂直**，记为$\boldsymbol{\alpha}\perp\boldsymbol{\beta}$. 零向量可以认为与任何向量正交.

显然，这里正交的定义与几何空间中对于正交的说法一致．两个非零向量正交的充分必要条件是它们的夹角为$\dfrac{\pi}{2}$.

向量的长度有下述两个关系：

(1) $|\boldsymbol{\alpha}+\boldsymbol{\beta}|\leqslant|\boldsymbol{\alpha}|+|\boldsymbol{\beta}|$；

(2) 当$\boldsymbol{\alpha}$，$\boldsymbol{\beta}$正交时，$|\boldsymbol{\alpha}+\boldsymbol{\beta}|^2=|\boldsymbol{\alpha}|^2+|\boldsymbol{\beta}|^2$.

证 因为$|\boldsymbol{\alpha}+\boldsymbol{\beta}|^2=(\boldsymbol{\alpha}+\boldsymbol{\beta},\ \boldsymbol{\alpha}+\boldsymbol{\beta})=(\boldsymbol{\alpha},\ \boldsymbol{\alpha})+2(\boldsymbol{\alpha},\ \boldsymbol{\beta})+(\boldsymbol{\beta},\ \boldsymbol{\beta})$，所以

(1) 根据柯西—施瓦茨不等式，有

$$|\boldsymbol{\alpha}+\boldsymbol{\beta}|^2\leqslant|\boldsymbol{\alpha}|^2+2|\boldsymbol{\alpha}||\boldsymbol{\beta}|+|\boldsymbol{\beta}|^2=(|\boldsymbol{\alpha}|+|\boldsymbol{\beta}|)^2,$$

两边开方，即得

$$|\boldsymbol{\alpha}+\boldsymbol{\beta}|\leqslant|\boldsymbol{\alpha}|+|\boldsymbol{\beta}|.$$

(2) 当 $\boldsymbol{\alpha}$，$\boldsymbol{\beta}$ 正交时，$(\boldsymbol{\alpha},\boldsymbol{\beta})=0$，得

$$|\boldsymbol{\alpha}+\boldsymbol{\beta}|^2=|\boldsymbol{\alpha}|^2+|\boldsymbol{\beta}|^2.$$

上面的第一个不等式就是通常的三角不等式；第二个等式说明在欧氏空间中，勾股定理同样成立．这两个结论可以推广到多个向量的情形，即

$$|\boldsymbol{\alpha}_1+\boldsymbol{\alpha}_2+\cdots+\boldsymbol{\alpha}_m|^2\leqslant|\boldsymbol{\alpha}_1|^2+|\boldsymbol{\alpha}_2|^2+\cdots+|\boldsymbol{\alpha}_m|^2;$$

如果向量组 $\boldsymbol{\alpha}_1$，$\boldsymbol{\alpha}_2$，…，$\boldsymbol{\alpha}_m$ 两两正交，那么

$$|\boldsymbol{\alpha}_1+\boldsymbol{\alpha}_2+\cdots+\boldsymbol{\alpha}_m|^2=|\boldsymbol{\alpha}_1|^2+|\boldsymbol{\alpha}_2|^2+\cdots+|\boldsymbol{\alpha}_m|^2.$$

例 11.5　在 $C[-\pi,\pi]$ 中定义内积为

$$(f(x),g(x))=\int_{-\pi}^{\pi}f(x)g(x)\mathrm{d}x,\ f(x),g(x)\in C[-\pi,\pi],$$

试证明：函数组

$$1,\ \cos x,\ \sin x,\ \cos 2x,\ \sin 2x,\ \cdots,\ \cos nx,\ \sin nx,\ \cdots$$

是两两正交的，但它们均不是单位向量．

证　首先证明函数组是两两正交的．由于

$$(1,\cos nx)=\int_{-\pi}^{\pi}\cos nx\,\mathrm{d}x=0,$$

$$(1,\sin nx)=\int_{-\pi}^{\pi}\sin nx\,\mathrm{d}x=0,$$

$$\begin{aligned}(\sin mx,\sin nx)&=\int_{-\pi}^{\pi}\sin mx\sin nx\,\mathrm{d}x\\&=\frac{1}{2}\int_{-\pi}^{\pi}[\cos(m-n)x-\cos(m+n)x]\mathrm{d}x\\&=0\quad(m\neq n),\end{aligned}$$

$$\begin{aligned}(\cos mx,\cos nx)&=\int_{-\pi}^{\pi}\cos mx\cos nx\,\mathrm{d}x\\&=\frac{1}{2}\int_{-\pi}^{\pi}[\cos(m-n)x+\cos(m+n)x]\mathrm{d}x\\&=0\quad(m\neq n),\end{aligned}$$

$$\begin{aligned}(\sin mx,\cos nx)&=\int_{-\pi}^{\pi}\sin mx\cos nx\,\mathrm{d}x\\&=\frac{1}{2}\int_{-\pi}^{\pi}[\sin(m+n)x+\sin(m-n)x]\mathrm{d}x=0,\end{aligned}$$

所以该向量组是两两正交的．

其次证明它们不是单位向量．由于

$$|1|=\sqrt{(1,\ 1)}=\sqrt{\int_{-\pi}^{\pi}1\mathrm{d}x}=\sqrt{2\pi},$$

$$|\sin mx|=\sqrt{(\sin mx,\ \sin mx)}=\sqrt{\int_{-\pi}^{\pi}\sin^2 mx\mathrm{d}x}$$

$$=\sqrt{\frac{1}{2}\int_{-\pi}^{\pi}(1-\cos 2mx)\mathrm{d}x}=\sqrt{\pi},$$

$$|\cos mx|=\sqrt{(\cos mx,\ \cos mx)}=\sqrt{\int_{-\pi}^{\pi}\cos^2 mx\mathrm{d}x}$$

$$=\sqrt{\frac{1}{2}\int_{-\pi}^{\pi}(1+\cos 2mx)\mathrm{d}x}=\sqrt{\pi},$$

所以它们都不是单位向量．但是$\frac{1}{\sqrt{2\pi}}$，$\frac{1}{\sqrt{\pi}}\sin mx$，$\frac{1}{\sqrt{\pi}}\cos mx$ 均为单位向量．

在以上的讨论中，对空间的维数没有作任何限制．从现在开始，以下假设所讨论的空间都是有限维的．

定义 11.4 设 V 是一个 n 维欧氏空间，$\boldsymbol{\varepsilon}_1$，$\boldsymbol{\varepsilon}_2$，…，$\boldsymbol{\varepsilon}_n$是 V 的一组基，称 n 阶方阵

$$\mathbf{A}=(a_{ij})_{n\times n}$$

为基$\boldsymbol{\varepsilon}_1$，$\boldsymbol{\varepsilon}_2$，…，$\boldsymbol{\varepsilon}_n$的**度量矩阵或 Gram 矩阵**，其中 $a_{ij}=(\boldsymbol{\varepsilon}_i,\ \boldsymbol{\varepsilon}_j)(i,\ j=1,\ 2,\ \cdots,\ n)$.

任取 n 维欧氏空间 V 的两个向量$\boldsymbol{\alpha}$，$\boldsymbol{\beta}$，则有

$$\boldsymbol{\alpha}=x_1\boldsymbol{\varepsilon}_1+x_2\boldsymbol{\varepsilon}_2+\cdots+x_n\boldsymbol{\varepsilon}_n,$$

$$\boldsymbol{\beta}=y_1\boldsymbol{\varepsilon}_1+y_2\boldsymbol{\varepsilon}_2+\cdots+y_n\boldsymbol{\varepsilon}_n,$$

其中$\boldsymbol{\alpha}$，$\boldsymbol{\beta}$在基$\boldsymbol{\varepsilon}_1$，$\boldsymbol{\varepsilon}_2$，…，$\boldsymbol{\varepsilon}_n$下的坐标分别为 $\boldsymbol{X}=(x_1,\ x_2,\ \cdots,\ x_n)^{\mathrm{T}}$ 和 $\boldsymbol{Y}=(y_1,\ y_2,\ \cdots,\ y_n)^{\mathrm{T}}$，则由内积的性质，得

$$(\boldsymbol{\alpha},\boldsymbol{\beta})=(x_1\boldsymbol{\varepsilon}_1+x_2\boldsymbol{\varepsilon}_2+\cdots+x_n\boldsymbol{\varepsilon}_n,y_1\boldsymbol{\varepsilon}_1+y_2\boldsymbol{\varepsilon}_2+\cdots+y_n\boldsymbol{\varepsilon}_n)$$

$$=\sum_{i=1}^{n}\sum_{j=1}^{n}x_i(\boldsymbol{\varepsilon}_i,\boldsymbol{\varepsilon}_j)y_j=\boldsymbol{X}^{\mathrm{T}}\boldsymbol{A}\boldsymbol{Y}. \tag{11.6}$$

这说明，知道了一个基的度量矩阵之后，任意两个向量$\boldsymbol{\alpha}$，$\boldsymbol{\beta}$的内积可以通过它们的坐标表示出来，因此，度量矩阵完全确定了内积．

度量矩阵有以下一些重要性质．

性质 11.1 度量矩阵是正定矩阵．

证 设$\boldsymbol{\varepsilon}_1$，$\boldsymbol{\varepsilon}_2$，…，$\boldsymbol{\varepsilon}_n$是 n 维欧氏空间 V 的一组基．由内积定义的条件

(1)，知

$$a_{ij}=(\boldsymbol{\varepsilon}_i,\ \boldsymbol{\varepsilon}_j)=(\boldsymbol{\varepsilon}_j,\ \boldsymbol{\varepsilon}_i)=a_{ji},$$

所以度量矩阵 $\boldsymbol{A}=(a_{ij})_{n\times n}$ 是一个实对称矩阵．而由条件(4)，对于任意非零向量 $\boldsymbol{\alpha}$，有 $\boldsymbol{\alpha}$ 在基 $\boldsymbol{\varepsilon}_1$，$\boldsymbol{\varepsilon}_2$，…，$\boldsymbol{\varepsilon}_n$ 下的坐标

$$\boldsymbol{X}=\begin{pmatrix}x_1\\x_2\\\vdots\\x_n\end{pmatrix}\neq\boldsymbol{0},$$

则

$$(\boldsymbol{\alpha},\ \boldsymbol{\alpha})=\boldsymbol{X}^{\mathrm{T}}\boldsymbol{A}\boldsymbol{X}>0,$$

因此，度量矩阵是正定的．

性质 11.2 不同基的度量矩阵是合同的．

证 假定 $\boldsymbol{X}$，$\boldsymbol{Y}$，$\boldsymbol{A}$ 的定义如上．设 $\boldsymbol{\varepsilon}_1$，$\boldsymbol{\varepsilon}_2$，…，$\boldsymbol{\varepsilon}_n$ 和 $\boldsymbol{\eta}_1$，$\boldsymbol{\eta}_2$，…，$\boldsymbol{\eta}_n$ 是 n 维欧氏空间 V 的两组基，基 $\boldsymbol{\varepsilon}_1$，$\boldsymbol{\varepsilon}_2$，…，$\boldsymbol{\varepsilon}_n$ 的度量矩阵为 $\boldsymbol{A}$，基 $\boldsymbol{\eta}_1$，$\boldsymbol{\eta}_2$，…，$\boldsymbol{\eta}_n$ 的度量矩阵为 $\boldsymbol{B}$，由公式(11.6)，得

$$(\boldsymbol{\alpha},\ \boldsymbol{\beta})=\boldsymbol{X}_1^{\mathrm{T}}\boldsymbol{B}\boldsymbol{Y}_1,$$

其中 $\boldsymbol{X}_1$，$\boldsymbol{Y}_1$ 分别是 $\boldsymbol{\alpha}$，$\boldsymbol{\beta}$ 在基 $\boldsymbol{\eta}_1$，$\boldsymbol{\eta}_2$，…，$\boldsymbol{\eta}_n$ 下的坐标．

设由基 $\boldsymbol{\varepsilon}_1$，$\boldsymbol{\varepsilon}_2$，…，$\boldsymbol{\varepsilon}_n$ 到基 $\boldsymbol{\eta}_1$，$\boldsymbol{\eta}_2$，…，$\boldsymbol{\eta}_n$ 的过渡矩阵为 $\boldsymbol{C}$，即

$$(\boldsymbol{\eta}_1,\ \boldsymbol{\eta}_2,\ \cdots,\ \boldsymbol{\eta}_n)=(\boldsymbol{\varepsilon}_1,\ \boldsymbol{\varepsilon}_2,\ \cdots,\ \boldsymbol{\varepsilon}_n)\boldsymbol{C}.$$

根据坐标变换公式，知

$$\boldsymbol{X}=\boldsymbol{C}\boldsymbol{X}_1,\ \boldsymbol{Y}=\boldsymbol{C}\boldsymbol{Y}_1,$$

于是

$$(\boldsymbol{\alpha},\ \boldsymbol{\beta})=\boldsymbol{X}^{\mathrm{T}}\boldsymbol{A}\boldsymbol{Y}=\boldsymbol{X}_1^{\mathrm{T}}\boldsymbol{C}^{\mathrm{T}}\boldsymbol{A}\boldsymbol{C}\boldsymbol{Y}_1=\boldsymbol{X}_1^{\mathrm{T}}\boldsymbol{B}\boldsymbol{Y}_1,$$

因此，

$$\boldsymbol{B}=\boldsymbol{C}^{\mathrm{T}}\boldsymbol{A}\boldsymbol{C}.$$

这就是说，不同基的度量矩阵是合同的．

性质 11.3 任一 n 阶正定矩阵 $\boldsymbol{B}$ 都可以看成 n 维欧氏空间 V 的某一组基的度量矩阵．

证 设 $\boldsymbol{\varepsilon}_1$，$\boldsymbol{\varepsilon}_2$，…，$\boldsymbol{\varepsilon}_n$ 是 n 维欧氏空间 V 的一组基，基 $\boldsymbol{\varepsilon}_1$，$\boldsymbol{\varepsilon}_2$，…，$\boldsymbol{\varepsilon}_n$ 的度量矩阵为 $\boldsymbol{A}$，所以 $\boldsymbol{A}$ 是 n 阶正定矩阵．因为 n 阶正定矩阵是合同的，则 $\boldsymbol{B}$ 与 $\boldsymbol{A}$ 合同，也就是有可逆矩阵 $\boldsymbol{P}$，使 $\boldsymbol{B}=\boldsymbol{P}^{\mathrm{T}}\boldsymbol{A}\boldsymbol{P}$.

令

$$(\boldsymbol{\gamma}_1,\ \boldsymbol{\gamma}_2,\ \cdots,\ \boldsymbol{\gamma}_n)=(\boldsymbol{\varepsilon}_1,\ \boldsymbol{\varepsilon}_2,\ \cdots,\ \boldsymbol{\varepsilon}_n)\boldsymbol{P},$$

那么，$\boldsymbol{\gamma}_1$，$\boldsymbol{\gamma}_2$，…，$\boldsymbol{\gamma}_n$ 也是 V 的一组基，而且这组基的度量矩阵就是 $\boldsymbol{P}^{\mathrm{T}}\boldsymbol{A}\boldsymbol{P}=\boldsymbol{B}$.

例 11.6 设 V 是一个欧氏空间，$\boldsymbol{\varepsilon}_1$，$\boldsymbol{\varepsilon}_2$，$\boldsymbol{\varepsilon}_3$，$\boldsymbol{\varepsilon}_4$ 是 V 的一组基，已知

$$\boldsymbol{\alpha}_1=\boldsymbol{\varepsilon}_1-\boldsymbol{\varepsilon}_2,\ \boldsymbol{\alpha}_2=-\boldsymbol{\varepsilon}_1+2\boldsymbol{\varepsilon}_2,\ \boldsymbol{\alpha}_3=\boldsymbol{\varepsilon}_2+2\boldsymbol{\varepsilon}_3+\boldsymbol{\varepsilon}_4,\ \boldsymbol{\alpha}_4=\boldsymbol{\varepsilon}_1+\boldsymbol{\varepsilon}_3+\boldsymbol{\varepsilon}_4$$

的度量矩阵为

$$\begin{pmatrix} 2 & -3 & 0 & 1 \\ -3 & 6 & 0 & -1 \\ 0 & 0 & 13 & 9 \\ 1 & -1 & 9 & 7 \end{pmatrix}.$$

(1) 求$\boldsymbol{\varepsilon}_1$，$\boldsymbol{\varepsilon}_2$，$\boldsymbol{\varepsilon}_3$，$\boldsymbol{\varepsilon}_4$的度量矩阵；

(2) 求 a，使 $\boldsymbol{\alpha}=\boldsymbol{\varepsilon}_1-\boldsymbol{\varepsilon}_2+2\boldsymbol{\varepsilon}_3$与 $\boldsymbol{\beta}=\boldsymbol{\varepsilon}_1+a\boldsymbol{\varepsilon}_2+2\boldsymbol{\varepsilon}_3-\boldsymbol{\varepsilon}_4$正交.

解 (1)由$\boldsymbol{\varepsilon}_1$，$\boldsymbol{\varepsilon}_2$，$\boldsymbol{\varepsilon}_3$，$\boldsymbol{\varepsilon}_4$到 $\boldsymbol{\alpha}_1$，$\boldsymbol{\alpha}_2$，$\boldsymbol{\alpha}_3$，$\boldsymbol{\alpha}_4$ 的过渡矩阵为

$$\boldsymbol{C}=\begin{pmatrix} 1 & -1 & 0 & 1 \\ -1 & 2 & 1 & 0 \\ 0 & 0 & 2 & 1 \\ 0 & 0 & 1 & 1 \end{pmatrix},$$

所以由 $\boldsymbol{\alpha}_1$，$\boldsymbol{\alpha}_2$，$\boldsymbol{\alpha}_3$，$\boldsymbol{\alpha}_4$ 到$\boldsymbol{\varepsilon}_1$，$\boldsymbol{\varepsilon}_2$，$\boldsymbol{\varepsilon}_3$，$\boldsymbol{\varepsilon}_4$的过渡矩阵为

$$\boldsymbol{C}^{-1}=\begin{pmatrix} 2 & 1 & 1 & -3 \\ 1 & 1 & 0 & -1 \\ 0 & 0 & 1 & -1 \\ 0 & 0 & -1 & 2 \end{pmatrix},$$

于是基$\boldsymbol{\varepsilon}_1$，$\boldsymbol{\varepsilon}_2$，$\boldsymbol{\varepsilon}_3$，$\boldsymbol{\varepsilon}_4$的度量矩阵为

$$(\boldsymbol{C}^{-1})^{\mathrm{T}}\begin{pmatrix} 2 & -3 & 0 & 1 \\ -3 & 6 & 0 & -1 \\ 0 & 0 & 13 & 9 \\ 1 & -1 & 9 & 7 \end{pmatrix}\boldsymbol{C}^{-1}=\begin{pmatrix} 2 & 1 & 0 & -1 \\ 1 & 2 & -1 & 0 \\ 0 & -1 & 2 & 1 \\ -1 & 0 & 1 & 3 \end{pmatrix}.$$

(2) 因为

$$(\boldsymbol{\alpha},\ \boldsymbol{\beta})=(1,\ -1,\ 2,\ 0)\begin{pmatrix} 2 & 1 & 0 & -1 \\ 1 & 2 & -1 & 0 \\ 0 & -1 & 2 & 1 \\ -1 & 0 & 1 & 3 \end{pmatrix}\begin{pmatrix} 1 \\ a \\ 2 \\ -1 \end{pmatrix}=-3a+10,$$

所以当 $a=\dfrac{10}{3}$时，$\boldsymbol{\alpha}$ 与 $\boldsymbol{\beta}$ 正交.

§11.2 标准正交基

定义 11.5 欧氏空间 V 的一组非零的向量，如果它们两两正交，就称为一个正交向量组.

按定义，由单个非零向量所成的向量组也是正交向量组.

在第 7 章中，我们已经证明了如下定理.

定理 11.2 正交向量组都是线性无关的.

这个定理说明，在 n 维欧氏空间中，两两正交的非零向量不能超过 n 个. 定理结果用于平面与立体几何就得到：平面上不存在三个非零向量两两垂直；空间中不存在四个非零向量两两垂直.

定义 11.6 在 n 维欧氏空间中，由 n 个向量组成的正交向量组称为**正交基**；由单位向量组成的正交基称为**标准正交基**.

对一组正交基进行单位化就得到一组标准正交基.

设 $\boldsymbol{\varepsilon}_1$，$\boldsymbol{\varepsilon}_2$，…，$\boldsymbol{\varepsilon}_n$ 是一组标准正交基，由定义，有

$$(\boldsymbol{\varepsilon}_i,\ \boldsymbol{\varepsilon}_j)=\begin{cases}1，当 i=j 时，\\ 0，当 i\neq j 时.\end{cases} \tag{11.7}$$

由式(11.7)知，一组基为标准正交基的充分必要条件是：它的度量矩阵为单位矩阵.

由于度量矩阵是正定矩阵，根据第 8 章关于正定二次型的结果，正定矩阵合同于单位矩阵. 这说明在 n 维欧氏空间中存在一组基，它的度量矩阵是单位矩阵. 由此断言，在 n 维欧氏空间中，标准正交基是存在的.

在几何空间 $\mathbf{R}^3$ 中，$\boldsymbol{i}$，$\boldsymbol{j}$，$\boldsymbol{k}$ 就是一组标准正交基；在 n 维欧氏空间 $\mathbf{R}^n$ 中，n 维单位坐标向量 $\boldsymbol{e}_1$，$\boldsymbol{e}_2$，…，$\boldsymbol{e}_n$ 就是一组标准正交基；在欧氏空间 $\mathbf{R}^{m\times n}$ 中，$\boldsymbol{E}_{ij}$ $(i=1,\ 2,\ \cdots,\ m;\ j=1,\ 2,\ \cdots,\ n)$ 就是一组标准正交基.

例 11.7 在线性空间 $\mathbf{R}^3$ 中，任取一组基 $\boldsymbol{\alpha}_1$，$\boldsymbol{\alpha}_2$，$\boldsymbol{\alpha}_3$，定义内积为

$$(\boldsymbol{\alpha},\ \boldsymbol{\beta})=\boldsymbol{X}^{\mathrm{T}}\begin{pmatrix}3 & 0 & 2\\ 0 & 3 & -2\\ 2 & -2 & 5\end{pmatrix}\boldsymbol{Y},$$

其中 $\boldsymbol{X}$，$\boldsymbol{Y}$ 分别是 $\boldsymbol{\alpha}$，$\boldsymbol{\beta}$ 在基 $\boldsymbol{\alpha}_1$，$\boldsymbol{\alpha}_2$，$\boldsymbol{\alpha}_3$ 下的坐标，从而得到一个欧氏空间 V，求 V 的一组标准正交基.

解 记

$$\boldsymbol{A}=\begin{pmatrix}3 & 0 & 2\\ 0 & 3 & -2\\ 2 & -2 & 5\end{pmatrix},$$

则 $\boldsymbol{A}$ 是基 $\boldsymbol{\alpha}_1$，$\boldsymbol{\alpha}_2$，$\boldsymbol{\alpha}_3$ 的度量矩阵，是一个正定矩阵. 因此，存在可逆矩阵 $\boldsymbol{P}$，使

$$\boldsymbol{P}^{\mathrm{T}}\boldsymbol{A}\boldsymbol{P}=\boldsymbol{E}.$$

以 $\boldsymbol{P}$ 为过渡矩阵，由基 $\boldsymbol{\alpha}_1$，$\boldsymbol{\alpha}_2$，$\boldsymbol{\alpha}_3$ 得到一组新基 $\boldsymbol{\eta}_1$，$\boldsymbol{\eta}_2$，$\boldsymbol{\eta}_3$. 因为基 $\boldsymbol{\eta}_1$，$\boldsymbol{\eta}_2$，$\boldsymbol{\eta}_3$ 的度量矩阵 $\boldsymbol{P}^{\mathrm{T}}\boldsymbol{A}\boldsymbol{P}$ 是单位矩阵，所以基 $\boldsymbol{\eta}_1$，$\boldsymbol{\eta}_2$，$\boldsymbol{\eta}_3$ 是标准正交基.

在前面已经给出了 $\boldsymbol{P}$ 的算法，这里给出结果．

$$\boldsymbol{P}=\begin{pmatrix} \frac{1}{\sqrt{3}} & 0 & -\frac{2}{3}\sqrt{\frac{3}{7}} \\ 0 & \frac{1}{\sqrt{3}} & \frac{2}{3}\sqrt{\frac{3}{7}} \\ 0 & 0 & \sqrt{\frac{3}{7}} \end{pmatrix},$$

即有

$$(\boldsymbol{\eta}_1,\ \boldsymbol{\eta}_2,\ \boldsymbol{\eta}_3)=(\boldsymbol{\alpha}_1,\ \boldsymbol{\alpha}_2,\ \boldsymbol{\alpha}_3)\begin{pmatrix} \frac{1}{\sqrt{3}} & 0 & -\frac{2}{3}\sqrt{\frac{3}{7}} \\ 0 & \frac{1}{\sqrt{3}} & \frac{2}{3}\sqrt{\frac{3}{7}} \\ 0 & 0 & \sqrt{\frac{3}{7}} \end{pmatrix},$$

得到一组标准正交基：

$$\boldsymbol{\eta}_1=\frac{1}{\sqrt{3}}\boldsymbol{\alpha}_1,$$

$$\boldsymbol{\eta}_2=\frac{1}{\sqrt{3}}\boldsymbol{\alpha}_2,$$

$$\boldsymbol{\eta}_3=-\frac{2}{3}\sqrt{\frac{3}{7}}\boldsymbol{\alpha}_1+\frac{2}{3}\sqrt{\frac{3}{7}}\boldsymbol{\alpha}_2+\sqrt{\frac{3}{7}}\boldsymbol{\alpha}_3.$$

第 7 章讨论的正交化的方法，在一般欧氏空间中也可以应用，因此，在欧氏空间中有如下定理．

定理 11.3 n 维欧氏空间中任一个正交向量组都能扩充成一组正交基．

证 设 $\boldsymbol{\alpha}_1$，$\boldsymbol{\alpha}_2$，…，$\boldsymbol{\alpha}_m$ 是一组正交向量组，我们对 $n-m$ 作数学归纳法．

当 $n-m=0$ 时，$\boldsymbol{\alpha}_1$，$\boldsymbol{\alpha}_2$，…，$\boldsymbol{\alpha}_m$ 就是一组标准正交基了．

假设 $n-m=k$ 时定理成立，即可以找到向量 $\boldsymbol{\beta}_1$，$\boldsymbol{\beta}_2$，…，$\boldsymbol{\beta}_k$，使得

$$\boldsymbol{\alpha}_1,\ \boldsymbol{\alpha}_2,\ \cdots,\ \boldsymbol{\alpha}_m,\ \boldsymbol{\beta}_1,\ \boldsymbol{\beta}_2,\ \cdots,\ \boldsymbol{\beta}_k$$

成为一组正交基．

现在来看 $n-m=k+1$ 时的情形．因为 $m<n$，所以一定有向量 $\boldsymbol{\beta}$ 不能被 $\boldsymbol{\alpha}_1$，$\boldsymbol{\alpha}_2$，…，$\boldsymbol{\alpha}_m$ 线性表出，作向量

$$\boldsymbol{\alpha}_{m+1}=\boldsymbol{\beta}-k_1\boldsymbol{\alpha}_1-k_2\boldsymbol{\alpha}_2-\cdots-k_m\boldsymbol{\alpha}_m,$$

这里 k_1，k_2，…，k_m 是待定的系数．用 $\boldsymbol{\alpha}_i$ 与 $\boldsymbol{\alpha}_{m+1}$ 作内积，得

$$(\boldsymbol{\alpha}_i,\ \boldsymbol{\alpha}_{m+1})=(\boldsymbol{\beta},\ \boldsymbol{\alpha}_i)-k_i(\boldsymbol{\alpha}_i,\ \boldsymbol{\alpha}_i)\quad(i=1,\ 2,\ \cdots,\ m).$$

取
$$k_i=\frac{(\boldsymbol{\beta},\ \boldsymbol{\alpha}_i)}{(\boldsymbol{\alpha}_i,\ \boldsymbol{\alpha}_i)}\quad(i=1,\ 2,\ \cdots,\ m),$$

有
$$(\boldsymbol{\alpha}_i,\ \boldsymbol{\alpha}_{m+1})=0\quad(i=1,\ 2,\ \cdots,\ m).$$

由 $\boldsymbol{\beta}$ 的选择可知，$\boldsymbol{\alpha}_{m+1}\neq\mathbf{0}$，因此，$\boldsymbol{\alpha}_1$，$\boldsymbol{\alpha}_2$，…，$\boldsymbol{\alpha}_m$，$\boldsymbol{\alpha}_{m+1}$ 是一正交向量组，根据归纳法假设，$\boldsymbol{\alpha}_1$，$\boldsymbol{\alpha}_2$，…，$\boldsymbol{\alpha}_m$，$\boldsymbol{\alpha}_{m+1}$ 可以扩充成一组正交基．定理得证．

定理 11.4　对于 n 维欧氏空间中的任意一组基 $\boldsymbol{\varepsilon}_1$，$\boldsymbol{\varepsilon}_2$，…，$\boldsymbol{\varepsilon}_n$，都可以找到一组标准正交基 $\boldsymbol{\eta}_1$，$\boldsymbol{\eta}_2$，…，$\boldsymbol{\eta}_n$，使

$$L(\boldsymbol{\varepsilon}_1,\ \boldsymbol{\varepsilon}_2,\ \cdots,\ \boldsymbol{\varepsilon}_i)=L(\boldsymbol{\eta}_1,\ \boldsymbol{\eta}_2,\ \cdots,\ \boldsymbol{\eta}_i)(i=1,\ 2,\ \cdots,\ n).$$

证　设 $\boldsymbol{\varepsilon}_1$，$\boldsymbol{\varepsilon}_2$，…，$\boldsymbol{\varepsilon}_n$ 是一组基，我们来逐个地求出向量 $\boldsymbol{\eta}_1$，$\boldsymbol{\eta}_2$，…，$\boldsymbol{\eta}_n$.

首先，可取 $\boldsymbol{\eta}_1=\dfrac{\boldsymbol{\varepsilon}_1}{|\boldsymbol{\varepsilon}_1|}$. 一般地，假定已经求出 $\boldsymbol{\eta}_1$，$\boldsymbol{\eta}_2$，…，$\boldsymbol{\eta}_m$，它们单位正交，具有性质

$$L(\boldsymbol{\varepsilon}_1,\ \boldsymbol{\varepsilon}_2,\ \cdots,\ \boldsymbol{\varepsilon}_i)=L(\boldsymbol{\eta}_1,\ \boldsymbol{\eta}_2,\ \cdots,\ \boldsymbol{\eta}_i)(i=1,\ 2,\ \cdots,\ m).$$

下一步求 $\boldsymbol{\eta}_{m+1}$.

因为 $L(\boldsymbol{\varepsilon}_1,\ \boldsymbol{\varepsilon}_2,\ \cdots,\ \boldsymbol{\varepsilon}_m)=L(\boldsymbol{\eta}_1,\ \boldsymbol{\eta}_2,\ \cdots,\ \boldsymbol{\eta}_m)$，所以 $\boldsymbol{\varepsilon}_{m+1}$ 不能被 $\boldsymbol{\eta}_1$，$\boldsymbol{\eta}_2$，…，$\boldsymbol{\eta}_m$ 线性表出．按照定理 11.3 证明中的方法，作向量

$$\boldsymbol{\xi}_{m+1}=\boldsymbol{\varepsilon}_{m+1}-\sum_{i=1}^{m}(\boldsymbol{\varepsilon}_{m+1},\ \boldsymbol{\eta}_i)\boldsymbol{\eta}_i.$$

显然
$$\boldsymbol{\xi}_{m+1}\neq\mathbf{0},$$

且
$$(\boldsymbol{\xi}_{m+1},\ \boldsymbol{\eta}_i)=0,\ i=1,\ 2,\ \cdots,\ m.$$

令
$$\boldsymbol{\eta}_{m+1}=\frac{\boldsymbol{\xi}_{m+1}}{|\boldsymbol{\xi}_{m+1}|},$$

$\boldsymbol{\eta}_1$，$\boldsymbol{\eta}_2$，…，$\boldsymbol{\eta}_m$，$\boldsymbol{\eta}_{m+1}$ 就是一单位正交向量组，同时

$$L(\boldsymbol{\varepsilon}_1,\ \boldsymbol{\varepsilon}_2,\ \cdots,\ \boldsymbol{\varepsilon}_{m+1})=L(\boldsymbol{\eta}_1,\ \boldsymbol{\eta}_2,\ \cdots,\ \boldsymbol{\eta}_{m+1}).$$

由归纳法原理，定理 11.4 得证．

这也就是第 7 章中的施密特正交化过程．

例 11.8　在 $R[x]_3$ 中定义内积

$$(f(x),\ g(x))=\int_{-1}^{1}f(x)g(x)\mathrm{d}x,f(x),g(x)\in R[x]_3,$$

由 $R[x]_3$ 的基 1，x，x^2 出发，求出标准正交基．

解　因为 1，x，x^2 是基，利用施密特正交化方法，首先正交化：

令 $\alpha_1=1$,

$$\alpha_2 = x - \frac{(x, \alpha_1)}{(\alpha_1, \alpha_1)}\alpha_1 = x - \frac{\int_{-1}^{1} x\mathrm{d}x}{\int_{-1}^{1} 1^2\mathrm{d}x} = x,$$

$$\alpha_3 = x^2 - \frac{(x^2, \alpha_1)}{(\alpha_1, \alpha_1)}\alpha_1 - \frac{(x^2, \alpha_2)}{(\alpha_2, \alpha_2)}\alpha_2$$

$$= x^2 - \frac{\int_{-1}^{1} x^2\mathrm{d}x}{\int_{-1}^{1} 1^2\mathrm{d}x} - \frac{\int_{-1}^{1} x^3\mathrm{d}x}{\int_{-1}^{1} x^2\mathrm{d}x}x = x^2 - \frac{1}{3},$$

然后将其单位化即得标准正交基：

$$\eta_1 = \frac{\alpha_1}{|\alpha_1|} = \frac{1}{\sqrt{\int_{-1}^{1} 1^2\mathrm{d}x}} = \frac{\sqrt{2}}{2},$$

$$\eta_2 = \frac{\alpha_2}{|\alpha_2|} = \frac{x}{\sqrt{\int_{-1}^{1} x^2\mathrm{d}x}} = \frac{\sqrt{6}}{2}x,$$

$$\eta_3 = \frac{\alpha_3}{|\alpha_3|} = \frac{x^2 - \frac{1}{3}}{\sqrt{\int_{-1}^{1} (x^2 - \frac{1}{3})^2\mathrm{d}x}} = \frac{3\sqrt{10}}{4}x^2 - \frac{\sqrt{10}}{4}.$$

在标准正交基下，向量的坐标可以通过内积简单地表示出来．

设$\boldsymbol{\varepsilon}_1$，$\boldsymbol{\varepsilon}_2$，…，$\boldsymbol{\varepsilon}_n$是欧氏空间$V$的标准正交基，对于任意$\boldsymbol{\alpha}\in V$，有

$$\boldsymbol{\alpha} = x_1\boldsymbol{\varepsilon}_1 + x_2\boldsymbol{\varepsilon}_2 + \cdots + x_n\boldsymbol{\varepsilon}_n,$$

用$\boldsymbol{\varepsilon}_i$与上式两边作内积，即得

$$x_i = (\boldsymbol{\varepsilon}_i, \boldsymbol{\alpha}) \quad (i=1, 2, \cdots, n),$$

因此，

$$\boldsymbol{\alpha} = (\boldsymbol{\varepsilon}_1, \boldsymbol{\alpha})\boldsymbol{\varepsilon}_1 + (\boldsymbol{\varepsilon}_2, \boldsymbol{\alpha})\boldsymbol{\varepsilon}_2 + \cdots + (\boldsymbol{\varepsilon}_n, \boldsymbol{\alpha})\boldsymbol{\varepsilon}_n. \qquad (11.8)$$

在标准正交基下，内积有特别简单的表达式．设

$$\boldsymbol{\alpha} = x_1\boldsymbol{\varepsilon}_1 + x_2\boldsymbol{\varepsilon}_2 + \cdots + x_n\boldsymbol{\varepsilon}_n,$$

$$\boldsymbol{\beta} = y_1\boldsymbol{\varepsilon}_1 + y_2\boldsymbol{\varepsilon}_2 + \cdots + y_n\boldsymbol{\varepsilon}_n,$$

则

$$(\boldsymbol{\alpha}, \boldsymbol{\beta}) = x_1y_1 + x_2y_2 + \cdots + x_ny_n = \boldsymbol{X}^{\mathrm{T}}\boldsymbol{Y}. \qquad (11.9)$$

这个表达式正是几何中向量的内积在直角坐标系中的坐标表达式的推广．

式(11.9)表明，对于任一组标准正交基，内积的表达式都一样，也就表

明，所有的标准正交基，在欧氏空间中有相同的地位．由于标准正交基在欧氏空间中占有特殊的地位，所以有必要来讨论从一组标准正交基到另一组标准正交基的基变换公式．

设$\boldsymbol{\varepsilon}_1, \boldsymbol{\varepsilon}_2, \cdots, \boldsymbol{\varepsilon}_n$与$\boldsymbol{\eta}_1, \boldsymbol{\eta}_2, \cdots, \boldsymbol{\eta}_n$是欧氏空间$V$中的两组标准正交基，它们之间的过渡矩阵是$\boldsymbol{A}=(a_{ij})$，即

$$(\boldsymbol{\eta}_1, \boldsymbol{\eta}_2, \cdots, \boldsymbol{\eta}_n)=(\boldsymbol{\varepsilon}_1, \boldsymbol{\varepsilon}_2, \cdots, \boldsymbol{\varepsilon}_n)\begin{pmatrix} a_{11} & a_{12} & \cdots & a_{1n} \\ a_{21} & a_{22} & \cdots & a_{2n} \\ \vdots & \vdots & & \vdots \\ a_{n1} & a_{n2} & \cdots & a_{nn} \end{pmatrix}.$$

因为$\boldsymbol{\eta}_1, \boldsymbol{\eta}_2, \cdots, \boldsymbol{\eta}_n$是标准正交基，所以

$$(\boldsymbol{\eta}_i, \boldsymbol{\eta}_j)=\begin{cases} 1, \text{当 } i=j \text{ 时}, \\ 0, \text{当 } i\neq j \text{ 时}. \end{cases} \tag{11.10}$$

矩阵$\boldsymbol{A}$的各列就是$\boldsymbol{\eta}_1, \boldsymbol{\eta}_2, \cdots, \boldsymbol{\eta}_n$在标准正交基$\boldsymbol{\varepsilon}_1, \boldsymbol{\varepsilon}_2, \cdots, \boldsymbol{\varepsilon}_n$下的坐标．按公式(11.9)，式(11.10)可以表示为

$$a_{1i}a_{1j}+a_{2i}a_{2j}+\cdots+a_{ni}a_{nj}=\begin{cases} 1, \text{当 } i=j \text{ 时}, \\ 0, \text{当 } i\neq j \text{ 时}. \end{cases} \tag{11.11}$$

式(11.11)相当于一个矩阵的等式

$$\boldsymbol{A}^{\mathrm{T}}\boldsymbol{A}=\boldsymbol{E}. \tag{11.12}$$

而满足条件

$$\boldsymbol{A}^{\mathrm{T}}\boldsymbol{A}=\boldsymbol{E}$$

的矩阵是正交矩阵．由以上分析说明，关于标准正交基有如下结论：

定理 11.5　由标准正交基到标准正交基的过渡矩阵是正交矩阵；反过来，如果第一组基是标准正交基，同时过渡矩阵是正交矩阵，那么第二组基一定也是标准正交基．

证　定理的第一个结论已证．

第二个结论的证明：设从第一组基到第二组基的过渡矩阵是正交矩阵$\boldsymbol{A}$，第二组基的度量矩阵是$\boldsymbol{B}$，则根据两组基的度量矩阵间的关系，有

$$\boldsymbol{B}=\boldsymbol{A}^{\mathrm{T}}\boldsymbol{E}\boldsymbol{A}=\boldsymbol{A}^{\mathrm{T}}\boldsymbol{A}=\boldsymbol{E},$$

所以第二组基也是标准正交基．

最后指出，根据逆矩阵的性质，由$\boldsymbol{A}^{\mathrm{T}}\boldsymbol{A}=\boldsymbol{E}$，即得$\boldsymbol{A}\boldsymbol{A}^{\mathrm{T}}=\boldsymbol{E}$，写出来就是

$$a_{i1}a_{j1}+a_{i2}a_{j2}+\cdots+a_{in}a_{jn}=\begin{cases} 1, \text{当 } i=j \text{ 时}, \\ 0, \text{当 } i\neq j \text{ 时}. \end{cases} \tag{11.13}$$

式(11.11)是矩阵列与列之间的关系，式(11.13)是矩阵行与行之间的关系，这两组关系是等价的．

例 11.9 设$\boldsymbol{\varepsilon}_1$，$\boldsymbol{\varepsilon}_2$，…，$\boldsymbol{\varepsilon}_5$为五维欧氏空间 V 的一组标准正交基，$V_1=L(\boldsymbol{\alpha}_1, \boldsymbol{\alpha}_2, \boldsymbol{\alpha}_3)$，其中 $\boldsymbol{\alpha}_1=\boldsymbol{\varepsilon}_1+\boldsymbol{\varepsilon}_5$，$\boldsymbol{\alpha}_2=\boldsymbol{\varepsilon}_1-\boldsymbol{\varepsilon}_2+\boldsymbol{\varepsilon}_4$，$\boldsymbol{\alpha}_3=2\boldsymbol{\varepsilon}_1+\boldsymbol{\varepsilon}_2+\boldsymbol{\varepsilon}_3$，求 V_1 的一组标准正交基.

解 易知 $\boldsymbol{\alpha}_1$，$\boldsymbol{\alpha}_2$，$\boldsymbol{\alpha}_3$ 线性无关，从而是 V_1 的一组基. 现对其正交化：令

$$\boldsymbol{\beta}_1=\boldsymbol{\alpha}_1=\boldsymbol{\varepsilon}_1+\boldsymbol{\varepsilon}_5,$$

$$\boldsymbol{\beta}_2=\boldsymbol{\alpha}_2-\frac{(\boldsymbol{\alpha}_2, \boldsymbol{\beta}_1)}{(\boldsymbol{\beta}_1, \boldsymbol{\beta}_1)}\boldsymbol{\beta}_1=\frac{1}{2}\boldsymbol{\varepsilon}_1-\boldsymbol{\varepsilon}_2+\boldsymbol{\varepsilon}_4-\frac{1}{2}\boldsymbol{\varepsilon}_5,$$

$$\boldsymbol{\beta}_3=\boldsymbol{\alpha}_3-\frac{(\boldsymbol{\alpha}_3, \boldsymbol{\beta}_1)}{(\boldsymbol{\beta}_1, \boldsymbol{\beta}_1)}\boldsymbol{\beta}_1-\frac{(\boldsymbol{\alpha}_3, \boldsymbol{\beta}_2)}{(\boldsymbol{\beta}_2, \boldsymbol{\beta}_2)}\boldsymbol{\beta}_2=\boldsymbol{\varepsilon}_1+\boldsymbol{\varepsilon}_2+\boldsymbol{\varepsilon}_3-\boldsymbol{\varepsilon}_5.$$

再单位化，即得

$$\boldsymbol{\eta}_1=\frac{\sqrt{2}}{2}\boldsymbol{\varepsilon}_1+\frac{\sqrt{2}}{2}\boldsymbol{\varepsilon}_5,$$

$$\boldsymbol{\eta}_2=\frac{\sqrt{10}}{10}\boldsymbol{\varepsilon}_1-\frac{\sqrt{10}}{5}\boldsymbol{\varepsilon}_2+\frac{\sqrt{10}}{5}\boldsymbol{\varepsilon}_4-\frac{\sqrt{10}}{10}\boldsymbol{\varepsilon}_5,$$

$$\boldsymbol{\eta}_3=\frac{1}{2}\boldsymbol{\varepsilon}_1+\frac{1}{2}\boldsymbol{\varepsilon}_2+\frac{1}{2}\boldsymbol{\varepsilon}_3-\frac{1}{2}\boldsymbol{\varepsilon}_5.$$

这就是 V_1 的一组标准正交基.

例 11.10 设$\boldsymbol{\varepsilon}_1$，$\boldsymbol{\varepsilon}_2$，$\boldsymbol{\varepsilon}_3$为三维欧氏空间 V 的一组标准正交基，证明：

$$\boldsymbol{\alpha}_1=\frac{1}{3}(2\boldsymbol{\varepsilon}_1+2\boldsymbol{\varepsilon}_2-\boldsymbol{\varepsilon}_3),$$

$$\boldsymbol{\alpha}_2=\frac{1}{3}(2\boldsymbol{\varepsilon}_1-\boldsymbol{\varepsilon}_2+2\boldsymbol{\varepsilon}_3),$$

$$\boldsymbol{\alpha}_3=\frac{1}{3}(\boldsymbol{\varepsilon}_1-2\boldsymbol{\varepsilon}_2-2\boldsymbol{\varepsilon}_3)$$

也是 V 的一组标准正交基.

证 由条件可知

$$(\boldsymbol{\alpha}_1, \boldsymbol{\alpha}_2, \boldsymbol{\alpha}_3)=(\boldsymbol{\varepsilon}_1, \boldsymbol{\varepsilon}_2, \boldsymbol{\varepsilon}_3)\frac{1}{3}\begin{pmatrix} 2 & 2 & 1 \\ 2 & -1 & -2 \\ -1 & 2 & -2 \end{pmatrix}.$$

令
$$\boldsymbol{A}=\frac{1}{3}\begin{pmatrix} 2 & 2 & 1 \\ 2 & -1 & -2 \\ -1 & 2 & -2 \end{pmatrix},$$

容易验证 $\boldsymbol{A}$ 为正交矩阵. 由于$\boldsymbol{\varepsilon}_1$，$\boldsymbol{\varepsilon}_2$，$\boldsymbol{\varepsilon}_3$是一组标准正交基，所以由定理 11.5 知，$\boldsymbol{\alpha}_1$，$\boldsymbol{\alpha}_2$，$\boldsymbol{\alpha}_3$ 也是一组标准正交基.

注：本题也可以根据内积的性质及$\boldsymbol{\varepsilon}_1$，$\boldsymbol{\varepsilon}_2$，$\boldsymbol{\varepsilon}_3$是 V 的一组标准正交基直接

算得 $\boldsymbol{\alpha}_1$，$\boldsymbol{\alpha}_2$，$\boldsymbol{\alpha}_3$ 满足：

$$(\boldsymbol{\alpha}_i, \boldsymbol{\alpha}_j)=\begin{cases}1, & \text{当 } i=j \text{ 时}, \\ 0, & \text{当 } i\neq j \text{ 时},\end{cases}$$

即 $\boldsymbol{\alpha}_1$，$\boldsymbol{\alpha}_2$，$\boldsymbol{\alpha}_3$ 是 V 的一组标准正交基．

在线性空间的讨论中，我们知道：数域 P 上的所有维数相同的空间都是同构的．在欧氏空间中也有类似的结论．

定义 11.7　设 V 与 V' 是实数域 $\mathbf{R}$ 上的两个欧氏空间，σ 是 V 到 V' 的一个双射．若对任意 $\boldsymbol{\alpha}$，$\boldsymbol{\beta}\in V$，$k\in\mathbf{R}$，满足：

(1) $\sigma(\boldsymbol{\alpha}+\boldsymbol{\beta})=\sigma(\boldsymbol{\alpha})+\sigma(\boldsymbol{\beta})$；

(2) $\sigma(k\boldsymbol{\alpha})=k\sigma(\boldsymbol{\alpha})$；

(3) $(\sigma(\boldsymbol{\alpha}), \sigma(\boldsymbol{\beta}))=(\boldsymbol{\alpha}, \boldsymbol{\beta})$，

则称 σ 是 V 到 V' 的一个同构映射，并称 V 与 V' 同构．

欧氏空间同构有以下性质：

(1) 自反性：V 与 V 同构．

(2) 对称性：若 V 与 V' 同构，则 V' 与 V 同构．

(3) 传递性：若 V 与 V' 同构，V' 与 V'' 同构，则 V 与 V'' 同构．

从定义可以看出：如果 σ 是欧氏空间 V 到 V' 的同构映射，那么 σ 也是线性空间 V 到 V' 的同构映射，其维数必相等．从而有以下定理．

定理 11.6　设 V 与 V' 是两个有限维欧氏空间，则 V 与 V' 同构的充分必要条件是它们的维数相同，即

$$\dim V=\dim V'.$$

特别地，任何 n 维欧氏空间都与 $\mathbf{R}^n$（按通常的内积）同构．

证　必要性已知．下面证明充分性．

设 $\dim V=\dim V'=n$. 在 V 与 V' 中各取一组标准正交基 $\boldsymbol{\varepsilon}_1$，$\boldsymbol{\varepsilon}_2$，…，$\boldsymbol{\varepsilon}_n$ 与 $\boldsymbol{\varepsilon}'_1$，$\boldsymbol{\varepsilon}'_2$，…，$\boldsymbol{\varepsilon}'_n$，于是存在 V 与 V' 的映射 σ，使得

$$\sigma\Big(\sum_{i=1}^n x_i\boldsymbol{\varepsilon}_i\Big)=\sum_{i=1}^n x_i\boldsymbol{\varepsilon}'_i,$$

易知 σ 满足定义 11.7 中的条件(1)和(2)，且由

$$\Big(\sum_{i=1}^n x_i\boldsymbol{\varepsilon}_i, \sum_{j=1}^n y_j\boldsymbol{\varepsilon}_j\Big)=\sum_{i=1}^n x_iy_i=\Big(\sum_{i=1}^n x_i\boldsymbol{\varepsilon}'_i, \sum_{j=1}^n y_j\boldsymbol{\varepsilon}'_j\Big),$$

知 σ 满足定义 11.7 中的条件(3)，所以 σ 是欧氏空间 V 到 V' 的同构映射．

因为 $\dim\mathbf{R}^n=n$，故任何 n 维欧氏空间都与 $\mathbf{R}^n$ 同构．

§11.3 子空间

欧氏空间的子空间对于原空间的内积显然也是一个欧氏空间，除了具有通常子空间的性质外，欧氏空间的子空间还可以定义正交关系．

定义 11.8 设 V_1，V_2 是欧氏空间 V 中的两个子空间．如果对于任意的 $\boldsymbol{\alpha}\in V_1$，$\boldsymbol{\beta}\in V_2$，恒有

$$(\boldsymbol{\alpha},\ \boldsymbol{\beta})=0,$$

则称 V_1，V_2 是**正交的**，记为 $V_1\perp V_2$ 或$(V_1,\ V_2)=0$. 一个向量 $\boldsymbol{\alpha}$，如果对于任意的 $\boldsymbol{\beta}\in V_1$，恒有

$$(\boldsymbol{\alpha},\ \boldsymbol{\beta})=0,$$

则称 **$\boldsymbol{\alpha}$ 与子空间 V_1 正交**，记为 $\boldsymbol{\alpha}\perp V_1$ 或$(\boldsymbol{\alpha},\ V_1)=0$.

例 11.11 如果向量 $\boldsymbol{\alpha}$ 与 $\boldsymbol{\alpha}_1$，$\boldsymbol{\alpha}_2$，…，$\boldsymbol{\alpha}_s$ 都正交，则可以推出 $\boldsymbol{\alpha}$ 与 $\boldsymbol{\alpha}_1$，$\boldsymbol{\alpha}_2$，…，$\boldsymbol{\alpha}_s$ 的一切线性组合都正交，因此，$\boldsymbol{\alpha}\perp L(\boldsymbol{\alpha}_1,\ \boldsymbol{\alpha}_2,\ \cdots,\ \boldsymbol{\alpha}_s)$.

如果向量组 $\boldsymbol{\alpha}_1$，$\boldsymbol{\alpha}_2$，…，$\boldsymbol{\alpha}_s$ 中的每一个向量都与向量组 $\boldsymbol{\beta}_1$，$\boldsymbol{\beta}_2$，…，$\boldsymbol{\beta}_t$ 中的每一个向量正交，则

$$L(\boldsymbol{\alpha}_1,\ \boldsymbol{\alpha}_2,\ \cdots,\ \boldsymbol{\alpha}_s)\perp L(\boldsymbol{\beta}_1,\ \boldsymbol{\beta}_2,\ \cdots,\ \boldsymbol{\beta}_t).$$

如果 $\boldsymbol{\alpha}_1$，$\boldsymbol{\alpha}_2$，$\boldsymbol{\alpha}_3$，$\boldsymbol{\alpha}_4$ 是欧氏空间 V 的一组正交向量，那么有

$$L(\boldsymbol{\alpha}_1)\perp L(\boldsymbol{\alpha}_2,\ \boldsymbol{\alpha}_3,\ \boldsymbol{\alpha}_4);\ L(\boldsymbol{\alpha}_1,\ \boldsymbol{\alpha}_2)\perp L(\boldsymbol{\alpha}_3,\ \boldsymbol{\alpha}_4);\ \boldsymbol{\alpha}_1\perp L(\boldsymbol{\alpha}_3,\ \boldsymbol{\alpha}_4)$$

等正交关系．

相互正交的子空间有如下性质：

性质 11.4 若 $V_1\perp V_2$，$V_1\perp V_3$，则 $V_1\perp V_2+V_3$.

证 设 $\boldsymbol{\alpha}\in V_1$，$\boldsymbol{\beta}\in V_2+V_3$，即有 $\boldsymbol{\beta}_2\in V_2$，$\boldsymbol{\beta}_3\in V_3$，使 $\boldsymbol{\beta}=\boldsymbol{\beta}_2+\boldsymbol{\beta}_3$，因而

$$(\boldsymbol{\alpha},\ \boldsymbol{\beta})=(\boldsymbol{\alpha},\ \boldsymbol{\beta}_2)+(\boldsymbol{\alpha},\ \boldsymbol{\beta}_3)=0,$$

所以 $V_1\perp V_2+V_3$.

性质 11.5 若 $V_1\perp V_2$，则 $V_1\cap V_2=\{\mathbf{0}\}$.

证 若 $\boldsymbol{\alpha}\in V_1\cap V_2$，即 $\boldsymbol{\alpha}\in V_1$ 且 $\boldsymbol{\alpha}\in V_2$，由于 $V_1\perp V_2$，因而$(\boldsymbol{\alpha},\ \boldsymbol{\alpha})=0$，所以 $\boldsymbol{\alpha}=\mathbf{0}$，即 $V_1\cap V_2=\{\mathbf{0}\}$.

性质 11.6 若 $V_1\perp V_1$，则 $V_1=\{\mathbf{0}\}$.

定理 11.7 如果子空间 V_1，V_2，…，V_s 两两正交，那么和 $V_1+V_2+\cdots+V_s$ 是直和．

证 设 $\boldsymbol{\alpha}_i\in V_i$，$i=1,\ 2,\ \cdots,\ s$，且

$$\boldsymbol{\alpha}_1+\boldsymbol{\alpha}_2+\cdots+\boldsymbol{\alpha}_s=\mathbf{0}.$$

我们来证明 $\boldsymbol{\alpha}_i=\mathbf{0}$，$i=1, 2, \cdots, s$. 事实上，用 $\boldsymbol{\alpha}_i$ 与等式 $\boldsymbol{\alpha}_1+\boldsymbol{\alpha}_2+\cdots+\boldsymbol{\alpha}_s=\mathbf{0}$ 两边作内积，利用正交性，得

$$(\boldsymbol{\alpha}_i, \boldsymbol{\alpha}_i)=0,$$

从而 $\boldsymbol{\alpha}_i=\mathbf{0}$，$i=1, 2, \cdots, s$. 这就是说，和 $V_1+V_2+\cdots+V_s$ 是直和.

定义 11.9　设 V_1，V_2 是欧氏空间 V 中的两个子空间，如果 $V_1\perp V_2$，并且 $V_1+V_2=V$，则称 V_2 为 V_1 的**正交补**.

显然，如果 V_2 是 V_1 的正交补，那么 V_1 也是 V_2 的正交补.

例 11.12　设 $\boldsymbol{\varepsilon}_1, \boldsymbol{\varepsilon}_2, \cdots, \boldsymbol{\varepsilon}_n$ 是欧氏空间 V 的一组标准正交基，那么 $L(\boldsymbol{\varepsilon}_1, \boldsymbol{\varepsilon}_2, \cdots, \boldsymbol{\varepsilon}_m)$ 是 $L(\boldsymbol{\varepsilon}_{m+1}, \boldsymbol{\varepsilon}_{m+2}, \cdots, \boldsymbol{\varepsilon}_n)$ 的正交补 $(0<m<n)$.

定理 11.8　n 维欧氏空间 V 的每一个子空间 V_1 都有唯一的正交补.

证　如果 $V_1=\{\mathbf{0}\}$，那么 V_1 的正交补就是 V；如果 $V_1=V$，那么 V_1 的正交补就是零子空间 $\{\mathbf{0}\}$，唯一性是显然的.

如果 $V_1\neq\{\mathbf{0}\}$ 及 V，则在 V_1 中取一组标准正交基 $\boldsymbol{\varepsilon}_1, \boldsymbol{\varepsilon}_2, \cdots, \boldsymbol{\varepsilon}_m$，由定理 11.3，它可以扩充成 V 的一组正交基

$$\boldsymbol{\varepsilon}_1, \boldsymbol{\varepsilon}_2, \cdots, \boldsymbol{\varepsilon}_m, \boldsymbol{\varepsilon}_{m+1}, \cdots, \boldsymbol{\varepsilon}_n,$$

那么子空间 $L(\boldsymbol{\varepsilon}_{m+1}, \boldsymbol{\varepsilon}_{m+2}, \cdots, \boldsymbol{\varepsilon}_n)$ 就是 V_1 的正交补.

下面证明唯一性. 设 V_2，V_3 都是 V_1 的正交补，于是

$$V=V_1\oplus V_2, \quad V=V_1\oplus V_3.$$

令 $\boldsymbol{\alpha}\in V_2$，由第二式即有

$$\boldsymbol{\alpha}=\boldsymbol{\alpha}_1+\boldsymbol{\alpha}_3, \quad \boldsymbol{\alpha}_1\in V_1, \quad \boldsymbol{\alpha}_3\in V_3.$$

因为 $V_2\perp V_1$，$V_3\perp V_1$，所以 $\boldsymbol{\alpha}\perp\boldsymbol{\alpha}_1$，$\boldsymbol{\alpha}_1\perp\boldsymbol{\alpha}_3$，因此，

$$(\boldsymbol{\alpha}, \boldsymbol{\alpha}_1)=(\boldsymbol{\alpha}_1+\boldsymbol{\alpha}_3, \boldsymbol{\alpha}_1)=(\boldsymbol{\alpha}_1, \boldsymbol{\alpha}_1)+(\boldsymbol{\alpha}_3, \boldsymbol{\alpha}_1)=(\boldsymbol{\alpha}_1, \boldsymbol{\alpha}_1)=0,$$

于是

$$\boldsymbol{\alpha}_1=\mathbf{0}, \quad \boldsymbol{\alpha}=\boldsymbol{\alpha}_3\in V_3,$$

即 $V_2\subset V_3$.

同理可证 $V_3\subset V_2$，因此，$V_2=V_3$，唯一性得证.

V_1 的正交补记为 $V_1^{\perp}$，由定义可知

$$\dim(V_1)+\dim(V_1^{\perp})=n.$$

由定理 11.8 的证明还可以得到如下推论：

推论　$V_1^{\perp}$ 恰由所有与 V_1 正交的向量组成，即 $V_1^{\perp}=\{\boldsymbol{\alpha}\in V \mid \boldsymbol{\alpha}\perp V_1\}$.

证明留给读者来完成.

由分解式 $V=V_1\oplus V_1^{\perp}$ 可知，V 中任一向量 $\boldsymbol{\alpha}$ 都可以唯一分解成

$$\boldsymbol{\alpha}=\boldsymbol{\alpha}_1+\boldsymbol{\alpha}_2,$$

其中 $\boldsymbol{\alpha}_1\in V_1$，$\boldsymbol{\alpha}_2\in V_1^{\perp}$，称 $\boldsymbol{\alpha}_1$ 为向量 $\boldsymbol{\alpha}$ 在子空间 V_1 上的**内射影**.

例 11.13 设$\boldsymbol{\varepsilon}_1$，$\boldsymbol{\varepsilon}_2$，$\boldsymbol{\varepsilon}_3$，$\boldsymbol{\varepsilon}_4$是欧氏空间$V$的一组标准正交基，$W=L(\boldsymbol{\alpha}_1, \boldsymbol{\alpha}_2)$，其中

$$\boldsymbol{\alpha}_1=\boldsymbol{\varepsilon}_1+\boldsymbol{\varepsilon}_2-\boldsymbol{\varepsilon}_3+2\boldsymbol{\varepsilon}_4,\ \boldsymbol{\alpha}_2=\boldsymbol{\varepsilon}_1-\boldsymbol{\varepsilon}_2-\boldsymbol{\varepsilon}_3-4\boldsymbol{\varepsilon}_4.$$

(1) 求W的一组标准正交基；

(2) 求$W^{\perp}$的一组标准正交基；

(3) 求$\boldsymbol{\alpha}=\boldsymbol{\varepsilon}_1+4\boldsymbol{\varepsilon}_2-4\boldsymbol{\varepsilon}_3-\boldsymbol{\varepsilon}_4$在$W$上的内射影.

解 (1) 由于$\boldsymbol{\alpha}_1$，$\boldsymbol{\alpha}_2$线性无关，所以$\boldsymbol{\alpha}_1$，$\boldsymbol{\alpha}_2$是W的基.

将$\boldsymbol{\alpha}_1$，$\boldsymbol{\alpha}_2$正交化，得

$$\boldsymbol{\beta}_1=\boldsymbol{\alpha}_1=\boldsymbol{\varepsilon}_1+\boldsymbol{\varepsilon}_2-\boldsymbol{\varepsilon}_3+2\boldsymbol{\varepsilon}_4,$$

$$\boldsymbol{\beta}_2=\boldsymbol{\alpha}_2-\frac{(\boldsymbol{\alpha}_2, \boldsymbol{\beta}_1)}{(\boldsymbol{\beta}_1, \boldsymbol{\beta}_1)}\boldsymbol{\beta}_1=2\boldsymbol{\varepsilon}_1-2\boldsymbol{\varepsilon}_3-2\boldsymbol{\varepsilon}_4.$$

再将$\boldsymbol{\beta}_1$，$\boldsymbol{\beta}_2$单位化：

$$\boldsymbol{\eta}_1=\frac{\boldsymbol{\beta}_1}{|\boldsymbol{\beta}_1|}=\frac{\sqrt{7}}{7}(\boldsymbol{\varepsilon}_1+\boldsymbol{\varepsilon}_2-\boldsymbol{\varepsilon}_3+2\boldsymbol{\varepsilon}_4),$$

$$\boldsymbol{\eta}_2=\frac{\boldsymbol{\beta}_2}{|\boldsymbol{\beta}_2|}=\frac{\sqrt{3}}{3}(\boldsymbol{\varepsilon}_1-\boldsymbol{\varepsilon}_3-\boldsymbol{\varepsilon}_4),$$

则$\boldsymbol{\eta}_1$，$\boldsymbol{\eta}_2$就是W的一组标准正交基.

(2) 根据定理 11.8 的推论知：$W^{\perp}$是与$\boldsymbol{\eta}_1$，$\boldsymbol{\eta}_2$正交的全部向量组成. 又由于$\boldsymbol{\varepsilon}_1$，$\boldsymbol{\varepsilon}_2$，$\boldsymbol{\varepsilon}_3$，$\boldsymbol{\varepsilon}_4$是标准正交基，所以若$x_1\boldsymbol{\varepsilon}_1+x_2\boldsymbol{\varepsilon}_2+x_3\boldsymbol{\varepsilon}_3+x_4\boldsymbol{\varepsilon}_4\in W^{\perp}$，

则有
$$\begin{cases}x_1+x_2-x_3+2x_4=0,\\ x_1 \qquad -x_3-x_4=0,\end{cases}$$

解此齐次线性方程组，得基础解系

$$(1, 0, 1, 0)^{\mathrm{T}},\ (1, -3, 0, 1)^{\mathrm{T}},$$

令$\boldsymbol{\alpha}_3=\boldsymbol{\varepsilon}_1+\boldsymbol{\varepsilon}_3$，$\boldsymbol{\alpha}_4=\boldsymbol{\varepsilon}_1-3\boldsymbol{\varepsilon}_2+\boldsymbol{\varepsilon}_4$，则

$$W^{\perp}=L(\boldsymbol{\alpha}_3, \boldsymbol{\alpha}_4).$$

再将$\boldsymbol{\alpha}_3$，$\boldsymbol{\alpha}_4$先正交化，再单位化，得

$$\boldsymbol{\eta}_3=\frac{\sqrt{2}}{2}(\boldsymbol{\varepsilon}_1+\boldsymbol{\varepsilon}_3),$$

$$\boldsymbol{\eta}_4=\frac{\sqrt{42}}{42}(\boldsymbol{\varepsilon}_1-6\boldsymbol{\varepsilon}_2-\boldsymbol{\varepsilon}_3+2\boldsymbol{\varepsilon}_4),$$

则$\boldsymbol{\eta}_3$，$\boldsymbol{\eta}_4$就是$W^{\perp}$的一组标准正交基.

(3) 将$\boldsymbol{\alpha}=\boldsymbol{\varepsilon}_1+4\boldsymbol{\varepsilon}_2-4\boldsymbol{\varepsilon}_3-\boldsymbol{\varepsilon}_4$表示成

$$\boldsymbol{\alpha}=(3\boldsymbol{\varepsilon}_1+\boldsymbol{\varepsilon}_2-3\boldsymbol{\varepsilon}_3)+(-2\boldsymbol{\varepsilon}_1+3\boldsymbol{\varepsilon}_2-\boldsymbol{\varepsilon}_3-\boldsymbol{\varepsilon}_4),$$

其中 $3\boldsymbol{\varepsilon}_1+\boldsymbol{\varepsilon}_2-3\boldsymbol{\varepsilon}_3\in W$，$-2\boldsymbol{\varepsilon}_1+3\boldsymbol{\varepsilon}_2-\boldsymbol{\varepsilon}_3-\boldsymbol{\varepsilon}_4\in W^{\perp}$，所以 $\boldsymbol{\alpha}$ 在 W 上的内射影为

$$3\boldsymbol{\varepsilon}_1+\boldsymbol{\varepsilon}_2-3\boldsymbol{\varepsilon}_3.$$

§11.4　正交变换与对称变换

线性空间中的线性变换是保持两种线性运算的变换．而在欧氏空间中，除了这两种线性运算，还有度量的性质．而度量关系是由内积来定义的，所以本节讨论欧氏空间中与内积有关的线性变换，即正交变换与对称变换．

在解析几何中有正交变换的概念，正交变换就是保持两点之间距离不变的变换．在一般的欧氏空间中，也有类似的概念．我们首先讨论正交变换．

定义 11.10　如果欧氏空间 V 的线性变换 A 保持任意两个向量的内积不变，即对任意的 $\boldsymbol{\alpha}$，$\boldsymbol{\beta}\in V$，都有

$$(A\boldsymbol{\alpha},\ A\boldsymbol{\beta})=(\boldsymbol{\alpha},\ \boldsymbol{\beta}),$$

则称 A 为**正交变换**．

例如，平面旋转变换(平面围绕坐标原点按逆时针方向旋转 θ 角)：

$$A(x_1,\ x_2)=(x_1\cos\theta-x_2\sin\theta,\ x_1\sin\theta+x_2\cos\theta) \quad (11.14)$$

就是欧氏空间 $\mathbf{R}^2$ 的一个正交变换．这是因为，对 $\mathbf{R}^2$ 中的任意向量 $\boldsymbol{x}=(x_1,\ x_2)$ 和 $\boldsymbol{y}=(y_1,\ y_2)$，有

$$\begin{aligned}(A\boldsymbol{x},\ A\boldsymbol{y})&=(x_1\cos\theta-x_2\sin\theta)(y_1\cos\theta-y_2\sin\theta)+(x_1\sin\theta+x_2\cos\theta)(y_1\sin\theta+y_2\cos\theta)\\&=x_1y_1+x_2y_2=(\boldsymbol{x},\ \boldsymbol{y}).\end{aligned}$$

在有限维欧氏空间中，正交变换可以从几个不同的方面来加以刻画．

定理 11.9　设 A 是 n 维欧氏空间 V 的一个线性变换，则下面四个命题是相互等价的：

(1) A 是正交变换；

(2) A 保持向量的长度不变，即对于 $\boldsymbol{\alpha}\in V$，$|A\boldsymbol{\alpha}|=|\boldsymbol{\alpha}|$；

(3) 如果 $\boldsymbol{\varepsilon}_1$，$\boldsymbol{\varepsilon}_2$，…，$\boldsymbol{\varepsilon}_n$ 是 V 的标准正交基，那么 $A\boldsymbol{\varepsilon}_1$，$A\boldsymbol{\varepsilon}_2$，…，$A\boldsymbol{\varepsilon}_n$ 也是 V 的标准正交基；

(4) A 在任一组标准正交基下的矩阵是正交矩阵．

证　首先证明(1)与(2)等价．

如果 A 是正交变换，那么

$$(A\boldsymbol{\alpha},\ A\boldsymbol{\alpha})=(\boldsymbol{\alpha},\ \boldsymbol{\alpha}),$$

两边开方，得

$$|A\boldsymbol{\alpha}|=|\boldsymbol{\alpha}|.$$

反过来，如果$\mathscr{A}$保持向量的长度不变，即对于$\boldsymbol{\alpha}\in V$，有$|\mathscr{A}\boldsymbol{\alpha}|=|\boldsymbol{\alpha}|$，于是

$$(\mathscr{A}\boldsymbol{\alpha},\ \mathscr{A}\boldsymbol{\alpha})=(\boldsymbol{\alpha},\ \boldsymbol{\alpha}),\ (\mathscr{A}\boldsymbol{\beta},\ \mathscr{A}\boldsymbol{\beta})=(\boldsymbol{\beta},\ \boldsymbol{\beta}),$$

$$(\mathscr{A}(\boldsymbol{\alpha}+\boldsymbol{\beta}),\ \mathscr{A}(\boldsymbol{\alpha}+\boldsymbol{\beta}))=(\boldsymbol{\alpha}+\boldsymbol{\beta},\ \boldsymbol{\alpha}+\boldsymbol{\beta}).$$

把最后一个等式展开，得

$$(\mathscr{A}\boldsymbol{\alpha},\ \mathscr{A}\boldsymbol{\alpha})+2(\mathscr{A}\boldsymbol{\alpha},\ \mathscr{A}\boldsymbol{\beta})+(\mathscr{A}\boldsymbol{\beta},\ \mathscr{A}\boldsymbol{\beta})=(\boldsymbol{\alpha},\ \boldsymbol{\alpha})+2(\boldsymbol{\alpha},\ \boldsymbol{\beta})+(\boldsymbol{\beta},\ \boldsymbol{\beta}),$$

再由前两式，即得

$$(\mathscr{A}\boldsymbol{\alpha},\ \mathscr{A}\boldsymbol{\beta})=(\boldsymbol{\alpha},\ \boldsymbol{\beta}).$$

这就是说，$\mathscr{A}$是正交变换．

再来证(1)与(3)等价．

设$\boldsymbol{\varepsilon}_1,\ \boldsymbol{\varepsilon}_2,\ \cdots,\ \boldsymbol{\varepsilon}_n$是一组标准正交基，即

$$(\boldsymbol{\varepsilon}_i,\ \boldsymbol{\varepsilon}_j)=\begin{cases}1, & \text{当 } i=j \text{ 时},\\ 0, & \text{当 } i\neq j \text{ 时}\end{cases}\quad (i,\ j=1,\ 2,\ \cdots,\ n).$$

如果$\mathscr{A}$是正交变换，那么

$$(\mathscr{A}\boldsymbol{\varepsilon}_i,\ \mathscr{A}\boldsymbol{\varepsilon}_j)=(\boldsymbol{\varepsilon}_i,\ \boldsymbol{\varepsilon}_j)=\begin{cases}1, & \text{当 } i=j \text{ 时},\\ 0, & \text{当 } i\neq j \text{ 时}\end{cases}\quad (i,\ j=1,\ 2,\ \cdots,\ n).$$

也就是说，$\mathscr{A}\boldsymbol{\varepsilon}_1,\ \mathscr{A}\boldsymbol{\varepsilon}_2,\ \cdots,\ \mathscr{A}\boldsymbol{\varepsilon}_n$是标准正交基．反过来，如果$\mathscr{A}\boldsymbol{\varepsilon}_1,\ \mathscr{A}\boldsymbol{\varepsilon}_2,\ \cdots,\ \mathscr{A}\boldsymbol{\varepsilon}_n$是标准正交基，那么由

$$\boldsymbol{\alpha}=x_1\boldsymbol{\varepsilon}_1+x_2\boldsymbol{\varepsilon}_2+\cdots+x_n\boldsymbol{\varepsilon}_n,\ \boldsymbol{\beta}=y_1\boldsymbol{\varepsilon}_1+y_2\boldsymbol{\varepsilon}_2+\cdots+y_n\boldsymbol{\varepsilon}_n,$$

则有 $\mathscr{A}\boldsymbol{\alpha}=x_1\mathscr{A}\boldsymbol{\varepsilon}_1+x_2\mathscr{A}\boldsymbol{\varepsilon}_2+\cdots+x_n\mathscr{A}\boldsymbol{\varepsilon}_n,\ \mathscr{A}\boldsymbol{\beta}=y_1\mathscr{A}\boldsymbol{\varepsilon}_1+y_2\mathscr{A}\boldsymbol{\varepsilon}_2+\cdots+y_n\mathscr{A}\boldsymbol{\varepsilon}_n,$

于是 $(\mathscr{A}\boldsymbol{\alpha},\ \mathscr{A}\boldsymbol{\beta})=x_1y_1+x_2y_2+\cdots+x_ny_n=(\boldsymbol{\alpha},\ \boldsymbol{\beta}).$

因而$\mathscr{A}$是正交变换．

最后来证(3)与(4)等价．

设$\mathscr{A}$在标准正交基$\boldsymbol{\varepsilon}_1,\ \boldsymbol{\varepsilon}_2,\ \cdots,\ \boldsymbol{\varepsilon}_n$下的矩阵为$\boldsymbol{A}$，即

$$(\mathscr{A}\boldsymbol{\varepsilon}_1,\ \mathscr{A}\boldsymbol{\varepsilon}_2,\ \cdots,\ \mathscr{A}\boldsymbol{\varepsilon}_n)=(\boldsymbol{\varepsilon}_1,\ \boldsymbol{\varepsilon}_2,\ \cdots,\ \boldsymbol{\varepsilon}_n)\boldsymbol{A}.$$

如果$\mathscr{A}\boldsymbol{\varepsilon}_1,\ \mathscr{A}\boldsymbol{\varepsilon}_2,\ \cdots,\ \mathscr{A}\boldsymbol{\varepsilon}_n$是标准正交基，那么$\boldsymbol{A}$可以看作是由标准正交基$\boldsymbol{\varepsilon}_1,\ \boldsymbol{\varepsilon}_2,\ \cdots,\ \boldsymbol{\varepsilon}_n$到标准正交基$\mathscr{A}\boldsymbol{\varepsilon}_1,\ \mathscr{A}\boldsymbol{\varepsilon}_2,\ \cdots,\ \mathscr{A}\boldsymbol{\varepsilon}_n$的过渡矩阵，因而$\boldsymbol{A}$是正交矩阵．反过来，如果$\boldsymbol{A}$是正交矩阵，那么$\mathscr{A}\boldsymbol{\varepsilon}_1,\ \mathscr{A}\boldsymbol{\varepsilon}_2,\ \cdots,\ \mathscr{A}\boldsymbol{\varepsilon}_n$就是标准正交基．

这样，我们就证明了(1)，(2)，(3)，(4)的等价性．

因为正交矩阵是可逆的，所以正交变换是可逆的．而且由于正交矩阵的乘积及正交矩阵的逆矩阵都是正交矩阵，所以正交变换的乘积与正交变换的逆变换也都是正交变换．

因为正交变换在标准正交基下的矩阵是正交矩阵，那么由$\boldsymbol{A}\boldsymbol{A}^{\mathrm{T}}=\boldsymbol{E}$，可知$|\boldsymbol{A}|^2=1$，所以正交变换的行列式等于1或$-1$．行列式等于1的正交变换通常称为旋

转，或者称为**第一类正交变换**；行列式等于-1的正交变换称为**第二类正交变换**．

例 11.14　如果取 $\mathbf{R}^2$ 的基为$(1, 0)^T$，$(0, 1)^T$，则平面旋转变换(11.14)在这组基下的矩阵是

$$\mathbf{A}=\begin{pmatrix}\cos\theta & -\sin\theta\\ \sin\theta & \cos\theta\end{pmatrix},$$

对应的正交变换如图 11－1 所示，由$|\mathbf{A}|=1$知，平面旋转变换是一个第一类正交变换．

如果 A 是关于 x 轴的镜面反射，则 A 在基$(1, 0)^T$，$(0, 1)^T$ 下的矩阵为

$$\mathbf{A}=\begin{pmatrix}1 & 0\\ 0 & -1\end{pmatrix},$$

对应的正交变换如图 11－2 所示，由$|\mathbf{A}|=-1$知，关于 x 轴的镜面反射是第二类正交变换．

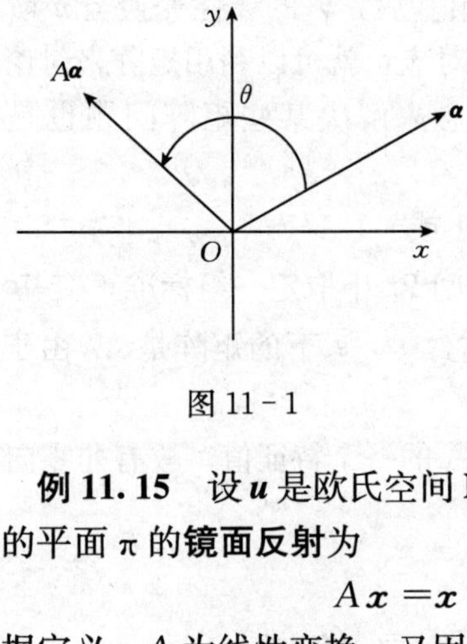

图 11－1

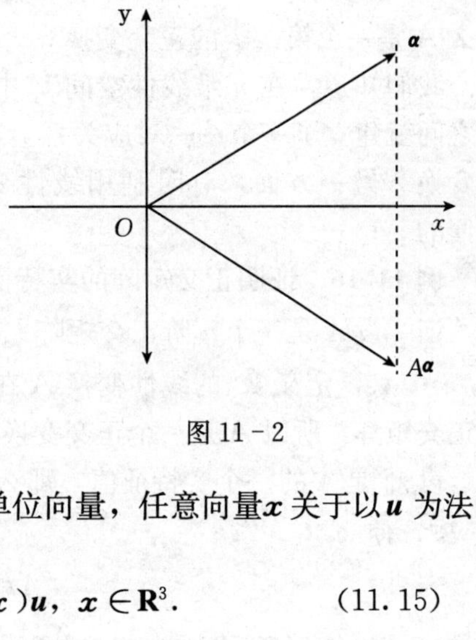

图 11－2

例 11.15　设 $\boldsymbol{u}$ 是欧氏空间 $\mathbf{R}^3$ 中的单位向量，任意向量$\boldsymbol{x}$关于以 $\boldsymbol{u}$ 为法向量的平面 π 的**镜面反射**为

$$A\boldsymbol{x}=\boldsymbol{x}-2(\boldsymbol{u}, \boldsymbol{x})\boldsymbol{u},\ \boldsymbol{x}\in\mathbf{R}^3. \qquad (11.15)$$

根据定义，A 为线性变换．又因为

$$\begin{aligned}(A\boldsymbol{x}, A\boldsymbol{y})&=(\boldsymbol{x}-2(\boldsymbol{u}, \boldsymbol{x})\boldsymbol{u}, \boldsymbol{y}-2(\boldsymbol{u}, \boldsymbol{y})\boldsymbol{u})\\&=(\boldsymbol{x}, \boldsymbol{y})-2(\boldsymbol{u}, \boldsymbol{y})(\boldsymbol{x}, \boldsymbol{u})-2(\boldsymbol{u}, \boldsymbol{x})(\boldsymbol{u}, \boldsymbol{y})+4(\boldsymbol{u}, \boldsymbol{x})(\boldsymbol{u}, \boldsymbol{y})(\boldsymbol{u}, \boldsymbol{u})\\&=(\boldsymbol{x}, \boldsymbol{y}),\end{aligned}$$

所以 A 是正交变换．

如果将单位向量 $\boldsymbol{u}$ 扩充成 $\mathbf{R}^3$ 的标准正交基 $\boldsymbol{u}$，$\boldsymbol{u}_2$，$\boldsymbol{u}_3$，则由(11.15)式，得

$$A\boldsymbol{u}=\boldsymbol{u}-2(\boldsymbol{u}, \boldsymbol{u})\boldsymbol{u}=-\boldsymbol{u},$$

$$\mathcal{A}\boldsymbol{u}_2=\boldsymbol{u}_2-2(\boldsymbol{u},\ \boldsymbol{u}_2)\boldsymbol{u}=\boldsymbol{u}_2,$$
$$\mathcal{A}\boldsymbol{u}_3=\boldsymbol{u}_3-2(\boldsymbol{u},\ \boldsymbol{u}_3)\boldsymbol{u}=\boldsymbol{u}_3,$$

所以 $\mathcal{A}$ 在基 $\boldsymbol{u}$，$\boldsymbol{u}_2$，$\boldsymbol{u}_3$ 下的矩阵为

$$\boldsymbol{A}=\begin{pmatrix}-1&0&0\\0&1&0\\0&0&1\end{pmatrix},$$

由于 $|\boldsymbol{A}|=-1$，从而 $\mathcal{A}$ 是第二类正交变换．

作为特例，如果 π 是 xOy 平面，此时 $\boldsymbol{u}=(0,\ 0,\ 1)^{\mathrm{T}}=\boldsymbol{k}$，相应的镜面反射为

$$\mathcal{A}(\boldsymbol{x}_1,\ \boldsymbol{x}_2,\ \boldsymbol{x}_3)=(\boldsymbol{x}_1,\ \boldsymbol{x}_2,\ -\boldsymbol{x}_3).$$

一般地，在 n 维欧氏空间 V 中，任取一组标准正交基 $\boldsymbol{\varepsilon}_1$，$\boldsymbol{\varepsilon}_2$，…，$\boldsymbol{\varepsilon}_n$，定义线性变换 $\mathcal{A}$ 为

$$\mathcal{A}(\boldsymbol{x}_1\boldsymbol{\varepsilon}_1+\cdots+\boldsymbol{x}_{n-1}\boldsymbol{\varepsilon}_{n-1}+\boldsymbol{x}_n\boldsymbol{\varepsilon}_n)=\boldsymbol{x}_1\boldsymbol{\varepsilon}_1+\cdots+\boldsymbol{x}_{n-1}\boldsymbol{\varepsilon}_{n-1}-\boldsymbol{x}_n\boldsymbol{\varepsilon}_n,$$

那么 $\mathcal{A}$ 是一个第二类的正交变换．

我们知道，在 n 维线性空间 V 中取定一组基后，V 的线性变换与 n 阶矩阵之间就建立了一个一一对应关系．通过这个对应，就可以利用矩阵来讨论线性变换．另一方面，有时利用线性变换的概念来解决某些矩阵问题也是很方便的．

例 11.16 证明正交矩阵的实特征值都是 1 或 −1.

证 设 $\boldsymbol{A}$ 是一个 n 阶正交矩阵．在欧氏空间 $\mathbf{R}^n$ 中取定一组标准正交基 $\boldsymbol{\varepsilon}_1$，$\boldsymbol{\varepsilon}_2$，…，$\boldsymbol{\varepsilon}_n$，定义 $\mathbf{R}^n$ 的线性变换 $\mathcal{A}$ 在基 $\boldsymbol{\varepsilon}_1$，$\boldsymbol{\varepsilon}_2$，…，$\boldsymbol{\varepsilon}_n$ 下的矩阵是 $\boldsymbol{A}$. 由于 $\boldsymbol{A}$ 是正交矩阵，所以 $\mathcal{A}$ 是一个正交变换．

设 λ_0 是 $\boldsymbol{A}$ 的一个实特征值，那么 λ_0 也是 $\mathcal{A}$ 的一个特征值，故有非零向量 $\boldsymbol{\alpha}\in\mathbf{R}^n$，使

$$\mathcal{A}\boldsymbol{\alpha}=\lambda_0\boldsymbol{\alpha},$$

于是
$$(\boldsymbol{\alpha},\ \boldsymbol{\alpha})=(\mathcal{A}\boldsymbol{\alpha},\ \mathcal{A}\boldsymbol{\alpha})=(\lambda_0\boldsymbol{\alpha},\ \lambda_0\boldsymbol{\alpha})=\lambda_0^2(\boldsymbol{\alpha},\ \boldsymbol{\alpha}).$$

由于 $(\boldsymbol{\alpha},\ \boldsymbol{\alpha})\neq 0$，所以

$$\lambda_0^2=1,\ \lambda_0=\pm 1.$$

例 11.17 在二维欧氏空间 V 中，$\mathcal{A}$ 是正交变换，证明：

(1) 如果 $\mathcal{A}$ 的两个特征值都是 1，那么 $\mathcal{A}$ 是 V 的恒等变换，即可将 $\mathcal{A}$ 看作绕原点旋转零度角的旋转变换；

(2) 如果 $\mathcal{A}$ 的特征值有一个 1 和一个 −1，那么 $\mathcal{A}$ 是关于过原点直线的镜面反射；

(3) 如果 A 的两个特征值都是 -1，那么 A 是绕原点旋转 $180°$ 角的旋转变换.

证　(1)由于 A 的两个特征值都是 1，设 $\boldsymbol{\alpha}_1$ 是 A 的属于特征值 1 的一个特征向量，且 $|\boldsymbol{\alpha}_1|=1$，$\boldsymbol{\alpha}_1$，$\boldsymbol{\alpha}_2$ 是由 $\boldsymbol{\alpha}_1$ 扩充而成的一个标准正交基，那么

$$(A\boldsymbol{\alpha}_1,\ A\boldsymbol{\alpha}_2)=(\boldsymbol{\alpha}_1,\ \boldsymbol{\alpha}_2)\begin{pmatrix}1 & a\\ 0 & b\end{pmatrix},$$

其中 a，$b\in\mathbf{R}$，由于 A 是正交变换，所以 A 关于标准正交基 $\boldsymbol{\alpha}_1$，$\boldsymbol{\alpha}_2$ 的矩阵为

$$\boldsymbol{A}=\begin{pmatrix}1 & a\\ 0 & b\end{pmatrix}$$

是一个正交矩阵，因而 $a=0$，$b=1$，从而

$$(A\boldsymbol{\alpha}_1,\ A\boldsymbol{\alpha}_2)=(\boldsymbol{\alpha}_1,\ \boldsymbol{\alpha}_2)\begin{pmatrix}1 & 0\\ 0 & 1\end{pmatrix},$$

于是 $A\boldsymbol{\alpha}_1=\boldsymbol{\alpha}_1$，$A\boldsymbol{\alpha}_2=\boldsymbol{\alpha}_2$，所以对于 V 中的任意向量 $\boldsymbol{\alpha}=x_1\boldsymbol{\alpha}_1+x_2\boldsymbol{\alpha}_2$，有

$$A\boldsymbol{\alpha}=x_1A\boldsymbol{\alpha}_1+x_2A\boldsymbol{\alpha}_2=x_1\boldsymbol{\alpha}_1+x_2\boldsymbol{\alpha}_2=\boldsymbol{\alpha},$$

即 A 是 V 的恒等变换.

(2) 当 A 的特征值一个是 1，另一个是 -1 时，那么 A 是可对角化的线性变换，于是存在 V 的基 $\boldsymbol{\alpha}_1$，$\boldsymbol{\alpha}_2$，使得

$$(A\boldsymbol{\alpha}_1,\ A\boldsymbol{\alpha}_2)=(\boldsymbol{\alpha}_1,\ \boldsymbol{\alpha}_2)\begin{pmatrix}1 & 0\\ 0 & -1\end{pmatrix},$$

于是 $A\boldsymbol{\alpha}_1=\boldsymbol{\alpha}_1$，$A\boldsymbol{\alpha}_2=-\boldsymbol{\alpha}_2$，不难看出，这时 A 恰是关于向量 $\boldsymbol{\alpha}_1$ 所在直线 L 的镜面反射.

(3) 仿照(1)的证明，当 A 的两个特征值都是 -1 时，而 $\boldsymbol{\alpha}_1$，$\boldsymbol{\alpha}_2$ 是由 A 的属于特征值 -1 且为单位长度的特征向量 $\boldsymbol{\alpha}_1$ 扩充成的标准正交基，那么

$$(A\boldsymbol{\alpha}_1,\ A\boldsymbol{\alpha}_2)=(\boldsymbol{\alpha}_1,\ \boldsymbol{\alpha}_2)\begin{pmatrix}-1 & 0\\ 0 & -1\end{pmatrix},$$

于是 $A\boldsymbol{\alpha}_1=-\boldsymbol{\alpha}_1$，$A\boldsymbol{\alpha}_2=-\boldsymbol{\alpha}_2$，对于 V 中的任意向量 $\boldsymbol{\alpha}=x_1\boldsymbol{\alpha}_1+x_2\boldsymbol{\alpha}_2$，有

$$A\boldsymbol{\alpha}=x_1A\boldsymbol{\alpha}_1+x_2A\boldsymbol{\alpha}_2=-x_1\boldsymbol{\alpha}_1-x_2\boldsymbol{\alpha}_2=-\boldsymbol{\alpha},$$

即 A 是绕原点旋转 $180°$ 角的旋转变换.

下面介绍对称变换及其与实对称矩阵的关系：

定义 11.11　设 A 是欧氏空间 V 的一个线性变换，如果对 V 中的任意两个向量 $\boldsymbol{\alpha}$，$\boldsymbol{\beta}$，都有

$$(A\boldsymbol{\alpha},\ \boldsymbol{\beta})=(\boldsymbol{\alpha},\ A\boldsymbol{\beta}),$$

则称 A 为**对称变换**.

在有限维欧氏空间中，对称变换与实对称矩阵在标准正交基下是对应的.

定理 11.10 n 维欧氏空间 V 的线性变换 A 是对称变换的充分必要条件为：A 在标准正交基下的矩阵是实对称矩阵.

证 必要性 已知 A 是 n 维欧氏空间 V 的一个对称变换，设$\boldsymbol{\varepsilon}_1$，$\boldsymbol{\varepsilon}_2$，…，$\boldsymbol{\varepsilon}_n$是 V 的一组标准正交基，并设 A 在基$\boldsymbol{\varepsilon}_1$，$\boldsymbol{\varepsilon}_2$，…，$\boldsymbol{\varepsilon}_n$下的矩阵是

$$\boldsymbol{A}=\begin{pmatrix} a_{11} & a_{12} & \cdots & a_{1n} \\ a_{21} & a_{22} & \cdots & a_{2n} \\ \vdots & \vdots & & \vdots \\ a_{n1} & a_{n2} & \cdots & a_{nn} \end{pmatrix},$$

即

$$\begin{cases} A\boldsymbol{\varepsilon}_1=a_{11}\boldsymbol{\varepsilon}_1+a_{21}\boldsymbol{\varepsilon}_2+\cdots+a_{n1}\boldsymbol{\varepsilon}_n, \\ A\boldsymbol{\varepsilon}_2=a_{12}\boldsymbol{\varepsilon}_1+a_{22}\boldsymbol{\varepsilon}_2+\cdots+a_{n2}\boldsymbol{\varepsilon}_n, \\ \cdots\cdots\cdots\cdots\cdots\cdots \\ A\boldsymbol{\varepsilon}_n=a_{1n}\boldsymbol{\varepsilon}_1+a_{2n}\boldsymbol{\varepsilon}_2+\cdots+a_{nn}\boldsymbol{\varepsilon}_n, \end{cases}$$

那么由对称变换的定义，有

$$(A\boldsymbol{\varepsilon}_i,\ \boldsymbol{\varepsilon}_j)=(\boldsymbol{\varepsilon}_i,\ A\boldsymbol{\varepsilon}_j),$$

即
$$(a_{1i}\boldsymbol{\varepsilon}_1+a_{2i}\boldsymbol{\varepsilon}_2+\cdots+a_{ni}\boldsymbol{\varepsilon}_n,\ \boldsymbol{\varepsilon}_j)=(\boldsymbol{\varepsilon}_i,\ a_{1j}\boldsymbol{\varepsilon}_1+a_{2j}\boldsymbol{\varepsilon}_2+\cdots+a_{nj}\boldsymbol{\varepsilon}_n).$$

因为$\boldsymbol{\varepsilon}_1$，$\boldsymbol{\varepsilon}_2$，…，$\boldsymbol{\varepsilon}_n$是标准正交基，故得

$$a_{ji}=a_{ij}.$$

这说明矩阵 $\boldsymbol{A}$ 是一个实对称矩阵.

反过来，设线性变换 A 在标准正交基$\boldsymbol{\varepsilon}_1$，$\boldsymbol{\varepsilon}_2$，…，$\boldsymbol{\varepsilon}_n$下的矩阵 $\boldsymbol{A}=(a_{ij})_{n\times n}$ 是实对称矩阵，即

$$A(\boldsymbol{\varepsilon}_1,\ \boldsymbol{\varepsilon}_2,\ \cdots,\ \boldsymbol{\varepsilon}_n)=(\boldsymbol{\varepsilon}_1,\ \boldsymbol{\varepsilon}_2,\ \cdots,\ \boldsymbol{\varepsilon}_n)\boldsymbol{A},$$

那么如果 V 中的向量$\boldsymbol{\alpha}$，$\boldsymbol{\beta}$在基$\boldsymbol{\varepsilon}_1$，$\boldsymbol{\varepsilon}_2$，…，$\boldsymbol{\varepsilon}_n$下的坐标分别为 $\boldsymbol{X}$，$\boldsymbol{Y}$，就有

$$(A\boldsymbol{\alpha},\ \boldsymbol{\beta})=(\boldsymbol{AX})^{\mathrm{T}}\boldsymbol{Y}=\boldsymbol{X}^{\mathrm{T}}\boldsymbol{A}^{\mathrm{T}}\boldsymbol{Y}=\boldsymbol{X}^{\mathrm{T}}\boldsymbol{AY}=(\boldsymbol{\alpha},\ A\boldsymbol{\beta}).$$

这说明 A 是一个对称变换.

对称变换与实对称矩阵间的对应关系，使得我们能够利用实对称矩阵来讨论对称变换，也可以应用对称变换来讨论实对称矩阵.

把实对称矩阵的结果应用于对称变换，可知

定理 11.11 设 A 是 n 维欧氏空间 V 的一个对称变换，则

(1) A 的特征值均为实数；

(2) A 的属于不同特征值的特征向量是正交的；

(3) 存在 V 的一组标准正交基，使得 A 在这组基下的矩阵为对角阵.

证　(1)、(2)的证明留给读者．下面只证(3)．

在 V 中任取一组标准正交基 $\boldsymbol{\varepsilon}_1$，$\boldsymbol{\varepsilon}_2$，…，$\boldsymbol{\varepsilon}_n$，设 A 在这组基下的矩阵是 $\boldsymbol{A}$. 根据定理 11.10，$\boldsymbol{A}$ 是一个实对称矩阵，因此，存在正交矩阵 $\boldsymbol{P}$，使

$$\boldsymbol{P}^{\mathrm{T}}\boldsymbol{A}\boldsymbol{P}=\boldsymbol{B}$$

为对角矩阵．

令
$$(\boldsymbol{\eta}_1,\ \boldsymbol{\eta}_2,\ \cdots,\ \boldsymbol{\eta}_n)=(\boldsymbol{\varepsilon}_1,\ \boldsymbol{\varepsilon}_2,\ \cdots,\ \boldsymbol{\varepsilon}_n)\boldsymbol{P},$$

以 $\boldsymbol{P}$ 为过渡矩阵，从 $\boldsymbol{\varepsilon}_1$，$\boldsymbol{\varepsilon}_2$，…，$\boldsymbol{\varepsilon}_n$ 得到一组新基 $\boldsymbol{\eta}_1$，$\boldsymbol{\eta}_2$，…，$\boldsymbol{\eta}_n$，那么 $\boldsymbol{\eta}_1$，$\boldsymbol{\eta}_2$，…，$\boldsymbol{\eta}_n$ 也是一组标准正交基，而且 A 在这组基下的矩阵是对角矩阵 $\boldsymbol{B}$.

定理 11.11 说明 A 有 n 个正交的特征向量，其证明给出了具体找标准正交基使 A 在这组基下的矩阵为对角矩阵的方法．

例 11.18　设欧氏空间 $\mathbf{R}^4$ 的线性变换 A 为

$$A(x_1,\ x_2,\ x_3,\ x_4)=(x_1-x_2-x_3+x_4,\ -x_1+x_2-x_3+x_4,\ -x_1-x_2+x_3+x_4,\ x_1+x_2+x_3+x_4),$$

试问 A 是否为对称变换？如果 A 是对称变换，求 $\mathbf{R}^4$ 的一个标准正交基，使 A 在这组基下的矩阵是对角矩阵．

解　取 $\mathbf{R}^4$ 的标准正交基：

$\boldsymbol{\varepsilon}_1=(1,\ 0,\ 0,\ 0)^{\mathrm{T}}$，$\boldsymbol{\varepsilon}_2=(0,\ 1,\ 0,\ 0)^{\mathrm{T}}$，$\boldsymbol{\varepsilon}_3=(0,\ 0,\ 1,\ 0)^{\mathrm{T}}$，$\boldsymbol{\varepsilon}_4=(0,\ 0,\ 0,\ 1)^{\mathrm{T}}$，

可求得 A 在这组基下的矩阵为

$$\boldsymbol{A}=\begin{pmatrix}1 & -1 & -1 & 1\\ -1 & 1 & -1 & 1\\ -1 & -1 & 1 & 1\\ 1 & 1 & 1 & 1\end{pmatrix}.$$

由于 $\boldsymbol{A}$ 是实对称矩阵，因此 A 是对称变换．

经计算知正交矩阵

$$\boldsymbol{P}=\begin{pmatrix}-\dfrac{1}{\sqrt{2}} & -\dfrac{1}{\sqrt{6}} & \dfrac{1}{2\sqrt{3}} & \dfrac{1}{2}\\ \dfrac{1}{\sqrt{2}} & -\dfrac{1}{\sqrt{6}} & \dfrac{1}{2\sqrt{3}} & \dfrac{1}{2}\\ 0 & \dfrac{2}{\sqrt{6}} & \dfrac{1}{2\sqrt{3}} & \dfrac{1}{2}\\ 0 & 0 & \dfrac{3}{2\sqrt{3}} & -\dfrac{1}{2}\end{pmatrix}$$

使得
$$\boldsymbol{P}^{-1}\boldsymbol{AP}=\begin{pmatrix}2&&&\\&2&&\\&&2&\\&&&-2\end{pmatrix}.$$

由$(\boldsymbol{\eta}_1, \boldsymbol{\eta}_2, \boldsymbol{\eta}_3, \boldsymbol{\eta}_4)=(\boldsymbol{\varepsilon}_1, \boldsymbol{\varepsilon}_2, \boldsymbol{\varepsilon}_3, \boldsymbol{\varepsilon}_4)\boldsymbol{P}$，求得 $\mathbf{R}^4$ 的标准正交基
$$\boldsymbol{\eta}_1=\left(-\frac{1}{\sqrt{2}}, \frac{1}{\sqrt{2}}, 0, 0\right), \boldsymbol{\eta}_2=\left(-\frac{1}{\sqrt{6}}, -\frac{1}{\sqrt{6}}, \frac{2}{\sqrt{6}}, 0\right),$$
$$\boldsymbol{\eta}_3=\left(\frac{1}{2\sqrt{3}}, \frac{1}{2\sqrt{3}}, \frac{1}{2\sqrt{3}}, \frac{3}{2\sqrt{3}}\right), \boldsymbol{\eta}_4=\left(\frac{1}{2}, \frac{1}{2}, \frac{1}{2}, -\frac{1}{2}\right).$$
A 在这组基下的矩阵为
$$\begin{pmatrix}2&&&\\&2&&\\&&2&\\&&&-2\end{pmatrix}.$$

例 11.19 如果 n 维欧氏空间 V 的线性变换 A 既是正交变换，又是对称变换，则可找到 V 的一组标准正交基，使 A 在这组基下的矩阵为
$$\begin{pmatrix}1&&&&&\\&\ddots&&&&\\&&1&&&\\&&&-1&&\\&&&&\ddots&\\&&&&&-1\end{pmatrix}.$$

证 因为 A 是对称变换，所以 A 有 n 个正交的单位特征向量，又因为 A 是正交变换，所以 A 的特征值为 1 或 -1，因此，有单位正交向量组 $\boldsymbol{\varepsilon}_1, \boldsymbol{\varepsilon}_2, \cdots, \boldsymbol{\varepsilon}_n$ 满足：
$$A\boldsymbol{\varepsilon}_i=\boldsymbol{\varepsilon}_i, \ i=1, 2, \cdots, r,$$
$$A\boldsymbol{\varepsilon}_i=-\boldsymbol{\varepsilon}_i, \ i=r+1, \cdots, n,$$
且 $\boldsymbol{\varepsilon}_1, \boldsymbol{\varepsilon}_2, \cdots, \boldsymbol{\varepsilon}_n$ 是 V 的一组标准正交基，A 在这组基下的矩阵为
$$\begin{pmatrix}1&&&&&\\&\ddots&&&&\\&&1&&&\\&&&-1&&\\&&&&\ddots&\\&&&&&-1\end{pmatrix}.$$

习　题　11

(A)

1. 设线性空间为 $\mathbf{R}^2$，对于任意的

$$\boldsymbol{\alpha}=(x_1,\ x_2)^{\mathrm{T}},\ \boldsymbol{\beta}=(y_1,\ y_2)^{\mathrm{T}}\in\mathbf{R}^2,$$

问 $\mathbf{R}^2$ 对于以下的规定是否构成欧氏空间？

(1) $(\boldsymbol{\alpha},\ \boldsymbol{\beta})=x_1y_2+x_2y_1$；

(2) $(\boldsymbol{\alpha},\ \boldsymbol{\beta})=(x_1+x_2)y_1+(x_1+2x_2)y_2$；

(3) $(\boldsymbol{\alpha},\ \boldsymbol{\beta})=x_1y_1+x_2y_2+1$；

(4) $(\boldsymbol{\alpha},\ \boldsymbol{\beta})=x_1y_1-x_2y_2$；

(5) $(\boldsymbol{\alpha},\ \boldsymbol{\beta})=3x_1y_1+5x_2y_2$.

2. 在 $R[x]_3$ 中以内积 $(f(x),g(x))=\int_{-1}^{1}f(x)g(x)\mathrm{d}x$ 构成的欧氏空间，求向量 x 的长度．

3. 在欧氏空间 $\mathbf{R}^4$ 中，求下述基的度量矩阵：

(1) $\boldsymbol{\alpha}_1=(1,\ 0,\ 0,\ 0)^{\mathrm{T}}$，$\boldsymbol{\alpha}_2=(1,\ 1,\ 0,\ 0)^{\mathrm{T}}$，$\boldsymbol{\alpha}_3=(1,\ 1,\ 1,\ 0)^{\mathrm{T}}$，$\boldsymbol{\alpha}_4=(1,\ 1,\ 1,\ 1)^{\mathrm{T}}$；

(2) $\boldsymbol{\beta}_1=\left(\frac{1}{2},\ \frac{1}{2},\ \frac{1}{2},\ \frac{1}{2}\right)^{\mathrm{T}}$，$\boldsymbol{\beta}_2=\left(\frac{1}{2},\ \frac{1}{2},\ -\frac{1}{2},\ -\frac{1}{2}\right)^{\mathrm{T}}$，$\boldsymbol{\beta}_3=\left(\frac{1}{2},\ -\frac{1}{2},\ \frac{1}{2},\ -\frac{1}{2}\right)^{\mathrm{T}}$，$\boldsymbol{\beta}_4=\left(\frac{1}{2},\ -\frac{1}{2},\ -\frac{1}{2},\ \frac{1}{2}\right)^{\mathrm{T}}$.

4. 在欧氏空间 $\mathbf{R}^4$ 中，求两个单位向量，使它们同时与向量

$$\boldsymbol{\alpha}=(1,\ 1,\ 0,\ 0)^{\mathrm{T}},\ \boldsymbol{\beta}=(1,\ 1,\ -1,\ -1)^{\mathrm{T}},\ \boldsymbol{\gamma}=(1,\ -1,\ 1,\ -1)^{\mathrm{T}}$$

中的每一个正交．

5. 设 σ 是欧氏空间 V 到欧氏空间 V' 的一个同构映射，证明：若 $\boldsymbol{\alpha}_1$，$\boldsymbol{\alpha}_2$，…，$\boldsymbol{\alpha}_n$ 是标准正交基，则 $\sigma(\boldsymbol{\alpha}_1)$，$\sigma(\boldsymbol{\alpha}_2)$，…，$\sigma(\boldsymbol{\alpha}_n)$ 也是标准正交基．

6. 设 $\boldsymbol{\alpha}_1$，$\boldsymbol{\alpha}_2$，…，$\boldsymbol{\alpha}_n$，$\boldsymbol{\beta}$ 都是一个欧氏空间的向量，且 $\boldsymbol{\beta}$ 是 $\boldsymbol{\alpha}_1$，$\boldsymbol{\alpha}_2$，…，$\boldsymbol{\alpha}_n$ 的线性组合，证明：如果 $\boldsymbol{\beta}$ 与 $\boldsymbol{\alpha}_i$ 正交，$i=1,\ 2,\ \cdots,\ n$，那么 $\boldsymbol{\beta}=\mathbf{0}$.

7. $|\boldsymbol{\alpha}-\boldsymbol{\beta}|$ 称为 $\boldsymbol{\alpha}$ 与 $\boldsymbol{\beta}$ 的距离，记为 $d(\boldsymbol{\alpha},\ \boldsymbol{\beta})$. 设 $\boldsymbol{\alpha}_1$，$\boldsymbol{\alpha}_2$，…，$\boldsymbol{\alpha}_n$ 是 n 维欧氏空间 V 的一组标准正交基，且

$$\boldsymbol{\alpha}=x_1\boldsymbol{\alpha}_1+x_2\boldsymbol{\alpha}_2+\cdots+x_n\boldsymbol{\alpha}_n,\ \boldsymbol{\beta}=y_1\boldsymbol{\alpha}_1+y_2\boldsymbol{\alpha}_2+\cdots+y_n\boldsymbol{\alpha}_n,$$

求 $(\boldsymbol{\alpha},\ \boldsymbol{\beta})$，$|\boldsymbol{\alpha}|$，$d(\boldsymbol{\alpha},\ \boldsymbol{\beta})$.

8. 设$\boldsymbol{\varepsilon}_1$，$\boldsymbol{\varepsilon}_2$，$\boldsymbol{\varepsilon}_3$是欧氏空间$V$的一组基，这组基的度量矩阵为

$$\begin{pmatrix} 1 & -1 & 2 \\ -1 & 2 & -1 \\ 2 & -1 & 6 \end{pmatrix},$$

又设

$$\boldsymbol{\alpha}_1=\boldsymbol{\varepsilon}_1+\boldsymbol{\varepsilon}_2,$$

(1) 证明$\boldsymbol{\alpha}_1$是一个单位向量；

(2) 求a使得$\boldsymbol{\alpha}_1$与$\boldsymbol{\beta}_2=\boldsymbol{\varepsilon}_1+\boldsymbol{\varepsilon}_2+a\boldsymbol{\varepsilon}_3$正交；

(3) 把所求出的$\boldsymbol{\beta}_2$单位化，记作$\boldsymbol{\alpha}_2$；

(4) 把$\boldsymbol{\alpha}_1$，$\boldsymbol{\alpha}_2$扩充成V的一组标准正交基.

9. 设$\boldsymbol{\alpha}_1=(1, 1, 0, 0)^{\mathrm{T}}$，$\boldsymbol{\alpha}_2=(1, 0, 1, 0)^{\mathrm{T}}$，$\boldsymbol{\alpha}_3=(-1, 0, 0, 1)^{\mathrm{T}}$，$\boldsymbol{\alpha}_4=(1, -1, -1, 1)^{\mathrm{T}}$，求欧氏空间$\mathbf{R}^4$的一组标准正交基$\boldsymbol{\eta}_1$，$\boldsymbol{\eta}_2$，$\boldsymbol{\eta}_3$，$\boldsymbol{\eta}_4$，使$L(\boldsymbol{\eta}_1, \boldsymbol{\eta}_2, \boldsymbol{\eta}_3, \boldsymbol{\eta}_4)=L(\boldsymbol{\alpha}_1, \boldsymbol{\alpha}_2, \boldsymbol{\alpha}_3, \boldsymbol{\alpha}_4)$.

10. 设$\boldsymbol{\varepsilon}_1$，$\boldsymbol{\varepsilon}_2$，$\boldsymbol{\varepsilon}_3$，$\boldsymbol{\varepsilon}_4$，$\boldsymbol{\varepsilon}_5$是欧氏空间$V$的一组标准正交基，令$W=L(\boldsymbol{\beta}_1, \boldsymbol{\beta}_2, \boldsymbol{\beta}_3)$，其中

$$\boldsymbol{\beta}_1=\boldsymbol{\varepsilon}_1+\boldsymbol{\varepsilon}_5,\ \boldsymbol{\beta}_2=\boldsymbol{\varepsilon}_1-\boldsymbol{\varepsilon}_2+\boldsymbol{\varepsilon}_4,\ \boldsymbol{\beta}_3=2\boldsymbol{\varepsilon}_1+\boldsymbol{\varepsilon}_2+\boldsymbol{\varepsilon}_3,$$

求W的一组标准正交基.

11. 设$\boldsymbol{\alpha}_1$，$\boldsymbol{\alpha}_2$，…，$\boldsymbol{\alpha}_n$是n维欧氏空间V的一组标准正交基，证明：

(1) 如果$\boldsymbol{\gamma}\in V$使$(\boldsymbol{\gamma}, \boldsymbol{\alpha}_i)=0$，$i=1, 2, \cdots, n$，那么$\boldsymbol{\gamma}=\mathbf{0}$；

(2) 如果$\boldsymbol{\gamma}_1$，$\boldsymbol{\gamma}_2\in V$，使对任意$\boldsymbol{\alpha}\in V$，有$(\boldsymbol{\gamma}_1, \boldsymbol{\alpha})=(\boldsymbol{\gamma}_2, \boldsymbol{\alpha})$，则$\boldsymbol{\gamma}_1=\boldsymbol{\gamma}_2$.

12. 设$\boldsymbol{\varepsilon}_1$，$\boldsymbol{\varepsilon}_2$，$\boldsymbol{\varepsilon}_3$是三维欧氏空间$V$的一组基，这组基的度量矩阵为

$$\mathbf{A}=\begin{pmatrix} 1 & -1 & 1 \\ -1 & 2 & 0 \\ 1 & 0 & 4 \end{pmatrix},$$

(1) 求内积$(\boldsymbol{\varepsilon}_1+\boldsymbol{\varepsilon}_2, \boldsymbol{\varepsilon}_1)$，$(\boldsymbol{\varepsilon}_2, \boldsymbol{\varepsilon}_3)$；

(2) 求$|\boldsymbol{\varepsilon}_1+\boldsymbol{\varepsilon}_2|$；

(3) 求V的一组标准正交基.

13. 在$\mathbf{R}^{2\times 2}$中定义内积

$$(\boldsymbol{A}, \boldsymbol{B}) = \sum_{i=1}^{2}\sum_{j=1}^{2} a_{ij}b_{ij},\ \boldsymbol{A}=(a_{ij})_{2\times 2},\ \boldsymbol{B}=(b_{ij})_{2\times 2}.$$

由$\mathbf{R}^{2\times 2}$的基$\boldsymbol{G}_1=\begin{pmatrix} 0 & 1 \\ 1 & 1 \end{pmatrix}$，$\boldsymbol{G}_2=\begin{pmatrix} 1 & 0 \\ 1 & 1 \end{pmatrix}$，$\boldsymbol{G}_3=\begin{pmatrix} 1 & 1 \\ 0 & 1 \end{pmatrix}$，$\boldsymbol{G}_4=\begin{pmatrix} 1 & 1 \\ 1 & 0 \end{pmatrix}$出发，构造一组正交基.

14. 求实系数齐次线性方程组

$$\begin{cases}2x_1+x_2-x_3+x_4=0,\\ x_1+x_2-x_3\qquad\ =0\end{cases}$$

的解空间 W(作为欧氏空间 $\mathbf{R}^4$ 的子空间)的一组标准正交基，并求 $W^{\perp}$.

15. 设 $\boldsymbol{\varepsilon}_1$，$\boldsymbol{\varepsilon}_2$，$\boldsymbol{\varepsilon}_3$，$\boldsymbol{\varepsilon}_4$ 是欧氏空间 V 的一组标准正交基，$W=L(\boldsymbol{\alpha}_1, \boldsymbol{\alpha}_2)$，其中

$$\boldsymbol{\alpha}_1=\boldsymbol{\varepsilon}_1+\boldsymbol{\varepsilon}_3,\ \boldsymbol{\alpha}_2=2\boldsymbol{\varepsilon}_1-\boldsymbol{\varepsilon}_2+\boldsymbol{\varepsilon}_4,$$

(1) 求 W 的一组标准正交基；(2) 求 $W^{\perp}$ 的一组标准正交基.

16. 已知 $\mathbf{R}^4$ 的子空间 W 的一组基：

$$\boldsymbol{\alpha}_1=(1,\ -1,\ 1,\ -1)^{\mathrm{T}},\ \boldsymbol{\alpha}_2=(0,\ 1,\ 1,\ 0)^{\mathrm{T}},$$

求向量 $\boldsymbol{\alpha}=(1,\ -3,\ 1,\ -3)^{\mathrm{T}}$ 在 W 上的内射影.

17. 设 A 是 n 维欧氏空间 V 的一个线性变换，

(1) 若对于任意两个非零向量夹角保持不变，A 是否一定是正交变换?

(2) 若对于一组基 $\boldsymbol{\alpha}_1$，$\boldsymbol{\alpha}_2$，…，$\boldsymbol{\alpha}_n$ 中的向量，有

$$(A\boldsymbol{\alpha}_i,\ A\boldsymbol{\alpha}_i)=(\boldsymbol{\alpha}_i,\ \boldsymbol{\alpha}_i),\ i=1,\ 2,\ \cdots,\ n,$$

A 是否一定是正交变换?

18. 设 $\boldsymbol{\varepsilon}_1$，$\boldsymbol{\varepsilon}_2$，$\boldsymbol{\varepsilon}_3$，$\boldsymbol{\varepsilon}_4$ 是欧氏空间 V 的一组标准正交基，A 是 V 的一个线性变换，已知

$$A\boldsymbol{\varepsilon}_1=\boldsymbol{\varepsilon}_1+\boldsymbol{\varepsilon}_2-\boldsymbol{\varepsilon}_4,\ A\boldsymbol{\varepsilon}_2=\boldsymbol{\varepsilon}_1+\boldsymbol{\varepsilon}_2-\boldsymbol{\varepsilon}_3,$$

$$A\boldsymbol{\varepsilon}_3=-\boldsymbol{\varepsilon}_2+\boldsymbol{\varepsilon}_3+\boldsymbol{\varepsilon}_4,\ A\boldsymbol{\varepsilon}_4=-\boldsymbol{\varepsilon}_1+\boldsymbol{\varepsilon}_3+\boldsymbol{\varepsilon}_4.$$

(1) 证明 A 是对称变换；

(2) 求 V 的一组标准正交基，使得 A 在这组基下的矩阵是对角阵.

19. 已知 A 是 n 维欧氏空间 V 的一个正交变换，证明：A 的不变子空间 W 的正交补 $W^{\perp}$ 也是 A 的不变子空间.

20. 设 A 是 $\mathbf{R}^3$ 的一个线性变换，且 $A(\boldsymbol{x}_1,\ \boldsymbol{x}_2,\ \boldsymbol{x}_3)=(\boldsymbol{x}_3,\ \boldsymbol{x}_2,\ \boldsymbol{x}_1)$，证明：$A$ 是 $\mathbf{R}^3$ 的一个对称变换.

21. 设 A 是 n 维欧氏空间 V 的线性变换，A 在基 $\boldsymbol{\alpha}_1$，$\boldsymbol{\alpha}_2$，…，$\boldsymbol{\alpha}_n$ 下的矩阵是 $\boldsymbol{A}$，证明：A 是对称变换的充分必要条件是 $\boldsymbol{A}^{\mathrm{T}}\boldsymbol{G}=\boldsymbol{G}\boldsymbol{A}$，其中 $\boldsymbol{G}$ 是 $\boldsymbol{\alpha}_1$，$\boldsymbol{\alpha}_2$，…，$\boldsymbol{\alpha}_n$ 的度量矩阵.

(B)

1. 设 $\boldsymbol{\alpha}_1$，$\boldsymbol{\alpha}_2$，…，$\boldsymbol{\alpha}_n$ 是 n 维欧氏空间 V 的一组向量，行列式

$$G(\boldsymbol{\alpha}_1, \boldsymbol{\alpha}_2, \cdots, \boldsymbol{\alpha}_n)=\begin{vmatrix} (\boldsymbol{\alpha}_1, \boldsymbol{\alpha}_1) & (\boldsymbol{\alpha}_1, \boldsymbol{\alpha}_2) & \cdots & (\boldsymbol{\alpha}_1, \boldsymbol{\alpha}_n) \\ (\boldsymbol{\alpha}_2, \boldsymbol{\alpha}_1) & (\boldsymbol{\alpha}_2, \boldsymbol{\alpha}_2) & \cdots & (\boldsymbol{\alpha}_2, \boldsymbol{\alpha}_n) \\ \vdots & \vdots & & \vdots \\ (\boldsymbol{\alpha}_n, \boldsymbol{\alpha}_1) & (\boldsymbol{\alpha}_n, \boldsymbol{\alpha}_2) & \cdots & (\boldsymbol{\alpha}_n, \boldsymbol{\alpha}_n) \end{vmatrix}$$

称为 $\boldsymbol{\alpha}_1$，$\boldsymbol{\alpha}_2$，…，$\boldsymbol{\alpha}_n$ 的克拉默(Gram)行列式，证明：$\boldsymbol{\alpha}_1$，$\boldsymbol{\alpha}_2$，…，$\boldsymbol{\alpha}_n$ 为基的充要条件是 $G(\boldsymbol{\alpha}_1, \boldsymbol{\alpha}_2, \cdots, \boldsymbol{\alpha}_n)\neq 0$.

2. 设 $\boldsymbol{\alpha}_1$，$\boldsymbol{\alpha}_2$，$\boldsymbol{\alpha}_3$，$\boldsymbol{\alpha}_4$ 是欧氏空间 V 的一组基，已知 $\boldsymbol{\alpha}_1$，$\boldsymbol{\alpha}_2$，$\boldsymbol{\alpha}_3$，$\boldsymbol{\alpha}_4$ 的度量矩阵为

$$\boldsymbol{A}=\begin{pmatrix} 1 & 1 & -1 & 0 \\ 1 & 2 & -1 & 1 \\ -1 & -1 & 2 & -1 \\ 0 & 1 & -1 & 4 \end{pmatrix},$$

(1) 求 V 的一组标准正交基；

(2) 求基 $\boldsymbol{\beta}_1=\boldsymbol{\alpha}_1+2\boldsymbol{\alpha}_2+\boldsymbol{\alpha}_3$，$\boldsymbol{\beta}_2=\boldsymbol{\alpha}_1-\boldsymbol{\alpha}_2+\boldsymbol{\alpha}_4$，$\boldsymbol{\beta}_3=\boldsymbol{\alpha}_2+\boldsymbol{\alpha}_3+\boldsymbol{\alpha}_4$，$\boldsymbol{\beta}_4=\boldsymbol{\alpha}_1+2\boldsymbol{\alpha}_2-\boldsymbol{\alpha}_3$ 的度量矩阵.

3. 设 V 是一个 n 维欧氏空间，证明：

(1) 如果 W 是 V 的子空间，那么 $(W^{\perp})^{\perp}=W$；

(2) 如果 W_1，W_2 都是 V 的子空间，且 $W_1\subseteq W_2$，那么 $W_2^{\perp}\subseteq W_1^{\perp}$.

(3) 如果 W_1，W_2 都是 V 的子空间，那么

$$(W_1+W_2)^{\perp}=W_1^{\perp}\cap W_2^{\perp}.$$

4. 设 $\boldsymbol{A}$，$\boldsymbol{B}$ 为实矩阵，且行数相同，求证：由 $\boldsymbol{A}$ 的列向量组生成的子空间与由 $\boldsymbol{B}$ 的列向量组生成的子空间垂直的充分必要条件为 $\boldsymbol{A}^{\mathrm{T}}\boldsymbol{B}=\boldsymbol{O}$.

5. 设 $\boldsymbol{\eta}$ 为 n 维欧氏空间 V 中一个单位向量，定义 V 的线性变换 A 如下：

$$A\boldsymbol{\alpha}=\boldsymbol{\alpha}-2(\boldsymbol{\eta}, \boldsymbol{\alpha})\boldsymbol{\eta}, \ \boldsymbol{\alpha}\in V,$$

证明：(1) A 为第二类的正交变换(称为镜面反射)；

(2) 如果 n 维欧氏空间 V 中，正交变换 A 以 1 作为一个特征值，且对应的特征子空间的维数为 $n-1$，则 A 是镜面反射.

6. 设 V 是一个 n 维欧氏空间，A 是 V 的一个对称变换，证明：

(1) 值域 $A(V)$与核 $A^{-1}(\mathbf{0})$都是 A 的不变子空间；

(2) 值域 $A(V)$是核 $A^{-1}(\mathbf{0})$的正交补.

7. 在欧氏空间 $\mathbf{R}^n$ 中，设

$\boldsymbol{\alpha}_1=(a_{11}, a_{12}, \cdots, a_{1n})$，$\boldsymbol{\alpha}_2=(a_{21}, a_{22}, \cdots, a_{2n})$，…，$\boldsymbol{\alpha}_s=(a_{s1}, a_{s2}, \cdots, a_{sn})$，

且
$$W_1=L(\alpha_1, \alpha_2, \cdots, \alpha_s).$$
又设 W_2 是实系数线性方程组
$$\begin{cases} a_{11}x_1+a_{12}x_2+\cdots+a_{1n}x_n=0, \\ a_{21}x_1+a_{22}x_2+\cdots+a_{2n}x_n=0, \\ \cdots\cdots\cdots\cdots\cdots\cdots \\ a_{s1}x_1+a_{s2}x_2+\cdots+a_{sn}x_n=0 \end{cases}$$
的解空间，证明：W_2 是 W_1 的正交补．

8. 设 V 为 n 维欧氏空间，如果线性变换 A 满足：对于任意 $\boldsymbol{\alpha}$，$\boldsymbol{\beta}\in V$，有
$$(A\boldsymbol{\alpha}, \boldsymbol{\beta})=-(\boldsymbol{\alpha}, A\boldsymbol{\beta}),$$
则称 A 为反对称变换，证明：

(1) A 为反对称变换的充分必要条件是 A 在一组标准正交基下的矩阵 $\mathbf{A}$ 为反对称矩阵；

(2) 如果 V_1 是反对称线性变换 A 的不变子空间，则 $V_1^{\perp}$ 也是 A 的不变子空间．

9. 设 $\boldsymbol{\alpha}_1$，$\boldsymbol{\alpha}_2$，…，$\boldsymbol{\alpha}_{n-1}$ 是欧氏空间 $\mathbf{R}^n$ 中的一组正交向量组，$\boldsymbol{\beta}_1$，$\boldsymbol{\beta}_2\in\mathbf{R}^n$，且 $(\boldsymbol{\beta}_1, \boldsymbol{\alpha}_i)=0$，$(\boldsymbol{\beta}_2, \boldsymbol{\alpha}_i)=0$，$i=1, 2, \cdots, n-1$，证明：$\boldsymbol{\beta}_1$，$\boldsymbol{\beta}_2$ 线性相关．

10. 设 $\boldsymbol{\alpha}_1$，$\boldsymbol{\alpha}_2$，…，$\boldsymbol{\alpha}_s$ 及 $\boldsymbol{\beta}_1$，$\boldsymbol{\beta}_2$，…，$\boldsymbol{\beta}_s$ 是欧氏空间 V 中的两组向量，证明：存在 V 的一个正交变换 A，使
$$A\boldsymbol{\alpha}_i=\boldsymbol{\beta}_i, \ i=1, 2, \cdots, s$$
的充分必要条件是
$$(\boldsymbol{\alpha}_i, \boldsymbol{\alpha}_j)=(\boldsymbol{\beta}_i, \boldsymbol{\beta}_j), \ i, j=1, 2, \cdots, s.$$

第 12 章　λ-矩阵

相似关系是矩阵中的一种重要关系，但是直接处理相似关系又较为困难．引入λ-矩阵可以把相似关系转化为等价关系处理，而等价关系可以使用初等变换来研究，这样问题就变得简单、具体了．本章主要介绍λ-矩阵的有关概念和结论、矩阵相似的条件、矩阵的Jordan标准形以及它的一些应用等．

§12.1　λ-矩阵

前面的章节中我们讨论了以数域 P 中的数为元素的矩阵的概念和运算，本节主要介绍以数域 P 中的一元多项式环 $P[\lambda]$ 中的多项式为元素的矩阵的概念、性质和运算．

12.1.1　λ-矩阵的定义

定义 12.1　设 P 是一个数域，$a_{ij}(\lambda)(i=1, 2, \cdots, s; j=1, 2, \cdots, n)$ 为数域 P 上的多项式，称矩阵

$$\boldsymbol{A}(\lambda)=(a_{ij}(\lambda))_{s\times n}=\begin{pmatrix} a_{11}(\lambda) & a_{12}(\lambda) & \cdots & a_{1n}(\lambda) \\ a_{21}(\lambda) & a_{22}(\lambda) & \cdots & a_{2n}(\lambda) \\ \vdots & \vdots & & \vdots \\ a_{s1}(\lambda) & a_{s2}(\lambda) & \cdots & a_{sn}(\lambda) \end{pmatrix}$$

为数域 P 上的一个λ-矩阵．

λ-矩阵常用 $\boldsymbol{A}(\lambda)$，$\boldsymbol{B}(\lambda)$，…表示．显然，以前学习的以数域 P 中的数为元素的矩阵也包含在λ-矩阵中．为了区分开来，一般把以前学习的矩阵称为数字矩阵．

由多项式的知识我们知道，$P[\lambda]$ 中的元素可以作加、减、乘三种运算，并且它们和数的运算有相同的运算规律，因此，对于λ-矩阵我们可以仿照数字矩阵一样定义λ-矩阵的加、减、数量乘法和乘法运算，它们和数字矩阵的运算规律相同，也可以类似地定义它的行列式、子式、余子式、代数余子式及伴随矩阵等概念．

12.1.2　λ-矩阵的秩

定义 12.2　如果λ-矩阵$\boldsymbol{A}(\lambda)$有一个$r(r\geqslant 1)$阶子式不为零，而所有的$r+1$阶子式(若存在)全为零，则称$\boldsymbol{A}(\lambda)$的秩为r，记为$R(\boldsymbol{A}(\lambda))=r$. 若$\boldsymbol{A}(\lambda)=\boldsymbol{O}$，则规定$R(\boldsymbol{A}(\lambda))=0$.

例 12.1　已知λ-矩阵$\boldsymbol{B}(\lambda)=\begin{pmatrix}1&0&1\\0&\lambda-1&\lambda\\1&1&\lambda^2\end{pmatrix}$，求$R(\boldsymbol{B}(\lambda))$.

解　因为

$$|\boldsymbol{B}(\lambda)|=\begin{vmatrix}1&0&1\\0&\lambda-1&\lambda\\1&1&\lambda^2\end{vmatrix}\xlongequal{r_3-r_1}\begin{vmatrix}1&0&1\\0&\lambda-1&\lambda\\0&1&\lambda^2-1\end{vmatrix}=\begin{vmatrix}\lambda-1&\lambda\\1&\lambda^2-1\end{vmatrix}$$
$$=\lambda^3-\lambda^2-2\lambda+1\neq 0,$$

所以$R(\boldsymbol{B}(\lambda))=3$，即$\boldsymbol{B}(\lambda)$是满秩的.

12.1.3　λ-矩阵的逆

定义 12.3　设$\boldsymbol{A}(\lambda)$是一个n阶λ-矩阵，若存在一个n阶λ-矩阵$\boldsymbol{B}(\lambda)$，使得

$$\boldsymbol{A}(\lambda)\boldsymbol{B}(\lambda)=\boldsymbol{B}(\lambda)\boldsymbol{A}(\lambda)=\boldsymbol{E}, \qquad (12.1)$$

则称矩阵$\boldsymbol{B}(\lambda)$是$\boldsymbol{A}(\lambda)$的逆矩阵，记为$\boldsymbol{B}(\lambda)=\boldsymbol{A}^{-1}(\lambda)$. 这里$\boldsymbol{E}$是一个$n$阶单位矩阵.

同数字矩阵一样，我们易得λ-矩阵的逆矩阵是唯一确定的.

定理 12.1　n阶λ-矩阵$\boldsymbol{A}(\lambda)$可逆的充分必要条件是$|\boldsymbol{A}(\lambda)|=c\neq 0$，且$\boldsymbol{A}^{-1}(\lambda)=\frac{1}{c}\boldsymbol{A}^*(\lambda)$，其中$c\in P$，$\boldsymbol{A}^*(\lambda)$是$\boldsymbol{A}(\lambda)$的伴随矩阵.

证　充分性　设$|\boldsymbol{A}(\lambda)|=c\neq 0$，$\boldsymbol{A}^*(\lambda)$是$\boldsymbol{A}(\lambda)$的伴随矩阵，则有

$$\boldsymbol{A}(\lambda)\boldsymbol{A}^*(\lambda)=\boldsymbol{A}^*(\lambda)\boldsymbol{A}(\lambda)=c\boldsymbol{E},$$

又因为$c\neq 0$，上式同除c，得

$$\boldsymbol{A}(\lambda)\frac{\boldsymbol{A}^*(\lambda)}{c}=\frac{\boldsymbol{A}^*(\lambda)}{c}\boldsymbol{A}(\lambda)=\boldsymbol{E}.$$

根据定义 12.3，得到$\boldsymbol{A}(\lambda)$可逆，且$\boldsymbol{A}^{-1}(\lambda)=\frac{1}{c}\boldsymbol{A}^*(\lambda)$.

必要性　因为$\boldsymbol{A}(\lambda)$可逆，在(12.1)式的两边同时取行列式，有

$$|\boldsymbol{A}(\lambda)|\,|\boldsymbol{B}(\lambda)|=|\boldsymbol{E}|=1.$$

因为$|\boldsymbol{A}(\lambda)|$与$|\boldsymbol{B}(\lambda)|$都是λ的多项式，所以由它们的乘积等于1可以推知，

它们都是零次多项式，也即它们都等于一个非零常数．

例 12.2 判断下列 λ-矩阵是否可逆：

$$A(\lambda)=\begin{pmatrix}\lambda+1 & \lambda+3\\ \lambda^2+3\lambda & \lambda^2+5\lambda+4\end{pmatrix},\ B(\lambda)=\begin{pmatrix}\lambda+1 & \lambda+3\\ \lambda^2+3\lambda+2 & \lambda^2+5\lambda+6\end{pmatrix}.$$

解 因为$|A(\lambda)|=4$，$|B(\lambda)|=0$，所以$A(\lambda)$可逆而$B(\lambda)$不可逆．

例 12.3 设A是数域P上的一个n阶数字矩阵，证明：A的特征矩阵作为λ-矩阵是满秩的，但不是可逆的．

证 因为A的特征矩阵$\lambda E-A$的行列式是一个n次多项式，也即$\deg(|\lambda E-A|)=n\neq 0$，所以$R(\lambda E-A)=n$，也即$\lambda E-A$满秩，但是不可逆．

从例 12.3 可以看出，在数字矩阵中，n阶矩阵A可逆的充分必要条件是$|A|\neq 0$(或A满秩)，但在λ-矩阵中，$|A(\lambda)|\neq 0$(即$A(\lambda)$满秩)只是矩阵$A(\lambda)$可逆的必要而非充分条件．

§12.2 λ-矩阵的标准形

这一节我们将介绍λ-矩阵的初等变换，以及用初等变换化λ-矩阵为标准形．

12.2.1 λ-矩阵的初等变换和初等λ-矩阵的概念

定义 12.4 对λ-矩阵进行的下面三种变换称为λ-矩阵的初等行(列)变换，统称为初等变换：

(1) 互换矩阵的两行(列)的位置，记为$r_i\leftrightarrow r_j(c_i\leftrightarrow c_j)$；

(2) 以数域P中的非零常数k乘以矩阵的某一行(列)，记为$k\cdot r_i(k\cdot c_i)$；

(3) 把某一行(列)的$\varphi(\lambda)$倍加到另一行(列)上，记为$r_i+\varphi(\lambda)\cdot r_j(c_i+\varphi(\lambda)\cdot c_j)$，其中$\varphi(\lambda)\in P[\lambda]$．

显然，λ-矩阵的初等变换都是可逆的，并且它的逆变换也是和它属于同一类型的初等变换．

同数字矩阵一样，对λ-矩阵的初等变换也可以引入初等λ-矩阵来讨论．

定义 12.5 由n阶单位矩阵E经过一次λ-矩阵的初等变换得到的矩阵称为初等λ-矩阵．

由于初等变换有三类，所以对应的初等λ-矩阵也有三种：

(1) 对调矩阵E的i，j两行(列)位置，得

$$P(i,\ j)=\begin{pmatrix}1&&&&&&&&\\&\ddots&&&&&&&\\&&1&&&&&&\\&&&0&\cdots&1&&&\\&&&&1&&&&\\&&&\vdots&\ddots&\vdots&&&\\&&&&&1&&&\\&&&1&\cdots&0&&&\\&&&&&&1&&\\&&&&&&&\ddots&\\&&&&&&&&1\end{pmatrix}\begin{matrix}\\\\\\第 i 行\\\\\\\\第 j 行\\\\\\\\\end{matrix}.$$

(2) 以非零常数 k 乘矩阵 $\boldsymbol{E}$ 的第 i 行(列)元素，即

$$P(i(k))=\begin{pmatrix}1&&&&\\&\ddots&&&\\&&k&&\\&&&1&\\&&&&\ddots&\\&&&&&1\end{pmatrix}第 i 行 .$$

(3) 将矩阵 $\boldsymbol{E}$ 的第 j 行(i 列)所有元素都乘以 $\varphi(\lambda)$ 加到第 i 行(j 列)对应元素上去，得

$$P(i,\ j(\varphi))=\begin{pmatrix}1&&&&&\\&\ddots&&&&\\&&1&\cdots&\varphi(\lambda)&&\\&&&\ddots&\vdots&&\\&&&&1&&\\&&&&&\ddots&\\&&&&&&1\end{pmatrix}\begin{matrix}\\\\第 i 行\\\\第 j 行\\\\\\\end{matrix}.$$

12.2.2　初等 λ-矩阵的性质

性质 12.1　初等 λ-矩阵都是可逆的，并且逆矩阵也是初等 λ-矩阵 .

证　由行列式的性质，易得 $|\boldsymbol{P}(i,\ j)|=-1$，$|\boldsymbol{P}(i(k))|=k$，$|\boldsymbol{P}(i,\ j(\varphi))|=1$，也即三类初等 λ-矩阵的行列式均为一个非零常数，所以初等 λ-矩阵可逆 .

由矩阵乘法得到

$$\boldsymbol{P}(i,\ j)\boldsymbol{P}(i,\ j)=\boldsymbol{E},\ \boldsymbol{P}(i(k))\boldsymbol{P}\left(i\left(\frac{1}{k}\right)\right)=\boldsymbol{E},\ \boldsymbol{P}(i,\ j(\varphi))\boldsymbol{P}(i,\ j(-\varphi))=\boldsymbol{E},$$

所以 $\boldsymbol{P}(i,\ j)^{-1}=\boldsymbol{P}(i,\ j)$，$\boldsymbol{P}(i(k))^{-1}=\boldsymbol{P}\left(i\left(\frac{1}{k}\right)\right)$，$\boldsymbol{P}(i,\ j(\varphi))^{-1}=\boldsymbol{P}(i,\ j(-\varphi))$.

性质 12.2 设 $\boldsymbol{A}(\lambda)$ 是一个 s 行 n 列的 λ-矩阵，对矩阵 $\boldsymbol{A}(\lambda)$ 作一次初等行变换，相当于在矩阵 $\boldsymbol{A}(\lambda)$ 的左边乘以相应的 s 阶初等 λ-矩阵；对矩阵 $\boldsymbol{A}(\lambda)$ 作一次初等列变换，相当于在矩阵 $\boldsymbol{A}(\lambda)$ 的右边乘以相应的 n 阶初等 λ-矩阵.

证明类同于数字矩阵.

12.2.3 λ-矩阵的等价关系

定义 12.6 λ-矩阵 $\boldsymbol{A}(\lambda)$ 可以经过一系列的初等变换化为 $\boldsymbol{B}(\lambda)$，则称 $\boldsymbol{A}(\lambda)$ 与 $\boldsymbol{B}(\lambda)$ 等价.

同样地，λ-矩阵的等价关系也具有反身性、对称性和传递性.

由初等变换与初等矩阵的关系可以得到等价关系的一个如下结论：

定理 12.2 $\boldsymbol{A}(\lambda)$ 与 $\boldsymbol{B}(\lambda)$ 等价的充分必要条件是存在一系列初等 λ-矩阵

$$\boldsymbol{P}_1,\ \boldsymbol{P}_2,\ \cdots,\ \boldsymbol{P}_l,\ \boldsymbol{Q}_1,\ \boldsymbol{Q}_2,\ \cdots,\ \boldsymbol{Q}_t,$$

使得
$$\boldsymbol{A}(\lambda)=\boldsymbol{P}_1\boldsymbol{P}_2\cdots\boldsymbol{P}_l\boldsymbol{B}(\lambda)\boldsymbol{Q}_1\boldsymbol{Q}_2\cdots\boldsymbol{Q}_t.$$

12.2.4 λ-矩阵的标准形

下面讨论利用初等变换将一个 λ-矩阵化为标准形，为此有下面的引理：

引理 设 λ-矩阵 $\boldsymbol{A}(\lambda)=(a_{ij}(\lambda))_{s\times n}$ 中 $a_{11}(\lambda)\neq0$，并且 $\boldsymbol{A}(\lambda)$ 中至少有一个元素不能被它整除，那么一定可以找到一个与 $\boldsymbol{A}(\lambda)$ 等价的矩阵 $\boldsymbol{B}(\lambda)=(b_{ij}(\lambda))_{s\times n}$，使得 $b_{11}(\lambda)\neq0$，且 $\deg(b_{11}(\lambda))<\deg(a_{11}(\lambda))$.

证 根据 $\boldsymbol{A}(\lambda)$ 中不能被 $a_{11}(\lambda)$ 整除的元素的位置，分三种情况讨论：

(1) 若 $\boldsymbol{A}(\lambda)$ 的第 1 列中有元素 $a_{i1}(\lambda)$ 不能被 $a_{11}(\lambda)$ 整除，则一定存在 $q(\lambda)$，$r(\lambda)\in P[\lambda]$，使得 $a_{i1}(\lambda)=a_{11}(\lambda)q(\lambda)+r(\lambda)$，且 $\deg(r(\lambda))<\deg(a_{11}(\lambda))$. 对 $\boldsymbol{A}(\lambda)$ 作初等行变换，有

$$\boldsymbol{A}(\lambda)=\begin{pmatrix} a_{11}(\lambda) & a_{12}(\lambda) & \cdots & a_{1n}(\lambda) \\ \vdots & \vdots & & \vdots \\ a_{i1}(\lambda) & a_{i2}(\lambda) & \cdots & a_{in}(\lambda) \\ \vdots & \vdots & & \vdots \\ a_{s1}(\lambda) & a_{s2}(\lambda) & \cdots & a_{sn}(\lambda) \end{pmatrix}$$

$$\xrightarrow{r_i - q(\lambda) r_1} \begin{pmatrix} a_{11}(\lambda) & a_{12}(\lambda) & \cdots & a_{1n}(\lambda) \\ \vdots & \vdots & & \vdots \\ r(\lambda) & a_{i2}(\lambda)-q(\lambda)a_{12}(\lambda) & \cdots & a_{in}(\lambda)-q(\lambda)a_{1n}(\lambda) \\ \vdots & \vdots & & \vdots \\ a_{s1}(\lambda) & a_{s2}(\lambda) & \cdots & a_{sn}(\lambda) \end{pmatrix}$$

$$\xrightarrow{r_i \leftrightarrow r_1} \begin{pmatrix} b_{11}(\lambda) & b_{12}(\lambda) & \cdots & b_{1n}(\lambda) \\ \vdots & \vdots & & \vdots \\ b_{i1}(\lambda) & b_{i2}(\lambda) & \cdots & b_{in}(\lambda) \\ \vdots & \vdots & & \vdots \\ b_{s1}(\lambda) & b_{s2}(\lambda) & \cdots & b_{sn}(\lambda) \end{pmatrix} = \boldsymbol{B}(\lambda),$$

其中，$b_{11}(\lambda)=r(\lambda)$，$b_{1j}(\lambda)=a_{ij}(\lambda)-q(\lambda)a_{1j}(\lambda)(j=2, 3, \cdots, n)$，

$$b_{ij}(\lambda)=a_{1j}(\lambda),\ b_{kj}(\lambda)=a_{kj}(\lambda)(j=1, 2, \cdots, n;\ k\neq 1, i).$$

显然 $\boldsymbol{B}(\lambda)$ 与 $\boldsymbol{A}(\lambda)$ 等价，且 $\deg(b_{11}(\lambda))=\deg(r(\lambda))<\deg(a_{11}(\lambda))$，所以 $\boldsymbol{B}(\lambda)$ 即为满足引理的矩阵 .

(2) 在 $\boldsymbol{A}(\lambda)$ 的第 1 行中有一个元素 a_{1j} 不能被 $a_{11}(\lambda)$ 整除，同(1)，只需对 $\boldsymbol{A}(\lambda)$ 进行初等列变换即可求得所需矩阵 .

(3) $\boldsymbol{A}(\lambda)$ 的第 1 行和第 1 列中的所有元素均能被 $a_{11}(\lambda)$ 整除，记在 $\boldsymbol{A}(\lambda)$ 中不能被 $a_{11}(\lambda)$ 整除的元素为 $a_{ij}(\lambda)(i\neq 1, j\neq 1)$.

由于 $\boldsymbol{A}(\lambda)$ 中的第 1 行中的元素均能被 $a_{11}(\lambda)$ 整除，设 $a_{1j}(\lambda)=q(\lambda)a_{11}(\lambda)$，则对 $\boldsymbol{A}(\lambda)$ 进行初等列变换，有

$$\boldsymbol{A}(\lambda)=\begin{pmatrix} a_{11}(\lambda) & \cdots & a_{1j}(\lambda) & \cdots \\ \vdots & & \vdots & \\ a_{i1}(\lambda) & \cdots & a_{ij}(\lambda) & \cdots \\ \vdots & & \vdots & \end{pmatrix}$$

$$\xrightarrow{c_j - q(\lambda) c_1} \begin{pmatrix} a_{11}(\lambda) & \cdots & 0 & \cdots \\ \vdots & & \vdots & \\ a_{i1}(\lambda) & \cdots & a_{ij}(\lambda)-q(\lambda)a_{i1}(\lambda) & \cdots \\ \vdots & & \vdots & \end{pmatrix}$$

$$\xrightarrow{c_1 + c_j} \begin{pmatrix} a_{11}(\lambda) & \cdots & 0 & \cdots \\ \vdots & & \vdots & \\ a_{ij}(\lambda)+(1-q(\lambda))a_{i1}(\lambda) & \cdots & a_{ij}(\lambda)-q(\lambda)a_{i1}(\lambda) & \cdots \\ \vdots & & \vdots & \end{pmatrix} = \boldsymbol{C}(\lambda),$$

显然 $\boldsymbol{C}(\lambda)$ 中第 1 列的元素 $a_{ij}(\lambda)+(1-q(\lambda))a_{i1}(\lambda)$ 不能被 $a_{11}(\lambda)$ 整除，由(1)

知，存在矩阵$\boldsymbol{B}(\lambda)$满足引理．

综合(1)，(2)，(3)知无论$\boldsymbol{A}(\lambda)$中不能被$a_{11}(\lambda)$整除的元素在什么位置，均有满足引理的矩阵$\boldsymbol{B}(\lambda)$存在．

由引理的结论，我们得到关于λ-矩阵的标准形的存在定理．

定理 12.3 任意一个非零的$s\times n$的λ-矩阵$\boldsymbol{A}(\lambda)$都等价于形如下面的矩阵：

$$\boldsymbol{B}(\lambda)=\begin{pmatrix} d_1(\lambda) & & & & & & \\ & d_2(\lambda) & & & & & \\ & & \ddots & & & & \\ & & & d_r(\lambda) & & & \\ & & & & 0 & & \\ & & & & & \ddots & \\ & & & & & & 0 \end{pmatrix},$$

其中$r\geqslant 1$，$d_i(\lambda)(i=1,2,\cdots,r)$是首项系数为1的多项式，且

$$d_i(\lambda)\mid d_{i+1}(\lambda)(i=1,2,\cdots,r-1),$$

这里，矩阵$\boldsymbol{B}(\lambda)$被称为$\boldsymbol{A}(\lambda)$的**标准形**．

证 因为$\boldsymbol{A}(\lambda)\neq 0$，所以$\boldsymbol{A}(\lambda)$中至少有一个元素不等于零．不妨假设$a_{11}(\lambda)\neq 0$(若$a_{11}(\lambda)=0$，可以适当交换$\boldsymbol{A}(\lambda)$的行列位置使得该位置元素不为零)．

若$\boldsymbol{A}(\lambda)$中至少有一个元素不能被$a_{11}(\lambda)$整除，则由引理知一定存在一个矩阵$\boldsymbol{B}_1(\lambda)$等价于$\boldsymbol{A}(\lambda)$，它的第1行第1列的元素$b_1(\lambda)\neq 0$，且次数低于$a_{11}(\lambda)$．若$\boldsymbol{B}_1(\lambda)$中至少有一个元素不能被$b_1(\lambda)$整除，则同理又可得一矩阵$\boldsymbol{B}_2(\lambda)$，它的第1行第1列元素$b_2(\lambda)\neq 0$，且次数低于$b_1(\lambda)$．如此重复下去，一定可以得到一系列矩阵$\boldsymbol{B}_1(\lambda)$，$\boldsymbol{B}_2(\lambda)$，…，它们的第1行第1列元素均不为零，且次数逐步递减．由于多项式的次数为一非负整数，所以重复有限次之后我们一定找到一个矩阵$\boldsymbol{B}_t(\lambda)=\boldsymbol{B}(b_{ij}(\lambda))$，使得它的第1行第1列元素$b_{11}(\lambda)\neq 0$，且能整除$\boldsymbol{B}_t(\lambda)$中的每一个元素，记

$$b_{ij}(\lambda)=b_{11}(\lambda)q_{ij}(\lambda)\quad (q_{ij}(\lambda)\in P[\lambda]),$$

对$\boldsymbol{B}_t(\lambda)$作初等变换：

$$\boldsymbol{B}_t(\lambda)=\begin{pmatrix} b_{11}(\lambda) & b_{12}(\lambda) & \cdots & b_{1n}(\lambda) \\ b_{21}(\lambda) & b_{22}(\lambda) & \cdots & b_{2n}(\lambda) \\ \vdots & \vdots & & \vdots \\ b_{s1}(\lambda) & b_{s2}(\lambda) & \cdots & b_{sn}(\lambda) \end{pmatrix} \xrightarrow[c_j-q_{1j}(\lambda)c_1]{r_i-q_{i1}(\lambda)r_1} \begin{pmatrix} b_{11}(\lambda) & 0 & \cdots & 0 \\ 0 & & & \\ \vdots & & \boldsymbol{A}_1(\lambda) & \\ 0 & & & \end{pmatrix},$$

其中$\boldsymbol{A}_1(\lambda)$中的每个元素均能被$b_{11}(\lambda)$整除．

若$\boldsymbol{A}_1(\lambda)\neq 0$，则重复上面的步骤，可以把$\boldsymbol{B}_t(\lambda)$化为下面这种形式的矩阵：

$$\begin{pmatrix} b_{11}(\lambda) & 0 & \cdots & 0 \\ 0 & b_{22}(\lambda) & \cdots & 0 \\ \vdots & \vdots & \boldsymbol{A}_2(\lambda) & \\ 0 & 0 & & \end{pmatrix},$$

其中$b_{11}(\lambda)\mid b_{22}(\lambda)$(因为$b_{22}(\lambda)$是$\boldsymbol{A}_1(\lambda)$中的元素的组合)，且$b_{22}(\lambda)$能整除$\boldsymbol{A}_2(\lambda)$中的每个元素.

重复下去，最后就把$\boldsymbol{A}(\lambda)$化为如下形式的矩阵：

$$\begin{pmatrix} b_{11}(\lambda) & & & & & & \\ & b_{22}(\lambda) & & & & & \\ & & \ddots & & & & \\ & & & b_{rr}(\lambda) & & & \\ & & & & 0 & & \\ & & & & & \ddots & \\ & & & & & & 0 \end{pmatrix}.$$

继续对上面的矩阵再作第二种初等行变换，则可把矩阵化为定理要求的形式，即

$$\boldsymbol{A}(\lambda)\rightarrow\begin{pmatrix} d_1(\lambda) & & & & & & \\ & d_2(\lambda) & & & & & \\ & & \ddots & & & & \\ & & & d_r(\lambda) & & & \\ & & & & 0 & & \\ & & & & & \ddots & \\ & & & & & & 0 \end{pmatrix}=\boldsymbol{B}(\lambda),$$

其中$d_i(\lambda)$首项系数为 1，它与$b_{ii}(\lambda)$仅相差一个常数倍，且满足

$$d_i(\lambda)\mid d_{i+1}(\lambda)\ (i=1,\ 2,\ \cdots,\ r-1).$$

例 12.4 用初等变换求 λ-矩阵

$$\boldsymbol{A}(\lambda)=\begin{pmatrix} 1-\lambda & \lambda^2 & \lambda \\ \lambda & \lambda & -\lambda \\ 1+\lambda^2 & \lambda^2 & -\lambda^2 \end{pmatrix}$$

的标准形.

解 $\boldsymbol{A}(\lambda)=\begin{pmatrix} 1-\lambda & \lambda^2 & \lambda \\ \lambda & \lambda & -\lambda \\ 1+\lambda^2 & \lambda^2 & -\lambda^2 \end{pmatrix}\xrightarrow{c_1+c_3}\begin{pmatrix} 1 & \lambda^2 & \lambda \\ 0 & \lambda & -\lambda \\ 1 & \lambda^2 & -\lambda^2 \end{pmatrix}$

$$\xrightarrow{r_3-r_1}\begin{pmatrix}1 & \lambda^2 & \lambda\\ 0 & \lambda & -\lambda\\ 0 & 0 & -\lambda^2-\lambda\end{pmatrix}\xrightarrow[c_3-\lambda c_1]{c_2-\lambda^2 c_1}\begin{pmatrix}1 & 0 & 0\\ 0 & \lambda & -\lambda\\ 0 & 0 & -\lambda^2-\lambda\end{pmatrix}$$

$$\xrightarrow{c_3+c_2}\begin{pmatrix}1 & 0 & 0\\ 0 & \lambda & 0\\ 0 & 0 & -\lambda^2-\lambda\end{pmatrix}\xrightarrow{-1\times r_3}\begin{pmatrix}1 & 0 & 0\\ 0 & \lambda & 0\\ 0 & 0 & \lambda(\lambda+1)\end{pmatrix}=\boldsymbol{B}(\lambda),$$

$\boldsymbol{B}(\lambda)$即为$\boldsymbol{A}(\lambda)$的标准形.

§12.3 不变因子

定理 12.3 给出了λ-矩阵的标准形的存在性，在这一节主要讨论标准形的唯一性.

12.3.1 行列式因子和不变因子

定义 12.7 设λ-矩阵$\boldsymbol{A}(\lambda)$的秩为r，对于正整数$k(1\leqslant k\leqslant r)$，$\boldsymbol{A}(\lambda)$中至少有一个非零的$k$阶子式.$\boldsymbol{A}(\lambda)$中的全部$k$阶子式的首项系数为1的最大公因式$D_k(\lambda)$称为$\boldsymbol{A}(\lambda)$的$k$**阶行列式因子**.

显然，一个秩为r的λ-矩阵，行列式因子一共有r个.

定义 12.8 若一个λ-矩阵$\boldsymbol{A}(\lambda)$的标准形为

$$\begin{pmatrix}d_1(\lambda) & & & & & & \\ & d_2(\lambda) & & & & & \\ & & \ddots & & & & \\ & & & d_r(\lambda) & & & \\ & & & & 0 & & \\ & & & & & \ddots & \\ & & & & & & 0\end{pmatrix}, \tag{12.2}$$

则标准形中主对角线上的非零元素$d_1(\lambda)$，$d_2(\lambda)$，…，$d_r(\lambda)$称为λ-矩阵$\boldsymbol{A}(\lambda)$的**不变因子**.

现在我们来研究λ-矩阵的标准形的行列式因子和不变因子之间的关系.

在式(12.2)中，因为$d_i(\lambda)\mid d_{i+1}(\lambda)(i=1, 2, \cdots, r-1)$，易得

$$D_k(\lambda)=d_1(\lambda)d_2(\lambda)\cdots d_k(\lambda), \tag{12.3}$$

$$d_1(\lambda)=D_1(\lambda),\ d_{k+1}(\lambda)=\frac{D_{k+1}(\lambda)}{D_k(\lambda)}(1\leqslant k\leqslant r-1). \tag{12.4}$$

由(12.3)式、(12.4)式可以看出，在标准形里行列式因子容易求出，并且行列

式因子和不变因子是相互确定的.

下面我们就来讨论等价的矩阵的行列式因子、不变因子之间的关系.

12.3.2　标准形的唯一性

定理 12.4　等价的 λ-矩阵具有相同的秩和各阶行列式因子.

证　只需证明：经过一次初等变换，λ-矩阵的秩和行列式因子不变. 设 $\boldsymbol{A}(\lambda)$经过一次初等变换化为$\boldsymbol{B}(\lambda)$，$D_k(\lambda)$和 $D_k'(\lambda)$分别是$\boldsymbol{A}(\lambda)$和$\boldsymbol{B}(\lambda)$的 k 阶行列式因子，因为初等变换有三类，所以分三种情况讨论.

(1) 设$\boldsymbol{A}(\lambda)$经过第一种初等变换化为$\boldsymbol{B}(\lambda)$，则$\boldsymbol{B}(\lambda)$的每个 k 阶子式要么是$\boldsymbol{A}(\lambda)$的某个 k 阶子式，要么是$\boldsymbol{A}(\lambda)$的某个 k 阶子式的负值，因此，$D_k(\lambda)$是$\boldsymbol{B}(\lambda)$的所有 k 阶子式的公因式，所以 $D_k(\lambda)\mid D_k'(\lambda)$.

(2) 设$\boldsymbol{A}(\lambda)$经过第二种初等变换化为$\boldsymbol{B}(\lambda)$，则$\boldsymbol{B}(\lambda)$的每个 k 阶子式要么是$\boldsymbol{A}(\lambda)$的某个 k 阶子式，要么是$\boldsymbol{A}(\lambda)$的某个 k 阶子式的 c 倍，因此，$D_k(\lambda)$是$\boldsymbol{B}(\lambda)$的所有 k 阶子式的公因式，所以 $D_k(\lambda)\mid D'_k(\lambda)$.

(3) 设$\boldsymbol{A}(\lambda)$的第 i 行元素加上第 j 行元素的$\varphi(\lambda)$倍变换为$\boldsymbol{B}(\lambda)$，则$\boldsymbol{B}(\lambda)$的 k 阶子式中那些包含第 i，j 行和不包含 i 行的 k 阶子式与$\boldsymbol{A}(\lambda)$的 k 阶子式一样；那些包含 i 行不含 j 行的 k 阶子式，按照第 i 行拆分为$\boldsymbol{A}(\lambda)$的某个 k 阶子式与另一个 k 阶子式的$\pm\varphi(\lambda)$倍的和，也即是$\boldsymbol{A}(\lambda)$的某两个 k 阶子式的组合，因此，$D_k(\lambda)$是$\boldsymbol{B}(\lambda)$的所有 k 阶子式的公因式，所以 $D_k(\lambda)\mid D_k'(\lambda)$.

同理可得$\boldsymbol{A}(\lambda)$经过一次初等列变换化为$\boldsymbol{B}(\lambda)$后，有 $D_k(\lambda)\mid D_k'(\lambda)$.

又由于初等变换是可逆的，故$\boldsymbol{B}(\lambda)$也可经过一次初等变换化为$\boldsymbol{A}(\lambda)$，所以有 $D_k'(\lambda)\mid D_k(\lambda)$，也即 $D_k(\lambda)=D_k'(\lambda)$.

又由前面的讨论知，若$\boldsymbol{A}(\lambda)$的全部 k 阶子式等于零，则$\boldsymbol{B}(\lambda)$的全部 k 阶子式也等于零，反之亦然. 所以有$\boldsymbol{A}(\lambda)$与$\boldsymbol{B}(\lambda)$有相同的行列式因子和相同的秩.

定理 12.5　λ-矩阵的标准形是唯一的.

证　设(12.2)式是$\boldsymbol{A}(\lambda)$的标准形，则由定理 12.4 知，$\boldsymbol{A}(\lambda)$与(12.2)式有相同的秩和行列式因子，则标准形中主对角线上的非零元的个数 r 就是$\boldsymbol{A}(\lambda)$的秩；又由式(12.4)知，标准形中主对角线上的元素由$\boldsymbol{A}(\lambda)$的不变因子确定，所以λ-矩阵的标准形是唯一的.

结合定理 12.4 和定义 12.8 得到下面的结论：

定理 12.6　两个 $s\times n$ 的λ-矩阵等价的充分必要条件是它们有相同的行列式因子，或者，它们有相同的不变因子.

证　必要性　由定理 12.4 易知.

充分性　若λ-矩阵$\boldsymbol{A}(\lambda)$和$\boldsymbol{B}(\lambda)$有相同的不变因子，则它们的标准形相同，也即它们等价于同一个标准形，由等价的传递性知，$\boldsymbol{A}(\lambda)$和$\boldsymbol{B}(\lambda)$等价．

由式(12.4)知，λ-矩阵$\boldsymbol{A}(\lambda)$的各阶行列式因子之间还满足

$$D_k(\lambda)\mid D_{k+1}(\lambda)(1\leqslant k\leqslant r-1), \tag{12.5}$$

因此，在计算一个λ-矩阵的各阶行列式因子和不变因子的时候总是先计算最高阶的行列式因子和不变因子，这样就可以确定比它低阶的行列式因子的因式的范围．

例 12.5　求λ-矩阵

$$\boldsymbol{A}(\lambda)=\begin{pmatrix}2\lambda & 1 & 0\\ 0 & -\lambda(\lambda+2) & -3\\ 0 & 0 & \lambda^2-1\end{pmatrix}$$

的行列式因子和不变因子，并写出$\boldsymbol{A}(\lambda)$的标准形．

解　$\boldsymbol{A}(\lambda)$的行列式

$$|\boldsymbol{A}(\lambda)|=\begin{vmatrix}2\lambda & 1 & 0\\ 0 & -\lambda(\lambda+2) & -3\\ 0 & 0 & \lambda^2-1\end{vmatrix}=-2\lambda^2(\lambda+2)(\lambda^2-1),$$

所以$\boldsymbol{A}(\lambda)$的三阶行列式因子为

$$D_3(\lambda)=-2\lambda^2(\lambda+2)(\lambda^2-1).$$

由于，有一个二阶子式

$$D_2=\begin{vmatrix}1 & 0\\ -\lambda(\lambda+2) & -3\end{vmatrix}=-3,$$

所以，$D_2(\lambda)=1$，于是，$D_1(\lambda)=1$，即$\boldsymbol{A}(\lambda)$的各阶行列式因子为

$$D_1(\lambda)=1,\ D_2(\lambda)=1,\ D_3(\lambda)=-2\lambda^2(\lambda+2)(\lambda^2-1),$$

于是可以得到不变因子

$$d_1(\lambda)=D_1(\lambda)=1,\ d_2(\lambda)=\frac{D_2(\lambda)}{D_1(\lambda)}=1,\ d_3(\lambda)=\frac{D_3(\lambda)}{D_2(\lambda)}=-2\lambda^2(\lambda+2)(\lambda^2-1),$$

故$\boldsymbol{A}(\lambda)$的标准形为

$$\begin{pmatrix}1 & & \\ & 1 & \\ & & \lambda^2(\lambda+2)(\lambda^2-1)\end{pmatrix}.$$

例 12.6　判断$\boldsymbol{A}(\lambda)$与$\boldsymbol{B}(\lambda)$是否等价：

(1) $\boldsymbol{A}(\lambda)=\begin{pmatrix}\lambda & 1\\ 0 & \lambda\end{pmatrix}$，$\boldsymbol{B}(\lambda)=\begin{pmatrix}1 & -\lambda\\ 1 & \lambda\end{pmatrix}$；

(2) $\boldsymbol{A}(\lambda)=\begin{pmatrix}\lambda(\lambda+1) & 0 & 0\\ 0 & \lambda & 0\\ 0 & 0 & (\lambda+1)^2\end{pmatrix}$，$\boldsymbol{B}(\lambda)=\begin{pmatrix}0 & 0 & \lambda+1\\ 0 & 2\lambda & 0\\ \lambda(\lambda+1)^2 & 0 & 0\end{pmatrix}$.

解　(1)显然，对 $\boldsymbol{A}(\lambda)$，有 $D_1(\lambda)=1$，$D_2(\lambda)=\lambda^2$；对 $\boldsymbol{B}(\lambda)$，有 $D_1(\lambda)=1$，$D_2(\lambda)=\lambda$. 由于两个 λ-矩阵的二阶行列式因子不同，所以不等价.

(2) $R(\boldsymbol{A}(\lambda))=R(\boldsymbol{B}(\lambda))=3$，$\boldsymbol{A}(\lambda)$的三个非零一阶子式分别为 $\lambda(\lambda+1)$，λ，$(\lambda+1)^2$，所以 $D_1(\lambda)=1$；三个非零二阶子式分别为 $\lambda^2(\lambda+1)$，$\lambda(\lambda+1)^2$，$\lambda(\lambda+1)^3$，所以 $D_2(\lambda)=\lambda(\lambda+1)$；三阶子式 $D_3=\lambda^2(\lambda+1)^3$. 同样可求得 $\boldsymbol{B}(\lambda)$ 的行列式因子和 $\boldsymbol{A}(\lambda)$ 的行列式因子相同，故等价.

注：在例 12.6 中，判断 $\boldsymbol{A}(\lambda)$ 与 $\boldsymbol{B}(\lambda)$ 是否等价还有其他方法，请读者自行考虑.

在前面数字矩阵的学习中，已经知道一个可逆矩阵的标准形是单位矩阵 $\boldsymbol{E}$，那么一个可逆的 λ-矩阵的标准形是否也是单位矩阵 $\boldsymbol{E}$ 呢？下面我们来讨论这个问题.

定理 12.7　n 阶 λ-矩阵 $\boldsymbol{A}(\lambda)$ 可逆的充分必要条件是 $\boldsymbol{A}(\lambda)$ 等价于单位矩阵 $\boldsymbol{E}$.

证　必要性　设 n 阶 λ-矩阵 $\boldsymbol{A}(\lambda)$ 可逆，则 $|\boldsymbol{A}(\lambda)|=c\neq 0$，即 $D_n(\lambda)=1$，由式(12.5)知，$\boldsymbol{A}(\lambda)$ 的各阶行列式因子为 $D_k(\lambda)=1(1\leqslant k\leqslant n)$，因此，不变因子 $d_k(\lambda)=1(1\leqslant k\leqslant n)$，所以 $\boldsymbol{A}(\lambda)$ 的标准形为单位矩阵 $\boldsymbol{E}$，也即可逆矩阵与单位矩阵等价.

充分性　λ-矩阵 $\boldsymbol{A}(\lambda)$ 与单位矩阵等价，则它的行列式是一个非零常数(为什么?)，所以可逆.

由初等变换和初等矩阵的关系，可得下面的推论.

推论 1　λ-矩阵 $\boldsymbol{A}(\lambda)$ 可逆的充分必要条件是它可以表示成一系列初等矩阵的乘积.

推论 2　两个 $s\times n$ 的 λ-矩阵 $\boldsymbol{A}(\lambda)$ 和 $\boldsymbol{B}(\lambda)$ 等价的充分必要条件是存在一个 $s\times s$ 的可逆矩阵 $\boldsymbol{P}(\lambda)$ 和 $n\times n$ 的可逆矩阵 $\boldsymbol{Q}(\lambda)$，使

$$\boldsymbol{B}(\lambda)=\boldsymbol{P}(\lambda)\boldsymbol{A}(\lambda)\boldsymbol{Q}(\lambda).$$

§ 12.4　矩阵相似的条件

由第 7 章知，直接判断两数字矩阵相似比较困难，本节引入 λ-矩阵的不变因子来讨论矩阵的相似问题. 在求一个数字矩阵的特征值和特征向量时，曾出现过 λ-矩阵 $\lambda\boldsymbol{E}-\boldsymbol{A}$，我们称它为 $\boldsymbol{A}$ 的特征矩阵. 这一节的主要目的是证明

两个 $n\times n$ 数字矩阵 $\boldsymbol{A}$ 和 $\boldsymbol{B}$ 相似的充分必要条件是它们的特征矩阵 $\lambda\boldsymbol{E}-\boldsymbol{A}$ 和 $\lambda\boldsymbol{E}-\boldsymbol{B}$ 等价．

12.4.1　两个引理

引理 1　设 $\boldsymbol{A}$，$\boldsymbol{B}$ 是 n 阶数字矩阵，如果有 n 阶数字矩阵 $\boldsymbol{P}$，$\boldsymbol{Q}$ 使

$$\lambda\boldsymbol{E}-\boldsymbol{A}=\boldsymbol{P}(\lambda\boldsymbol{E}-\boldsymbol{B})\boldsymbol{Q},$$

则 $\boldsymbol{A}$ 与 $\boldsymbol{B}$ 相似．

证　因为

$$\boldsymbol{P}(\lambda\boldsymbol{E}-\boldsymbol{B})\boldsymbol{Q}=\lambda\boldsymbol{P}\boldsymbol{Q}-\boldsymbol{P}\boldsymbol{B}\boldsymbol{Q},$$

又

$$\lambda\boldsymbol{E}-\boldsymbol{A}=\boldsymbol{P}(\lambda\boldsymbol{E}-\boldsymbol{B})\boldsymbol{Q},$$

比较两式，得

$$\boldsymbol{P}\boldsymbol{Q}=\boldsymbol{E},\ \boldsymbol{P}\boldsymbol{B}\boldsymbol{Q}=\boldsymbol{A},$$

所以有 $\boldsymbol{P}=\boldsymbol{Q}^{-1}$，也即 $\boldsymbol{A}=\boldsymbol{Q}^{-1}\boldsymbol{B}\boldsymbol{Q}$，所以 $\boldsymbol{A}$ 与 $\boldsymbol{B}$ 相似．

引理 2　设 $\boldsymbol{A}$，$\boldsymbol{A}(\lambda)$，$\boldsymbol{B}(\lambda)$ 分别为 n 阶非零数字矩阵和 λ-矩阵，则一定存在 λ-矩阵 $\boldsymbol{P}(\lambda)$ 与 $\boldsymbol{Q}(\lambda)$ 和数字矩阵 $\boldsymbol{R}_1$，$\boldsymbol{R}_2$，使得

$$\boldsymbol{A}(\lambda)=(\lambda\boldsymbol{E}-\boldsymbol{A})\boldsymbol{P}(\lambda)+\boldsymbol{R}_1,\ \boldsymbol{B}(\lambda)=\boldsymbol{Q}(\lambda)(\lambda\boldsymbol{E}-\boldsymbol{A})+\boldsymbol{R}_2.$$

证　设 $\boldsymbol{A}(\lambda)$ 的元素的最高次为 m，则可设 $\boldsymbol{A}(\lambda)=\boldsymbol{A}_0\lambda^m+\boldsymbol{A}_1\lambda^{m-1}+\cdots+\boldsymbol{A}_m$，其中，$\boldsymbol{A}_0$，$\boldsymbol{A}_1$，…，$\boldsymbol{A}_m$ 为一些 n 阶数字矩阵，并且 $\boldsymbol{A}_0\neq\boldsymbol{O}$.

(1)若 $m=0$，此时令 $\boldsymbol{P}(\lambda)=\boldsymbol{O}$，$\boldsymbol{R}_1=\boldsymbol{A}(\lambda)=\boldsymbol{A}_0$，则有

$$\boldsymbol{A}(\lambda)=(\lambda\boldsymbol{E}-\boldsymbol{A})\boldsymbol{P}(\lambda)+\boldsymbol{R}_1.$$

(2)若 $m>0$，此时令 $\boldsymbol{P}(\lambda)=\boldsymbol{P}_0\lambda^{m-1}+\boldsymbol{P}_1\lambda^{m-2}+\cdots+\boldsymbol{P}_{m-1}$，其中 $\boldsymbol{P}_0$，$\boldsymbol{P}_1$，…，$\boldsymbol{P}_{m-1}$ 为一些 n 阶待定数字矩阵，则有

$$\begin{aligned}(\lambda\boldsymbol{E}-\boldsymbol{A})\boldsymbol{P}(\lambda)+\boldsymbol{R}_1&=(\lambda\boldsymbol{E}-\boldsymbol{A})(\boldsymbol{P}_0\lambda^{m-1}+\boldsymbol{P}_1\lambda^{m-2}+\cdots+\boldsymbol{P}_{m-1})+\boldsymbol{R}_1\\&=\boldsymbol{P}_0\lambda^m+(\boldsymbol{P}_1-\boldsymbol{A}\boldsymbol{P}_0)\lambda^{m-1}+(\boldsymbol{P}_2-\boldsymbol{A}\boldsymbol{P}_1)\lambda^{m-2}+\cdots+\\&\quad(\boldsymbol{P}_{m-1}-\boldsymbol{A}\boldsymbol{P}_{m-2})\lambda-\boldsymbol{A}\boldsymbol{P}_{m-1}+\boldsymbol{R}_1.\end{aligned}$$

将其与 $\boldsymbol{A}(\lambda)=\boldsymbol{A}_0\lambda^m+\boldsymbol{A}_1\lambda^{m-1}+\cdots+\boldsymbol{A}_m$ 比较，可令

$$\begin{aligned}\boldsymbol{P}_0&=\boldsymbol{A}_0,\\\boldsymbol{P}_1&=\boldsymbol{A}_1+\boldsymbol{A}\boldsymbol{P}_0,\\\boldsymbol{P}_2&=\boldsymbol{A}_2+\boldsymbol{A}\boldsymbol{P}_1,\\&\cdots\cdots\\\boldsymbol{P}_{m-1}&=\boldsymbol{A}_{m-1}+\boldsymbol{A}\boldsymbol{P}_{m-2},\\\boldsymbol{R}_1&=\boldsymbol{A}_m+\boldsymbol{A}\boldsymbol{P}_{m-1},\end{aligned}$$

此时 $\boldsymbol{A}(\lambda)=(\lambda\boldsymbol{E}-\boldsymbol{A})\boldsymbol{P}(\lambda)+\boldsymbol{R}_1$. 同理可以求出 $\boldsymbol{Q}(\lambda)$，$\boldsymbol{R}_2$，使得

$$\boldsymbol{B}(\lambda)=\boldsymbol{Q}(\lambda)(\lambda\boldsymbol{E}-\boldsymbol{A})+\boldsymbol{R}_2.$$

由引理 1，引理 2 我们得到数字矩阵相似与 λ-矩阵等价的关系．

12.4.2　矩阵相似的条件

定理 12.8　设 $\boldsymbol{A}$，$\boldsymbol{B}$ 是两个 n 阶数字矩阵，则 $\boldsymbol{A}$，$\boldsymbol{B}$ 相似的充分必要条件是它们的特征矩阵 $\lambda\boldsymbol{E}-\boldsymbol{A}$ 与 $\lambda\boldsymbol{E}-\boldsymbol{B}$ 等价．

证　必要性　设 $\boldsymbol{A}$，$\boldsymbol{B}$ 相似，则存在一个可逆的数字矩阵 $\boldsymbol{P}$，使得

$$\boldsymbol{A}=\boldsymbol{P}^{-1}\boldsymbol{B}\boldsymbol{P},$$

那么

$$\lambda\boldsymbol{E}-\boldsymbol{A}=\lambda\boldsymbol{E}-\boldsymbol{P}^{-1}\boldsymbol{B}\boldsymbol{P}=\boldsymbol{P}^{-1}(\lambda\boldsymbol{E}-\boldsymbol{B})\boldsymbol{P},$$

所以特征矩阵 $\lambda\boldsymbol{E}-\boldsymbol{A}$ 与 $\lambda\boldsymbol{E}-\boldsymbol{B}$ 等价．

充分性　若 $\lambda\boldsymbol{E}-\boldsymbol{A}$ 与 $\lambda\boldsymbol{E}-\boldsymbol{B}$ 等价，则一定存在可逆矩阵 $\boldsymbol{A}(\lambda)$，$\boldsymbol{B}(\lambda)$，使得

$$\lambda\boldsymbol{E}-\boldsymbol{A}=\boldsymbol{A}(\lambda)(\lambda\boldsymbol{E}-\boldsymbol{B})\boldsymbol{B}(\lambda). \tag{12.6}$$

由引理 2 知，对于 λ-矩阵 $\boldsymbol{A}(\lambda)$，$\boldsymbol{B}(\lambda)$ 一定存在 λ-矩阵 $\boldsymbol{P}(\lambda)$ 与 $\boldsymbol{Q}(\lambda)$ 和数字矩阵 $\boldsymbol{R}_1$，$\boldsymbol{R}_2$，使得

$$\boldsymbol{A}(\lambda)=(\lambda\boldsymbol{E}-\boldsymbol{A})\boldsymbol{P}(\lambda)+\boldsymbol{R}_1, \tag{12.7}$$

$$\boldsymbol{B}(\lambda)=\boldsymbol{Q}(\lambda)(\lambda\boldsymbol{E}-\boldsymbol{A})+\boldsymbol{R}_2. \tag{12.8}$$

(12.6)式两边同时左乘 $\boldsymbol{A}^{-1}(\lambda)$，有

$$\boldsymbol{A}^{-1}(\lambda)(\lambda\boldsymbol{E}-\boldsymbol{A})=(\lambda\boldsymbol{E}-\boldsymbol{B})\boldsymbol{B}(\lambda). \tag{12.9}$$

把(12.8)式带入(12.9)式，得

$$\boldsymbol{A}^{-1}(\lambda)(\lambda\boldsymbol{E}-\boldsymbol{A})=(\lambda\boldsymbol{E}-\boldsymbol{B})[\boldsymbol{Q}(\lambda)(\lambda\boldsymbol{E}-\boldsymbol{A})+\boldsymbol{R}_2],$$

移项，有

$$[\boldsymbol{A}^{-1}(\lambda)-(\lambda\boldsymbol{E}-\boldsymbol{B})\boldsymbol{Q}(\lambda)](\lambda\boldsymbol{E}-\boldsymbol{A})=(\lambda\boldsymbol{E}-\boldsymbol{B})\boldsymbol{R}_2. \tag{12.10}$$

因为 $(\lambda\boldsymbol{E}-\boldsymbol{B})\boldsymbol{R}_2$ 的元素的最高次要么为 1，要么 $(\lambda\boldsymbol{E}-\boldsymbol{B})\boldsymbol{R}_2=\boldsymbol{O}$，比较两边有 $\boldsymbol{A}^{-1}(\lambda)-(\lambda\boldsymbol{E}-\boldsymbol{B})\boldsymbol{Q}(\lambda)$ 必为一个数字矩阵．

设 $\boldsymbol{P}=\boldsymbol{A}^{-1}(\lambda)-(\lambda\boldsymbol{E}-\boldsymbol{B})\boldsymbol{Q}(\lambda)$，即

$$\boldsymbol{A}^{-1}(\lambda)=\boldsymbol{P}+(\lambda\boldsymbol{E}-\boldsymbol{B})\boldsymbol{Q}(\lambda),$$

两边同时左乘 $\boldsymbol{A}(\lambda)$，则有

$$\boldsymbol{E}=\boldsymbol{A}(\lambda)\boldsymbol{P}+\boldsymbol{A}(\lambda)(\lambda\boldsymbol{E}-\boldsymbol{B})\boldsymbol{Q}(\lambda).$$

又由式(12.6)，式(12.7)，有

$$\begin{aligned}\boldsymbol{E}&=[(\lambda\boldsymbol{E}-\boldsymbol{A})\boldsymbol{P}(\lambda)+\boldsymbol{R}_1]\boldsymbol{P}+(\lambda\boldsymbol{E}-\boldsymbol{A})\boldsymbol{B}^{-1}(\lambda)\boldsymbol{Q}(\lambda)\\&=(\lambda\boldsymbol{E}-\boldsymbol{A})[\boldsymbol{P}(\lambda)\boldsymbol{P}+\boldsymbol{B}^{-1}(\lambda)\boldsymbol{Q}(\lambda)]+\boldsymbol{R}_1\boldsymbol{P}.\end{aligned}$$

因为 $\boldsymbol{E}$，$\boldsymbol{R}_1\boldsymbol{P}$ 均是数字矩阵，所以等式要成立，只有

$$(\lambda\boldsymbol{E}-\boldsymbol{A})[\boldsymbol{P}(\lambda)\boldsymbol{P}+\boldsymbol{B}^{-1}(\lambda)\boldsymbol{Q}(\lambda)]=\boldsymbol{O},$$

即

$$\boldsymbol{E}=\boldsymbol{R}_1\boldsymbol{P},$$

所以 $\boldsymbol{P}$ 可逆，将(12.10)式两边同时左乘 $\boldsymbol{P}^{-1}$，有

$$\lambda \boldsymbol{E}-\boldsymbol{A}=\boldsymbol{P}^{-1}(\lambda \boldsymbol{E}-\boldsymbol{B})\boldsymbol{R}_2,$$

由引理 1 知，数字矩阵 $\boldsymbol{A}$ 与 $\boldsymbol{B}$ 相似．

矩阵 $\boldsymbol{A}$ 的特征矩阵 $\lambda \boldsymbol{E}-\boldsymbol{A}$ 的不变因子以后就简称为矩阵 $\boldsymbol{A}$ 的**不变因子**．

结合定理 12.6 我们有下面的推论：

推论 两个 n 阶数字矩阵 $\boldsymbol{A}$ 与 $\boldsymbol{B}$ 相似的充分必要条件是它们有相同的不变因子(亦即有相同的行列式因子)．

必须指出，任意 n 阶数字矩阵的特征矩阵的秩为 n，因此，任一个 n 阶矩阵的不变因子有 n 个，它们的乘积等于这个矩阵的特征多项式．

例 12.7 判断下列矩阵是否相似：

$$\boldsymbol{A}=\begin{pmatrix}-1&1&0\\-4&3&0\\1&0&2\end{pmatrix},\ \boldsymbol{B}=\begin{pmatrix}2&0&0\\0&1&1\\1&0&1\end{pmatrix},\ \boldsymbol{C}=\begin{pmatrix}3&0&8\\3&-1&6\\-2&0&-5\end{pmatrix}.$$

解
$$\lambda \boldsymbol{E}-\boldsymbol{A}=\begin{pmatrix}\lambda+1&-1&0\\4&\lambda-3&0\\-1&0&\lambda-2\end{pmatrix}\xrightarrow{c_1+(\lambda+1)c_2}\begin{pmatrix}0&-1&0\\(\lambda-1)^2&\lambda-3&0\\-1&0&\lambda-2\end{pmatrix}$$

$$\xrightarrow{r_2+(\lambda-3)r_1}\begin{pmatrix}0&-1&0\\(\lambda-1)^2&0&0\\-1&0&\lambda-2\end{pmatrix}\xrightarrow[r_2\leftrightarrow r_3]{\substack{c_1\leftrightarrow c_2\\-1\times r_1}}\begin{pmatrix}1&0&0\\0&-1&\lambda-2\\0&(\lambda-1)^2&0\end{pmatrix}$$

$$\xrightarrow{r_3+(\lambda-1)^2r_2}\begin{pmatrix}1&0&0\\0&-1&0\\0&0&(\lambda-1)^2(\lambda-2)\end{pmatrix}$$

$$\xrightarrow{-1\times r_2}\begin{pmatrix}1&0&0\\0&1&0\\0&0&(\lambda-1)^2(\lambda-2)\end{pmatrix},$$

所以，$\lambda \boldsymbol{E}-\boldsymbol{A}$ 的不变因子为 $d_1=d_2=1$，$d_3=(\lambda-1)^2(\lambda-2)$．

而
$$\lambda \boldsymbol{E}-\boldsymbol{B}=\begin{pmatrix}\lambda-2&0&0\\0&\lambda-1&-1\\-1&0&\lambda-1\end{pmatrix}$$

有一个二阶子式

$$D_2=\begin{vmatrix}0&-1\\-1&\lambda-1\end{vmatrix}=1,$$

所以，
$$d_1(\lambda)=d_2(\lambda)=1.$$

又
$$D_3(\lambda)=\begin{vmatrix}\lambda-2&0&0\\0&\lambda-1&-1\\-1&0&\lambda-1\end{vmatrix}=(\lambda-1)^2(\lambda-2)=d_3(\lambda),$$

所以矩阵 $\boldsymbol{A}$ 与 $\boldsymbol{B}$ 相似．

同样可以求得 λ-矩阵 $\lambda\boldsymbol{E}-\boldsymbol{C}$ 的不变因子

$$d_1(\lambda)=1,\ d_2(\lambda)=\lambda+1,\ d_3(\lambda)=(\lambda+1)^2,$$

所以 $\boldsymbol{C}$ 与 $\boldsymbol{A}$、$\boldsymbol{B}$ 不相似．

例 12.8 证明：任意 n 阶矩阵与其转置相似．

证 $(\lambda\boldsymbol{E}-\boldsymbol{A})^{\mathrm{T}}=\lambda\boldsymbol{E}-\boldsymbol{A}^{\mathrm{T}}$，于是 $\lambda\boldsymbol{E}-\boldsymbol{A}$ 与 $\lambda\boldsymbol{E}-\boldsymbol{A}^{\mathrm{T}}$ 具有相同的行列式因子，从而具有相同的不变因子，所以 n 阶矩阵 $\boldsymbol{A}$ 与 $\boldsymbol{A}^{\mathrm{T}}$ 相似．

§12.5 初等因子

本节和下一节讨论的数域 P 均为复数域．

12.5.1 初等因子的定义

从上一节知道，相似矩阵的不变因子相同，因此，我们把一个线性变换的矩阵的不变因子定义为**线性变换的不变因子**．

定义 12.9 把矩阵 $\boldsymbol{A}$（或线性变换 A）的每个次数大于零的不变因子分解为互不相同的一次因式方幂的乘积，所有这些一次因式方幂（相同的重复计算）称为矩阵 $\boldsymbol{A}$（或线性变换 A）的**初等因子**．

例 12.9 某矩阵的不变因子为 1，1，$\lambda-1$，$(\lambda-1)(\lambda+1)$，$(\lambda-1)(\lambda+1)(\lambda^2+\lambda+1)$，求其初等因子．

解 初等因子有 7 个，分别为

$$\lambda-1,\ \lambda-1,\ \lambda-1,\ \lambda+1,\ \lambda+1,\ \lambda+\frac{1+\sqrt{3}\mathrm{i}}{2},\ \lambda-\frac{-1+\sqrt{3}\mathrm{i}}{2}.$$

从上例我们看出，如果已知矩阵的不变因子，则它的初等因子也就被确定了．现在我们来看，如果已知矩阵的初等因子，是否可以确定它的不变因子？下面予以分析．

设 n 阶矩阵 $\boldsymbol{A}$ 的不变因子为 $d_1(\lambda)$，$d_2(\lambda)$，…，$d_n(\lambda)$，把它们分解为一次因式的方幂分别为

$$d_i(\lambda)=(\lambda-\lambda_1)^{k_{i1}}(\lambda-\lambda_2)^{k_{i2}}\cdots(\lambda-\lambda_r)^{k_{ir}}\quad(i=1,\ 2,\ \cdots,\ n),$$

则其中对应于 $k_{ij}>0$ 的那些方幂就是 $\boldsymbol{A}$ 的初等因子．

因为
$$d_i(\lambda)\mid d_{i+1}(\lambda)\quad(i=1,\ 2,\ \cdots,\ n-1),$$
所以这些一次因式满足

$$(\lambda-\lambda_j)^{k_{ij}}\mid(\lambda-\lambda_j)^{k_{i+1,j}}\quad(i=1,\ 2,\ \cdots,\ n-1),$$

即这些属于同一个一次因式 $\lambda-\lambda_j$ 的方幂应满足 $k_{1j}\leqslant k_{2j}\leqslant\cdots\leqslant k_{nj}$（$j=1$，

2，…，r)，所以这些一次因式中，同一个一次因式的方幂最高的出现在$d_n(\lambda)$中，其次在$d_{n-1}(\lambda)$中，依此类推．因此，可以看出，如果一个矩阵的初等因子确定，则不变因子也随之确定．

例 12.10 设$\boldsymbol{A}$是一个11阶的方阵，它的初等因子为

$$\lambda,\ \lambda^2,\ \lambda^2,\ \lambda-1,\ \lambda-1,\ \lambda+1,\ (\lambda+1)^3,$$

求它的不变因子．

解 因为$\boldsymbol{A}$的特征矩阵$\lambda\boldsymbol{E}-\boldsymbol{A}$是满秩的，所以$\boldsymbol{A}$的不变因子有11个，比较这些相同的一次因式的方幂，方幂最高的因式出现在$d_{11}(\lambda)$中，其次在$d_{10}(\lambda)$中，依此类推，不够的补充上1，则不变因子为

$$d_{11}(\lambda)=\lambda^2(\lambda-1)(\lambda+1)^3,\ d_{10}(\lambda)=\lambda^2(\lambda-1)(\lambda+1),\ d_9(\lambda)=\lambda,\ d_8=d_7=\cdots=d_1=1.$$

矩阵$\boldsymbol{A}$的不变因子和初等因子是相互确定的，上一节告诉我们：相似矩阵有相同的不变因子，对初等因子我们也有相同的结论．

定理 12.9 两个n阶复矩阵相似的充分必要条件是它们有相同的初等因子．

例12.9给出了利用不变因子来求初等因子的方法，但有时候不变因子求起来比较麻烦，下面我们介绍一种直接求初等因子的方法．

12.5.2 初等因子的计算

引理 设

$$\boldsymbol{A}(\lambda)=\begin{pmatrix} f_1(\lambda)g_1(\lambda) & 0 \\ 0 & f_2(\lambda)g_2(\lambda)\end{pmatrix},\ \boldsymbol{B}(\lambda)=\begin{pmatrix} f_2(\lambda)g_1(\lambda) & 0 \\ 0 & f_1(\lambda)g_2(\lambda)\end{pmatrix},$$

如果多项式$f_1(\lambda)$，$f_2(\lambda)$都与$g_1(\lambda)$，$g_2(\lambda)$互素，则$\boldsymbol{A}(\lambda)$和$\boldsymbol{B}(\lambda)$等价．

证 显然$\boldsymbol{A}(\lambda)$和$\boldsymbol{B}(\lambda)$的二阶行列式因子相同，它们的一阶行列式因子分别为

$$d(\lambda)=(f_1(\lambda)g_1(\lambda),\ f_2(\lambda)g_2(\lambda)),$$
$$d'(\lambda)=(f_2(\lambda)g_1(\lambda),\ f_1(\lambda)g_2(\lambda)).$$

设$d(\lambda)=d_1(\lambda)d_2(\lambda)$，使$d_1(\lambda)\mid f_1(\lambda)$，$d_2(\lambda)\mid g_1(\lambda)$，且$(d_1(\lambda),\ d_2(\lambda))=1$．又因为$(f_2(\lambda),\ g_1(\lambda))=1$，$(f_1(\lambda),\ g_2(\lambda))=1$，所以$(f_2(\lambda),\ d_2(\lambda))=1$，$(d_1(\lambda),\ g_2(\lambda))=1$．由于$d(\lambda)\mid f_2(\lambda)g_2(\lambda)$，所以$d_1(\lambda)\mid f_2(\lambda)$，$d_2(\lambda)\mid g_2(\lambda)$，即$d_1(\lambda)\mid(f_1(\lambda),\ f_2(\lambda))$，$d_2(\lambda)\mid(g_1(\lambda),\ g_2(\lambda))$，于是$d_1(\lambda)\mid d'(\lambda)$，$d_2(\lambda)\mid d'(\lambda)$．又因为$(d_1(\lambda),\ d_2(\lambda))=1$，所以有$d(\lambda)\mid d'(\lambda)$．

同理可得$d'(\lambda)\mid d(\lambda)$，也即$d'(\lambda)=d(\lambda)$．

综上得，$\boldsymbol{A}(\lambda)$和$\boldsymbol{B}(\lambda)$有相同的各阶行列式因子，所以它们是等价的．

由引理我们得到一种直接计算初等因子的方法．

定理 12.10　若矩阵 $\boldsymbol{A}$ 的特征矩阵 $\lambda\boldsymbol{E}-\boldsymbol{A}$ 与一个对角矩阵等价，把对角矩阵的主对角线上的元素分解为互不相同的一次因式的方幂的乘积，则所有这些一次因式的方幂(相同的重复计算)就是 $\boldsymbol{A}$ 的全部初等因子．

证　设矩阵 $\lambda\boldsymbol{E}-\boldsymbol{A}$ 与对角矩阵

$$\boldsymbol{D}(\lambda)=\begin{pmatrix} h_1(\lambda) & & & \\ & h_2(\lambda) & & \\ & & \ddots & \\ & & & h_n(\lambda) \end{pmatrix}$$

等价，其中每个 $h_i(\lambda)$的首项系数为 1. 将 $h_i(\lambda)$分解为互不相同的一次因式的方幂的乘积：

$$h_i(\lambda)=(\lambda-\lambda_1)^{k_{i1}}(\lambda-\lambda_2)^{k_{i2}}\cdots(\lambda-\lambda_r)^{k_{ir}}\quad (i=1,\ 2,\ \cdots,\ n).$$

我们来比较 $\lambda-\lambda_1$ 的方幂的大小，令 $h_i(\lambda)=(\lambda-\lambda_1)^{k_{i1}}g_i(\lambda)$ $(i=1,\ 2,\ \cdots,\ n)$，其中 $g_i(\lambda)$与$(\lambda-\lambda_1)$互素．如果 $k_{i1}>k_{i+1,1}$，则将 $\boldsymbol{D}(\lambda)$中的$(\lambda-\lambda_1)^{k_{i1}}$与$(\lambda-\lambda_1)^{k_{i+1,1}}$对调，其余因式不变，变为一个新的对角矩阵：

$$\boldsymbol{D}_1(\lambda)=$$

$$\begin{pmatrix} (\lambda-\lambda_1)^{k_{11}}g_1(\lambda) & & & & & \\ & \ddots & & & & \\ & & (\lambda-\lambda_1)^{k_{i+1,1}}g_i(\lambda) & & & \\ & & & (\lambda-\lambda_1)^{k_{i1}}g_{i+1}(\lambda) & & \\ & & & & \ddots & \\ & & & & & (\lambda-\lambda_1)^{k_{n1}}g_n(\lambda) \end{pmatrix}.$$

由引理知，$\boldsymbol{D}(\lambda)$与 $\boldsymbol{D}_1(\lambda)$等价．重复进行这种运算，我们就能把 $\lambda-\lambda_1$ 的方幂在主对角线上按照升幂排列．

同理，按照这种运算，我们也可以把其他的一次因式的方幂在主对角线上按照升幂排列，这样得到的新的对角矩阵 $\boldsymbol{D}'(\lambda)$与 $\boldsymbol{D}(\lambda)$等价，并且它就是矩阵 $\lambda\boldsymbol{E}-\boldsymbol{A}$ 的标准形，它的全部一次因式的方幂即为 $\boldsymbol{D}(\lambda)$的主对角线上的元素的全部的一次因式的方幂，也就是 $\boldsymbol{A}$ 的全部初等因子．

例 12.11　设 n 阶矩阵 $\boldsymbol{A}$ 的初等因子为$(\lambda-a)^n$，证明：矩阵 $\boldsymbol{A}$ 与矩阵 $\boldsymbol{J}$ 相似，其中，

$$\boldsymbol{J}=\begin{pmatrix} a & & & \\ 1 & a & & \\ & \ddots & \ddots & \\ & & 1 & a \end{pmatrix}.$$

证 $\lambda \boldsymbol{E}-\boldsymbol{J}=\begin{pmatrix} \lambda-a & & & \\ -1 & \lambda-a & & \\ & \ddots & \ddots & \\ & & -1 & \lambda-a \end{pmatrix}$ 有一个 $n-1$ 阶子式

$$D_{n-1}(\lambda)=\begin{vmatrix} -1 & \lambda-a & & \\ & -1 & \ddots & \\ & & \ddots & \lambda-a \\ & & & -1 \end{vmatrix}=(-1)^{n-1},$$

又 $$D_n(\lambda)=\begin{vmatrix} \lambda-a & & & \\ -1 & \lambda-a & & \\ & \ddots & \ddots & \\ & & -1 & \lambda-a \end{vmatrix}=(\lambda-a)^n,$$

所以，$\lambda \boldsymbol{E}-\boldsymbol{J}$ 的不变因子为

$$d_1(\lambda)=d_2(\lambda)=\cdots=d_{n-1}(\lambda)=1，d_n(\lambda)=(\lambda-a)^n，$$

于是，其初等因子为$(\lambda-a)^n$，所以矩阵 $\boldsymbol{A}$ 与矩阵 $\boldsymbol{J}$ 相似 .

例 12.12 求 λ-矩阵

$$\boldsymbol{A}(\lambda)=\begin{pmatrix} \lambda+1 & 0 & 0 & 0 \\ 0 & \lambda+2 & 0 & 0 \\ 0 & 0 & \lambda+3 & 0 \\ 0 & 0 & 0 & \lambda+4 \end{pmatrix}$$

的标准形 .

解 $\boldsymbol{A}(\lambda)$的全部初等因子为$(\lambda+1)$，$(\lambda+2)$，$(\lambda+3)$，$(\lambda+4)$，其不变因子为 1，1，1，$(\lambda+1)(\lambda+2)(\lambda+3)(\lambda+4)$，所以，$\boldsymbol{A}(\lambda)$的标准形为

$$\boldsymbol{B}(\lambda)=\begin{pmatrix} 1 & 0 & 0 & 0 \\ 0 & 1 & 0 & 0 \\ 0 & 0 & 1 & 0 \\ 0 & 0 & 0 & (\lambda+1)(\lambda+2)(\lambda+3)(\lambda+4) \end{pmatrix}.$$

§ 12.6 若当(Jordan)标准形

若当(Jordan)标准形是复数域上相似矩阵中的一种比较重要也是较为简单的形式，它在矩阵的计算中起着非常重要的作用，这一节我们主要讨论若当标准形的求法及其应用 .

12.6.1　若当标准形的概念及其求法

定义 12.10　形式为

$$J_0=\begin{pmatrix}\lambda_0 & 0 & \cdots & 0 & 0\\ 1 & \lambda_0 & \cdots & 0 & 0\\ \vdots & \vdots & & \vdots & \vdots\\ 0 & 0 & \cdots & \lambda_0 & 0\\ 0 & 0 & \cdots & 1 & \lambda_0\end{pmatrix}$$

的矩阵称为**若当(Jordan)块**，其中 λ_0 是复数．由若干个若当块组成的准对角矩阵称为**若当形矩阵**．

由例 12.11，若当块

$$J_0=\begin{pmatrix}\lambda_0 & 0 & \cdots & 0 & 0\\ 1 & \lambda_0 & \cdots & 0 & 0\\ \vdots & \vdots & & \vdots & \vdots\\ 0 & 0 & \cdots & \lambda_0 & 0\\ 0 & 0 & \cdots & 1 & \lambda_0\end{pmatrix}_{n\times n}$$

的初等因子为$(\lambda-\lambda_0)^n$.

现在来看若当矩阵

$$J=\begin{pmatrix}J_1 & & & \\ & J_2 & & \\ & & \ddots & \\ & & & J_t\end{pmatrix}$$

的初等因子，其中

$$J_i=\begin{pmatrix}\lambda_i & & & \\ 1 & \lambda_i & & \\ & \ddots & \ddots & \\ & & 1 & \lambda_i\end{pmatrix}_{k_i\times k_i}\quad (i=1,\ 2,\ \cdots,\ t).$$

因为每个 J_i 的初等因子为$(\lambda-\lambda_i)^{k_i}$，所以 $\lambda E-J_i$ 与矩阵

$$\begin{pmatrix}1 & & & & \\ & 1 & & & \\ & & \ddots & & \\ & & & 1 & \\ & & & & (\lambda-\lambda_i)^{k_i}\end{pmatrix}$$

等价，从而有

$$\lambda\boldsymbol{E}-\boldsymbol{J}=\begin{pmatrix}\lambda\boldsymbol{E}_{k_1}-\boldsymbol{J}_1 & & & \\ & \lambda\boldsymbol{E}_{k_2}-\boldsymbol{J}_2 & & \\ & & \ddots & \\ & & & \lambda\boldsymbol{E}_{k_t}-\boldsymbol{J}_t\end{pmatrix}$$

与

$$\begin{pmatrix}1 &&&&&&&&&& \\ &\ddots&&&&&&&&& \\ &&1&&&&&&&& \\ &&&(\lambda-\lambda_1)^{k_1}&&&&&&& \\ &&&&1&&&&&& \\ &&&&&\ddots&&&&& \\ &&&&&&1&&&& \\ &&&&&&&(\lambda-\lambda_2)^{k_2}&&& \\ &&&&&&&&1&& \\ &&&&&&&&&\ddots& \\ &&&&&&&&&&1 \\ &&&&&&&&&&&(\lambda-\lambda_t)^{k_t}\end{pmatrix}$$

等价．由定理 12.10 知，矩阵 $\boldsymbol{J}$ 的全部初等因子为

$$(\lambda-\lambda_1)^{k_1}，(\lambda-\lambda_2)^{k_2}，\cdots，(\lambda-\lambda_t)^{k_t}.$$

由上面的分析我们可以看到，每个若当形矩阵的初等因子就是由它的全部若当块的初等因子构成．而若当块 J_0 由它主对角线上的元素 λ_0 和阶数 n 确定，这两个数都体现在它的初等因子$(\lambda-\lambda_0)^n$ 中，也即若当块被它的初等因子唯一确定，因此，若当形矩阵(如果不考虑它的若当块的排列顺序)是被它的初等因子唯一确定的．

定理 12.11 每个 n 阶的复数矩阵 $\boldsymbol{A}$ 都与一个若当形矩阵相似，这个若当形矩阵除去其中若当块的排列次序外是被矩阵 $\boldsymbol{A}$ 唯一确定的，它称为矩阵 $\boldsymbol{A}$ 的**若当标准形**．

证 设 n 阶的复数矩阵 $\boldsymbol{A}$ 的初等因子为

$$(\lambda-\lambda_1)^{k_1}，(\lambda-\lambda_2)^{k_2}，\cdots，(\lambda-\lambda_r)^{k_r}，$$

其中 λ_1，λ_2，…，λ_r；k_1，k_2，…，k_r 可以有相同的数．每一个初等因子$(\lambda-\lambda_i)^{k_i}$对应的若当块为

$$\boldsymbol{J}_i=\begin{pmatrix}\lambda_i & & & \\ 1 & \lambda_i & & \\ & \ddots & \ddots & \\ & & 1 & \lambda_i\end{pmatrix}_{k_i\times k_i}\quad(i=1，2，\cdots，r)，$$

这些若当块构成一个若当形矩阵

$$\boldsymbol{J}=\begin{pmatrix}\boldsymbol{J}_1 & & & \\ & \boldsymbol{J}_2 & & \\ & & \ddots & \\ & & & \boldsymbol{J}_r\end{pmatrix},$$

则 $\boldsymbol{J}$ 与 $\boldsymbol{A}$ 有相同的初等因子，所以它们相似．

又如果有另一个若当形矩阵 $\boldsymbol{J}'$ 与 $\boldsymbol{A}$ 相似，则 $\boldsymbol{J}'$ 与 $\boldsymbol{A}$ 有相同的初等因子，所以 $\boldsymbol{J}'$ 与 $\boldsymbol{J}$ 除了若当块的排列顺序外是相同的，所以若当标准形除了若当块的排列顺序外是唯一确定的．

例 12.13　求矩阵 $\boldsymbol{A}=\begin{pmatrix}1 & 2 & 0\\ 0 & 2 & 0\\ -2 & -2 & -1\end{pmatrix}$ 的若当标准形．

解　$$\lambda\boldsymbol{E}-\boldsymbol{A}=\begin{pmatrix}\lambda-1 & -2 & 0\\ 0 & \lambda-2 & 0\\ 2 & 2 & \lambda+1\end{pmatrix}\to\begin{pmatrix}1 & 1 & \dfrac{\lambda+1}{2}\\ 0 & \lambda-2 & 0\\ \lambda-1 & -2 & 0\end{pmatrix}$$

$$\to\begin{pmatrix}1 & 0 & 0\\ 0 & \lambda-2 & 0\\ 0 & -\lambda-1 & \dfrac{(\lambda+1)(1-\lambda)}{2}\end{pmatrix}\to\begin{pmatrix}1 & 0 & 0\\ 0 & -3 & \dfrac{(\lambda+1)(1-\lambda)}{2}\\ 0 & \lambda-2 & 0\end{pmatrix}$$

$$\to\begin{pmatrix}1 & 0 & 0\\ 0 & 1 & 0\\ 0 & 0 & (\lambda+1)(\lambda-1)(\lambda-2)\end{pmatrix},$$

于是矩阵 $\boldsymbol{A}$ 的初等因子是 $\lambda+1$，$\lambda-1$，$\lambda-2$，所以矩阵 $\boldsymbol{A}$ 的若当标准形为

$$\boldsymbol{J}=\begin{pmatrix}-1 & 0 & 0\\ 0 & 1 & 0\\ 0 & 0 & 2\end{pmatrix}.$$

例 12.14　求矩阵 $\boldsymbol{A}=\begin{pmatrix}13 & 16 & 16\\ -5 & -7 & -6\\ -6 & -8 & -7\end{pmatrix}$ 的若当标准形．

解　$$\lambda\boldsymbol{E}-\boldsymbol{A}=\begin{pmatrix}\lambda-13 & -16 & -16\\ 5 & \lambda+7 & 6\\ 6 & 8 & \lambda+7\end{pmatrix}\to\begin{pmatrix}1 & \lambda+1 & -10\\ -\lambda-2 & \lambda+1 & 6\\ -2 & 1-\lambda & \lambda+7\end{pmatrix}$$

$$
\rightarrow\begin{pmatrix}1 & 0 & 0\\ 0 & (\lambda+1)(\lambda+3) & -10\lambda-14\\ 0 & \lambda+3 & \lambda-13\end{pmatrix}\rightarrow\begin{pmatrix}1 & 0 & 0\\ 0 & -16 & \lambda+3\\ 0 & -(1-\lambda)^2 & 0\end{pmatrix}
$$

$$
\rightarrow\begin{pmatrix}1 & 0 & 0\\ 0 & 1 & 0\\ 0 & 0 & (\lambda+3)(1-\lambda)^2\end{pmatrix},
$$

于是矩阵 $\boldsymbol{A}$ 的初等因子是 $\lambda+3$，$(\lambda-1)^2$，所以矩阵 $\boldsymbol{A}$ 的若当标准形为

$$
\boldsymbol{J}=\begin{pmatrix}-3 & 0 & 0\\ 0 & 1 & 0\\ 0 & 1 & 1\end{pmatrix}.
$$

由若当形矩阵的构成我们可以看到，当若当标准形里的若当块都为 1 阶时，若当标准形就是对角矩阵，所以我们就有以下的结论 .

定理 12.12 复数矩阵 $\boldsymbol{A}$ 与对角矩阵相似的充分必要条件是 $\boldsymbol{A}$ 的所有初等因子为一次式 .

定理 12.13 复数矩阵 $\boldsymbol{A}$ 与对角矩阵相似的充分必要条件是 $\boldsymbol{A}$ 的不变因子都没有重根 .

将定理 12.11 换成线性变换的语言可以描述为

定理 12.14 设 $\mathcal{A}$ 是复数域上 n 维线性空间 V 的线性变换，在 V 中必存在一组基，使 $\mathcal{A}$ 在这组基下的矩阵是若当形，并且这个若当形除去若当块的排列次序外是被 $\mathcal{A}$ 唯一确定的 .

请读者自己证明 .

*12.6.2 若当标准形的相似过渡矩阵的求法

由前面讨论的若当标准形的存在唯一性知，对给定的 n 阶方阵 $\boldsymbol{A}$，一定存在可逆矩阵 $\boldsymbol{P}$ 使得 $\boldsymbol{P}^{-1}\boldsymbol{AP}=\boldsymbol{J}$，也即 $\boldsymbol{A}=\boldsymbol{PJP}^{-1}$，我们一般称这样的 $\boldsymbol{P}$ 为若当相似过渡阵 . 相似过渡阵的计算较为复杂，一般要借助解方程组的方法，下面略加介绍 .

设 n 阶方阵 $\boldsymbol{A}$ 的若当相似过渡阵为 $\boldsymbol{P}$，则 $\boldsymbol{P}^{-1}\boldsymbol{AP}=\boldsymbol{J}$，也即 $\boldsymbol{AP}=\boldsymbol{PJ}$，设

$$
\boldsymbol{J}=\begin{pmatrix}\boldsymbol{J}(\lambda_1) & & & \\ & \boldsymbol{J}(\lambda_2) & & \\ & & \ddots & \\ & & & \boldsymbol{J}(\lambda_s)\end{pmatrix},
$$

其中，
$$J(\lambda_i)=\begin{pmatrix}\lambda_i & & & & \\ 1 & \lambda_i & & & \\ & 1 & \lambda_i & & \\ & & \ddots & \ddots & \\ & & & 1 & \lambda_i\end{pmatrix}_{r_i}\quad (i=1,\ 2,\ \cdots,\ s).$$

令 $\boldsymbol{P}=(\boldsymbol{\alpha}_{11},\ \cdots,\ \boldsymbol{\alpha}_{1r_1},\ \boldsymbol{\alpha}_{21},\ \cdots,\ \boldsymbol{\alpha}_{2r_2},\ \cdots,\ \boldsymbol{\alpha}_{s1},\ \cdots,\ \boldsymbol{\alpha}_{sr_s})$，则有

$$\begin{aligned}&\boldsymbol{A}(\boldsymbol{\alpha}_{11},\ \cdots,\ \boldsymbol{\alpha}_{1r_1},\ \boldsymbol{\alpha}_{21},\ \cdots,\ \boldsymbol{\alpha}_{2r_2},\ \cdots,\ \boldsymbol{\alpha}_{s1},\ \cdots,\ \boldsymbol{\alpha}_{sr_s})\\ =&(\boldsymbol{\alpha}_{11},\ \cdots,\ \boldsymbol{\alpha}_{1r_1},\ \boldsymbol{\alpha}_{21},\ \cdots,\ \boldsymbol{\alpha}_{2r_2},\ \cdots,\ \boldsymbol{\alpha}_{s1},\ \cdots,\ \boldsymbol{\alpha}_{sr_s})\boldsymbol{J}.\end{aligned}\tag{12.11}$$

下面我们以若当块 $\boldsymbol{J}(\lambda_1)$ 为例来讨论 $\boldsymbol{\alpha}_{11}$，…，$\boldsymbol{\alpha}_{1r_1}$ 的求法．

由式(12.11)，有

$$\begin{aligned}\boldsymbol{A}\boldsymbol{\alpha}_{11}&=\lambda_1\boldsymbol{\alpha}_{11}+\boldsymbol{\alpha}_{12},\\ \boldsymbol{A}\boldsymbol{\alpha}_{12}&=\lambda_1\boldsymbol{\alpha}_{12}+\boldsymbol{\alpha}_{13},\\ &\cdots\cdots\cdots\cdots\\ \boldsymbol{A}\boldsymbol{\alpha}_{1,r_1-1}&=\lambda_1\boldsymbol{\alpha}_{1,r_1-1}+\alpha_{1r_1},\\ \boldsymbol{A}\boldsymbol{\alpha}_{1r_1}&=\lambda_1\boldsymbol{\alpha}_{1r_1}.\end{aligned}$$

变换可得

$$\begin{aligned}(\boldsymbol{A}-\lambda_1\boldsymbol{E})\boldsymbol{\alpha}_{11}&=\boldsymbol{\alpha}_{12},\quad(1)\\ (\boldsymbol{A}-\lambda_1\boldsymbol{E})\boldsymbol{\alpha}_{12}&=\boldsymbol{\alpha}_{13},\quad(2)\\ &\cdots\cdots\cdots\cdots\\ (\boldsymbol{A}-\lambda_1\boldsymbol{E})\boldsymbol{\alpha}_{1,r_1-1}&=\boldsymbol{\alpha}_{1r_1},\ (r_1-1)\\ (\boldsymbol{A}-\lambda_1\boldsymbol{E})\boldsymbol{\alpha}_{1r_1}&=\boldsymbol{0}.\quad(r_1)\end{aligned}\tag{12.12}$$

在式(12.12)中，根据第 r_1 个方程可以解出 $\boldsymbol{\alpha}_{1r_1}$，代入第 r_1-1 个方程，求解出 $\boldsymbol{\alpha}_{1,r_1-1}$，依此类推，我们就能得到 $\boldsymbol{\alpha}_{11}$，$\boldsymbol{\alpha}_{12}$，…，$\boldsymbol{\alpha}_{1r_1}$．同理我们就可以求出其他的向量，进而就可以得到 $\boldsymbol{P}$. 值得一提的是，由于式(12.12)中，第 1 到第 r_1-1 个方程是非齐次线性方程，这样的方程有可能无解，而我们要求 $\boldsymbol{P}$，就必须得保证这几个方程都有解，这就需要我们在第 r_1 个方程中，选取适当的基础解系以保证上面的那 r_1-1 个方程都有解．

例 12.15　已知矩阵 $\boldsymbol{A}=\begin{pmatrix}-3 & 3 & -2\\ -7 & 6 & -3\\ 1 & -1 & 2\end{pmatrix}$，求矩阵 $\boldsymbol{A}$ 的若当标准形 $\boldsymbol{J}$ 并求可逆矩阵 $\boldsymbol{P}$，使得 $\boldsymbol{P}^{-1}\boldsymbol{A}\boldsymbol{P}=\boldsymbol{J}$.

解 $\boldsymbol{A}$ 的特征矩阵

$$\lambda \boldsymbol{E}-\boldsymbol{A}=\begin{pmatrix}\lambda+3 & -3 & 2\\ 7 & \lambda-6 & 3\\ -1 & 1 & \lambda-2\end{pmatrix},$$

由此得到 $\boldsymbol{A}$ 的初等因子为$(\lambda-1)$，$(\lambda-2)^2$，所以有 $\boldsymbol{A}$ 的若当标准形为

$$\boldsymbol{J}=\begin{pmatrix}1 & 0 & 0\\ 0 & 2 & 0\\ 0 & 1 & 2\end{pmatrix}.$$

设相似过渡阵 $\boldsymbol{P}=(\boldsymbol{\alpha}_1, \boldsymbol{\alpha}_2, \boldsymbol{\alpha}_3)$，则 $\boldsymbol{P}^{-1}\boldsymbol{AP}=\boldsymbol{J}$，即 $\boldsymbol{AP}=\boldsymbol{PJ}$，因此，

$$\boldsymbol{A}(\boldsymbol{\alpha}_1, \boldsymbol{\alpha}_2, \boldsymbol{\alpha}_3)=(\boldsymbol{\alpha}_1, \boldsymbol{\alpha}_2, \boldsymbol{\alpha}_3)\begin{pmatrix}1 & 0 & 0\\ 0 & 2 & 0\\ 0 & 1 & 2\end{pmatrix},$$

故
$$\boldsymbol{A\alpha}_1=\boldsymbol{\alpha}_1,\ \boldsymbol{A\alpha}_2=2\boldsymbol{\alpha}_2+\boldsymbol{\alpha}_3,\ \boldsymbol{A\alpha}_3=2\boldsymbol{\alpha}_3,$$
变换，得

$$\begin{aligned}(\boldsymbol{A}-\boldsymbol{E})\boldsymbol{\alpha}_1&=\boldsymbol{0},\\ (\boldsymbol{A}-2\boldsymbol{E})\boldsymbol{\alpha}_2&=\boldsymbol{\alpha}_3,\\ (\boldsymbol{A}-2\boldsymbol{E})\boldsymbol{\alpha}_3&=\boldsymbol{0}.\end{aligned}\tag{12.13}$$

求解齐次线性方程组$(\boldsymbol{A}-\boldsymbol{E})\boldsymbol{x}=\boldsymbol{0}$，得到 $\boldsymbol{\alpha}_1=(1, 2, 1)^{\mathrm{T}}$. 求解方程组$(\boldsymbol{A}-2\boldsymbol{E})\boldsymbol{x}=\boldsymbol{0}$，得到 $\boldsymbol{\alpha}_3=(-1, -1, 1)^{\mathrm{T}}$. 将 $\boldsymbol{\alpha}_3=(-1, -1, 1)^{\mathrm{T}}$ 代入式(12.13)中的第二个方程得到方程组的一个解 $\boldsymbol{\alpha}_2=(-1, -2, 0)^{\mathrm{T}}$. 所以有

$$\boldsymbol{P}=\begin{pmatrix}1 & -1 & -1\\ 2 & -1 & -2\\ 1 & 1 & 0\end{pmatrix},$$

使得 $\boldsymbol{P}^{-1}\boldsymbol{AP}=\boldsymbol{J}$.

例 12.16 已知矩阵 $\boldsymbol{A}=\begin{pmatrix}2 & -1 & -1\\ 2 & -1 & -2\\ -1 & 1 & 2\end{pmatrix}$，求矩阵 $\boldsymbol{A}$ 的若当标准形 $\boldsymbol{J}$，并求可逆矩阵 $\boldsymbol{P}$，使得 $\boldsymbol{P}^{-1}\boldsymbol{AP}=\boldsymbol{J}$.

解 $\boldsymbol{A}$ 的特征矩阵

$$\lambda \boldsymbol{E}-\boldsymbol{A}=\begin{pmatrix}\lambda-2 & 1 & 1\\ -2 & \lambda+1 & 2\\ 1 & -1 & \lambda-2\end{pmatrix},$$

由此得到 $\boldsymbol{A}$ 的初等因子为$(\lambda-1)$，$(\lambda-1)^2$，所以有 $\boldsymbol{A}$ 的若当标准形为

$$J=\begin{pmatrix}1&0&0\\0&1&0\\0&1&1\end{pmatrix}.$$

设相似过渡阵 $\boldsymbol{P}=(\boldsymbol{\alpha}_1,\ \boldsymbol{\alpha}_2,\ \boldsymbol{\alpha}_3)$，则 $\boldsymbol{P}^{-1}\boldsymbol{AP}=\boldsymbol{J}$，即 $\boldsymbol{AP}=\boldsymbol{PJ}$，因此，

$$\boldsymbol{A}(\boldsymbol{\alpha}_1,\ \boldsymbol{\alpha}_2,\ \boldsymbol{\alpha}_3)=(\boldsymbol{\alpha}_1,\ \boldsymbol{\alpha}_2,\ \boldsymbol{\alpha}_3)\begin{pmatrix}1&0&0\\0&1&0\\0&1&1\end{pmatrix},$$

故

$$\boldsymbol{A\alpha}_1=\boldsymbol{\alpha}_1,\ \boldsymbol{A\alpha}_2=\boldsymbol{\alpha}_2+\boldsymbol{\alpha}_3,\ \boldsymbol{A\alpha}_3=\boldsymbol{\alpha}_3. \tag{12.14}$$

由 $\boldsymbol{A\alpha}_1=\boldsymbol{\alpha}_1$ 及 $\boldsymbol{A\alpha}_3=\boldsymbol{\alpha}_3$ 可得，$\boldsymbol{\alpha}_1$，$\boldsymbol{\alpha}_3$ 都是齐次线性方程组

$$(\boldsymbol{A}-\boldsymbol{E})\boldsymbol{x}=\boldsymbol{0} \tag{12.15}$$

的解，此方程组的基础解系为

$$\boldsymbol{\xi}_1=(1,\ 1,\ 0)^{\mathrm{T}},\ \boldsymbol{\xi}_2=(1,\ 0,\ 1)^{\mathrm{T}}.$$

此时若取 $\boldsymbol{\alpha}_1=\boldsymbol{\xi}_1=(1,\ 1,\ 0)^{\mathrm{T}}$，$\boldsymbol{\alpha}_3=\boldsymbol{\xi}_2=(1,\ 0,\ 1)^{\mathrm{T}}$，将 $\boldsymbol{\alpha}_3$ 带入(12.14)式的第二个等式有 $\boldsymbol{A\alpha}_2=\boldsymbol{\alpha}_2+\boldsymbol{\alpha}_3$，也即$(\boldsymbol{A}-\boldsymbol{E})\boldsymbol{\alpha}_2=\boldsymbol{\alpha}_3$，也即 $\boldsymbol{\alpha}_2$ 为方程

$$(\boldsymbol{A}-\boldsymbol{E})\boldsymbol{x}=\boldsymbol{\alpha}_3 \tag{12.16}$$

的解．此时对于方程组$(\boldsymbol{A}-\boldsymbol{E})\boldsymbol{x}=\boldsymbol{\alpha}_3$，系数矩阵的秩与增广矩阵的秩不相等，所以无解．

若取 $\boldsymbol{\alpha}_1=\boldsymbol{\xi}_2=(1,\ 0,\ 1)^{\mathrm{T}}$，$\boldsymbol{\alpha}_3=\boldsymbol{\xi}_1=(1,\ 1,\ 0)^{\mathrm{T}}$，将 $\boldsymbol{\alpha}_3$ 代入(12.14)式的第二个等式，同样也有方程组(12.16)无解．

为了求出 $\boldsymbol{\alpha}_2$，我们只能重新选择方程组(12.15)的基础解系，若选取

$$\boldsymbol{\xi}_1=(1,\ 1,\ 0)^{\mathrm{T}},\ \boldsymbol{\xi}_2=(1,\ 2,\ -1)^{\mathrm{T}},$$

令 $\boldsymbol{\alpha}_1=\boldsymbol{\xi}_1=(1,\ 1,\ 0)^{\mathrm{T}}$，$\boldsymbol{\alpha}_3=\boldsymbol{\xi}_2=(1,\ 2,\ -1)^{\mathrm{T}}$，则方程组(12.16)有解．此时取 $\boldsymbol{\alpha}_2=(1,\ 0,\ 0)^{\mathrm{T}}$，满足方程组(12.16)，所以有若当相似过渡阵

$$\boldsymbol{P}=\begin{pmatrix}1&1&1\\1&0&2\\0&0&-1\end{pmatrix},$$

使得 $\boldsymbol{P}^{-1}\boldsymbol{AP}=\boldsymbol{J}$.

12.6.3　最小多项式

由哈密尔顿—凯莱定理，我们知道，任给数域 P 上的一个 n 阶方阵 $\boldsymbol{A}$，总可以找到一个多项式 $f(x)$，使 $f(\boldsymbol{A})=\boldsymbol{O}$. 如果有多项式 $f(x)$使得 $f(\boldsymbol{A})=\boldsymbol{O}$，我们就称这样的 $f(x)$为 $\boldsymbol{A}$ 的零化多项式．

定义 12.11　设 $\boldsymbol{A}$ 是数域 P 上的一个 n 阶方阵，则 $\boldsymbol{A}$ 的首项系数为 1 的次

数最低的零化多项式称为 $\boldsymbol{A}$ 的最小多项式，记为 $m_{\boldsymbol{A}}(x)$.

显然 $\boldsymbol{A}$ 的最小多项式能整除 $\boldsymbol{A}$ 的任一零化多项式，且最小多项式一定是 $\boldsymbol{A}$ 的特征多项式的因式.

由最小多项式的定义和多项式的理论，我们易得下面的结论.

定理 12.15 矩阵 $\boldsymbol{A}$ 的最小多项式是唯一的.

定理 12.16 相似矩阵的最小多项式相同.

定理 12.17 设 $\boldsymbol{A}$ 是一个准对角矩阵

$$\boldsymbol{A}=\begin{pmatrix}\boldsymbol{A}_1 & \\ & \boldsymbol{A}_2\end{pmatrix},$$

并设 $\boldsymbol{A}_1$ 的最小多项式为 $m_{\boldsymbol{A}_1}(x)$，$\boldsymbol{A}_2$ 的最小多项式为 $m_{\boldsymbol{A}_2}(x)$，那么 $\boldsymbol{A}$ 的最小多项式 $m_{\boldsymbol{A}}(x)=[m_{\boldsymbol{A}_1}(x), m_{\boldsymbol{A}_2}(x)]$，其中 $[m_{\boldsymbol{A}_1}(x), m_{\boldsymbol{A}_2}(x)]$ 为 $m_{\boldsymbol{A}_1}(x)$，$m_{\boldsymbol{A}_2}(x)$ 的首项系数为 1 的最小公倍式.

证 记 $f(x)=[m_{\boldsymbol{A}_1}(x), m_{\boldsymbol{A}_2}(x)]$，则

$$f(\boldsymbol{A})=\begin{pmatrix}f(\boldsymbol{A}_1) & \\ & f(\boldsymbol{A}_2)\end{pmatrix}=\boldsymbol{O},$$

因此，$m_{\boldsymbol{A}}(x)\mid f(x)$.

又，如果 $h(\boldsymbol{A})=\boldsymbol{O}$，则

$$h(\boldsymbol{A})=\begin{pmatrix}h(\boldsymbol{A}_1) & \\ & h(\boldsymbol{A}_2)\end{pmatrix}=\boldsymbol{O},$$

即 $h(\boldsymbol{A}_1)=\boldsymbol{O}$，$h(\boldsymbol{A}_2)=\boldsymbol{O}$，所以有 $m_{\boldsymbol{A}_1}(x)\mid h(x)$，$m_{\boldsymbol{A}_2}(x)\mid h(x)$，所以有 $f(x)\mid h(x)$，从而 $f(x)\mid m_{\boldsymbol{A}}(x)$，所以有

$$m_{\boldsymbol{A}}(x)=[m_{\boldsymbol{A}_1}(x), m_{\boldsymbol{A}_2}(x)].$$

这个结论可以推广到 $\boldsymbol{A}$ 为若干个矩阵组成的准对角阵的情形，即若

$$\boldsymbol{A}=\begin{pmatrix}\boldsymbol{A}_1 & & & \\ & \boldsymbol{A}_2 & & \\ & & \ddots & \\ & & & \boldsymbol{A}_s\end{pmatrix},$$

$\boldsymbol{A}_i$ 的最小多项式为 $m_{\boldsymbol{A}_i}(x)$ $(i=1, 2, \cdots, s)$，那么 $\boldsymbol{A}$ 的最小多项式为 $[m_{\boldsymbol{A}_1}, m_{\boldsymbol{A}_2}, \cdots, m_{\boldsymbol{A}_s}]$.

定理 12.18 k 阶若当块

$$\boldsymbol{J}=\begin{pmatrix}a & & & \\ 1 & a & & \\ & \ddots & \ddots & \\ & & 1 & a\end{pmatrix}$$

的最小多项式为$(x-a)^k$.

证　$\boldsymbol{J}$ 的特征多项式为$(x-a)^k$，又因为

$$\boldsymbol{J}-a\boldsymbol{E}=\begin{pmatrix}0 & & & \\ 1 & 0 & & \\ & \ddots & \ddots & \\ & & 1 & 0\end{pmatrix},\ (\boldsymbol{J}-a\boldsymbol{E})^{k-1}=\begin{pmatrix}0 & 0 & \cdots & 0\\ \vdots & \vdots & & \vdots\\ 0 & 0 & \cdots & 0\\ 1 & 0 & \cdots & 0\end{pmatrix}\neq\boldsymbol{O},$$

所以 $\boldsymbol{J}$ 的最小多项式为$(x-a)^k$.

例 12.17　证明：n 阶方阵 $\boldsymbol{A}$ 的最小多项式是 $\boldsymbol{A}$ 的特征矩阵 $\lambda\boldsymbol{E}-\boldsymbol{A}$ 的最后一个不变因子，即 $m_{\boldsymbol{A}}(x)=d_n(x)$.

证　设 $\boldsymbol{A}$ 的若当标准形为

$$\boldsymbol{J}=\begin{pmatrix}\boldsymbol{J}_1 & & & \\ & \boldsymbol{J}_2 & & \\ & & \ddots & \\ & & & \boldsymbol{J}_s\end{pmatrix},$$

其中，

$$\boldsymbol{J}_i=\begin{pmatrix}\lambda_i & & & \\ 1 & \lambda_i & & \\ & \ddots & \ddots & \\ & & 1 & \lambda_i\end{pmatrix}_{k_i}\quad(i=1,\ 2,\ \cdots,\ s).$$

由定理 12.16 知，每个若当块 $\boldsymbol{J}_i$ 的最小多项式均为$(x-\lambda_i)^{k_i}$$(i=1,\ 2,\ \cdots,\ s)$，而$(x-\lambda_i)^{k_i}$为 $\boldsymbol{J}_i$ 这个若当块所对应的初等因子，故最小多项式 $m_{\boldsymbol{A}}(x)$是 $\boldsymbol{A}$ 的所有初等因子的最小公倍式，而这就是 $\boldsymbol{A}$ 的最后一个不变因子，所以有 $m_{\boldsymbol{A}}(x)=d_n(x)$.

例 12.18　设 $\boldsymbol{A}=\begin{pmatrix}0 & 1 & 0 & 0\\ 0 & 0 & 1 & 0\\ 0 & 0 & 0 & 1\\ -5 & -4 & -3 & -2\end{pmatrix}$，求 $\boldsymbol{A}$ 的最小多项式.

解　$\boldsymbol{A}$ 的特征矩阵

$$\lambda\boldsymbol{E}-\boldsymbol{A}=\begin{pmatrix}\lambda & -1 & 0 & 0\\ 0 & \lambda & -1 & 0\\ 0 & 0 & \lambda & -1\\ 5 & 4 & 3 & \lambda+2\end{pmatrix},$$

$$D_4=|\lambda\boldsymbol{E}-\boldsymbol{A}|=\lambda^4+2\lambda^3+3\lambda^2+4\lambda+5,$$

特征矩阵有一个三阶子式

$$\begin{vmatrix} -1 & 0 & 0 \\ \lambda & -1 & 0 \\ 0 & \lambda & -1 \end{vmatrix} = -1,$$

所以 $D_1=D_2=D_3=1$，故 $d_1=d_2=d_3=1$，$d_4=\lambda^4+2\lambda^3+3\lambda^2+4\lambda+5$，所以最小多项式为 $\lambda^4+2\lambda^3+3\lambda^2+4\lambda+5$.

最后指出，如果规定上三角矩阵

$$\boldsymbol{J}=\begin{pmatrix} \lambda & 1 & 0 & \cdots & 0 & 0 \\ 0 & \lambda & 1 & \cdots & 0 & 0 \\ \vdots & \vdots & \vdots & & \vdots & \vdots \\ 0 & 0 & 0 & \cdots & \lambda & 1 \\ 0 & 0 & 0 & \cdots & 0 & \lambda \end{pmatrix}$$

为若当块，应用完全类似的方法，我们可以得到完全相同的结论.

习 题 12

(A)

1. 将下列 λ-矩阵化成标准形：

(1) $\begin{pmatrix} \lambda^3-\lambda & 2\lambda^2 \\ \lambda^2+5\lambda & 3\lambda \end{pmatrix}$；　(2) $\begin{pmatrix} \lambda^2+\lambda & 0 & 0 \\ 0 & \lambda & 0 \\ 0 & 0 & (\lambda+1)^2 \end{pmatrix}$；

(3) $\begin{pmatrix} 0 & 0 & 0 & \lambda^2 \\ 0 & 0 & \lambda^2-\lambda & 0 \\ 0 & (\lambda-1)^2 & 0 & 0 \\ \lambda^2-\lambda & 0 & 0 & 0 \end{pmatrix}$；(4) $\begin{pmatrix} 2\lambda & 3 & 0 & 1 & \lambda \\ 4\lambda & 3\lambda+6 & 0 & \lambda+2 & 2\lambda \\ 0 & 6\lambda & \lambda & 2\lambda & 0 \\ \lambda-1 & 0 & \lambda-1 & 0 & 0 \\ 3\lambda-3 & 1-\lambda & 2\lambda-2 & 0 & 0 \end{pmatrix}$.

2. 求下列 λ-矩阵的不变因子和初等因子：

(1) $\begin{pmatrix} \lambda-2 & -1 & 0 \\ 0 & \lambda-2 & -1 \\ 0 & 0 & \lambda-2 \end{pmatrix}$；　(2) $\begin{pmatrix} 0 & 0 & 1 & \lambda+2 \\ 0 & 1 & \lambda+2 & 0 \\ 1 & \lambda+2 & 0 & 0 \\ \lambda+2 & 0 & 0 & 0 \end{pmatrix}$；

(3) $\begin{pmatrix} \lambda-a & b_1 & & \\ & \lambda-a & \ddots & \\ & & \ddots & b_{n-1} \\ & & & \lambda-a \end{pmatrix}_{n\times n}$ $(b_k\neq 0)$；　(4) $\begin{pmatrix} \lambda-1 & -2 & 0 \\ 0 & \lambda-2 & 0 \\ 2 & 2 & \lambda+1 \end{pmatrix}$；

(5) $\begin{pmatrix} \lambda+1 & 2 & 1 & 0 \\ -2 & \lambda+1 & 0 & 1 \\ 0 & 0 & \lambda+1 & 2 \\ 0 & 0 & -2 & \lambda+1 \end{pmatrix}$.

3. 求下列矩阵的若当标准形：

(1) $\begin{pmatrix} 3 & 7 & -3 \\ -2 & -5 & 2 \\ -4 & -10 & 3 \end{pmatrix}$；　(2) $\begin{pmatrix} 1 & 1 & -1 \\ -3 & -3 & 3 \\ -2 & -2 & 2 \end{pmatrix}$；

(3) $\begin{pmatrix} 1 & 2 & 3 & 4 \\ 0 & 1 & 2 & 3 \\ 0 & 0 & 1 & 2 \\ 0 & 0 & 0 & 1 \end{pmatrix}$；　(4)* $\begin{pmatrix} 3 & 1 & 0 & 0 \\ -4 & -1 & 0 & 0 \\ 7 & 1 & 2 & 1 \\ -7 & -6 & -1 & 0 \end{pmatrix}$.

4*. 求 $\boldsymbol{P}$ 和 $\boldsymbol{J}$，使得 $\boldsymbol{J}=\boldsymbol{P}^{-1}\boldsymbol{A}\boldsymbol{P}$，其中

$$\boldsymbol{A}=\begin{pmatrix} -1 & 1 & 0 \\ -4 & 3 & 0 \\ 1 & 0 & 2 \end{pmatrix}.$$

5*. $W=L(\mathrm{e}^x，x\mathrm{e}^x，x^2\mathrm{e}^x，\mathrm{e}^{2x})$为向量函数 e^x，$x\mathrm{e}^x$，$x^2\mathrm{e}^x$，e^{2x} 生成的四维向量空间，T 为微分变换，求：(1) T 在基 e^x，$x\mathrm{e}^x$，$x^2\mathrm{e}^x$，e^{2x} 下的矩阵；(2)找一组基，使 T 在该基下的矩阵为若当标准形.

6. a，b，c 为实数，

$$\boldsymbol{A}=\begin{pmatrix} b & c & a \\ c & a & b \\ a & b & c \end{pmatrix},\ \boldsymbol{B}=\begin{pmatrix} c & a & b \\ a & b & c \\ b & c & a \end{pmatrix},\ \boldsymbol{C}=\begin{pmatrix} a & b & c \\ b & c & a \\ c & a & b \end{pmatrix},$$

证明：(1) $\boldsymbol{A}$，$\boldsymbol{B}$，$\boldsymbol{C}$ 彼此相似；(2)若 $\boldsymbol{BC}=\boldsymbol{CB}$，则 $\boldsymbol{A}$ 至少有两个特征值为零.

(B)

1. 求矩阵

$$\boldsymbol{A}=\begin{pmatrix} a & -b & 0 & 0 & 0 & 0 \\ b & a & 1 & 0 & 0 & 0 \\ 0 & 0 & a & -b & 0 & 0 \\ 0 & 0 & b & a & 1 & 0 \\ 0 & 0 & 0 & 0 & a & -b \\ 0 & 0 & 0 & 0 & b & a \end{pmatrix}$$

的不变因子、初等因子、若当标准形.

2. $f(\lambda)$与$g(\lambda)$互素，求$\begin{pmatrix} f(\lambda) & 0 \\ 0 & g(\lambda) \end{pmatrix}$的标准形.

3. 判断下列矩阵是否相似：

$$A=\begin{pmatrix} 1 & 0 & 0 & 0 \\ 0 & -1 & 0 & 0 \\ 0 & 0 & 0 & 0 \\ 0 & 0 & 1 & 0 \end{pmatrix},\ B=\begin{pmatrix} -1 & 0 & 0 & 0 \\ -1 & 1 & 1 & -1 \\ -1 & 0 & 0 & 0 \\ -1 & 0 & 1 & 0 \end{pmatrix}.$$

4. 已知矩阵

$$A=\begin{pmatrix} 1 & 0 & 0 & 0 \\ a & 1 & 0 & 0 \\ 2 & 3 & 2 & 0 \\ 2 & 3 & b & 2 \end{pmatrix},$$

(1) 讨论a，b，使矩阵可对角化；

(2)* 当$a=1$，$b=0$时，求P和J，使得$J=P^{-1}AP$.

附录Ⅰ　习题参考答案

习　题　7

(A)

1.(1) $\boldsymbol{b}_1=\begin{pmatrix}1\\1\\1\end{pmatrix}$，$\boldsymbol{b}_2=\begin{pmatrix}-1\\0\\1\end{pmatrix}$，$\boldsymbol{b}_3=\frac{1}{3}\begin{pmatrix}1\\-2\\1\end{pmatrix}$；

(2) $\boldsymbol{b}_1=\begin{pmatrix}1\\2\\-1\end{pmatrix}$，$\boldsymbol{b}_2=\frac{5}{3}\begin{pmatrix}-1\\1\\1\end{pmatrix}$，$\boldsymbol{b}_3=2\begin{pmatrix}1\\0\\1\end{pmatrix}$.

2. $\boldsymbol{\eta}_1=\frac{1}{\sqrt{2}}\begin{pmatrix}0\\1\\1\end{pmatrix}$，$\boldsymbol{\eta}_2=\frac{1}{\sqrt{6}}\begin{pmatrix}2\\1\\-1\end{pmatrix}$，$\boldsymbol{\eta}_3=\frac{1}{\sqrt{3}}\begin{pmatrix}1\\-1\\1\end{pmatrix}$.

3.(1) 第一个行向量不是单位向量，故不是正交矩阵.

(2) 该方阵每一个行向量均是单位向量，且两两正交，故为正交矩阵.

4. $\boldsymbol{A}=(\boldsymbol{\alpha}_1, \boldsymbol{\alpha}_2, \boldsymbol{\alpha}_3, \boldsymbol{\alpha}_4)$，其中

$\boldsymbol{\alpha}_1=\frac{1}{3}\begin{pmatrix}1\\-2\\0\\2\end{pmatrix}$，$\boldsymbol{\alpha}_2=\frac{1}{\sqrt{6}}\begin{pmatrix}-2\\0\\1\\1\end{pmatrix}$，$\boldsymbol{\alpha}_3=\frac{1}{\sqrt{21}}\begin{pmatrix}2\\1\\4\\0\end{pmatrix}$，$\boldsymbol{\alpha}_4=\frac{1}{3\sqrt{14}}\begin{pmatrix}2\\8\\-3\\7\end{pmatrix}$(答案不唯一).

5～8. 略.

9.(1) $\lambda_1=2$，$\lambda_2=1-\sqrt{3}$，$\lambda_3=1+\sqrt{3}$，

$k_1\begin{pmatrix}2\\-1\\0\end{pmatrix}$，$k_2\begin{pmatrix}3\\-1\\2+\sqrt{3}\end{pmatrix}$，$k_3\begin{pmatrix}3\\-1\\2-\sqrt{3}\end{pmatrix}$($k_1$，$k_2$，$k_3$ 均不为 0).

(2) $\lambda_1=\lambda_2=\lambda_3=2$，$\lambda_4=-2$，

$k_1\begin{pmatrix}1\\1\\0\\0\end{pmatrix}+k_2\begin{pmatrix}1\\0\\1\\0\end{pmatrix}+k_3\begin{pmatrix}1\\0\\0\\1\end{pmatrix}$($k_1$，$k_2$，$k_3$ 不全为 0)，$k_4\begin{pmatrix}1\\-1\\-1\\-1\end{pmatrix}$($k_4$ 不为 0).

(3) $\lambda_1=-1$，$\lambda_2=9$，$\lambda_3=0$，

$$k_1\begin{pmatrix}1\\-1\\0\end{pmatrix},\ k_2\begin{pmatrix}1\\1\\2\end{pmatrix},\ k_3\begin{pmatrix}1\\1\\-1\end{pmatrix}(k_1,\ k_2,\ k_3\ \text{均不为}\ 0).$$

(4) $\lambda_1=\lambda_2=1$，$\lambda_3=2$，

$$k_1\begin{pmatrix}1\\2\\-1\end{pmatrix},\ k_2\begin{pmatrix}0\\0\\1\end{pmatrix}(k_1,\ k_2\ \text{均不为}\ 0).$$

(5) $\lambda_1=0$，$\lambda_2=\sqrt{14}\mathrm{i}$，$\lambda_3=-\sqrt{14}\mathrm{i}$，

$$k_1\begin{pmatrix}3\\-1\\2\end{pmatrix},\ k_2\begin{pmatrix}-6-\sqrt{14}\mathrm{i}\\2-3\sqrt{14}\mathrm{i}\\10\end{pmatrix},\ k_3\begin{pmatrix}-6+\sqrt{14}\mathrm{i}\\2+3\sqrt{14}\mathrm{i}\\10\end{pmatrix}(k_1,\ k_2,\ k_3\ \text{均不为}\ 0).$$

10. 略.

11. 4 800.

12～17. 略.

18. $k_1\begin{pmatrix}1\\0\\0\end{pmatrix}+k_2\begin{pmatrix}0\\1\\-1\end{pmatrix}(k_1,\ k_2\ \text{不全为}\ 0)$.

19. (1) $x=0$，$y=1$；(2) $\boldsymbol{P}=\begin{pmatrix}1&0&0\\0&1&1\\0&1&-1\end{pmatrix}$.

20. $\boldsymbol{A}=\begin{pmatrix}1&0&0\\0&\frac{1}{2}&-\frac{1}{2}\\0&-\frac{1}{2}&\frac{1}{2}\end{pmatrix}$.

21. (1) $\boldsymbol{P}=\begin{pmatrix}\frac{2}{\sqrt{5}}&\frac{2}{3\sqrt{5}}&\frac{1}{3}\\-\frac{1}{\sqrt{5}}&\frac{4}{3\sqrt{5}}&\frac{2}{3}\\0&\frac{5}{3\sqrt{5}}&-\frac{2}{3}\end{pmatrix}$；(2) $\boldsymbol{P}=\begin{pmatrix}\frac{1}{\sqrt{2}}&\frac{1}{\sqrt{6}}&\frac{\sqrt{3}}{6}&\frac{1}{2}\\\frac{1}{\sqrt{2}}&-\frac{1}{\sqrt{6}}&-\frac{\sqrt{3}}{6}&-\frac{1}{2}\\0&-\frac{2}{\sqrt{6}}&\frac{\sqrt{3}}{6}&\frac{1}{2}\\0&0&\frac{\sqrt{3}}{2}&-\frac{1}{2}\end{pmatrix}$；

(3) $\boldsymbol{P}=\frac{1}{3}\begin{pmatrix} 2 & 2 & 1 \\ -2 & 1 & 2 \\ -1 & 2 & -2 \end{pmatrix}$；(4) $\boldsymbol{P}=\begin{pmatrix} \frac{1}{\sqrt{2}} & 0 & \frac{1}{\sqrt{2}} & 0 \\ -\frac{1}{\sqrt{2}} & 0 & \frac{1}{\sqrt{2}} & 0 \\ 0 & \frac{1}{\sqrt{2}} & 0 & \frac{1}{\sqrt{2}} \\ 0 & -\frac{1}{\sqrt{2}} & 0 & \frac{1}{\sqrt{2}} \end{pmatrix}$.

22. 略.

23. $a=c=2$，$b=-3$，$\lambda_0=1$.

(B)

1. $f_{\boldsymbol{A}^{-1}}(\lambda)=|\lambda\boldsymbol{E}-\boldsymbol{A}^{-1}|=\lambda^2-\frac{10}{21}\lambda+\frac{1}{21}$.

2. $\lambda_1=\lambda_2=\cdots=\lambda_{n-1}=-1$，$\lambda_n=n-1$.

3～9. 略.

10. (1) $\boldsymbol{Q}=\begin{pmatrix} -1 & 1 & 1 \\ 1 & 0 & -2 \\ 0 & 1 & 3 \end{pmatrix}$，$\boldsymbol{\Lambda}=\begin{pmatrix} 2 & & \\ & 2 & \\ & & 6 \end{pmatrix}$；

(2) $\boldsymbol{A}^m=2^{m-2}\begin{pmatrix} 5-3^m & 1-3^m & -1+3^m \\ -2+2\cdot 3^m & 2+2\cdot 3^m & 2-2\cdot 3^m \\ 3-3^{m+1} & 2-3^{m+1} & 1+3^{m+1} \end{pmatrix}$.

11. $a=\frac{1}{\sqrt{2}}$，$b=-\frac{1}{2}$，$c=0$；$\boldsymbol{x}=\frac{1}{\sqrt{2}}\begin{pmatrix} 1 \\ 2 \\ -1 \end{pmatrix}$.

12. $\boldsymbol{P}=(\boldsymbol{p}_1, \boldsymbol{p}_2, \cdots, \boldsymbol{p}_n, \boldsymbol{p}_{n+1}, \cdots, \boldsymbol{p}_{2n})$，其中，

$$\boldsymbol{p}_1=\frac{1}{\sqrt{2}}\begin{pmatrix} 1 \\ 0 \\ \vdots \\ 0 \\ 1 \end{pmatrix}, \boldsymbol{p}_2=\frac{1}{\sqrt{2}}\begin{pmatrix} 0 \\ 1 \\ 0 \\ \vdots \\ 1 \\ 0 \end{pmatrix}, \cdots, \boldsymbol{p}_n=\frac{1}{\sqrt{2}}\begin{pmatrix} 0 \\ \vdots \\ 0 \\ 1 \\ 1 \\ 0 \\ \vdots \\ 0 \end{pmatrix},$$

$$\boldsymbol{p}_{n+1}=\frac{1}{\sqrt{2}}\begin{pmatrix}-1\\0\\\vdots\\0\\1\end{pmatrix},\ \boldsymbol{p}_{n+2}=\frac{1}{\sqrt{2}}\begin{pmatrix}0\\-1\\0\\\vdots\\1\\0\end{pmatrix},\ \cdots,\ \boldsymbol{p}_{2n}=\frac{1}{\sqrt{2}}\begin{pmatrix}0\\\vdots\\0\\-1\\1\\0\\\vdots\\0\end{pmatrix},$$

则
$$\boldsymbol{P}^{-1}\boldsymbol{AP}=\begin{pmatrix}1&&&&&\\&\ddots&&&&\\&&1&&&\\&&&-1&&\\&&&&\ddots&\\&&&&&-1\end{pmatrix}.$$

13. 当 $a=-\frac{2}{3}$ 时，$\lambda_1=2$，$\lambda_2=\lambda_3=4$，$\boldsymbol{A}$ 不可对角化；当 $a=-2$ 时，$\lambda_1=\lambda_2=2$，$\lambda_3=6$，$\boldsymbol{A}$ 可对角化．

14～16. 略．

17.（1）略；（2）与 $\boldsymbol{B}$ 相似的对角阵为

$$\begin{pmatrix}\frac{\lambda_1}{\lambda_1-1}&&&\\&\frac{\lambda_2}{\lambda_2-1}&&\\&&\ddots&\\&&&\frac{\lambda_n}{\lambda_n-1}\end{pmatrix}.$$

18.（1）$\boldsymbol{B}=\begin{pmatrix}0&0&0\\1&0&3\\0&1&-2\end{pmatrix}$；（2）$|\boldsymbol{A}+\boldsymbol{E}|=-4$．

19～21. 略．

习　题　8

(A)

1. $3x_1^2$；$x_1^2-4x_2^2$；$3x_1^2+2x_1x_2-7x_2^2$．

2.（1）错，所对应的矩阵应为$A=\begin{pmatrix} 0 & \frac{1}{2} & 0 & 0 \\ \frac{1}{2} & 0 & 0 & 0 \\ 0 & 0 & 0 & -\frac{1}{2} \\ 0 & 0 & -\frac{1}{2} & 0 \end{pmatrix}$.

（2）错，所对应的二次型应为 $2x_1x_2-2x_2^2+x_3^2$.

3.（1）$4x_1^2+6x_1x_2+2x_2^2+2x_2x_3+x_3^2$；（2）21；（3）5.

4.（1）$f(x_1, x_2, x_3)=(x_1, x_2, x_3)\begin{pmatrix} 8 & -3 & 2 \\ -3 & 7 & -1 \\ 2 & -1 & -3 \end{pmatrix}\begin{pmatrix} x_1 \\ x_2 \\ x_3 \end{pmatrix}$，秩为 3；

（2）$f(x_1, x_2, x_3)=(x_1, x_2, x_3)\begin{pmatrix} 1 & \frac{1}{2} & 0 \\ \frac{1}{2} & 2 & -1 \\ 0 & -1 & 0 \end{pmatrix}\begin{pmatrix} x_1 \\ x_2 \\ x_3 \end{pmatrix}$，秩为 3；

（3）$f(x_1, x_2, x_3, x_4)=(x_1, x_2, x_3, x_4)\begin{pmatrix} 0 & \frac{1}{2} & 0 & 0 \\ \frac{1}{2} & 0 & -1 & 0 \\ 0 & -1 & 0 & \frac{3}{2} \\ 0 & 0 & \frac{3}{2} & 0 \end{pmatrix}\begin{pmatrix} x_1 \\ x_2 \\ x_3 \\ x_4 \end{pmatrix}$，

秩为 4.

5. $c=3$.

6.（1）对；（2）错；（3）对，合同矩阵必为对称矩阵；（4）错.

7.（1）正交变换为 $x=Py$，$P=\begin{pmatrix} 0 & 1 & 0 \\ \frac{1}{\sqrt{2}} & 0 & \frac{1}{\sqrt{2}} \\ -\frac{1}{\sqrt{2}} & 0 & \frac{1}{\sqrt{2}} \end{pmatrix}$，标准形为 $y_1^2+2y_2^2+5y_3^2$；

(2) 正交变换为 $\boldsymbol{x}=\boldsymbol{P}\boldsymbol{y}$，$\boldsymbol{P}=\begin{pmatrix}\frac{1}{3} & \frac{2}{3} & \frac{2}{3}\\ \frac{2}{3} & \frac{1}{3} & -\frac{2}{3}\\ \frac{2}{3} & -\frac{2}{3} & \frac{1}{3}\end{pmatrix}$，标准形为 $-2y_1^2+y_2^2+4y_3^2$；

(3) 正交变换为 $\boldsymbol{x}=\boldsymbol{P}\boldsymbol{y}$，$\boldsymbol{P}=\begin{pmatrix}\frac{1}{\sqrt{2}} & 0 & \frac{1}{\sqrt{2}} & 0\\ -\frac{1}{\sqrt{2}} & 0 & \frac{1}{\sqrt{2}} & 0\\ 0 & \frac{1}{\sqrt{2}} & 0 & \frac{1}{\sqrt{2}}\\ 0 & \frac{1}{\sqrt{2}} & 0 & -\frac{1}{\sqrt{2}}\end{pmatrix}$，标准形为 $-y_1^2-y_2^2+y_3^2+y_4^2$.

8. (1) $z_1^2+z_2^2+z_3^2$；　(2) $z_1^2+z_2^2-z_3^2$；　(3) $z_1^2+z_2^2-z_3^2-z_4^2$.

9. (1) 线性变换为 $\begin{cases}x_1=y_1+y_2-\frac{3}{2}y_3,\\ x_2=y_2-\frac{1}{2}y_3,\\ x_3=y_3,\end{cases}$　标准形为 $y_1^2-4y_2^2$；

(2) 线性变换为 $\begin{cases}x_1=z_1-z_2-3z_3,\\ x_2=z_1+z_2+2z_3,\\ x_3=z_3,\end{cases}$ 标准形为 $z_1^2-z_2^2+6z_3^2$.

10. (1) 线性变换为 $\boldsymbol{x}=\boldsymbol{C}\boldsymbol{y}$，$\boldsymbol{C}=\begin{pmatrix}1 & -1 & 2\\ 0 & 1 & -2\\ 0 & 0 & 1\end{pmatrix}$，标准形为 $f=y_1^2+y_2^2$；

(2) 线性变换为 $\boldsymbol{x}=\boldsymbol{C}\boldsymbol{y}$，$\boldsymbol{C}=\begin{pmatrix}0 & 1 & -3\\ 1 & 1 & -2\\ 0 & 0 & 1\end{pmatrix}$，标准形为 $f=-y_1^2+y_2^2-4y_3^2$.

11. (1) 正定；　(2)非正定；　(3)非正定.

12. (1) $-\frac{4}{5}<t<0$；　(2) $-\sqrt{2}<t<\sqrt{2}$；　(3) $-\sqrt{2}<t<\sqrt{2}$.

13. $a>\frac{1}{2}$.

14. $\boldsymbol{A}$ 与 $\boldsymbol{B}$ 相似且合同.

15. $a=3$，$b=-1$.

16. $a=1$，$b=2$.

17～18. 略.

19. 正定.

20～24. 略.

(B)

1～3. 略.

4. 共有 $(n+1)+n+\cdots+2+1=\frac{(n+1)(n+2)}{2}$ 类.

5～9. 略.

10. $\boldsymbol{\Lambda}=\begin{pmatrix} k^2 & & \\ & (k+2)^2 & \\ & & (k+2)^2 \end{pmatrix}$；$k\neq 0$ 且 $k\neq -2$ 时.

11～14. 略.

习　题　9

(A)

1.（1）否；（2）否；（3）否；（4）是；（5）否；（6）是.

2. 略.

3.（1）略；（2）$\begin{pmatrix} a_{11} & a_{12} \\ a_{21} & a_{22} \end{pmatrix}=a_{11}\boldsymbol{E}_{11}+a_{22}\boldsymbol{E}_{22}+\frac{a_{12}+a_{21}}{2}(\boldsymbol{E}_{12}+\boldsymbol{E}_{21})+\frac{a_{12}-a_{21}}{2}(\boldsymbol{E}_{12}-\boldsymbol{E}_{21})$.

4. $\left(\frac{5}{4},\ \frac{1}{4},\ -\frac{1}{4},\ -\frac{1}{4}\right)^{\mathrm{T}}$.

5.（1）n^2，$\boldsymbol{E}_{ij}(i,\ j=1,\ 2,\ \cdots,\ n)$；（2）$\frac{1}{2}n(n-1)$，$\boldsymbol{E}_{ij}-\boldsymbol{E}_{ji}$，$i<j$；（3）$\frac{1}{2}n(n+1)$，$\boldsymbol{E}_{ij}$，$i\leqslant j$.

6. $\boldsymbol{A}=\begin{pmatrix} 2 & 0 & 5 & 6 \\ 1 & 3 & 3 & 6 \\ -1 & 1 & 2 & 1 \\ 1 & 0 & 1 & 3 \end{pmatrix}$，$\begin{pmatrix} \frac{4}{9} & \frac{1}{3} & -1 & -\frac{11}{9} \\ \frac{1}{27} & \frac{4}{9} & -\frac{1}{3} & -\frac{23}{27} \\ \frac{1}{3} & 0 & 0 & -\frac{2}{3} \\ -\frac{7}{27} & -\frac{1}{9} & \frac{1}{3} & \frac{26}{27} \end{pmatrix}\begin{pmatrix} x_1 \\ x_2 \\ x_3 \\ x_4 \end{pmatrix}$.

7. $(-1,\ 1,\ -1,\ 3)^{\mathrm{T}}$.

8. (1) 略；(2) $\begin{pmatrix} 1 & 1 & 1 & 1 \\ 0 & 1 & 2 & 3 \\ 0 & 0 & 1 & 3 \\ 0 & 0 & 0 & 1 \end{pmatrix}$；(3) $\begin{pmatrix} 1 & -1 & 1 & -1 \\ 0 & 1 & -2 & 3 \\ 0 & 0 & 1 & -3 \\ 0 & 0 & 0 & 1 \end{pmatrix}$；

(4) $\begin{pmatrix} a_0-a_1+a_2-a_3 \\ a_1-2a_2+3a_3 \\ a_2-3a_3 \\ a_3 \end{pmatrix}$.

9. (1) $(x_2,\ x_3,\ x_1)^{\mathrm{T}}$；(2) $\left(x_1,\ \frac{1}{k}x_2,\ x_3\right)^{\mathrm{T}}$；(3) $(x_1,\ x_2,\ x_3-kx_2)^{\mathrm{T}}$.

10～12. 略.

13. (1) 是；维数为 3；$(1,\ 0,\ 0,\ 1)^{\mathrm{T}}$，$(0,\ 1,\ 0,\ 1)^{\mathrm{T}}$，$(0,\ 0,\ 1,\ 1)^{\mathrm{T}}$ 是一组基.

(2) 不是.

(3) 是；维数等于$\frac{n(n-1)}{2}$；$\boldsymbol{E}_{ij}-\boldsymbol{E}_{ji}(i,\ j=1,\ 2,\ \cdots,\ n;\ i<j)$是一组基.

(4) 当 $n=0$ 时，W 是子空间，维数是 1，1 是一组基；当 $n\neq0$ 时，W 不是子空间.

14. (1) 略. (2) $P^{n\times n}$；(3) n，$\boldsymbol{E}_{11}$，$\boldsymbol{E}_{22}$，$\cdots$，$\boldsymbol{E}_{nn}$.

15. 5；$\begin{pmatrix} 1 & 0 & 0 \\ 0 & 0 & 0 \\ -3 & 0 & 0 \end{pmatrix}$，$\begin{pmatrix} 0 & 1 & 0 \\ 0 & 0 & 0 \\ 0 & -3 & 0 \end{pmatrix}$，$\begin{pmatrix} 0 & 0 & 0 \\ 1 & 0 & 0 \\ -1 & 0 & 0 \end{pmatrix}$，$\begin{pmatrix} 0 & 0 & 0 \\ 0 & 1 & 0 \\ 0 & -1 & 0 \end{pmatrix}$，$\begin{pmatrix} 0 & 0 & 0 \\ 0 & 0 & 0 \\ 3 & 1 & 1 \end{pmatrix}$.

16. 略.

17. (1) $\boldsymbol{\alpha}_1$，$\boldsymbol{\alpha}_2$，$\boldsymbol{\alpha}_4$ 是一组基，维数是 3；(2) $\boldsymbol{\alpha}_1$，$\boldsymbol{\alpha}_2$ 是一组基，维数是 2.

18. 基为$\begin{pmatrix} -1 \\ 24 \\ 9 \\ 0 \end{pmatrix}$，$\begin{pmatrix} 2 \\ -21 \\ 0 \\ 9 \end{pmatrix}$，维数为 2.

19.(1) $W_1+W_2=L(\boldsymbol{\alpha}_1,\boldsymbol{\alpha}_2,\boldsymbol{\beta}_1,\boldsymbol{\beta}_2)$；维数为 3；$\boldsymbol{\alpha}_1$，$\boldsymbol{\alpha}_2$，$\boldsymbol{\beta}_2$ 是 W_1+W_2 的一组基.

$W_1\cap W_2=L(\boldsymbol{\beta}_1)$；维数为 1；$\boldsymbol{\beta}_1$ 是 $W_1\cap W_2$ 的一组基.

(2) $W_1+W_2=L(\boldsymbol{\alpha}_1,\boldsymbol{\alpha}_2,\boldsymbol{\beta}_1,\boldsymbol{\beta}_2,\boldsymbol{\beta}_3)$；维数为 4；$\boldsymbol{\alpha}_1$，$\boldsymbol{\alpha}_2$，$\boldsymbol{\beta}_1$，$\boldsymbol{\beta}_2$ 是 W_1+W_2 的一组基.

$W_1\cap W_2=L(\boldsymbol{\alpha})$，$\boldsymbol{\alpha}=(53,119,-19,-134)$；维数为 1；$\boldsymbol{\alpha}$ 是 $W_1\cap W_2$ 的一组基.

20. $W_2=L(\boldsymbol{\beta}_1,\boldsymbol{\beta}_2)$，其中 $\boldsymbol{\beta}_1=(1,0,0,0)^{\mathrm{T}}$，$\boldsymbol{\beta}_2=(0,1,0,0)^{\mathrm{T}}$.

21. 略.

(B)

1. 略.

2. 不构成 $\mathbf{R}$ 上的线性空间.

3.(1) 略；(2) $n-m$.

4. 3；$\boldsymbol{E}$，$\boldsymbol{A}$，$\boldsymbol{A}^2$.

5. $\begin{pmatrix} k \\ k \\ k \\ -k \end{pmatrix}$，($k$ 为任意非零常数).

6. $\boldsymbol{E}_{11}$，$\boldsymbol{E}_{13}$，$\boldsymbol{E}_{22}$，$\boldsymbol{E}_{21}$，$\boldsymbol{E}_{32}$，$\boldsymbol{E}_{33}$ 是 W_1+W_2 的一组基，其维数为 6；$\boldsymbol{E}_{11}$ 是 $W_1\cap W_2$ 的一组基，维数是 1.

7～15. 略.

习　题　10

(A)

1.(1) 当 $\boldsymbol{\alpha}=\mathbf{0}$ 时，是线性变换；当 $\boldsymbol{\alpha}\neq\mathbf{0}$ 时，不是线性变换.

(2) 当 $\boldsymbol{\alpha}=\mathbf{0}$ 时，是线性变换；当 $\boldsymbol{\alpha}\neq\mathbf{0}$ 时，不是线性变换.

(3) 是线性变换.

(4) 是线性变换.

(5) 不是线性变换.

(6) 是线性变换.

2.(1) 是，不是；(2)不是，不是；(3)是，是.

3～4. 略.

5. $\begin{pmatrix} 0 & 1 & 0 & \cdots & 0 \\ 0 & 0 & 1 & \cdots & 0 \\ \vdots & \vdots & \vdots & & \vdots \\ 0 & 0 & 0 & \cdots & 1 \\ 0 & 0 & 0 & \cdots & 0 \end{pmatrix}$.

6. $\begin{pmatrix} a & & b & \\ & a & & b \\ c & & d & \\ & c & & d \end{pmatrix}$, $\begin{pmatrix} a & c & & \\ b & d & & \\ & & a & c \\ & & b & d \end{pmatrix}$, $\begin{pmatrix} a^2 & ac & ab & bc \\ ab & ad & b^2 & bd \\ ac & c^2 & ad & cd \\ cb & cd & bd & d^2 \end{pmatrix}$.

7. $\begin{pmatrix} -1 & 1 & -2 \\ 2 & 2 & 0 \\ 3 & 0 & 2 \end{pmatrix}$.

8.(1) $\begin{pmatrix} a_{33} & a_{32} & a_{31} \\ a_{23} & a_{22} & a_{21} \\ a_{13} & a_{12} & a_{11} \end{pmatrix}$; (2) $\begin{pmatrix} a_{11} & ka_{12} & a_{13} \\ \frac{1}{k}a_{21} & a_{22} & \frac{1}{k}a_{23} \\ a_{31} & ka_{32} & a_{33} \end{pmatrix}$;

(3) $\begin{pmatrix} a_{11}+a_{12} & a_{12} & a_{13} \\ a_{21}+a_{22}-(a_{11}+a_{12}) & a_{22}-a_{12} & a_{23}-a_{13} \\ a_{31}+a_{32} & a_{32} & a_{33} \end{pmatrix}$.

9.(1) $\begin{pmatrix} 8 & 9 \\ \frac{4}{3} & 3 \end{pmatrix}$; (2) $\begin{pmatrix} 7 & 8 \\ 13 & 14 \end{pmatrix}$; (3) $(3, 5)^T$; (4) $(9, 6)^T$.

10.(1) 略; (2) $\begin{pmatrix} 0 & 0 & \cdots & 0 & 0 \\ 1 & 0 & \cdots & 0 & 0 \\ 0 & 1 & \cdots & 0 & 0 \\ \vdots & \vdots & & \vdots & \vdots \\ 0 & 0 & \cdots & 1 & 0 \end{pmatrix}$.

11.(1) $A^{-1}(\mathbf{0})=k_1\left(-2\boldsymbol{\varepsilon}_1-\frac{3}{2}\boldsymbol{\varepsilon}_2+\boldsymbol{\varepsilon}_3\right)+k_2(-\boldsymbol{\varepsilon}_1-2\boldsymbol{\varepsilon}_2+\boldsymbol{\varepsilon}_4)$,

$AV=k_1(\boldsymbol{\varepsilon}_1-\boldsymbol{\varepsilon}_2+\boldsymbol{\varepsilon}_3+2\boldsymbol{\varepsilon}_4)+k_2(2\boldsymbol{\varepsilon}_2+2\boldsymbol{\varepsilon}_3-2\boldsymbol{\varepsilon}_4)$($k_1$, k_2 为任意常数).

(2) 取$\boldsymbol{\varepsilon}_1$, $\boldsymbol{\varepsilon}_2$, $\boldsymbol{\xi}_1$, $\boldsymbol{\xi}_2$, 其中$\boldsymbol{\xi}_1=-2\boldsymbol{\varepsilon}_1-\frac{3}{2}\boldsymbol{\varepsilon}_2+\boldsymbol{\varepsilon}_3$, $\boldsymbol{\xi}_2=-\boldsymbol{\varepsilon}_1-2\boldsymbol{\varepsilon}_2+\boldsymbol{\varepsilon}_4$,

矩阵为

$$\begin{pmatrix} 5 & 2 & 0 & 0 \\ \frac{9}{2} & 1 & 0 & 0 \\ 1 & 2 & 0 & 0 \\ 2 & -2 & 0 & 0 \end{pmatrix}.$$

(3) 取 $\boldsymbol{\eta}_1$，$\boldsymbol{\eta}_2$，$\boldsymbol{\varepsilon}_3$，$\boldsymbol{\varepsilon}_4$，其中设 $\boldsymbol{\eta}_1=\boldsymbol{\varepsilon}_1-\boldsymbol{\varepsilon}_2+\boldsymbol{\varepsilon}_3+2\boldsymbol{\varepsilon}_4$，$\boldsymbol{\eta}_2=2\boldsymbol{\varepsilon}_2+2\boldsymbol{\varepsilon}_3-2\boldsymbol{\varepsilon}_4$，矩阵为

$$\begin{pmatrix} 5 & 2 & 2 & 1 \\ \frac{9}{2} & 1 & \frac{3}{2} & 2 \\ 0 & 0 & 0 & 0 \\ 0 & 0 & 0 & 0 \end{pmatrix}.$$

12. (1) $\lambda=-2$(二重)，$\lambda=4$；特征向量为

$$k_1(\boldsymbol{\varepsilon}_1,\boldsymbol{\varepsilon}_2,\boldsymbol{\varepsilon}_3)\begin{pmatrix}1\\1\\0\end{pmatrix}+k_2(\boldsymbol{\varepsilon}_1,\boldsymbol{\varepsilon}_2,\boldsymbol{\varepsilon}_3)\begin{pmatrix}-1\\0\\1\end{pmatrix}，k_1，k_2 \text{ 不全为 } 0，k(\boldsymbol{\varepsilon}_1,\boldsymbol{\varepsilon}_2,\boldsymbol{\varepsilon}_3)\begin{pmatrix}\frac{1}{2}\\\frac{1}{2}\\1\end{pmatrix},$$

$k\neq0$.

(2) $\boldsymbol{P}=\begin{pmatrix} 1 & -1 & \frac{1}{2} \\ 1 & 0 & \frac{1}{2} \\ 0 & 1 & 1 \end{pmatrix}$，$\boldsymbol{P}^{-1}\boldsymbol{AP}=\begin{pmatrix} -2 & 0 & 0 \\ 0 & -2 & 0 \\ 0 & 0 & 4 \end{pmatrix}$.

13. (1) 特征值为 0，0，1，$\frac{1}{2}$；特征向量分别为

$k_1\boldsymbol{\varepsilon}_1+k_2\boldsymbol{\varepsilon}_2$，$k_1$，$k_2$ 不全为 0；$k(-7\boldsymbol{\varepsilon}_1+5\boldsymbol{\varepsilon}_2+3\boldsymbol{\varepsilon}_3+5\boldsymbol{\varepsilon}_4)$，$k\neq0$；$k(-8\boldsymbol{\varepsilon}_1+6\boldsymbol{\varepsilon}_2+\boldsymbol{\varepsilon}_3+2\boldsymbol{\varepsilon}_4)$，$k\neq0$.

(2) $\boldsymbol{T}=\begin{pmatrix} 1 & 0 & -7 & -8 \\ 0 & 1 & 5 & 6 \\ 0 & 0 & 3 & 1 \\ 0 & 0 & 5 & 2 \end{pmatrix}$，$\boldsymbol{T}^{-1}\boldsymbol{AT}=\begin{pmatrix} 0 & & & \\ & 0 & & \\ & & 1 & \\ & & & \frac{1}{2} \end{pmatrix}$，

A 在基 $\boldsymbol{\varepsilon}_1$，$\boldsymbol{\varepsilon}_2$，$-7\boldsymbol{\varepsilon}_1+5\boldsymbol{\varepsilon}_2+3\boldsymbol{\varepsilon}_3+5\boldsymbol{\varepsilon}_4$，$-8\boldsymbol{\varepsilon}_1+6\boldsymbol{\varepsilon}_2+\boldsymbol{\varepsilon}_3+2\boldsymbol{\varepsilon}_4$ 下的矩阵是该

对角阵.

14. $\boldsymbol{E}_{11}$，$\boldsymbol{E}_{12}+\boldsymbol{E}_{21}$，$\boldsymbol{E}_{22}$，$\boldsymbol{E}_{12}-\boldsymbol{E}_{21}$是 V 的一组基，且 T 在这组基下的矩阵为对角矩阵 $\mathrm{diag}(1, 1, 1, -1)$.

15～19. 略.

20. 不一定.

21. 不存在.

(B)

1～2. 略.

3.(1) 略.(2) $\begin{pmatrix} 1 & 0 & -1 & 0 \\ 0 & 1 & 0 & -1 \\ -1 & 0 & 1 & 0 \\ 0 & -1 & 0 & 1 \end{pmatrix}$.

(3) $L(\boldsymbol{B}_1, \boldsymbol{B}_2)$，其中 $\boldsymbol{B}_1=\begin{pmatrix} 1 & 0 \\ -1 & 0 \end{pmatrix}$，$\boldsymbol{B}_2=\begin{pmatrix} 0 & 1 \\ 0 & -1 \end{pmatrix}$；$\dim TP^{2\times 2}=2$，基 $\boldsymbol{B}_1$，$\boldsymbol{B}_2$.

(4) $N=L(\boldsymbol{B}_3, \boldsymbol{B}_4)$，其中 $\boldsymbol{B}_3=\begin{pmatrix} 1 & 0 \\ 1 & 0 \end{pmatrix}$，$\boldsymbol{B}_4=\begin{pmatrix} 0 & 1 \\ 0 & 1 \end{pmatrix}$；维数为 2，基为 $\boldsymbol{B}_3$，$\boldsymbol{B}_4$.

4. 略.

5.(1) $T^{-1}(0)=\{kx \mid k\in\mathbf{R}\}$，$TV=\{k_0+k_2x^2+\cdots+k_nx^n \mid k_i\in\mathbf{R}\}$；

(2) 略.

6. 略.

7. 设 $T^m\boldsymbol{z}=a_0\boldsymbol{z}+a_1T\boldsymbol{z}+\cdots+a_{m-1}T^{m-1}\boldsymbol{z}$，则 T 在基$\boldsymbol{z}$，$T\boldsymbol{z}$，…，$T^{m-1}\boldsymbol{z}$下的矩阵为

$$\begin{pmatrix} 0 & 0 & \cdots & 0 & a_0 \\ 1 & 0 & \cdots & 0 & a_1 \\ 0 & 1 & \cdots & 0 & a_2 \\ \vdots & \vdots & & \vdots & \vdots \\ 0 & 0 & \cdots & 1 & a_{m-1} \end{pmatrix}.$$

8～10. 略.

11.(1) ～ (2) 略.

(3) V 的一组基为$\boldsymbol{E}_{11}$，$\boldsymbol{E}_{13}$，$\boldsymbol{E}_{22}$，$\boldsymbol{E}_{31}$，$\boldsymbol{E}_{33}$，φ 在这组基下的矩阵为

$$\begin{pmatrix} 0 & 0 & 0 & 1 & 0 \\ 0 & 0 & 0 & 0 & 1 \\ 0 & 0 & 1 & 0 & 0 \\ 1 & 0 & 0 & 0 & 0 \\ 0 & 1 & 0 & 0 & 0 \end{pmatrix}.$$

(4)1(三重)；-1(二重)．$k_1\boldsymbol{E}_{22}+k_2(\boldsymbol{E}_{11}+\boldsymbol{E}_{31})+k_3(\boldsymbol{E}_{13}+\boldsymbol{E}_{33})$，其中$k_1$，$k_2$，$k_3$不全为0；$k_4(\boldsymbol{E}_{11}+\boldsymbol{E}_{31})+k_5(\boldsymbol{E}_{11}-\boldsymbol{E}_{33})$，其中$k_4$，$k_5$不全为0.

(5) $\boldsymbol{E}_{22}$，$\boldsymbol{E}_{11}+\boldsymbol{E}_{31}$，$\boldsymbol{E}_{13}+\boldsymbol{E}_{33}$，$\boldsymbol{E}_{11}+\boldsymbol{E}_{31}$，$\boldsymbol{E}_{11}-\boldsymbol{E}_{33}$.

习　题　11

(A)

1.(1) 不是；(2) 是；(3) 不是；(4) 不是；(5) 是.

2. $\frac{\sqrt{6}}{3}$.

3.(1) $\begin{pmatrix} 1 & 1 & 1 & 1 \\ 1 & 2 & 2 & 2 \\ 1 & 2 & 3 & 3 \\ 1 & 2 & 3 & 4 \end{pmatrix}$；(2) $\boldsymbol{E}$.

4. $\pm\frac{1}{2}(1,\ -1,\ -1,\ 1)^{\mathrm{T}}$.

5～6. 略.

7. $x_1y_1+x_2y_2+\cdots+x_ny_n$，$\sqrt{x_1^2+x_2^2+\cdots+x_n^2}$，
$\sqrt{(x_1-y_1)^2+(x_2-y_2)^2+\cdots+(x_n-y_n)^2}$.

8.(1) 略；(2) $a=-1$；(3) $\boldsymbol{\alpha}_2=\frac{\sqrt{5}}{5}\boldsymbol{\varepsilon}_1+\frac{\sqrt{5}}{5}\boldsymbol{\varepsilon}_2-\frac{\sqrt{5}}{5}\boldsymbol{\varepsilon}_3$；

(4) $\boldsymbol{\alpha}_1$，$\boldsymbol{\alpha}_2$，$\boldsymbol{\alpha}_3$ $\left(其中\boldsymbol{\alpha}_3=\frac{7\sqrt{5}}{5}\boldsymbol{\varepsilon}_1+\frac{2\sqrt{5}}{5}\boldsymbol{\varepsilon}_2-\frac{2\sqrt{5}}{5}\boldsymbol{\varepsilon}_3\right)$是$V$的一组标准正交基.

9. $\boldsymbol{\eta}_1=\left(\frac{1}{\sqrt{2}},\ \frac{1}{\sqrt{2}},\ 0,\ 0\right)^{\mathrm{T}}$，$\boldsymbol{\eta}_2=\left(\frac{1}{\sqrt{6}},\ \frac{-1}{\sqrt{6}},\ \frac{2}{\sqrt{6}},\ 0\right)^{\mathrm{T}}$，

$\boldsymbol{\eta}_3=\left(-\frac{1}{\sqrt{12}},\ \frac{1}{\sqrt{12}},\ \frac{1}{\sqrt{12}},\ \frac{3}{\sqrt{12}}\right)^{\mathrm{T}}$，$\boldsymbol{\eta}_4=\left(\frac{1}{2},\ -\frac{1}{2},\ -\frac{1}{2},\ \frac{1}{2}\right)^{\mathrm{T}}$.

10. $\boldsymbol{\eta}_1=\frac{1}{\sqrt{2}}(\boldsymbol{\varepsilon}_1+\boldsymbol{\varepsilon}_5)$，$\boldsymbol{\eta}_2=\frac{1}{\sqrt{10}}(\boldsymbol{\varepsilon}_1-2\boldsymbol{\varepsilon}_2+2\boldsymbol{\varepsilon}_4-\boldsymbol{\varepsilon}_5)$，$\boldsymbol{\eta}_3=\frac{1}{2}(\boldsymbol{\varepsilon}_1+\boldsymbol{\varepsilon}_2+\boldsymbol{\varepsilon}_3-\boldsymbol{\varepsilon}_5)$.

11. 略.

12.(1) 0, 0; (2) 1; (3) $\boldsymbol{\eta}_1=\boldsymbol{\varepsilon}_1$, $\boldsymbol{\eta}_2=\boldsymbol{\varepsilon}_1+\boldsymbol{\varepsilon}_2$, $\boldsymbol{\eta}_3=\frac{1}{\sqrt{2}}(-2\boldsymbol{\varepsilon}_1-\boldsymbol{\varepsilon}_2+\boldsymbol{\varepsilon}_3)$.

13. $\begin{pmatrix}0 & 1\\ 1 & 1\end{pmatrix}$, $\begin{pmatrix}1 & -\frac{2}{3}\\ \frac{1}{3} & \frac{1}{3}\end{pmatrix}$, $\begin{pmatrix}\frac{3}{5} & \frac{3}{5}\\ -\frac{4}{5} & \frac{1}{5}\end{pmatrix}$, $\begin{pmatrix}\frac{3}{7} & \frac{3}{7}\\ \frac{3}{7} & -\frac{6}{7}\end{pmatrix}$.

14. $\boldsymbol{\eta}_1=\left(0, \frac{\sqrt{2}}{2}, \frac{\sqrt{2}}{2}, 0\right)^{\mathrm{T}}$, $\boldsymbol{\eta}_2=\left(\frac{\sqrt{10}}{5}, -\frac{\sqrt{10}}{10}, \frac{\sqrt{10}}{10}, -\frac{\sqrt{10}}{5}\right)^{\mathrm{T}}$;

$W^{\perp}=L(\boldsymbol{\alpha}_3, \boldsymbol{\alpha}_4)$, 其中 $\boldsymbol{\alpha}_3=(2, 1, -1, 1)^{\mathrm{T}}$, $\boldsymbol{\alpha}_4=(1, 1, -1, 0)^{\mathrm{T}}$.

15.(1) $\boldsymbol{\eta}_1=\frac{1}{\sqrt{2}}\boldsymbol{\varepsilon}_1+\frac{1}{\sqrt{2}}\boldsymbol{\varepsilon}_3$, $\boldsymbol{\eta}_2=\frac{1}{2}\boldsymbol{\varepsilon}_1-\frac{1}{2}\boldsymbol{\varepsilon}_2-\frac{1}{2}\boldsymbol{\varepsilon}_3+\frac{1}{2}\boldsymbol{\varepsilon}_4$.

(2) $\boldsymbol{\eta}_3=\frac{\sqrt{6}}{6}\boldsymbol{\varepsilon}_1+\frac{\sqrt{6}}{3}\boldsymbol{\varepsilon}_2-\frac{\sqrt{6}}{6}\boldsymbol{\varepsilon}_3$, $\boldsymbol{\eta}_4=-\frac{\sqrt{3}}{6}\boldsymbol{\varepsilon}_1+\frac{\sqrt{3}}{6}\boldsymbol{\varepsilon}_2+\frac{\sqrt{3}}{6}\boldsymbol{\varepsilon}_3+\frac{\sqrt{3}}{2}\boldsymbol{\varepsilon}_4$.

16.$(2, -3, 1, -2)^{\mathrm{T}}$.

17.(1) 不一定; (2) 不一定.

18.(1) 略.

(2) $\boldsymbol{\eta}_1=\frac{1}{\sqrt{2}}(\boldsymbol{\varepsilon}_1+\boldsymbol{\varepsilon}_3)$, $\boldsymbol{\eta}_2=\frac{1}{\sqrt{2}}(\boldsymbol{\varepsilon}_2+\boldsymbol{\varepsilon}_4)$, $\boldsymbol{\eta}_3=\frac{1}{2}(\boldsymbol{\varepsilon}_1+\boldsymbol{\varepsilon}_2-\boldsymbol{\varepsilon}_3-\boldsymbol{\varepsilon}_4)$, $\boldsymbol{\eta}_4=\frac{1}{2}(\boldsymbol{\varepsilon}_1-\boldsymbol{\varepsilon}_2-\boldsymbol{\varepsilon}_3+\boldsymbol{\varepsilon}_4)$.

19～21. 略.

(B)

1. 略.

2.(1) $\boldsymbol{\alpha}_1$, $-\boldsymbol{\alpha}_1+\boldsymbol{\alpha}_2$, $\boldsymbol{\alpha}_1+\boldsymbol{\alpha}_3$, $\sqrt{2}\boldsymbol{\alpha}_1-\frac{\sqrt{2}}{2}\boldsymbol{\alpha}_2+\frac{\sqrt{2}}{2}\boldsymbol{\alpha}_3+\frac{\sqrt{2}}{2}\boldsymbol{\alpha}_4$;

(2) $\begin{pmatrix}9 & -1 & 4 & 11\\ -1 & 3 & 2 & 1\\ 4 & 2 & 6 & 4\\ 11 & 1 & 4 & 21\end{pmatrix}$.

3～10. 略.

习　题　12

(A)

1. (1) $\begin{pmatrix}\lambda & 0\\ 0 & \lambda^3-10\lambda^2-3\lambda\end{pmatrix}$；(2) $\begin{pmatrix}1 & 0 & 0\\ 0 & \lambda(\lambda+1) & 0\\ 0 & 0 & \lambda(\lambda+1)^2\end{pmatrix}$；

(3) $\begin{pmatrix}1 & 0 & 0 & 0\\ 0 & \lambda(\lambda-1) & 0 & 0\\ 0 & 0 & \lambda(\lambda-1) & 0\\ 0 & 0 & 0 & \lambda^2(\lambda-1)^2\end{pmatrix}$；(4) $\begin{pmatrix}1 & 0 & 0 & 0 & 0\\ 0 & 1 & 0 & 0 & 0\\ 0 & 0 & 1 & 0 & 0\\ 0 & 0 & 0 & \lambda(\lambda-1) & 0\\ 0 & 0 & 0 & 0 & \lambda^2(\lambda-1)\end{pmatrix}$.

2. (1) 不变因子 1，1，$(\lambda-2)^3$；初等因子$(\lambda-2)^3$.

(2) 不变因子 1，1，1，$(\lambda+2)^4$；初等因子$(\lambda+2)^4$.

(3) 不变因子 $d_1=d_2=\cdots=d_{n-1}=1$，$d_n=(\lambda-a)^n$；初等因子$(\lambda-a)^n$.

(4) 不变因子 1，1，$(\lambda-1)(\lambda-2)(\lambda+1)$；初等因子$(\lambda-1)$，$(\lambda-2)$，$(\lambda+1)$.

(5) 不变因子 1，1，1，$[(\lambda+1)^2+4]^2$；初等因子$[\lambda-(-1+2\mathrm{i})]^2$，$[\lambda-(-1-2\mathrm{i})]^2$.

3. (1) $\begin{pmatrix}1 & 0 & 0\\ 0 & i & 0\\ 0 & 0 & -i\end{pmatrix}$；(2) $\begin{pmatrix}0 & 0 & 0\\ 0 & 0 & 0\\ 0 & 1 & 0\end{pmatrix}$；

(3) $\begin{pmatrix}1 & 0 & 0 & 0\\ 1 & 1 & 0 & 0\\ 0 & 1 & 1 & 0\\ 0 & 0 & 1 & 1\end{pmatrix}$；(4) $\begin{pmatrix}1 & 0 & 0 & 0\\ 1 & 1 & 0 & 0\\ 0 & 1 & 1 & 0\\ 0 & 0 & 1 & 1\end{pmatrix}$.

4*. $\boldsymbol{P}=\begin{pmatrix}0 & 0 & 1\\ 0 & 1 & 2\\ 1 & -1 & -1\end{pmatrix}$，$\boldsymbol{J}=\begin{pmatrix}2 & 0 & 0\\ 0 & 1 & 0\\ 0 & 1 & 1\end{pmatrix}$.

5*. (1) $\begin{pmatrix}1 & 1 & 0 & 0\\ 0 & 1 & 2 & 0\\ 0 & 0 & 1 & 0\\ 0 & 0 & 0 & 2\end{pmatrix}$；(2) e^x，$x\mathrm{e}^x$，$\frac{1}{2}x^2\mathrm{e}^x$，$\mathrm{e}^{2x}$.

6. 略.

(B)

1. 不变因子 $d_1=d_2=d_3=d_4=d_5=1$，$d_6=[(\lambda-a)^2+b^2]^3$；初等因子 $[\lambda-(a+b\mathrm{i})]^3$，$[\lambda-(a-b\mathrm{i})]^3$；若当标准形为

$$\boldsymbol{J}=\begin{pmatrix} a+b\mathrm{i} & 0 & 0 & 0 & 0 & 0 \\ 1 & a+b\mathrm{i} & 0 & 0 & 0 & 0 \\ 0 & 1 & a+b\mathrm{i} & 0 & 0 & 0 \\ 0 & 0 & 0 & a-b\mathrm{i} & 0 & 0 \\ 0 & 0 & 0 & 1 & a-b\mathrm{i} & 0 \\ 0 & 0 & 0 & 0 & 1 & a-b\mathrm{i} \end{pmatrix}.$$

2. $\begin{pmatrix} 1 & 0 \\ 0 & f(\lambda)g(\lambda) \end{pmatrix}$.

3. 相似.

4. (1) $a=b=0$；(2)* $\boldsymbol{P}=\begin{pmatrix} 1 & 0 & 0 & 0 \\ \frac{1}{3} & 1 & 0 & 0 \\ -6 & -3 & 1 & 0 \\ -6 & -3 & 0 & 1 \end{pmatrix}$，$\boldsymbol{J}=\begin{pmatrix} 1 & 0 & 0 & 0 \\ 1 & 1 & 0 & 0 \\ 0 & 0 & 2 & 0 \\ 0 & 0 & 0 & 2 \end{pmatrix}$.

附录Ⅱ　Matlab 在高等代数中的应用

Matlab 是 Matrix Laboratory(矩阵实验室)的缩写．20 世纪 70 年代，美国新墨西哥大学计算机科学系的一位老师 Cleve Moler 用 FORTRAN 编写的矩阵运算接口程序，用于减轻学生的编程负担．1984 年，Math Works 公司成立，将 Matlab 作为商业软件推向市场．经过近 30 年的不停完善和发展，先后推出 30 多个版本，Matlab 已经发展成为一个集数值计算、信号处理、实时控制、图形图像处理、符号计算等功能强大的数学应用软件．

软件具有高效的数值计算及符号计算功能、完备的图形图像处理功能、功能丰富的工具箱，同时，友好的用户界面和接近数学表达式的自然化编程语言，使得学者可以迅速掌握和运用．基于这些特点，软件得以广泛地推广和应用．

Matlab 主要包括 Matlab 语言、Matlab 工作环境、Matlab 工具箱、Matlab 应用程序接口几个部分．下面简要对每个部分加以介绍：

1. Matlab 语言

Matlab 语言以矩阵为基本数据单位，以运算符和函数结合控制语句进行编程．

2. Matlab 工作环境

Matlab 的工作环境包括命令控制窗口、程序编辑器，为编写和执行命令、程序提供平台．

3. Matlab 工具箱

工具箱是 Matlab 的关键部分，是该软件强大功能得以实现的载体和手段，是对软件基本功能的重要扩充．基于这一特点，Matlab 迅速地将前沿研究方法引入软件，使得该软件得以快速地更新和发展．

4. Matlab 应用程序接口

Matlab 与其他应用程序有着良好的交互能力，通过应用程序接口，在 Matlab 中可以调用其他应用程序，同时，也可以在 C、FORTRAN 等程序环境中调用 Matlab 的程序．

一、Matlab 入门

本节主要认识 Matlab 软件，掌握软件的基本操作及变量、常量、表达式、运算符等基本知识．

1. 初识 Matlab

双击图标，启动 Matlab 7.8.0，图 1 为 Matlab 的初始化界面．首先认识一下三个主要的窗口，命令窗口（Command Window）：该窗口用来输入指令，输出软件运算结果；变量显示窗口（Workspace）：用来显示内存中存储的变量及相关信息；命令历史窗口（Command History）：记录命令窗口中运行过的命令．在简单的高等代数运算中，通过这三个窗口即可解决问题．窗口可以通过菜单栏“Desktop”菜单的下拉框来控制是否在主界面显示．

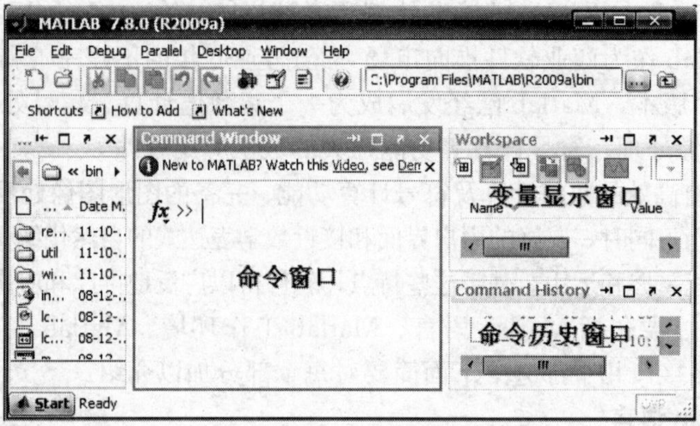

图 1　Matlab 主界面

例 1　在命令窗口依次输入下面的内容，回车执行．

≫A=[1,2,3;4,5,6;7,8,9]　　　%“≫”为系统默认命令提示符，回车后执行程序，并在命令窗口内显示运行结果，运行结果部分无“≫”符号

≫B=2＊(9^(1/2))

观察前面介绍的三个窗口（图 2、图 3、图 4）：

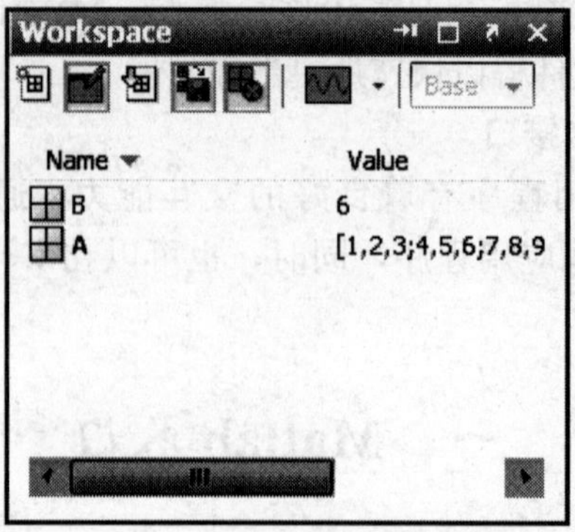

图 2　变量显示窗口

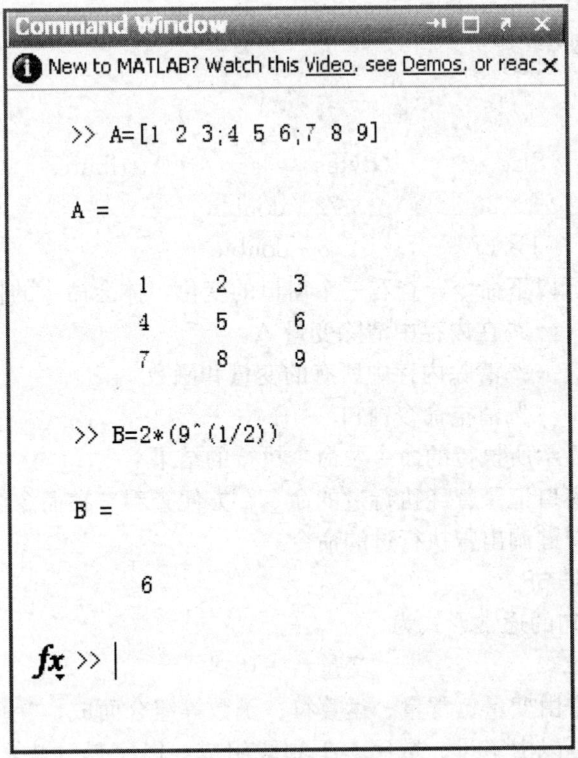

图 3　命令窗口

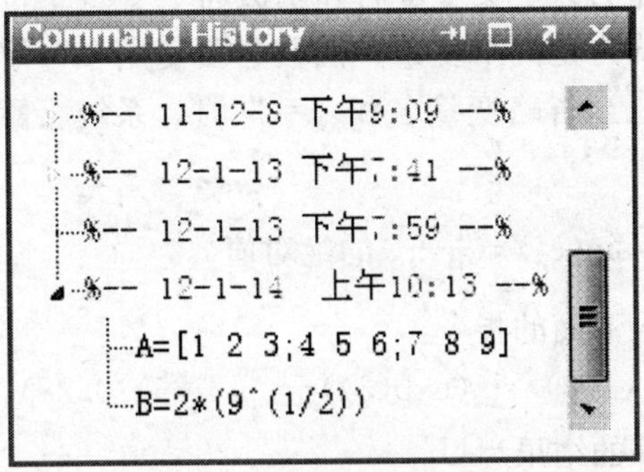

图 4　命令历史窗口

变量显示窗口会显示系统内存中记录的变量及相关信息，还可以通过在命令窗口输入以下命令来查看变量的相关信息.

“who”只显示内存中已创建的变量名称，“whos”命令能调出内存中已创建变量及变量的规格(矩阵大小)、占用内存、变量类型等信息.

```
≫who
Your variables are:
A  B
≫whos
  Name    Size        Bytes  Class     Attributes
  A       3×3            72  double
  B       1×1             8  double
```

请读者执行以下命令，查看三个窗口的变化，体会命令的执行结果.

```
≫clear A      %在内存中清除变量 A
≫clear all    %清除内存中所有的变量和函数
≫clc          %清空命令窗口
```

命令窗口显示所执行的命令及命令执行的结果.

命令历史窗口记录曾经执行过的命令，方便查看. 在命令窗口也可以通过键盘的上下方向键调出曾执行过的命令.

2. 变量和语句

Matlab 语句的通常形式为

变量=表达式

表达式通常由变量、常量、运算符、函数等组合而成，"="为赋值符号. 变量和函数名可以由字母、数字、下划线组成，以字母开头，最多不能超过 63 个字符，如果超过，系统会默认截取前 63 个字符，系统默认的变量名、常量名、函数名不可作为自定义变量名和函数名. 变量字母区分大小写，例如，A 和 a 在系统里会认为是两个变量；函数名要使用小写字母，例如 SIN(a)将不会被系统所识别. 当省略变量名和"="时，系统会默认以"ans"作为变量名.

例 2 计算 $\sqrt[3]{25}\sin(e^3)-\dfrac{\pi+85}{0.28}$ 的绝对值.

在命令窗口输入下面的指令：

```
≫y=abs((25)^(1/3)*sin(exp(3))-(pi+85)/0.28)
```

回车执行，运算的结果为

```
y=
    312.0298
```

在省略变量名和赋值符号的情况下，输入：

```
≫abs((25)^(1/3)*sin(exp(3))-(pi+85)/0.28)
```

得到的结果为

```
ans=
    312.0298
```

3. 系统的基本运算符、函数以及特殊变量和常量

Matlab 定义了一些通用的运算符(表 1)、基本数学运算的一些函数(表 2)和一些特殊的变量和常量(表 3). 对于这些内容，有一个共同的性质就是：不可以用这些符号、函数及变量常量名来定义新的变量.

表 1　系统的基本运算符

符号	运算	符号	运算	符号	运算
+	加	-	减	*	乘
/	除	^	乘方	=	赋值
==	等于	>	大于	<	小于
>=	大于等于	<=	小于等于	~=	不等于

表 2　常用的基本数学函数

函数	数学计算及功能	函数	数学计算及功能
sin	正弦	asin	反正弦
cos	余弦	acos	反余弦
tan	正切	atan	反正切
cot	余切	acot	反余切
sec	正割	asec	反正割
csc	余割	acsc	反余割
exp	以 e 为底的指数函数	sqrt	平方根
nthroot	n 次方根	log	以 e 为底的对数函数
log2	以 2 为底的对数函数	log10	以 10 为底的对数函数
abs	绝对值或模	conj	取复数的共轭
real	取复数实部	imag	取复数虚部
round	四舍五入取整	ceil	朝上取整
fix	朝 0 取整	floor	朝下取整
mod	求余	sign	符号函数

表 3　常见特殊的变量及常量

特殊变量、常量	取　值
ans	用于结果的缺省变量名
pi	圆周率 π 的近似值(3.141 6)
eps	无穷小的近似值(2.2204e-016)

（续）

特殊变量、常量	取　值
inf	无穷大，如 1/0=inf(infinity)
NaN	非数，如 0/0=NaN(Not a Number)
i，j	虚数单位

4. 系统的在线帮助

Matlab 的帮助模块提供了从 Matlab 的各个函数到各个工具箱的纯文本的帮助信息．通常获取帮助信息的指令有 help、lookfor、which、doc、get、type 等．

当不知系统有何帮助内容时，可直接输入 help 以寻求帮助：

≫help

当想了解某一主题的内容时，如输入：

≫help syntax

来了解 Matlab 的语法规定．

当想了解某一具体函数或命令的帮助信息时，如输入：

≫help sqrt

来了解函数 sqrt 的相关信息．

当想要完成某一具体操作，但不知有何命令可以完成的时候，可通过 lookfor 命令来完成，例如输入：

≫lookfor line

可以查找与直线、线性问题相关的函数．

二、向量和矩阵的创建

本节主要学习在 Matlab 中，向量和矩阵的创建规则及修改方法．

在 Matlab 中，数组和向量是等价的，两者可以相互称呼，数组也可以进行向量运算．矩阵是 Matlab 中最基本的数据类型，矩阵由向量组成，向量也可以看成是矩阵的特例．

1. 向量(数组)的创建与修改

通过几个例子来演示向量的创建方法．

例 3　直接输入创建向量．

≫A=[1,2,3,4,5]　　%产生行向量，元素用逗号隔开

A=

```
     1    2    3    4    5
≫B=[1 2 3 4 5]      %产生行向量，元素以空格隔开
B=
     1    2    3    4    5
≫C=[1;2;3]      %产生列向量，元素以分号隔开
C=
     1
     2
     3
```

例 4　创建等差数列向量.

≫A=1:3:14　　%以冒号隔开，产生一个等差数列．通用格式为：A=初值：步长：终值

```
A=
     1    4    7    10    13
≫B=20:-pi:5
B=
   20.0000   16.8584   13.7168   10.5752    7.4336
```

产生一个初值为第一个元素，增量为步长，直到不超过终值的所有元素组成的向量(S)："初值：增量：终值".

例 5　向量元素的读取与修改.

```
≫A=[2 4 6 8 10];      %语句末尾以";"结束，表示不输出结果
≫A(3)   %读取向量第 3 个元素的值
ans=
      6
≫A(3)=0   %修改第 3 个元素的值
A=
     2    4    0    8    10
≫A(2:4)   %读取第 2 个到第 4 个元素的值
ans=
      4    0    8
≫A(2:4)=[1 2 3]   %修改第 2 个到第 4 个元素的值
A=
     2    1    2    3    10
≫A(5)=[]   %删除第 5 个元素
```

```
A=
    2    1    2    3
```

此例演示了向量的提取及修改过程．一方面帮助同学们理解 Matlab 语言的特点；另一方面，会为应用提供更大的灵活性．

2. 矩阵的创建与修改

例 6 直接输入创建矩阵．

```
≫A=[1,2,3;4,5,6/2;7 8 9; 10 11 12/3]      %行元素间以逗号隔开，行与行之间以分号隔开，元素可以是数字、表达式
A=
    1    2    3
    4    5    3
    7    8    9
    10   11   4
≫B=[1  2  3
4    5    6/2
7    8    9
10   11   12/3]        %行与行之间还可以以回车换行标识
B=
    1    2    3
    4    5    3
    7    8    9
    10   11   4
```

Matlab 还提供了很多内部函数来生成一些特殊的矩阵．

例 7 生成特殊矩阵．

```
≫A=zeros(3,4)       %生成 3 乘 4 全零阵
A=
    0    0    0    0
    0    0    0    0
    0    0    0    0
≫B=eye(3,4)      %生成 3 乘 4 单位阵
B=
    1    0    0    0
    0    1    0    0
    0    0    1    0
```

```
≫C=ones(3,4)      %生成 3 乘 4 全 1 阵
C=
    1     1     1     1
    1     1     1     1
    1     1     1     1
≫D=rand(3,4)      %生成 3 乘 4 均匀分布随机阵
D=
    0.8147    0.9134    0.2785    0.9649
    0.9058    0.6324    0.5469    0.1576
    0.1270    0.0975    0.9575    0.9706
```

例 8　产生一个服从均值为 0.6，方差为 2 的正态分布的四阶矩阵 .

```
≫miu=0.6;
≫sigma=2;
≫x=miu+sqrt(sigma)*randn(4)
x=
    1.6259    0.4244    1.5496    1.2914
    0.5108    2.7068   -1.1076    2.0633
    1.6108    2.5927    1.6143    1.6280
    0.3101    2.6042    2.9055    0.1709
```

或者直接输入下列命令：

```
≫x=normrnd(0.6,sqrt(2),4,4)
```

因为是随机产生的正态分布的随机矩阵，所以每次运行的结果都不相同 .

表 4　常用的特殊矩阵生成命令

命令	矩阵类型	命令	矩阵类型
eye	单位矩阵	ones	全 1 矩阵
zeros	全 0 矩阵	rand	均匀分布随机阵
randn	正态分布随机阵	linspace	线性等分向量
logspace	对数等分向量	magic	魔方阵
compan	伴随矩阵	pascal	Pascal 矩阵
hilb	Hilbert 矩阵	invhilb	Hilbert 逆矩阵
gallery	一些小测试矩阵	toeplitz	Toepllitz 矩阵

想了解更多特殊矩阵及命令的使用方法，请使用系统的“help”命令 .

例 9 矩阵的修改.

```
≫A=[1,2,3;4,5,6/2;7 8 9; 10 11 12/3];
≫A(3,2)      %读取第3行第2列的元素
ans=
    8
≫A(:,2:3)      %读取第2列到第3列的元素
ans=
    2    3
    5    3
    8    9
    11   4
≫A(3,2)=0      %修改第3行第2列的元素的值为0
A=
   1    2    3
   4    5    3
   7    0    9
   10   11   4
≫A(3:4,:)=[]      %删除矩阵的第3行到第4行
A=
   1    2    3
   4    5    3
```

三、行 列 式

Matlab 提供了 det 命令用于计算行列式的值，可以计算任意有限阶数值矩阵或符号矩阵的行列式的值.

例 10 计算下列矩阵的行列式：

(1) $\boldsymbol{A}=\begin{pmatrix} 0 & 2 & 1 & 1 \\ 1 & -5 & 3 & -4 \\ 1 & 3 & -1 & 2 \\ -5 & 1 & 3 & -3 \end{pmatrix}$　(2) $\boldsymbol{B}=\begin{pmatrix} a & b & c & d \\ -b & a & -d & c \\ -c & d & a & -b \\ -d & -c & b & a \end{pmatrix}$.

解 (1) 程序及结果如下：

```
≫A=[0 2 1 1 ;1 -5 3 -4;1 3 -1 2;-5 1 3 -3];
≫det(A)
```

```
ans=
    -56
```

（2）程序及结果如下：

```
≫syms a b c d;        %定义符号变量，变量之间只能用空格
≫B=[a b c d;-b a -d c;-c d a -b;-d -c b a];
s=det(B)
s=
a^4+2*a^2*b^2+2*a^2*c^2+2*a^2*d^2+b^4+2*b^2*c^2+2*b^2*d^2+
c^4+2*c^2*d^2+d^4
≫simple(s)     %简化结果
simplify:
(a^2+b^2+c^2+d^2)^2
```

例 11　设矩阵

$$\boldsymbol{A}=\begin{pmatrix} 77 & 128 & 93 & 45 \\ -11 & -38 & -67 & -14 \\ 0 & 8 & -16 & 11 \\ 101 & 203 & -70 & -62 \end{pmatrix},\ \boldsymbol{B}=\begin{pmatrix} 11 & -3 & 6 & 3 \\ 4 & -7 & 11 & 7 \\ -4 & 5 & 6 & 1 \\ -3 & -6 & 8 & -2 \end{pmatrix},$$

（1）计算$|\boldsymbol{A}|$、$|\boldsymbol{B}|$；

（2）验证运算规律：$|\boldsymbol{A}^{\mathrm{T}}|=|\boldsymbol{A}|^{\mathrm{T}}=|\boldsymbol{A}|$；

（3）验证运算规律：$|k\boldsymbol{A}|=k^n|\boldsymbol{A}|$；

（4）验证运算规律：$|\boldsymbol{AB}|=|\boldsymbol{A}||\boldsymbol{B}|$.

解　(1)程序及结果如下：

```
≫A=[77 128 93 45;-11 -38 -67 -14;0 8 -16 11;101 203 -70 -62];
≫B=[11 -3 6 3;4 -7 11 7;-4 5 6 1;-3 -6 8 -2];
≫det(A)
ans=
    -11178894
≫det(B)
ans=
    7078
```

“det”函数返回了方阵 **A** 和 **B** 的行列式计算结果，并在命令窗口显示出来.

（2）程序如下：

```
≫det(A′)
ans=
    -11178894
```

命令 det(A′)返回了与命令 det(A)相等的计算结果，$|\mathbf{A}|^{\mathrm{T}}$ 是对一个常数进行转置，结果仍然是同一个常数.

(3) 程序及结果如下：

```
≫syms k;det(k*A)
ans=
     -11178894*k^4
≫k^4*det(A)
ans=
     -11178894*k^4
```

命令 det(k*A)返回了与命令 k^4*det(A)相等的计算结果.

(4) 程序如下：

```
≫det(A*B)
ans=
     -7.9124e+010
≫det(A)*det(B)
ans=
     -7.9124e+010
```

命令 det(A*B)返回了与命令 det(A)*det(B)相等的计算结果.

例 12 λ 取何值时，齐次线性方程组

$$\begin{cases}(3-\lambda)x_1+3x_2-2x_3=0,\\-2x_1+(2+\lambda)x_2+4x_3=0,\\4x_1+2x_2-(2+\lambda)x_3=0\end{cases}$$

有非零解?

解 程序及结果如下：

```
≫syms lamda D      %定义符号变量
≫D=[3-lamda,3,-2;-2,2+lamda,4;4,2,-(2+lamda)];
≫det(D)
ans=
lamda^3+lamda^2+2*lamda+24
≫solve(det(D))      %solve 函数用来求方程的根
ans=
     -3
1+i*7^(1/2)
```

1−i*7^(1/2)

取$\lambda=-3$或$\lambda=1\pm\sqrt{7}i$时，方程组的系数矩阵的行列式为0，方程组有非零解．

四、矩　　阵

本节主要介绍矩阵的基本运算和一些变换，介绍了矩阵行列式、逆、转置等变换的方法，运用实例验证了矩阵的行列式、逆、转置等操作的一些性质．

1. 矩阵的运算

例13　矩阵的加法(＋)和减法(－)运算．

用Matlab计算C＝A＋B，D＝A－B，E＝A＋3，仔细观察运算结果．已知：

$$\boldsymbol{A}=\begin{pmatrix}2&0&3&2&9\\-1&3&0&1&-7\\0&2&-5&1&5\\8&3&0&2&1\end{pmatrix},\ \boldsymbol{B}=\begin{pmatrix}1&-2&1&1&-1\\2&1&-1&-1&-1\\1&7&-5&-5&5\\3&-1&-2&1&-1\end{pmatrix}.$$

解　程序及结果如下：

```
≫A=[2 0 3 2 9;-1 3 0 1 -7;0 2 -5 1 5;8 3 0 2 1];
≫B=[1 -2 1 1 -1;2 1 -1 -1 -1;1 7 -5 -5 5;3 -1 -2 1 -1];
≫C=A+B      %矩阵的加法运算
C=

     3   -2     4     3     8
     1    4    -1     0    -8
     1    9   -10    -4    10
    11    2    -2     3     0
≫D=A-B      %矩阵的减法运算
D=

     1     2   2   1    10
    -3     2   1   2    -6
    -1    -5   0   6     0
     5     4   2   1     2
≫E=A+3      %数加矩阵等于对矩阵的每个元素都加上这个数
E=
```

```
 5  3    6  5   12
 2  6    3  4   -4
 3  5   -2  4    8
11  6    3  5    4
```

例 14 矩阵的乘法运算(*). 已知

$$A=\begin{pmatrix}2&0&3&2&9\\-1&3&0&1&-7\\0&2&-5&1&5\\8&3&0&2&1\end{pmatrix},\ B=\begin{pmatrix}9&21&-8&6\\4&7&-8&0\\6&8&9&1\\7&4&5&6\\3&6&8&2\end{pmatrix},\ C=\begin{pmatrix}1&-2&1&1&-1\\2&1&-1&-1&-1\\1&7&-5&-5&5\\3&-1&-2&1&-1\end{pmatrix},$$

求：(1) $3\boldsymbol{A}$、$\boldsymbol{AB}$、$\boldsymbol{BA}$、$\boldsymbol{AC}$、$\boldsymbol{A.C}$，比较 $\boldsymbol{AB}$ 和 $\boldsymbol{BA}$ 是否相等；

(2) $\boldsymbol{X}=(\boldsymbol{AB})\boldsymbol{C}$，$\boldsymbol{Y}=\boldsymbol{A}(\boldsymbol{BC})$，比较 $\boldsymbol{X}$ 和 $\boldsymbol{Y}$ 是否相等.

解 (1) 程序及结果如下：

```
≫A=[2 0 3 2 9;-1 3 0 1 -7;0 2 -5 1 5;8 3 0 2 1];
≫B=[9 21 -8 6;4 7 -8 0;6 8 9 1;7 4 5 6;3 6 8 2];
≫C=[1 -2 1 1 -1;2 1 -1 -1 -1;1 7 -5 -5 5;3 -1 -2 1 -1];
≫3*A      %矩阵的数乘运算
ans=
     6  0     9  6   27
    -3  9     0  3  -21
     0  6   -15  3   15
    24  9     0  6    3
≫L=A*B      %矩阵的乘法运算
L=
    77   128    93    45
   -11   -38   -67   -14
     0     8   -16    11
   101   203   -70    62
≫M=B*A      %矩阵的乘法运算
M=
   45  65    67  43  -100
    1   5    52   7   -53
   12  45   -27  31    44
   58  40    -4  35    66
   16  40   -31  24    27
```

≫A *C　　%当矩阵的规格不符合乘法运算的法则时，提示以下错误信息

??? Error using==>mtimes

Inner matrix dimensions must agree.

≫A. *C　　%两个同规格矩阵的点乘(对应点相乘)运算，注意比较“*”与“. *”运算的区别

ans=

```
    2     0     3     2    -9
   -2     3     0    -1     7
    0    14    25    -5    25
   24    -3     0     2    -1
```

≫isequal(L,M)　　%判断两个矩阵是否相等，该函数返回 0 和 1 两个数值，0 为逻辑非(false)，1 为逻辑真(true).

ans=

　　0

通过比较 ***AB*** 和 ***BA*** 的结果，可以验证矩阵乘法是不符合交换律的.

(2) 这一题目事实上是对矩阵乘法结合律的一个验证.

≫X=(A *B)*C

X=

```
   561     580    -606    -471     215
  -196    -471     390     348    -272
    33    -115      50      83     -99
   623    -551     124     310    -716
```

≫Y=A *(B *C)

Y=

```
   561     580    -606    -471     215
  -196    -471     390     348    -272
    33    -115      50      83     -99
   623    -551     124     310    -716
```

≫isequal(X,Y)

ans=

　　1

判断结果为真，矩阵乘法遵循乘法结合律.

例 15 矩阵的乘方运算(一). 设方阵

$$A=\begin{pmatrix}7&8&9&4\\-1&-8&-6&-1\\0&8&-6&5\\7&6&-7&-6\end{pmatrix},\ B=\begin{pmatrix}11&-3&6&3\\4&-7&11&7\\-4&5&6&1\\-3&-6&8&-2\end{pmatrix},$$

(1) 计算 A^2A^3 和 A^{2+3}，并比较结果是否相等；

(2) 计算$(A^2)^3$ 和 $A^{2\times3}$，并比较结果是否相等；

(3) 计算$(AB)^2$ 和 A^2B^2，并比较结果是否相等；

(4) 比较程序“A^2”和“A.^2”运算结果的区别.

解 (1)验证矩阵乘方运算的 $A^kA^l=A^{k+l}$ 规律：

```
≫A=[7 8 9 4;-1 -8 -6 -1;0 8 -6 5;7 6 -7 -6];
≫B=[11 -3 6 3;4 -7 11 7;-4 5 6 1;-3 -6 8 -2];
≫L=A^2*A^3
L=
     54933      75088   -135337      13619
    -26310     -23308    126622      23032
     26001    -170782     -8927    -103340
      -821       8916    193821       9179
≫M=A^(2+3)
M=
     54933      75088   -135337      13619
    -26310     -23308    126622      23032
     26001    -170782     -8927    -103340
      -821       8916    193821       9179
≫isequal(L,M)
ans=
     1
```

判断结果为真，即两个算式的运算结果相等.

(2) 验证矩阵乘方运算的$(A^k)^l=A^{kl}$规律：

≫clear L M ans %清除内存中的 L、M、ans 变量，在没有此条语句的情况下，系统默认在下面的运算中重新对 L、M、ans 进行赋值，所以在应用中，通常会省略这条语句

```
≫L=(A^2)^3
L=
```

```
   404776  -1162222    760558  -613755
      362   1127152  -1017898   412986
  -370591    882808   2035643   850191
    49590   1527746  -1288064   901831
>>M=A^(2*3)
M=
   404776  -1162222    760558  -613755
      362   1127152  -1017898   412986
  -370591    882808   2035643   850191
    49590   1527746  -1288064   901831
>>isequal(L,M)
ans=
    1
```

判断结果为真，即两个算式的运算结果相等.

(3) 验证：一般情况下，$(\boldsymbol{AB})^k \neq \boldsymbol{A}^k\boldsymbol{B}^k$：

```
>>clear L M ans
>>L=(A*B)^2
L=
    24939  -35268   42180   22230
   -16455   22035  -22116  -13257
    14009  -19508   34048   16906
    20693  -16706   43188   20716
>>M=A^2*B^2
M=
      946    8556    5332   -6100
    -3076   -1878    6770    2842
    14111  -11151   -3136    4987
    -3378   -1720    1426    5472
>>isequal(L,M)
ans=
    0
```

判断结果为非，即两个算式的运算结果不相等.

(4) 注意比较“^”与“.^”的区别，“.^”表示针对矩阵每个元素的乘方运算：

```
≫A^2
ans=
    69    88   -67    41
    -6     2    82   -20
    27   -82   -47   -68
     1   -84   111    23
≫A.^2
ans=
    49  64  81  16
     1  64  36   1
     0  64  36  25
    49  36  49  36
```

例 16 矩阵的转置(′). 设矩阵

$$A=\begin{pmatrix} 77 & 128 & 93 & 45 \\ -11 & -38 & -67 & -14 \\ 0 & 8 & 16 & 11 \\ 101 & 203 & -70 & -62 \end{pmatrix},\ B=\begin{pmatrix} 11 & -3 & 6 & 3 \\ 4 & -7 & 11 & 7 \\ -4 & 5 & 6 & 1 \\ -3 & -6 & 8 & -2 \end{pmatrix},$$

试用 Matlab 求 A^{T}，并验证以下运算规律：

(1) $(A^{\mathrm{T}})^{\mathrm{T}}=A$;

(2) $(A+B)^{\mathrm{T}}=A^{\mathrm{T}}+B^{\mathrm{T}}$;

(3) $(kA)^{\mathrm{T}}=kA^{\mathrm{T}}$;

(4) $(AB)^{\mathrm{T}}=B^{\mathrm{T}}A^{\mathrm{T}}$.

解 (1)程序及结果如下：

```
≫A=[77 128 93 45;-11 -38 -67 -14;0 8 -16 11;101 203 -70 -62]
A=
     77   128    93    45
    -11   -38   -67   -14
      0     8   -16    11
    101   203   -70   -62
≫B=[11 -3 6 3;4 -7 11 7;-4 5 6 1;-3 -6 8 -2];
≫A′      %求矩阵 A 的转置
ans=
     77   -11     0   101
    128   -38     8   203
     93   -67   -16   -70
     45   -14    11   -62
```

```
≫L=(A')'
L=
    77   128    93    45
   -11   -38   -67   -14
     0     8   -16    11
   101   203   -70   -62
≫isequal(L,A)      %验证 L 与 A 是否相等，返回逻辑值 0(false)或 1(true)
ans=
    1
```

判断结果为真，即$(\boldsymbol{A}^{T})^{T}=\boldsymbol{A}$.

(2) 程序及结果如下：

```
≫L=(A+B)'
L=
    88    -7    -4    98
   125   -45    13   197
    99   -56   -10   -62
    48    -7    12   -64
≫M=A'+B'
M=
    88    -7    -4    98
   125   -45    13   197
    99   -56   -10   -62
    48    -7    12   -64
≫isequal(L,M)      %返回逻辑值 0(false)或 1(true)
ans=
    1
```

判断结果为真，即$(\boldsymbol{A}+\boldsymbol{B})^{T}=\boldsymbol{A}^{T}+\boldsymbol{B}^{T}$.

(3) 程序及结果如下：

```
≫L=(3*A)'
L=
   231    -33     0    303
   384   -114    24    609
   279   -201   -48   -210
   135    -42    33   -186
```

```
≫M=3*A'
M=
    231   -33     0    303
    384  -114    24    609
    279  -201   -48   -210
    135   -42    33   -186
≫isequal(L,M)      返回逻辑值 0(false)或 1(true)
ans=
    1
```

判断结果为真，即$(k\boldsymbol{A})^{\mathrm{T}}=k\boldsymbol{A}^{\mathrm{T}}$.

(4) 程序及结果如下：

```
≫L=(A*B)'
L=
     852    37     63    2389
    -932    48   -202   -1702
    2788  -998     80    1923
    1130  -338     18    1778
≫M=B'*A'
M=
     852    37     63    2389
    -932    48   -202   -1702
    2788  -998     80    1923
    1130  -338     18    1778
≫isequal(L,M)
ans=
    1
```

判断结果为真，即$(\boldsymbol{AB})^{\mathrm{T}}=\boldsymbol{B}^{\mathrm{T}}\boldsymbol{A}^{\mathrm{T}}$.

```
≫N=A'*B'
N=
    1183  1092  -262  -367
    2179  2287  -451  -498
     918   175  -873   135
     417   -35  -246   161
```

```
≫isequal(L,N)
ans=
    0
```

进一步，通过比较，判断结果为非，即$(\boldsymbol{AB})^{\mathrm{T}}\neq\boldsymbol{A}^{\mathrm{T}}\boldsymbol{B}^{\mathrm{T}}$. 事实上，因为矩阵乘法不遵循乘法交换律，而$(\boldsymbol{AB})^{\mathrm{T}}=\boldsymbol{B}^{\mathrm{T}}\boldsymbol{A}^{\mathrm{T}}$，所以一般情况下$(\boldsymbol{AB})^{\mathrm{T}}\neq\boldsymbol{A}^{\mathrm{T}}\boldsymbol{B}^{\mathrm{T}}$.

2. 矩阵的逆

行列式$|\boldsymbol{A}|\neq 0$是矩阵$\boldsymbol{A}$可逆的必要条件，Matlab 提供了 inv 函数来计算矩阵的逆(或者通过计算矩阵的－1 次幂).

例 17　试判断下列矩阵的逆是否存在，并计算矩阵的逆：

(1) $\boldsymbol{A}=\begin{pmatrix}77 & 128 & 93 & 45\\ -11 & -38 & -67 & -14\\ 0 & 8 & 16 & 11\\ 101 & 203 & -70 & -62\end{pmatrix}$；　(2) $\boldsymbol{B}=\begin{pmatrix}1 & 1 & 1 & 1\\ 3 & 2 & 1 & 0\\ 0 & 1 & 2 & 3\\ 5 & 4 & 3 & 2\end{pmatrix}$.

解　(1)程序及结果如下：

```
≫A=[77 128 93 45;-11 -38 -67 -14;0 8 16 11;101 203 -70 -62];
≫det(A)      %判断矩阵的逆存在的必要条件
ans=
    -4645038(≠0)
≫L=inv(A)      %用 inv 函数求逆
L=
     0.0261     0.0116    -0.1409    -0.0087
    -0.0106    -0.0029     0.0837     0.0078
     0.0002    -0.0225    -0.0440    -0.0026
     0.0075     0.0348     0.0940    -0.0019
≫L=A^(-1)      %用矩阵的-1 次幂求逆
L=
     0.0261     0.0116    -0.1409    -0.0087
    -0.0106    -0.0029     0.0837     0.0078
     0.0002    -0.0225    -0.0440    -0.0026
     0.0075     0.0348     0.0940    -0.0019
```

(2) 程序及结果如下：

```
≫B=[1 1 1 1;3 2 1 0;0 1 2 3;5 4 3 2];
≫det(B)      %判断矩阵的逆存在的必要条件
ans=
    0
```

矩阵 $\boldsymbol{B}$ 的行列式为零，说明 $\boldsymbol{B}$ 为奇异矩阵，矩阵的逆不存在．如果我们仍然用 inv 函数(或－1 次幂)来求矩阵的逆，程序将会给出警告信息，并给出一个不可靠的运算结果．

```
≫L=inv(B)
Warning: Matrix is close to singular or badly scaled.
         Results may be inaccurate. RCOND=3.083953e-018.
L=
  1.0e+016 *
     0.0000    0.2252    0.0901   -0.1351
     0.9007   -0.4504   -0.3603    0.0901
    -1.8014    0.2252    0.4504    0.2252
     0.9007         0   -0.1801   -0.1801
```

为了给出矩阵可逆的充要条件，引入了伴随矩阵，并可以用伴随矩阵来求矩阵的逆矩阵．

Matlab 直接给出了求逆矩阵的函数，故没有提供计算伴随矩阵的函数．我们知道 $\boldsymbol{A}^{-1}=\dfrac{\boldsymbol{A}^*}{|\boldsymbol{A}|}$，由此可得 $\boldsymbol{A}^*=|\boldsymbol{A}|\boldsymbol{A}^{-1}$. 另外，还可以通过 Matlab 的编程功能来求矩阵的伴随矩阵．

事实上，在应用中很少会计算矩阵的伴随矩阵，但这里为了介绍 Matlab 的函数自定义方法及 m 文件的使用方法，这里定义一个求矩阵的伴随矩阵的函数．首先，通过 File>New>Function M－File 来创建一个函数 m 文件，然后在文件中输入图 5 所示的内容(“%”后的解释部分可以省略)，切记，以函数名为文件名保存在默认目录下．

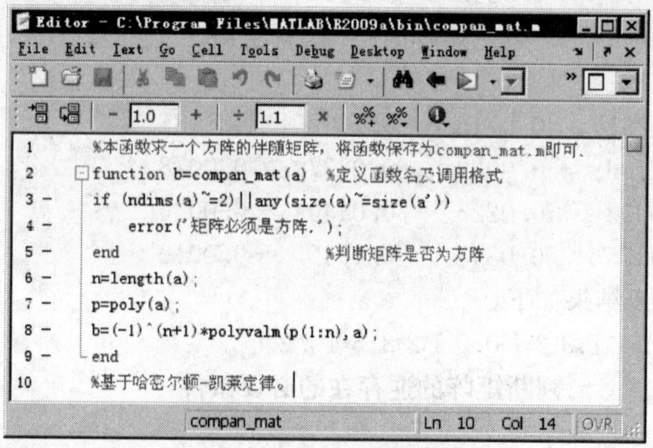

图 5　自定义函数示例

完成以上工作后，在命令窗口就可以像调用默认函数一样来调用自定义函数了．这体现了 Matlab 的开放性，可以让更多的爱好者和应用者参与开发自己需要的函数模块，这也是它功能强大，并得到广泛运用的重要原因．

对于普通 m 文件，我们可以通过单击菜单栏的图标来创建一个 m 文件，也可以通过 File>New>Blank M－File 选项来创建一个 m 文件，然后就像在命令窗口输入命令一样，将命令输入到 m 文件编辑器中并存盘，然后在命令窗口直接输入保存的 m 文件的文件名，即可执行 m 文件，运行结果将显示在命令窗口(参照例 19)．

例 18　求矩阵的伴随矩阵：

(1) $\boldsymbol{A}=\begin{pmatrix} 77 & 128 & 93 & 45 \\ -11 & -38 & -67 & -14 \\ 0 & 8 & 16 & 11 \\ 101 & 203 & -70 & -62 \end{pmatrix}$；　(2) $\boldsymbol{B}=\begin{pmatrix} 1 & 1 & 1 & 1 \\ 3 & 2 & 1 & 0 \\ 0 & 1 & 2 & 3 \\ 5 & 4 & 3 & 2 \end{pmatrix}$.

解　程序及输出结果如下：

```
≫A=[77 128 93 45;-11 -38 -67 -14;0 8 16 11;101 203 -70 -62];
≫compan_A=det(A)*inv(A)        %利用行列式和矩阵的逆求伴随矩阵
compan_A=
  1.0e+005 *
  -1.2110   -0.5402    6.5460    0.4045
   0.4937    0.1351   -3.8863   -0.3617
  -0.0089    1.0429    2.0418    0.1203
  -0.3462   -1.6151   -4.3663    0.0880
≫compan_A2=compan_mat(A)       %用自定义函数求伴随矩阵
compan_A2=
  1.0e+005 *
  -1.2110   -0.5402    6.5460    0.4045
   0.4937    0.1351   -3.8864   -0.3617
  -0.0089    1.0428    2.0418    0.1203
  -0.3462   -1.6151   -4.3663    0.0880
```

两种方法得到了两种非常相近(不一定相等，因为在运算中存在着四舍五入的处理)的计算结果，这一点读者可以用 isequal 函数进行验证．

例 19　本例将介绍运用伴随矩阵和增广矩阵的初等变换方法来求逆．伴随矩阵的计算调用自定义的函数．已知

$$A=\begin{pmatrix}77 & 128 & 93 & 45\\ -11 & -38 & -67 & -14\\ 0 & 8 & 16 & 11\\ 101 & 203 & -70 & -62\end{pmatrix},\ B=\begin{pmatrix}1 & 1 & 1 & 1\\ 3 & 2 & 1 & 0\\ 0 & 1 & 2 & 3\\ 5 & 4 & 3 & 2\end{pmatrix},$$

分别用伴随矩阵的方法和增广矩阵初等变换的方法求它们的逆.

解 建立 eg13_19.m 文件，文件内容为

```
A=[77 128 93 45;-11 -38 -67 -14;0 8 16 11;101 203 -70 -62];
compan_A=compan_mat(A);          %计算 A 的伴随矩阵
det_A=det(A);                    %计算 A 的行列式
inv_A_1=compan_A/det_A           %求 A 的逆
E=eye(4);                        %生成四阶单位阵
A1=[A, E];                       %将两个矩阵合并
A2=rref(A1)                      %阶梯化合并后的矩阵
inv_A_2=A2(:,5:8)
B=[1 1 1 1;3 2 1 0;0 1 2 3;5 4 3 2];
B1=[B,E];                        %合并矩阵
B2=rref(B1)                      %阶梯化矩阵
```

将编辑好的 m 文件存盘后，在命令窗口输入 eg13_19，并回车执行 m 文件 eg13_19.m，得到如下结果：

```
inv_A_1=
        0.0261    0.0116   -0.1409   -0.0087
       -0.0106   -0.0029    0.0837    0.0078
        0.0002   -0.0225   -0.0440   -0.0026
        0.0075    0.0348    0.0940   -0.0019
A2=
   1.0000        0        0        0    0.0261    0.0116   -0.1409   -0.0087
        0   1.0000        0        0   -0.0106   -0.0029    0.0837    0.0078
        0        0   1.0000        0    0.0002   -0.0224   -0.0440   -0.0026
        0        0        0   1.0000    0.0075    0.0348    0.0940   -0.0019
inv_A_2=
        0.0261    0.0116   -0.1409   -0.0087
       -0.0106   -0.0029    0.0837    0.0078
        0.0002   -0.0224   -0.0440   -0.0026
        0.0075    0.0348    0.0940   -0.0019
```

比较由伴随矩阵求得的逆 inv _ A _ 1和由增广矩阵的初等变换方法求得的逆 inv _ A _ 2，两种方法得到了相同的计算结果．另外，这两种方法计算的结果也应该与 Matlab 提供的内部函数 inv 计算的结果也相同，这一点请读者验证．

B2＝

1.0000	0	−1.0000	−2.0000	0	0	0.8000	0.2000
0	1.0000	2.0000	3.0000	0	0	0.0000	0
0	0	0	0	1.0000	0	−0.2000	−0.2000
0	0	0	0	0	1.0000	0.4000	−0.6000

对于矩阵 $\boldsymbol{B}$，因为它的行列式为 0，所以无法用伴随矩阵来求逆，但采用增广矩阵的方法又无法将原矩阵部分化为单位矩阵，所以可以进一步确定 $\boldsymbol{B}$ 的逆矩阵不存在．

例 20　可逆矩阵的性质．已知

$$\boldsymbol{A}=\begin{pmatrix}77 & 128 & 93 & 45\\ -11 & -38 & -67 & -14\\ 0 & 8 & 16 & 11\\ 101 & 203 & -70 & -62\end{pmatrix},\quad \boldsymbol{B}=\begin{pmatrix}11 & -3 & 6 & 3\\ 4 & -7 & 11 & 7\\ -4 & 5 & 6 & 1\\ -3 & -6 & 8 & -2\end{pmatrix},$$

验证以下性质：

(1) $(\boldsymbol{A}^{-1})^{-1}=\boldsymbol{A}$；

(2) $(k\boldsymbol{A})^{-1}=\dfrac{1}{k}\boldsymbol{A}^{-1}$；

(3) $(\boldsymbol{A}^{\mathrm{T}})^{-1}=(\boldsymbol{A}^{-1})^{\mathrm{T}}$；

(4) $(\boldsymbol{A}\boldsymbol{B})^{-1}=\boldsymbol{B}^{-1}\boldsymbol{A}^{-1}$；

(5) $|\boldsymbol{A}^{-1}|=\dfrac{1}{|\boldsymbol{A}|}=|\boldsymbol{A}|^{-1}$.

解　打开 m 文件编辑器，输入如下内容，命名为 eg13 _ 20. m，并存盘．

```
%输入矩阵 A 和 B，输出 A，不输出 B
A=[77 128 93 45;-11 -38 -67 -14;0 8 16 11;101 203 -70 -62]
B=[11 -3 6 3;4 -7 11 7;-4 5 6 1;-3 -6 8 -2];
%计算 A 的逆的逆
L1=inv(inv(A))
%取 k=3，分别计算(2)的等式两边
L2=inv(3*A)
M2=(1/3)*inv(A)
%分别计算(3)的等式两边
```

```
L3=inv(A')
M3=(inv(A))'
%分别计算(4)的等式两边
L4=inv(A*B)
M4=inv(B)*inv(A)
%分别计算(5)的等式两边
L5=det(inv(A))
M5=inv(det(A))
```

在命令窗口输入 eg13_20，回车运行，得如下结果：

```
A=
    77   128    93    45
   -11   -38   -67   -14
     0     8    16    11
   101   203   -70   -62
L1=
    77.0000   128.0000    93.0000    45.0000
   -11.0000   -38.0000   -67.0000   -14.0000
    -0.0000     8.0000    16.0000    11.0000
   101.0000   203.0000   -70.0000   -62.0000
L2=
    0.0087    0.0039   -0.0470   -0.0029
   -0.0035   -0.0010    0.0279    0.0026
    0.0001   -0.0075   -0.0147   -0.0009
    0.0025    0.0116    0.0313   -0.0006
M2=
    0.0087    0.0039   -0.0470   -0.0029
   -0.0035   -0.0010    0.0279    0.0026
    0.0001   -0.0075   -0.0147   -0.0009
    0.0025    0.0116    0.0313   -0.0006
L3=
    0.0261   -0.0106    0.0002    0.0075
    0.0116   -0.0029   -0.0225    0.0348
   -0.1409    0.0837   -0.0440    0.0940
   -0.0087    0.0078   -0.0026   -0.0019
```

```
M3=
      0.0261  -0.0106   0.0002   0.0075
      0.0116  -0.0029  -0.0225   0.0348
     -0.1409   0.0837  -0.0440   0.0940
     -0.0087   0.0078  -0.0026  -0.0019
L4=
      0.0030   0.0013  -0.0182  -0.0012
      0.0013  -0.0033  -0.0188  -0.0009
      0.0018   0.0009  -0.0060  -0.0008
     -0.0048  -0.0058   0.0129   0.0022
M4=
      0.0030   0.0013  -0.0182  -0.0012
      0.0013  -0.0033  -0.0188  -0.0009
      0.0018   0.0009  -0.0060  -0.0008
     -0.0048  -0.0058   0.0129   0.0022
L5=
    -2.1528e-007
M5=
    -2.1528e-007
```

分别比较 A、L1，L2、M2，L3、M3，L4、M4，L5、M5，可以看到每对的输出结果都相同(但由于在 Matlab 内部的运算过程中存在着小数位的四舍五入，所以用 isequal 无法验证).

我们还可以用逆矩阵的方法来求方程组的解，下面将通过一个例子来说明这个问题.

例 21　求方程组的解：

$$\begin{pmatrix}1&2&3\\4&2&6\\7&4&9\end{pmatrix}\begin{pmatrix}x_1\\x_2\\x_3\end{pmatrix}=\begin{pmatrix}4\\1\\2\end{pmatrix}.$$

解　观察方程组，方程组的矩阵形式为 $\boldsymbol{AX}=\boldsymbol{B}$，如果 $\boldsymbol{A}$ 非奇异，即 $\boldsymbol{A}$ 的逆存在，那么给方程两边同时左乘一个 $\boldsymbol{A}^{-1}$，可得 $\boldsymbol{X}=\boldsymbol{A}^{-1}\boldsymbol{B}$. 依照这个思路，我们创建一个 eg13_21.m 的 m 文件，内容为

```
A=[1 2 3;4 2 6;7 4 9];
B=[4;1;2];
det(A)                %判断A是否为满秩矩阵
```

```
inv_A=inv(A);      %求A的逆
X=inv_A*B          %求方程的解
```

在命令窗口输入 eg13_21，运行该文件，得到如下结果：

```
ans=
    12
```

矩阵 **A** 的行列式等于 12($\neq 0$)，说明矩阵 **A** 可逆.

```
X=
   -1.5000
    2.0000
    0.5000
```

方程组的解为 $x_1=-1.5$，$x_2=2$，$x_3=0.5$.

3. 矩阵初等变换的实现

表 5 罗列了 Matlab 中矩阵初等变换的语法．语法都简单易懂，因此，不再一一举例讲解，请读者自己实践．

表 5 矩阵的初等变换

初等变换	描 述	举 例
行变换	数乘某行 $r_i(k)$	A(i,:)=k*A(i,:)
	数乘某行加到另一行 $r_{ij}(k)$	A(j,:)=k*A(i,:)+A(j,:)
	交换两行 r_{ij}	A=A([1,3,2],:)%交换第 2,3 行
列变换	数乘某列 $c_j(k)$	A(:,j)=k*A(:,j)
	数乘某列加到另一列 $c_{ij}(k)$	A(:,j)=k*A(:,i)+A(:,j)
	交换两列 c_{ij}	A=A(:,[1,3,2])%交换第 2,3 列
rref	将给定矩阵化为阶梯形矩阵	rref(A)

矩阵 **A** 的不等于零的子式的最高阶数称为矩阵的秩，在手工计算中，通常用化矩阵为阶梯形，然后数阶梯个数的方法来求矩阵的秩，在 Matlab 中可以用 rref 函数来完成矩阵的阶梯化．同时，Matlab 还提供了更为简便的 rank 函数来计算矩阵的秩，该函数直接返回的是整数值，比阶梯化的方法更直观．

例 22 求矩阵的秩：

$$\boldsymbol{A}=\begin{pmatrix}1 & 2 & 3 & -1 & 2\\0 & 4 & -1 & 1 & 2\\1 & 1 & 2 & 0 & 2\\2 & 3 & 5 & -1 & 0\end{pmatrix}.$$

解 程序及结果如下：

```
≫A=[1 2 3 -1 2;0 4 -1 1 2;1 1 2 0 2;2 3 5 -1 0];
≫rref(A)     %将矩阵化为阶梯形矩阵
ans=
    1  0  0   2  0
    0  1  0   0  0
    0  0  1  -1  0
    0  0  0   0  1
≫rank(A)     %直接求矩阵的秩
ans=
    4
```

化为阶梯形矩阵后，阶梯数为 4，rank 函数返回的整数值也为 4，所以矩阵 **A** 的秩为 4.

4. 矩阵的分块

在处理高阶矩阵时，通常会采用矩阵分块的方法，把大矩阵看成由小矩阵组成 . Matlab 提供了一个 mat2cell 的函数来对矩阵进行分块操作(mat2cell 为 matrix to cell 的缩写，因为在英文中的 2 的发音与 to 相同，故缩写为 mat2cell)，其语法规则如下：

C=mat2cell(A, m, n)

A 为待分块矩阵，m 为分块后矩阵的行规格，n 为分块后矩阵的列规格 . 例如，对一个 100×50 的矩阵 **A** 运行命令：B=mat2cell(A，[10 20 30 40]，[10 20 20])，该命令将 A 分块为如下规格的几个矩阵，"B" 表示以下所有矩阵的一个集合：

[10×10]　[10×20]　[10×20]
[20×10]　[20×20]　[20×20]
[30×10]　[30×20]　[30×20]
[40×10]　[40×20]　[40×20]

Matlab 同时还提供了 cell2mat 函数对分块矩阵进行合并(cell to matrix)，一般格式为 C=cell2mat(B)，例如：C={[1][2 3 4];[5; 9][6 7 8; 10 11 12]}.

例 23　运用 mat2cell，沿虚线所示，对矩阵 **A** 进行分块：

$$\boldsymbol{A}=\left(\begin{array}{ccc:cc} 2 & -5 & 0 & 1 & 0 \\ -5 & 1 & 3 & 0 & 1 \\ \hdashline 1 & 3 & -2 & -1 & 0 \\ 3 & 1 & 4 & 0 & -1 \end{array}\right).$$

解　程序及结果如下：

```
≫A=[2 -5 0 1 0;-5 1 3 0 1;1 3 -2 -1 0;3 1 4 0 -1];
≫B=mat2cell(A,[2 2],[3 2])
B=
    [2×3 double]    [2×2 double]
    [2×3 double]    [2×2 double]
≫B{1,1}
ans=
      2    -5     0
     -5     1     3
≫B{1,2}
ans=
     1     0
     0     1
≫B{2,1}
ans=
     1     3    -2
     3     1     4
≫B{2,2}
ans=
    -1     0
     0    -1
≫C=cell2mat(B);        %合并分块矩阵 B
≫isequal(C,A)          %判断合并后的矩阵是否与分块前的矩阵相等
ans=
     1
```

五、向 量 组

本节通过实例介绍 Matlab 向量组的基本运算、向量组的线性相关性的判断(求极大线性无关组)及线性方程组秩的求法 .

例 24 向量的基本运算 .

```
≫a=1:1:5  %生成向量 a
a=
   1    2    3    4    5
```

```
≫b=5:-1:1   %生成向量b
b=
   5    4    3    2    1
≫c=3*a   %数乘向量
c=
   3    6    9    12    15
≫d=a+b   %向量加法
d=
   6    6    6    6    6
≫a.*b      %对应元素相乘
ans=
     5    8    9    8    5
≫a./b      %a中元素除以对应b中的元素
ans=
     0.2000     0.5000     1.0000     2.0000     5.0000
≫a.\b      %a中元素除对应b中元素(注意"除以"和"除"的区别)
ans=
     5.0000     2.0000     1.0000     0.5000     0.2000
≫a.^2      %向量元素的乘方运算
ans=
     1    4    9    16    25
```

例 25 判定向量组线性相关或线性无关.

首先，将给定的向量组成一个向量组，表示成矩阵形式，调用 reff 函数将矩阵转化成阶梯形，根据输出结果判断向量组的线性相关性.

$$\boldsymbol{v}_1=\begin{pmatrix}3\\-2\\2\\-1\end{pmatrix},\ \boldsymbol{v}_2=\begin{pmatrix}2\\-6\\4\\0\end{pmatrix},\ \boldsymbol{v}_3=\begin{pmatrix}4\\8\\-4\\-3\end{pmatrix},\ \boldsymbol{v}_4=\begin{pmatrix}1\\10\\-6\\-2\end{pmatrix}.$$

解 程序及结果如下:

```
≫v1=[3 2 4 1]';
≫v2=[-2 -6 8 10]';
≫v3=[2 4 -4 -6]';
≫v4=[-1 0 -3 -2]';
≫A=[v1,v2,v3,v4];
```

```
≫rref(A)                    %将矩阵 A 化为阶梯形式
ans=
      1    0    0    -1
      0    1    0     0
      0    0    1     1
      0    0    0     0
≫rank(A)                    %求向量组矩阵的秩
ans=
      3
```

向量组矩阵的秩为 3，向量组的个数为 4，所以向量组线性相关，且$\boldsymbol{v}_1$，$\boldsymbol{v}_2$，$\boldsymbol{v}_3$是向量组的一个极大线性无关组，且$\boldsymbol{v}_4$可以用$\boldsymbol{v}_1$，$\boldsymbol{v}_2$，$\boldsymbol{v}_3$线性表出，表出式为$\boldsymbol{v}_4=-\boldsymbol{v}_1+0\,\boldsymbol{v}_2+\boldsymbol{v}_3$.

六、线性方程组

1. Matlab 中线性方程组的几种通用解法

Matlab 提供了 solve 函数求解代数方程或代数方程组．

例 26 求解非齐次线性方程组

$$\begin{cases} x_1+ax_2+a^2x_3=1, \\ x_1+bx_2+b^2x_3=1, \\ x_1+c^2x_2+cx_3=1, \end{cases}$$

其中 a，b，c 互不相等．

解 程序及结果如下：

```
≫syms a b c x1 x2 x3        %定义符号变量
≫eq1='x1+a*x2+a^2*x3=1';
≫eq2='x1+b*x2+b^2*x3=1';
≫eq3='x1+c^2*x2+c*x3=1';
≫[x1,x2,x3]=solve(eq1,eq2,eq3)
x1=
    1
x2=
    0
x3=
    0
```

所以，方程组的解为 $x_1=1$，$x_2=0$，$x_3=0$.

还可以根据消元法(矩阵的初等变换)化简方程组，最后得到方程组的解.

例 27 利用初等变换方法解方程组：

$$\begin{cases} x_1-2x_2+3x_3-4x_4=4, \\ \quad\quad x_2-x_3+x_4=-3, \\ x_1+3x_2 \quad\quad -3x_4=1, \\ \quad -7x_2+3x_3+x_4=-3. \end{cases}$$

解 用初等变换化简方程组，Matlab程序及结果如下：

```
≫A=[1 -2 3 -4 4;0 1 -1 1 -3;1 3 0 -3 1;0 -7 3 1 -3];
≫rref(A)
ans=
    1    0    0    0   -8
    0    1    0   -1    3
    0    0    1   -2    6
    0    0    0    0    0
```

根据结果，得到原方程组的同解方程组：

$$\begin{cases} x_1 \quad\quad\quad\quad =-8, \\ \quad x_2 \quad -x_4 =3, \\ \quad\quad x_3 -2x_4 =6. \end{cases}$$

改写方程组，将 x_1，x_2，x_3 用 x_4 表示出来：

$$\begin{cases} x_1=-8, \\ x_2=3+x_4, \\ x_3=6+2x_4. \end{cases}$$

取 $x_4=k$，将方程组的解表示为

$$\begin{cases} x_1=-8, \\ x_2=3+k, \\ x_3=6+2k, \\ x_4=k. \end{cases}$$

k 可以取任意常数，可见，原方程组有无数组解.

Matlab中矩阵的除法运算(\或/)是最常用的解方程组的方法.一般情况下，x=a\b是方程a*x=b的解，x=b/a是方程x*a=b的解.

例 28 求方程组的解：

$$\begin{pmatrix} 1 & 2 & 3 \\ 4 & 2 & 6 \\ 7 & 4 & 9 \end{pmatrix}\begin{pmatrix} x_1 \\ x_2 \\ x_3 \end{pmatrix}=\begin{pmatrix} 4 \\ 1 \\ 2 \end{pmatrix}.$$

解 方程组的形式为 A＊X=b，故采用左除“\”，程序及结果如下：

```
≫A=[1 2 3;4 2 6;7 4 9];
≫b=[4;1;2];
≫X=A\b
X=
    -1.5000
     2.0000
     0.5000
```

结果显示，方程组的解为 $x_1=-1.5$，$x_2=2$，$x_3=0.5$.

一般地，如果 $\boldsymbol{A}$ 为非奇异矩阵，还可以通过求逆矩阵的运算来求解方程组，或者说是作矩阵的除法运算，参照例 21.

2. 线性方程组解的结构

Matlab 提供了一些解方程组的通用方法，我们将在下面的例题中加以介绍．对于齐次线性方程组，Matlab 提供了 null 函数来求解矩阵的零空间，即方程组 $\boldsymbol{AX}=\boldsymbol{0}$ 的解空间，实际上就是求出解空间的一组基，也就是基础解系．对于非齐次线性方程组，首先根据系数矩阵的秩和增广矩阵的秩来判断方程组是否有解，在有解的情况下求出非齐次线性方程组的一个特解，然后再求出对应的齐次线性方程组的通解，再根据解之间的关系得到非齐次线性方程组的通解．下面用几个例子来说明求解过程，请读者注意理解计算步骤．

例 29 求齐次线性方程组

$$\begin{cases} x_1+2x_2+2x_3+x_4=0, \\ 2x_1+x_2-2x_3-2x_4=0, \\ x_1-x_2-4x_3-3x_4=0 \end{cases}$$

的通解．

解 程序及输出结果如下：

```
≫A=[1 2 2 1;2 1 -2 -2;1 -1 -4 -3];
≫format rat       %定义输出结果为有理数逼近形式
≫B=null(A,'r')    %返回方程组 A*X=0 的基础解系
B=
        2            5/3
       -2           -4/3
        1             0
        0             1
≫syms k1 k2                 %定义符号变量
```

≫X=k1 * B(:,1)+k2 * B(:,2)　%输出方程组的通解

X=

```
   2 * k1+5/3 * k2
  -2 * k1-4/3 * k2
               k1
               k2
```

例 30　求下列非齐次线性方程组的通解．

(1) $\begin{cases} x_1-2x_2+3x_3-x_4=1, \\ 3x_1-x_2+5x_3-3x_4=2, \\ 2x_1+x_2+2x_3-2x_4=3; \end{cases}$　　(2) $\begin{cases} x_1+x_2-3x_3-x_4=1, \\ 3x_1-x_2-3x_3+4x_4=4, \\ x_1+5x_2-9x_3-8x_4=0. \end{cases}$

解　首先打开 m 文件编辑器，在编辑器窗口输入如图 6 所示的内容(%后为解释语句，可以不输入，但对于复杂程序，这是一种良好的习惯)，并以 eg13 _ 30. m 命名存盘．

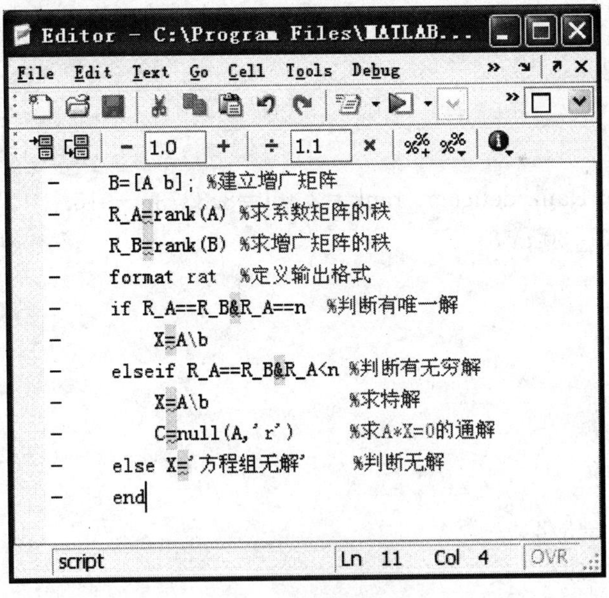
Editor - C:\Program Files\MATLAB...
File Edit Text Go Cell Tools Debug
1.0
1.1
B=[A b]; %建立增广矩阵
R_A=rank(A) %求系数矩阵的秩
R_B=rank(B) %求增广矩阵的秩
format rat %定义输出格式
if R_A==R_B&R_A==n %判断有唯一解
X=A\b
elseif R_A==R_B&R_A<n %判断有无穷解
X=A\b %求特解
C=null(A,'r') %求A*X=0的通解
else X='方程组无解' %判断无解
end
script
Ln 11 Col 4
OVR

图 6　m 文件编辑器

(1) 在命令窗口输入以下内容并逐条运行：

≫A=[1-2 3 -1;3 -1 5 -3;2 1 2 -2]；　%给出系数矩阵

≫b=[1 2 3]′;

≫n=4;　　%给出变量个数

≫eg13 _ 30　　%运行 m 文件 eg13 _ 30

得到如下输出结果：

```
R_A=
     2
R_B=
     3
X=
   方程组无解
```

即系数矩阵和增广矩阵的秩不相等，方程组无解.

(2) 在命令窗口输入以下内容并逐条运行：

```
≫A=[1 1 -3 -1;3 -1 -3 4;1 5 -9 -8];   %给出系数矩阵
≫b=[1 4 0]';
≫n=4;                                  %给出变量个数
≫eg13_30                               %运行 m 文件 eg13_30
```

得到如下结果：

```
R_A=
     2
R_B=
     2
Warning: Rank deficient, rank=2, tol=8.8373e-015.
>In eg13_30 at 8
X=
     0
     0
   -8/15
    3/5
C=
   3/2   -3/4
   3/2    7/4
    1      0
    0      1
```

得到 $AX=b$ 的一个特解 X 和 $AX=0$ 的通解 C，接下来根据 $AX=b$ 的特解的原理，表示出方程组的通解. 程序及结果如下：

```
≫syms k1 k2
≫X=k1*C(:,1)+k2*C(:,2)+X
```

```
X=
    (3*k1)/2-(3*k2)/4
    (3*k1)/2+(7*k2)/4
                k1-8/15
                 k2+3/5
```

在操作中，对于复杂问题，使用 m 文件是一种非常好的习惯，因为 m 文件方便保存、修改和发送，在庞大复杂的计算过程中，使用 m 文件的优越性突出，例如，在例 30 中，eg13_30.m 文件几乎可以作为解非齐次线性方程组的通用文件，只要给出系数矩阵和等号后面的列向量和未知数的个数即可．

七、多 项 式

本节主要学习多项式的四则运算、求多项式的最大公因式的方法、因式分解及求多项式的根的方法．

在 Matlab 中，n 次多项式用一个长度为 $n+1$ 的向量来表示：

$$f(x)=a_nx^n+a_{n-1}x^{n-1}+\cdots+a_1x+a_0.$$

表示为对应的系数向量为

$$(a_n,\ a_{n-1},\ \cdots,\ a_1,\ a_0).$$

例如，多项式

$$f(x)=x^4-4x^2-1$$

的系数向量为

$$\boldsymbol{p}=(1,\ 0,\ -4,\ 0,\ -1),$$

需要注意的是，缺少的幂次项系数为“0”，不能省略．

例 31　在 Matlab 中表示多项式：$y=3x^6+5x^5+x^3+x+2$.

解　Matlab 程序及结果如下：

```
>>P=[3 5 0 1 0 1 2]      %生成系数向量
P=
   3    5    0    1    0    1    2
>>y=poly2sym(P)      %根据系数向量生成多项式
y=
   3*x^6+5*x^5+x^3+x+2
```

Matlab 没有提供专门进行多项式加减运算的函数，事实上，多项式的加减就是其所对应的系数向量的加减运算．对于次数相同的多项式，可以直接对其系数向量进行加减运算；如果两个多项式次数不同，则应该把低次多项式中系数不足的高次项用 0 补足后，进行加减运算．

例 32 已知 $f_1(x)=2x^3-x^2+3$，$f_2(x)=2x+1$，计算 $f_1(x)+f_2(x)$，$f_1(x)-f_2(x)$.

解 Matlab 程序及结果如下：

```
≫p1=[2 -1 0 3];
≫p2=[2 1];
≫p3=[0 0 p2]
p3=
    0    0    2    1
≫p1+p3
ans=
    2   -1    2    4
≫p1-p3
ans=
    2   -1   -2    2
```

由输出结果可知：

$$f_1(x)+f_2(x)=2x^3-x^2+2x+4,$$
$$f_1(x)-f_2(x)=2x^3-x^2-2x+2.$$

在 Matlab 中多项式的乘法运算由 conv 命令完成，除法运算由 deconv 完成．

例 33 已知 $f_1(x)=2x^3-x^2+3$，$f_2(x)=2x+1$，计算 $f_1(x)f_2(x)$，$f_1(x)\div f_2(x)$.

解 Matlab 程序及结果如下：

```
≫p1=[2 -1 0 3];
≫p2=[2 1];
≫k=conv(p1,p2)      %多项式的乘法
k=
   4    0   -1    6    3
≫y1=poly2sym(k)     %返回乘积对应的表达式
y1=
     4*x^4-x^2+6*x+3
≫[k,r]=deconv(p1,p2)      %多项式的除法
k=
   1.0000   -1.0000    0.5000
r=
```

```
    0     0     0     2.5000
```

其中，k 返回的为两个多项式相除的商，r 为余式．

例 34　求最大公因式(gcd)．

设 $f(x)=3x^5+x^4+5x^3+4x^2+2x+3$，$g(x)=x^5+2x^3+x^2+x+1$，求$(f(x), g(x))$．

解　Matlab 程序及结果如下：

```
≫syms x
≫sx_poly=3*x^5+x^4+5*x^3+4*x^2+2*x+3
sx_poly=
            3*x^5+x^4+5*x^3+4*x^2+2*x+3
≫rx_poly=x^5+2*x^3+x^2+x+1
rx_poly=
            x^5+2*x^3+x^2+x+1
≫gcd(sx_poly,rx_poly)      %求最大公因式
ans=
    x^2+1
```

例 35　因式分解(factor)和多项式展开(expand)．

(1) 将 $3x^5+x^4+5x^3+4x^2+2x+3$ 分解因式；

(2) 将$(x+1)^9$，$\sin(x+y)$展开．

解　(1) Matlab 程序及结果如下：

```
≫syms x y      %定义符号变量
≫s=3*x^5+x^4+5*x^3+4*x^2+2*x+3;
≫factor(s)      %因式分解
ans=
    (x^2+1)*(x^3+x+1)
```

(2) Matlab 程序及结果如下：

```
≫r=(x+1)^9;
≫p=expand(r)      %多项式展开
p=
  x^9+9*x^8+36*x^7+84*x^6+126*x^5+126*x^4+84*x^3+
  36*x^2+9*x+1
≫simple(p)      %该命令用于将杂乱的多项式合并成常见的简单形式
simplify:
(x+1)^9
```

```
≫q=expand(sin(x+y))        %多项式展开
q=
   cos(x)*sin(y)+cos(y)*sin(x)
≫simple(q)
simplify:
sin(x+y)
```

在解决多项式的重因式问题的时候，通常要用到微积分中的导数方法. Matlab 中求多项式的导函数的命令为

p=polyder(P)：求多项式 P 的导函数

p=polyder(P, Q)：求 P·Q 的导函数

[p, q]=polyder(P, Q)：求 P/Q 的导函数，导函数的分子存入 p，分母存入 q.

上述函数中，参数 P，Q 是多项式的向量表示，结果 p，q 也是多项式的向量表示.

例 36 已知 $f_1(x)=2x^3-x^2+3$，$f_2(x)=2x+1$，计算 $f_1'(x)$，$(f_1(x)*f_2(x))'$，$(f_1(x)\div f_2(x))'$.

解 Matlab 程序及结果如下：

```
≫p1=[2 -1 0 3];
≫p2=[2 1];
≫p3=polyder(p1)
p3=
    6    -2    0
≫p4=polyder(p1,p2)
p4=
    16    0    -2    6
≫[p5,p6]=polyder(p1,p2)
p5=
    8    4    -2    -6
p6=
    4    4    1
```

Matlab 提供了两种求多项式值的函数：polyval 与 polyvalm，它们的输入参数均为多项式系数向量 P 和自变量 x，两者的区别在于前者是代数多项式求值，而后者是矩阵多项式求值.

例 37 已知 $f(x)=2x^3-x^2+3$，分别取 $x=2$ 和一个 2×2 矩阵，求 $f(x)$ 在 x 处的值.

解　Matlab 程序及结果如下：

```
≫p=[2,-1,0,3];
≫x=2;
≫z=[-1,2;-2,1];
≫polyval(p,x)
ans=
   15
≫polyval(p,z)
ans=
     0    15
   -17     4
```

n 次多项式具有 n 个根，当然这些根可能是实根，也可能含有若干对共轭复根 . Matlab 提供的 roots 函数用于求多项式的全部根，其调用格式为 x=roots(P)，其中 P 为多项式的系数向量，求得的根赋给向量 x.

例 38　已知 $f(x)=2x^3-x^2+3$，求 $f(x)$的零点 .

解　Matlab 程序及结果如下：

```
≫p=[2,-1,0,3];
≫x=roots(p)
x=
    0.7500+0.9682i
    0.7500-0.9682i
   -1.0000
```

八、相似矩阵和二次型

本节主要介绍矩阵的特征值及特征向量的求法、矩阵的对角化问题、将二次型化为标准形的方法、二次型正定的判断方法等 .

例 39　向量的积 .

```
≫a=[1 0 1];b=[0;1;0];
≫a*b        %向量相乘，注意与“.*”的区别
ans=
    0
≫dot(a,b)      %向量内积
ans=
    0
```

```
>>cross(a,b)      %向量叉积
ans=
    -1    0    1
```

求方阵 $\boldsymbol{A}$ 的特征值与特征向量的一般步骤为：首先，通过计算 $(\boldsymbol{A}-\lambda\boldsymbol{E})$ 的行列式，令行列式的值等于零，并求得该方程的全部根，即特征根；接下来，将每一个特征根代入齐次线性方程组 $(\boldsymbol{A}-\lambda\boldsymbol{E})\boldsymbol{X}=\boldsymbol{0}$，并求得对应的一个基础解系，然后再构成特征值对应的特征向量．

根据特征值和特征向量的定义及求解步骤，不难通过分步 Matlab 计算来求得特征值和特征向量，这种方法请读者自己思考，有助于巩固前面学过的内容．事实上，Matlab 提供了内部函数 eig 来计算特征值和特征向量，其调用格式为：[V D]=eig(A)，V 返回特征向量，D 返回特征值对角矩阵．

例 40 求矩阵 $\boldsymbol{A}$ 的特征值和特征向量，已知：

$$\boldsymbol{A}=\begin{pmatrix}1 & -4 & 0 & 1\\ 0 & 4 & 0 & 1\\ 0 & 4 & 1 & 0\\ 0 & 2 & 0 & 1\end{pmatrix}.$$

解 程序及输出结果如下：

```
>>A=[1 -4 0 1;0 4 0 1;0 4 1 0;0 2 0 1];
>>[V D]=eig(A)
V=
    1.0000         0   -0.5154   -0.8590
         0         0    0.5339   -0.0638
         0    1.0000    0.5996    0.4544
         0         0    0.2998    0.2272
D=
    1.0000         0         0         0
         0    1.0000         0         0
         0         0    4.5616         0
         0         0         0    0.4384
```

所以，$\boldsymbol{A}$ 的特征值为 1,1,4.5616,0.4384;对应的特征向量分别为

$$\begin{pmatrix}1\\0\\0\\0\end{pmatrix},\begin{pmatrix}0\\0\\1\\0\end{pmatrix},\begin{pmatrix}-0.5154\\0.5339\\0.5996\\0.2998\end{pmatrix},\begin{pmatrix}-0.8590\\-0.0638\\0.4544\\0.2272\end{pmatrix}.$$

例 41　求矩阵 $\boldsymbol{A}$ 的迹，其中

$$\boldsymbol{A}=\begin{pmatrix}1 & -4 & 0 & 1\\ 0 & 4 & 0 & 1\\ 0 & 4 & 1 & 0\\ 0 & 2 & 0 & 1\end{pmatrix}.$$

解　矩阵的对角线元素的和，称为矩阵的迹 . Matlab 提供了 trace 函数来计算矩阵的迹 . 本例的程序及运行结果如下：

```
≫A=[1 -4 0 1;0 4 0 1;0 4 1 0;0 2 0 1];
≫trace(A)
ans=
    7
```

即矩阵的迹为 7，对于较小的矩阵，可以通过计算来验证(1+4+1+1=7).

例 42　向量组正交化 .

将向量组 $\boldsymbol{a}_1=\begin{pmatrix}1\\1\\1\\1\end{pmatrix}$，$\boldsymbol{a}_2=\begin{pmatrix}1\\1\\1\\0\end{pmatrix}$，$\boldsymbol{a}_3=\begin{pmatrix}1\\1\\0\\0\end{pmatrix}$，$\boldsymbol{a}_4=\begin{pmatrix}1\\0\\0\\0\end{pmatrix}$规范正交化 .

解　程序及结果如下：

```
≫a1=[1 1 1 1]';
≫a2=[1 1 1 0]';
≫a3=[1 1 0 0]';
≫a4=[1 0 0 0]';
≫A=[a1,a2,a3,a4];
≫[Q R]=qr(A)        %求得正交矩阵Q和上三角阵R，Q和R满足A=QR
Q=
    -0.5000   -0.2887    0.4082   -0.7071
    -0.5000   -0.2887    0.4082    0.7071
    -0.5000   -0.2887   -0.8165   -0.0000
    -0.5000    0.8660   -0.0000    0.0000
R=
    -2.0000   -1.5000   -1.0000   -0.5000
          0   -0.8660   -0.5774   -0.2887
          0         0    0.8165    0.4082
          0         0         0   -0.7071
```

将向量组表示成矩阵形式，运用 qr 函数进行分解，函数返回的矩阵 Q 对应的列向量即为所求的规范化正交向量组，R 为对应的上三角阵.

例 43 求 $\boldsymbol{A}=\begin{pmatrix}4&0&0\\0&3&1\\0&1&3\end{pmatrix}$的正交矩阵.

解 创建 m 文件 eg13 _ 44. m，内容如下：

```
A=[4 0 0;0 3 1;0 1 3];
[U,T]=schur(A)   %schur 分解，U 返回正交矩阵，使得 A=UTU′且U′U=E；T 返回对角矩阵，当 A 为实对称矩阵时，T 为特征值对角矩阵
[V,D]=eig(A)     %返回 A 的特征向量和特征值矩阵
```

运行 eg13 _ 44. m，得到如下结果：

```
U=
          0         0    1.0000
    -0.7071    0.7071         0
     0.7071    0.7071         0
T=
  2  0  0
  0  4  0
  0  0  4
V=
          0         0    1.0000
    -0.7071    0.7071         0
     0.7071    0.7071         0
D=
  2  0  0
  0  4  0
  0  0  4
```

注：当且仅当 $\boldsymbol{A}$ 为实对称矩阵时，schur 分解和 eig 函数返回相同的结果，其中原理请感兴趣的读者自己证明.

例 44 求一个正交变换 $\boldsymbol{X}=\boldsymbol{PY}$，把二次型

$$f=2x_1x_2+2x_1x_3-2x_1x_4-2x_2x_3+2x_2x_4+2x_3x_4$$

化成标准形.

解 创建 m 文件 eg13 _ 45. m，内容如下：

```
A=[0 1 1 -1;1 0 -1 1;1 -1 0 1;-1 1 1 0];   %二次型的矩阵表示
[P D]=schur(A)               %schur 分解
```

```
syms y1 y2 y3 y4
y=[y1;y2;y3;y4];
X=vpa(P,2)*y                %vpa表示可变精度计算，这里取精度为2
f=[y1 y2 y3 y4]*D*y
```

运行 eg13_45.m，得到如下结果：

```
P=
    -0.5000    0.2887   0.7887    0.2113
     0.5000   -0.2887   0.2113    0.7887
     0.5000   -0.2887   0.5774   -0.5774
    -0.5000   -0.8660        0         0
D=
    -3.0000         0        0         0
          0    1.0000        0         0
          0         0   1.0000         0
          0         0        0    1.0000
X=
     0.29*y2-0.5*y1+0.79*y3+0.21*y4
     0.5*y1-0.29*y2+0.21*y3+0.79*y4
     0.5*y1-0.29*y2+0.58*y3-0.58*y4
                     -0.5*y1-0.87*y2
f=
   y2^2-3*y1^2+y3^2+y4^2
```

即二次型的标准形为 $f=-3y_1^2+y_2^2+3y_3^2+y_4^2$.

例 45 判断二次型

$$f=x_1^2+x_2^2+4x_3^2+7x_4^2+6x_1x_3+4x_1x_4-4x_2x_3+2x_2x_4+4x_3x_4$$

的正定性.

解 创建 m 文件 eg13_46.m，内容如下：

```
A=[1 0 3 2;0 1 -2 1;3 -2 4 2;2 1 2 7];
D=eig(A)
if all(D>0)
    fprintf('二次型正定')
else
    fprintf('二次型非正定')
end
```

运行 eg13 _ 46. m，得到如下结果：

```
D=
  -1.4108
   0.3513
   4.7879
   9.2716
```

二次型非正定．

在本书中，涉及了一些 Matlab 的编程用法(如：例 18 定义 compan _ mat 函数的过程、例 30 建立求非齐次线性方程组通解的 m 文件的过程)．事实上，Matlab不仅提供了一些强大的函数来解决常见的问题，而且提供了通用软件的编程功能，如循环、选择等编程的通用模式，而且具有语言简单易懂的特点，如果掌握了这项功能，将能利用编程结合内部函数，解决很多复杂的问题．当然，这是需要勤奋学习的，关于这方面的资料有很多，而且这种探索也是无止境的，因此，在本书中不再专门讲解这些内容，感兴趣的读者请自己了解和学习．

九、标准正交基和若当标准形

1. 标准正交基

例 46 将 $\boldsymbol{A}=\begin{pmatrix}2 & -2 & 0\\ -2 & 1 & -2\\ 0 & -2 & 0\end{pmatrix}$ 规范正交化．

解 Matlab 提供了 orth 函数来求矩阵的正交基，返回的矩阵满足$\boldsymbol{Q}^{-1}=\boldsymbol{Q}^{\mathrm{T}}$，且$\boldsymbol{Q}^{-1}\boldsymbol{A}\boldsymbol{Q}$为对角阵．

```
≫A=[2 -2 0;-2 1 -2;0 -2 0];
≫Q=orth(A)       %求 A 的正交基
Q=
   -0.6667   -0.3333   -0.6667
    0.6667   -0.6667   -0.3333
   -0.3333   -0.6667    0.6667
≫Q'*Q          %验证所求的 Q
ans=
     1.0000   -0.0000   -0.0000
    -0.0000    1.0000    0.0000
    -0.0000    0.0000    1.0000
```

```
>>inv(Q)*A*Q      %验证Q是否符合题目要求
ans=
    4.0000    0.0000   -0.0000
    0.0000   -2.0000    0.0000
    0.0000    0.0000    1.0000
```

2. 若当(Jordan)标准形

例 47 求矩阵 $\boldsymbol{A}=\begin{pmatrix}-1&1&0\\-4&3&0\\1&0&2\end{pmatrix}$ 的若当标准形 $\boldsymbol{J}$ 及变换矩阵 $\boldsymbol{P}$.

解 通过调用jordan函数可以求得若当标准形和变换矩阵，程序及结果如下：

```
>>A=[-1 1 0;-4 3 0;1 0 2];
>>[P J]=jordan(A)   %P返回变换矩阵，J返回若当标准形
P=
     0    -2    1
     0    -4    0
    -1     2    1
J=
    2  0  0
    0  1  1
    0  0  1
```

程 序 练 习 题

1. 在学习的过程中，执行本章中例题的所有程序，着重理解程序的使用目的和语法结构.

2. 在命令窗口分别执行表达式：10/2，10\2，2\10，观察结果.

3. 在Matlab中计算下列表达式的值：

(1) $\sqrt{\dfrac{\sin 25+\cos 25}{\pi}}e^3$；　　　　(2) $\ln(5^{11})\dfrac{\sqrt[5]{231}}{\log_2 127}$.

4. 生成一个大于-10、小于10、差为1.5的等差数列.

5. 产生一个服从均值为3，方差为2.5的正态分布的四阶方阵；再产生一个服从同分布的6×4阶的矩阵.

6. 计算下列行列式的值：

(1) $\begin{vmatrix} 1 & 2 & 3 & 4 \\ -2 & 1 & -4 & 3 \\ 3 & -4 & -1 & 2 \\ 4 & 3 & -2 & 1 \end{vmatrix}$； (2) $\begin{vmatrix} 0 & 1 & -2 & 3 & 5 \\ -1 & 3 & -6 & 3 & 4 \\ 7 & 1 & 7 & -4 & 5 \\ -6 & -1 & 3 & 0 & 1 \\ 3 & 6 & 8 & -2 & 8 \end{vmatrix}$.

7. 求 $\boldsymbol{X}$，使

$$\begin{pmatrix} 2 & 1 & 1 \\ 3 & 1 & 2 \\ -1 & 0 & 1 \end{pmatrix} + \boldsymbol{X} - \begin{pmatrix} 2 & 3 & 0 \\ -1 & 0 & -1 \\ 2 & -1 & 1 \end{pmatrix} = \begin{pmatrix} 1 & 2 & 3 \\ 4 & 5 & 6 \\ -3 & -1 & 2 \end{pmatrix}.$$

8. 求下列算式的值：

(1) $\begin{pmatrix} 3 & 1 & 1 & 2 \\ 2 & 1 & 2 & 5 \\ 1 & 2 & 3 & 6 \\ 7 & 1 & 5 & 4 \end{pmatrix}\begin{pmatrix} -1 & 3 & 6 & -3 & 4 \\ 7 & 1 & 7 & -4 & 5 \\ 6 & 1 & -3 & 0 & 3 \\ -1 & 4 & 7 & 1 & 3 \end{pmatrix}$； (2) $\begin{pmatrix} 3 & 1 & 1 & 2 \\ 2 & 1 & 2 & 5 \\ 1 & 2 & 3 & 6 \\ 7 & 1 & 5 & 4 \end{pmatrix}^3$.

9. 求矩阵 $\boldsymbol{X}$：

$$\begin{pmatrix} 1 & -1 & 1 \\ 1 & 1 & 0 \\ 3 & 2 & 1 \end{pmatrix} \boldsymbol{X} \begin{pmatrix} 1 & 1 & -1 \\ 0 & 1 & 1 \\ 1 & 2 & 3 \end{pmatrix} = \begin{pmatrix} 4 & 2 & 3 \\ 0 & -1 & 5 \\ 2 & 1 & 2 \end{pmatrix}.$$

10. 判断下列向量组是否线性相关：

(1) $\boldsymbol{\alpha}_1=(4, 3, -1, 1, -1)$，$\boldsymbol{\alpha}_2=(2, 1, -3, 2, -5)$，$\boldsymbol{\alpha}_3=(1, -3, 0, 1, -2)$，$\boldsymbol{\alpha}_4=(1, 5, 2, -2, 6)$；

(2) $\boldsymbol{\alpha}_1=(1, 2, 1, -2, 1)$，$\boldsymbol{\alpha}_2=(2, -1, 1, 3, 2)$，$\boldsymbol{\alpha}_3=(1, -1, 2, -1, 3)$，$\boldsymbol{\alpha}_4=(2, 1, -3, 1, -2)$；$\boldsymbol{\alpha}_5=(1, -1, 3, -1, 7)$.

11. 求下列向量组的秩与它的一个极大线性无关组．

(1) $\boldsymbol{\alpha}_1=(2, 1, 3, -1)$，$\boldsymbol{\alpha}_2=(3, -1, 2, 0)$，$\boldsymbol{\alpha}_3=(1, 3, 4, -2)$，$\boldsymbol{\alpha}_4=(4, -3, 1, 1)$；

(2) $\boldsymbol{\alpha}_1=(0, 4, 10, 1)$，$\boldsymbol{\alpha}_2=(4, 8, 18, 7)$，$\boldsymbol{\alpha}_3=(10, 18, 40, 17)$，$\boldsymbol{\alpha}_4=(1, 7, 17, 3)$.

12. 求下列方程组的通解：

(1) $\begin{cases} x_1+2x_2+3x_3+3x_4+7x_5=0, \\ 3x_1+2x_2+x_3+x_4-3x_5=0, \\ x_2+2x_3+2x_4+6x_5=0, \\ 5x_1+4x_2+3x_3+3x_4-x_5=0; \end{cases}$

(2) $\begin{cases} x_1+x_2-3x_4-x_5=2, \\ x_1-x_2+2x_3-x_4=1, \\ 4x_1-2x_2+6x_3+3x_4-4x_5=8, \\ 2x_1+4x_2-2x_3+4x_4-7x_5=9. \end{cases}$

13. 求多项式 $f(x)$ 与 $g(x)$ 的加、减、乘、除及 $f(x)$ 与 $g(x)$ 的最大公因式及各自的微分，其中，

$$f(x)=2x^4-3x^3+4x^2-5x+6,\ g(x)=x^2-3x+1.$$

14. 已知 $f(x)=2x^4-3x^3+4x^2-5x+6$，分别取 $x=2$ 和一个 2×2 矩阵，求 $f(x)$ 在 x 处的值及 $f(x)$ 的零点.

15. 求下列矩阵的特征值和特征向量：

(1) $\begin{pmatrix} 2 & -1 & 2 \\ 5 & -3 & 3 \\ -1 & 0 & -2 \end{pmatrix}$；　(2) $\begin{pmatrix} 3 & 1 & 1 & 2 \\ 2 & 1 & 2 & 5 \\ 1 & 2 & 3 & 6 \\ 7 & 1 & 5 & 4 \end{pmatrix}$.

16. 任意找两个符合运算规格的矩阵 $\boldsymbol{A}$ 和 $\boldsymbol{B}$，验证以下运算规律：

(1) $\mathrm{tr}(\boldsymbol{A}+\boldsymbol{B})=\mathrm{tr}(\boldsymbol{A})+\mathrm{tr}(\boldsymbol{B})$；

(2) $\mathrm{tr}(k\boldsymbol{A})=k\mathrm{tr}(\boldsymbol{A})$；

(3) $\mathrm{tr}(\boldsymbol{AB})=\mathrm{tr}(\boldsymbol{BA})$.

17. 用正交变换化二次型 $2x_1^2+5x_2^2+5x_3^2-4x_1x_2-8x_2x_3$ 为标准形.

18. 判断二次型 $99x_1^2-12x_1x_2+48x_1x_3+130x_2^2-60x_2x_3+71x_3^2$ 是否正定.

19. 将 $\boldsymbol{A}=\begin{pmatrix} 1 & -3 & 6 & -3 \\ -4 & 7 & 1 & 7 \\ 4 & 5 & 6 & -3 \\ 4 & 0 & 6 & 8 \end{pmatrix}$ 规范正交化.

20. 求矩阵 $\boldsymbol{A}=\begin{pmatrix} 1 & -3 & 6 \\ -4 & 7 & 1 \\ 4 & 5 & 6 \end{pmatrix}$ 的若当标准形 $\boldsymbol{J}$ 及变换矩阵 $\boldsymbol{P}$.

参考答案(程序)：

说明：答案所列程序均可写入 m 文件，然后采用执行 m 文件的方法解答习题.

1. 实践.

2. ≫10/2

≫10 \ 2

≫2 \ 10

3.(1) ≫((sin(25)+cos(25))/pi)^(1/2)*exp(3)

(2) ≫log(5^11)*(231^(1/5)/(log2(127)))

4.≫-10:1.5:10

5. ≫miu=3;

≫sigma=2.5;

≫x1=miu+sqrt(sigma)*randn(4)

≫x2=miu+sqrt(sigma)*randn(6,4)

或者直接输入下列命令:

≫x1=normrnd(3,sqrt(2.5),4,4)

≫x2=normrnd(3,sqrt(2.5),6,4)

6.(1) ≫A=[1 2 3 4;-2 1 -4 3;3 -4 -1 2;4 3 -2 1];

≫det(A)

(2) ≫B=[0 1 -2 3 5;-1 3 -6 3 4;7 -1 7 -4 5;-6 -1 3 0 1;3 6 8 -2 8];

≫det(B)

7. ≫A=[2 1 1;3 1 2;-1 0 1];

≫B=[2 3 0;-1 2 -1;2 -1 1];

≫C=[1 2 3;4 5 6;-3 -1 2];

≫X=C+B-A

8.(1) ≫A=[3 1 1 2;2 1 2 5;1 2 3 6;7 1 5 4];

≫B=[-1 3 6 -3 4;7 1 7 -4 5 ;6 1 -3 0 3;-1 4 7 1 3];

≫A*B

(2) ≫A=[3 1 1 2;2 1 2 5;1 2 3 6;7 1 5 4];

≫A^3

9. ≫A=[1-1 1;1 1 0;3 2 1];

≫B=[1 1 -1;0 1 1;1 2 3];

≫C=[4 2 3;0 -1 5;2 1 2];

≫X=inv(A)*C*inv(B)

10.(1) ≫a1=[4;3;-1;1;-1];

≫a2=[2;1;-3;2;-5];

≫a3=[1;-3;0;1;-2];

≫a4=[1;5;2;-2;6];

≫A=[a1 a2 a3 a4];

```
    ≫rref(A)
(2) ≫b1=[1;2;1;-2;1];
    ≫b2=[2;-1;1;3;2];
    ≫b3=[1;-1;2;-1;3];
    ≫b4=[2;1;-3;1;-2];
    ≫b5=[1;-1;3;-1;7];
    ≫B=[b1 b2 b3 b4 b5];
    ≫rref(B)
```

11.(1)
```
    ≫a1=[2 1 3 -1]';
    ≫a2=[3 -1 2 0]';
    ≫a3=[1 3 4 -2]';
    ≫a4=[4 -3 1 1]';
    ≫A=[a1,a2,a3,a4];
    ≫rank(A)
    ≫rref(A)
```

(2)
```
    ≫b1=[0 4 10 1]';
    ≫b2=[4 8 18 7]';
    ≫b3=[10 18 40 17]';
    ≫b4=[1 7 17 3]';
    ≫B=[b1,b2,b3,b4];
    ≫rank(B)
    ≫rref(B)
```

12.(1)
```
    ≫A=[1 2 3 3 7;3 2 1 1 -3;0 1 2 2 6;5 4 3 3 -1];
    ≫format rat
    ≫B=null(A,'r')
    ≫syms k1 k2 k3
    ≫X=k1*B(:,1)+k2*B(:,2)+k3*B(:,3)
```

(2) 调用本章例30定义的eg13_30.m文件求解非齐次线性方程组：
```
    ≫A=[1 1 0 -3 -1;1 -1 2 -1 0;4 -2 6 3 -4;2 4 -2 4 -7];
    ≫b=[2 1 8 9]';
    ≫n=5;
    ≫eg13_30
    ≫syms k1 k2
    ≫X=k1*C(:,1)+k2*C(:,2)+X
```

```
13. ≫p1=[2-3 4-5 6];
    ≫p2=[1-3 1];
    ≫p3=[0 0 p2]
    ≫p1+p3                        %加
    ≫p1-p3                        %减
    ≫k=conv(p1,p2)                %乘
    ≫[k r]=deconv(p1,p2)          %除
    ≫syms x                       %声明符号变量
    ≫f=2*x^4-3*x^3+4*x^2-5*x+6;
    ≫g=x^2-3*x+1;
    ≫gcd(f,g)                     %求最大公因式
    ≫polyder(p1)                  %求微分
    ≫polyder(p2)
14. ≫p=[2 -3 4 -5 6];
    ≫x=2;
    ≫A=rand(2)
    ≫polyval(p,x)
    ≫polyval(p,A)
15. (1)≫A=[2 -1 2;5 -3 3;-1 0 -2];
       ≫[V D]=eig(A)
(2)≫A=[3 1 1 2;2 1 2 5;1 2 3 6;7 1 5 4];
   ≫[V D]=eig(A)
16. ≫A=rand(5)
    ≫B=magic(5)
    ≫trace(A+B)
    ≫trace(A)+trace(B)
    ≫trace(5*A)
    ≫5*trace(A)
    ≫trace(A*B)
    ≫trace(B*A)
17. ≫A=[2 -2 0;-2 5 -4;0 -4 5];
    ≫[P D]=schur(A)
    ≫syms y1 y2 y3
```

图书在版编目（CIP）数据

高等代数．下册／吴坚，毕守东主编．—北京：中国农业出版社，2013.1

普通高等教育农业部“十二五”规划教材　全国高等农林院校“十二五”规划教材

ISBN 978-7-109-17347-7

Ⅰ.①高…　Ⅱ.①吴…　②毕…　Ⅲ.①高等代数-高等学校-教材　Ⅳ.①O15

中国版本图书馆 CIP 数据核字（2012）第 270091 号

中国农业出版社出版
（北京市朝阳区农展馆北路 2 号）
（邮政编码 100125）
策划编辑　朱　雷　魏明龙
文字编辑　魏明龙

北京中兴印刷有限公司印刷　　新华书店北京发行所发行
2013 年 1 月第 1 版　　2013 年 1 月北京第 1 次印刷

开本：720mm×960mm　1/16　　印张：16.25
字数：286 千字
定价：29.00 元

```
≫y=[y1;y2;y3];
≫X=vpa(P,2)*y
≫f=[y1 y2 y3]*D*y
```

18.
```
≫A=[99 -6 24;-6 130 -30;24 -30 71];
≫D=eig(A)
```

19.
```
≫A=[1 -3 6 -3;-4 7 1 7;4 5 6 -3;4 0 6 8];
≫Q=orth(A)
```

20.
```
≫A=[1-3 6;-4 7 1;4 5 6];
≫[P J]=jordan(A)          %因为A的原因，程序需要执行较长时间
```

主要参考文献

北京大学数学系几何与代数教研室前代数小组.2003.高等代数.第3版.北京：高等教育出版社.

毕守东.2010.线性代数.北京：中国农业出版社.

毕守东.2011.线性代数学习指导与习题精解.第2版.北京：中国农业出版社.

胡冠章.2006.应用近世代数.第3版.北京：清华大学出版社.

居余马.2002.线性代数.第2版.北京：清华大学出版社.

李师正.2004.高等代数解题方法与技巧.北京：高等教育出版社.

陆少华.2001.大学代数.上海：上海交通大学出版社.

钱吉林.2002.高等代数解题精粹.北京：中央民族大学出版社.

邱森.2008.高等代数.武汉：武汉大学出版社.

丘维声.2002.高等代数简明教程(上、下册).北京：高等教育出版社.

丘维声.2005.高等代数学习指导书.北京：清华大学出版社.

同济大学应用数学系.2003.线性代数.第4版.北京：高等教育出版社.

王萼芳.2009.高等代数.北京：高等教育出版社.

王萼芳.2010.高等代数解题辅导.北京：高等教育出版社.

王尊全.2009.高等代数考研试题解析.北京：机械工业出版社.

西北工业大学高等代数编写组.2008.高等代数.北京：科学出版社.

杨振华.2005.高等代数学习指导与习题详解.西安：陕西师范大学出版社.

杨子胥.2003.高等代数习题解(上、下册).济南：山东科学技术出版社.

姚慕生.2002.高等代数.上海：复旦大学出版社.

易忠.2007.高等代数与解析几何(上、下册).北京：清华大学出版社.

钟祥贵.2004.高等代数.南宁：广西师范大学出版社.

David C. Lay，著.2005.线性代数及其应用.第3版.刘深权，译.北京：机械工业出版社.

S. K. Jain　A. D. Gunawardena. 2003.线性代数(英文版).第2版.北京：机械工业出版社.